高等学校专业教材

中国轻工业“十四五”规划教材

食品感官评定

（第二版）

宋诗清　崔和平　张晓鸣　主编

中国轻工业出版社

图书在版编目（CIP）数据

食品感官评定 / 宋诗清，崔和平，张晓鸣主编. —2 版. —北京：中国轻工业出版社，2024. 7
高等学校专业教材　中国轻工业“十四五”规划教材
ISBN 978-7-5184-4774-9

Ⅰ. ①食…　Ⅱ. ①宋…　②崔…　③张…　Ⅲ. ①食品感官评价—高等学校—教材　Ⅳ. ①TS207. 3

中国国家版本馆 CIP 数据核字（2024）第 045943 号

责任编辑：伊双双　邹婉羽
策划编辑：伊双双　　责任终审：许春英　　封面设计：锋尚设计
版式设计：锋尚设计　　责任校对：吴大朋　　责任监印：张　可

出版发行：中国轻工业出版社（北京鲁谷东街 5 号，邮编：100040）
印　　刷：三河市万龙印装有限公司
经　　销：各地新华书店
版　　次：2024 年 7 月第 2 版第 1 次印刷
开　　本：787×1092　1/16　印张：19. 5
字　　数：450 千字
书　　号：ISBN 978-7-5184-4774-9　定价：49. 00 元
邮购电话：010-85119873
发行电话：010-85119832　010-85119912
网　　址：http://www. chlip. com. cn
Email：club@ chlip. com. cn

231798J1X201ZBW

本书编写人员

主　编　宋诗清（上海应用技术大学）

崔和平（江南大学）

张晓鸣（江南大学）

副主编　柴晴晴（齐鲁工业大学）

张　慢（扬州大学）

柳　倩（上海应用技术大学）

参　编　周　彤（江南大学）

夏　雪（江南大学）

王晓敏（江南大学）

于静洋（江南大学）

翟　昀（江南大学）

姚益顺（江南大学）

第二版前言 | Preface

食品感官评定是通过人体自身的感觉器官（眼、鼻、口、耳、牙齿和皮肤等）对食品的品质状况作出评价，对食品的色、香、味和外观形态进行全面的鉴别以获得客观真实的数据，并在此基础上，利用数理统计的手段，对食品的感官质量进行综合分析。目前，感官评定已经发展成为一门结构完整、系统性强的方法学，适用于整个产品生命周期，被广泛用于食品企业市场、研发和品控等各部门的决策中，并且从食品工业延伸至诸多消费品行业。随着现代生理学、心理学、统计学等学科的发展，感官评定也成为食品科学领域交叉性强、应用性强的重要学科，解决了一般理化分析所不能解决的复杂生理感受问题。

本书第一版自2006年出版以来，被广泛作为食品专业教材，深受广大师生欢迎，历经多次重印。在第一版的基础上，编者参阅了国外多本专著和多篇研究论文，结合编委成员的科研成果以及在本科生和研究生教学过程中的体会和经验修订了本书，补充了大量食品感知学理论与感官分析统计学理论知识，反映了本领域最新研究进展和成果。

本书的修订坚持面向国家重大需求，面向经济发展，着眼学术前沿，加强产教融合与科教融合，着力推进新兴学科、交叉学科建设，以党的二十大精神为指引，为激发食品行业创新活力，提升食品品质与多样性提供科学的方法论，为促进食品产业高质量可持续发展，满足人民对美好生活的向往与需求作出贡献。

本次修订将第一版第一章中有关食品感知理论的内容独立成章，扩展了感知理论知识体系，全面、系统地介绍了视觉感知、嗅味觉感知、口腔感知机制，补充了食品多元感知刺激与感知交互的理论成果，分析了食品感知影响因素；增补了标度及类别检验章节，讲解了排序检验法、分类检验法、分级检验法的原理与实践；在“描述性分析”章节中增加了食品风味分析、食品质构分析、时间-强度描述性分析等感官评定前沿理论与方法；在“食品消费者调查”章节中补充了感官属性诊断的研究成果，介绍了消费者喜好洞察新技术。此外，本次修订还新编了“食品品质及其稳定性评价”与“感官评定在食品科学研究及产品研发中的应用”两章内容，介绍了数学分析方法在感官分析中的应用，为食品行业的科研人员及企业管理人员提供有效的技术指导。

本教材面向食品科学与工程专业本科生和研究生教学与科研，可作为大专院校食品学科和相关学科感官评定课程的教科书，也可供食品专业技术人员、科研人员阅读，对精细化工、医药、纺织等行业的产品研发、生产、管理和营销人员也具有较强的参考价值。

参与本版教材编写的有上海应用技术大学香料香精化妆品学部的宋诗清、柳倩，江南大学食品学院的张晓鸣、崔和平、翟昀、夏雪、王晓敏、于静洋、姚益顺、周彤，齐鲁工业大学（山东省科学院）食品科学与工程学院的柴晴晴，扬州大学食品科学与工程学院的张慢。全书由宋诗清、崔和平与张晓鸣统稿。

由于编者水平有限，书中难免有错误和不妥之处，欢迎读者批评指正。

编　者

第一版前言 | Preface

近半个世纪以来，随着人民生活水平的不断提高，感官评定的作用日益受到重视。感官评定作为一门新兴学科，随着现代生理学、心理学、统计学等多门学科的发展而逐步发展、成熟起来。现在，科学家已把感官评定发展成为一门非常正规、结构完整、系统化的方法学，感官评定已成为食品及消费品科学中一门公认的交叉学科，是食品及消费品产业的一个重要组成部分。该学科不仅实用性强、灵敏度高、结果可靠，而且解决了一般理化分析所不能解决的复杂的生理感受问题。食品质量感官评定就是凭借人体自身的感觉器官（眼、鼻、口、牙和手等）对食品的质量状况作出客观的评价，对食品的色、香、味和外观形态进行全面的鉴别以获得客观真实的数据，并在此基础上，利用数理统计的手段，对食品的感官质量进行综合性的评价。

感官评定方法在经济学上也非常有用。感官评定可以确定商品的价值，甚至它的可接受性。它可以帮助我们选择最合理的路线，得到最佳的价值价格比。感官评定主要应用在质量控制、产品研究和开发方面。感官评定不但在食品的定位和评估中非常有用，在其他领域（如环境气味检测、个人卫生用品、疾病诊治和纯化学试验等方面）也有用处。感官评定的基本功能就是进行有效、可靠的检验测试，为正确合理的决策提供依据。

食品感官评定的教科书在我国还不多，尤其缺少一本比较全面、系统地论述感官评定分析方法的书籍，为此，编者参阅了国外比较著名的教材和参考书，结合自己在我校本科生、研究生和留学生教学过程中的体会和经验编写了本书。本书主要阐述了食品感官属性及其识别、感官评定条件的控制、影响感官评定的因素、食品感官评定分析方法等内容。全书结合大量的应用实例，具体详细地介绍了感官评定的数据处理与结果分析方法。本书可作为大专院校食品学科和相关学科感官评定课程的教科书，也可供食品专业技术人员、科研人员阅读，对于精细化工、医药、纺织等行业的产品研发、生产、管理和营销人员也有一定的参考价值。

参与本书编写的有江南大学食品学院的张晓鸣、倪婉星和华婧。全书由张晓鸣主编。颜泉和箕霄云同学也参与了部分资料的查阅和翻译工作，在此谨表谢意。

由于编者水平有限，书中难免有错误和不妥之处，欢迎读者批评指正。

编　者

目录 Contents

第一章

CHAPTER 1

绪　论

学习目标

1. 了解感官评定的概念与意义。
2. 了解感官评定的主要研究内容及应用领域。

第一节　食品感官评定的概念与意义

感官评定是一种用于唤起、测量、分析和解释通过视觉、嗅觉、触觉、味觉和听觉感知的产品反应的科学方法。这个定义已被各种专业组织的感官评估委员会所接受和认可，如中国食品科学技术学会和美国材料与试验学会。感官评定自20世纪40年代出现以来，经过不断发展已成为一个独立的科学领域。感官评定专业人员经常面临需要掌握一系列学科技能的难题，例如，生物科学、心理学、实验设计和统计学，因此他们需要与这些领域的专家合作。感官评定的另一项挑战是需要随时调整以适应所使用的人工“测量仪器”的不断变化。

感官评定可分为两类测试：客观测试和主观测试。在客观测试中，产品的感官属性由选定的或经过培训的小组进行评估。主观测试主要测量消费者对产品感官特性的反应。这两个元素结合在一起时，揭示了感官属性驱动消费者接受和情感利益的方式，感官评定的效能由此实现，即将感官特性与物理、化学、配方和/或工艺变量联系起来，然后使产品设计能够保障最佳的消费者利益。

感官评定的原理和实践涉及以上定义中提到的包括唤起、测量、分析和解释4种活动。

感官评定的第一个过程是唤起。“唤起”一词是指，感官评定在受控条件下为样品的制备和呈样提供指导，以使偏差因素最小化。例如，参加感官评定的人通常会被安排在单独的测试隔间，这样他们作出的判断是他们自己的观点，并不反映周围人的观点。样品的标签是随机的，这样人们就不会根据标签形成判断，而是根据自己的感官体验作出判断。另一个例子是，如何以不同的顺序向每位参与者提供产品，以帮助衡量和平衡呈样的连续效应。答案是，可以根据需要，为样品的温度、体积和时间间隔制定标准程序，以控制不必要的变化，提高测试的精确度。

感官评定的第二个过程是测量。感官评定是一门通过收集数值数据来建立产品特性与人类感知之间的规律和特定关系的定量科学。感官方法在观察和量化人类反应方面大量借鉴了行为研究技术。例如，我们可以评估人们对产品的微小变化，或在一个群体中对某种产品表示出偏好的比例。另一个例子是让人们对数字产生反应，以表示他们对产品味道或气味感知的强烈程度。行为研究和实验心理学技术为如何使用此类测量技术，及如何避免其潜在的缺陷和障碍提供了指导。

感官评定的第三个过程是分析。正确分析数据是感官评定的关键部分。在感官测试中，有许多无法完全控制的人体反应变化来源。例如，参与者的情绪和动机、他们对感官刺激的先天生理敏感性、他们过去的经历和对类似产品的熟悉程度。虽然可以对这些因素进行一定程度的筛选，但也可能只能对其进行部分控制。为了评估所观察到的产品特性与感官反应之间的关系是否可能是真实的，而不仅仅是反应中不受控制的变化的结果，需要使用统计方法来分析评估数据。与适当的统计分析相结合的是良好的实验设计，以便在对目标变量进行研究后能够得出合理的结论。

感官评定的第四个过程是对结果进行解释。感官评定工作必然是一项实验，在实验中，数据和统计信息只有在结合假设、背景知识以及对决策和行动的影响进行解释时才有用。结论必须是基于数据、分析和结果的合理判断。结论包括对方法、实验的局限性以及研究的背景和框架的考虑。感官评定专家不仅仅需要提供实验结果，还必须根据实验结果做出解释，并提出合理的实验方案。在指导进一步研究的过程中，他们应与测试结果的最终用户充分合作。好的感官评定专业人员往往能够实现对测试结果的适当解释，并且对更广泛的消费群体产品感知产生正面影响，因为通过这些消费群体所形成的感官评定结果可能会被推广。感官专家最了解这些测试程序的局限性及其风险和责任。

感官评定专业人员要想从事研究工作，必须接受定义中提到的全部四个阶段的培训。他们必须了解产品、测量工具、统计分析以及在研究目标范围内的数据解释。正如行为心理学家斯金纳所言，该领域的未来发展取决于对新感官评定专业人员培训的广度和深度。

第二节　食品感官评定的主要内容

当我们任何一个感觉器官与周围世界的刺激相互作用时，感觉与知觉特性都开始产生作用。因此，按照人体感官感知的途径，感官评定方法包括味觉评定、嗅觉评定、触觉评定、视觉评定和听觉评定。

虽然针对不同的感觉存在不同的感觉器官，但重要的是，要注意来自每个感觉器官的信息通常在大脑中被整合。例如，对味道的感知是味觉、香气、质地、外观和声音相互作用的结果，而声音也会影响触觉的感知。同样，质地感知是食物或物体的视觉、触觉和化学特性的结合。因此，感官评定专业人员应该意识到一种感官特性的变化是如何影响其他感官特性的。以上5类评定方法各有特点，但绝不是相互孤立的，进行感官评定时应当综合运用，相互补充。

一、味觉评定

味觉包括对非挥发性物质的感知，当这些物质溶解在水、油或唾液中时，可以被舌头表面和口腔或喉咙其他部位的味蕾中的味觉感受器检测到。由此产生的感觉可以分为5种不同的口感——咸味、甜味、酸味、苦味和鲜味。引起特殊味道的化合物有：①咸味物质，氯化钠、氯化钾；②甜味物质，蔗糖、葡萄糖；③酸味物质，柠檬酸、磷酸；④苦味物质，奎宁、咖啡因；⑤鲜味物质，味精。

味觉评定是利用人的味觉器官（舌）来评定商品质量的方法。味觉评定可适用于各类食品的质量鉴定。通过对食品的咀嚼、品尝或舔尝，细心品评其咸味、甜味、酸味、苦味和鲜味，判断其是否具有该类食品固有的口味与滋味。质变严重的食品不得做味觉评定。

二、嗅觉评定

挥发性分子由覆盖在鼻上皮（位于鼻腔顶部）上的数百万毛状纤毛上的嗅觉感受器感知。因此，对于一些气味物质，挥发性分子必须通过空气被传送至鼻腔才能被感知。挥发性分子可以通过呼吸或嗅闻进入鼻腔，或在进食时通过喉咙后部进入鼻腔。目前检测到的挥发性化合物约有17000种。一种特定的气味可能由几种挥发性化合物组成，但有时，特定的挥发性化合物（特征化合物）可能与某一种特定的气味有关，例如乙酸异戊酯和香蕉/梨的气味有关。对于某种化合物，不同个体对其感知和/或描述也有差异，例如己烯醇可以被描述为青草、清新或未成熟的气味。类似地，气味属性可以用不同的化合物来感知和/或描述，例如薄荷味用薄荷醇和香芹酮来描述。

嗅觉评定法是利用人的嗅觉器官（鼻）来鉴定商品质量的方法，即通过鼻子嗅闻评定商品是否具有其应有、固有的气味，从而评定商品质量是否正常。嗅觉评定法尤其适用于食品与化妆品等商品的质量鉴定。对于气味较浓的商品，可以直接嗅闻；对于气味较淡的商品或在低温季节进行嗅闻时，液态商品可滴一滴在左手掌上，用右手食指快速摩擦后嗅闻；需要评定食品等商品深层次气味时，可用竹签刺入，拔出后立即嗅闻。根据气味的程度和种类能够判断商品的新鲜度或劣变程度。

三、触觉评定

（1）某些感觉　皮肤，包括嘴唇、舌头和口腔表面，包含许多不同的触觉感受器，可以检测与接触/触摸相关的感觉，例如力、颗粒大小和热。

（2）运动触觉　肌肉、肌腱和关节中的神经纤维感知肌肉的紧张和放松，从而感知质量和硬度等属性。

（3）化学反应　一些化学物质可以刺激位于皮肤、口腔和鼻腔的三叉神经，产生热、灼烧、刺痛、清凉或涩的感觉，例如辣椒中的胡椒碱和辣椒素、碳酸饮料中的二氧化碳和葡萄酒中的单宁。当在口腔中被感知时，它们构成了我们所熟知的口感属性的一部分。

质构感知是复杂的。食物质构属性可分为3类：①机械性质，如硬度和嚼劲；②几何形状，如颗粒性和易碎性；③口感，如油性和湿润性。这些属性的感知通常包括3个阶段：初始阶段（第一口）、咀嚼阶段（咀嚼）和残留阶段（吞咽后）。

触觉评定法是利用人的触觉器官来评定商品质量。手掌、手指由于表面密布神经末梢和各种感应点而很敏感，因此可以对商品的韧性、弹性、柔软性、平滑度、硬度、温度、干湿度、黏度等特性进行评定。评定时，根据评定对象的不同，选用手按、拉捏、揉、摸、折和弯的手段进行，依据手感进行评定。

四、视觉评定

任何物体的外观都是由视觉感知的。被物体反射的光波进入眼睛并落在视网膜上从而形成视觉。视网膜包含视锥细胞和视杆细胞两种受体细胞，它们将光能转化为神经脉冲，通过视神经传递到大脑。视锥细胞对与“颜色”有关的不同波长的光有反应。视杆细胞对白光有积极的反应，并传递有关白光亮度的信息。大脑对这些信号进行解释，从而使我们感知到物体的外观（颜色、形状、大小、透明度、表面纹理等）。

视觉评定是利用人的视觉器官（眼）来鉴定商品质量。通过眼睛观察来评定商品的色泽、形状、结构、整齐度、光洁度、新鲜度、表面瑕疵点、包装、标签等是否符合标准要求。观察时，一般先集中在某点、某一部位或某一个体进行，形成印象；然后再去看样品总体，与原先形成的印象作对比，并修正原先形成的印象，再作客观评价。

五、听觉评定

声音是由耳朵里数以百万计的微小毛细胞感知的，这些毛细胞受到来自声波的空气振动的刺激。触摸或抚摸物体（如织物）时产生的噪声可以表明物体的质地。在进食过程中，食物发出的噪声会影响人们对食物质地的感知，如苹果的脆度和碳酸饮料的“嘶嘶”声。当消费者食用食品时，所产生的声波可以通过空气和/或颌骨、颅骨中的骨头传导，后者被称为口内知觉。听觉评定是利用人的听觉器官（耳）来鉴定商品质量，即通过商品在外力触动下产生的声音以及声音的清脆与沉闷程度来评价商品的质量。

第三节　食品感官评定的应用

人类对食品及其他消费品的感知是复杂的感官和解释过程的结果。在当前科技发展阶段，对人类神经系统并行处理的多维刺激的感知很难通过仪器测量来预测。在许多情况下，仪器缺乏人类感官系统的灵敏度——嗅觉就是一个很好的例子。更重要的是，仪器评估给出的价值忽略了一个重要的感知过程，即人类大脑在做出反应之前对感官体验的解释。大脑位于感觉输入和产生形成数据的反应之间，它是一个大规模并行分布的处理器和计算引擎，能够快速完成模式识别。当涉及感官评定任务时，可参考个人经验完成。感官体验是根据一定的参照系被解释和评估的，并可能涉及多个同时或顺序输入的集合。最后，我们的判断以数据形式呈现。因此，感官评定存在一个感知链，而不是简单的刺激和反应。

感官评定的作用多年来发生了很大的变化。最初，它只是一个提供数据服务的手段，后来它开始与研发和营销结合，为其提供建议，以帮助指导产品开发并形成商业战略。从产品概念的设计到产品发布后的品质监控，在产品保质期的各个阶段，都可以要求感官评定专业人员为决策提供信息。感官评定和消费者调查也可以在更基本的层面上对人们的行为和感知提供见解。

只有形成感官评定数据才能提供消费者在现实生活中对于食品的感知和反应的最佳模型。研究人员收集、分析和解释感官评定数据，以便在产品开发阶段对产品指标变化做出预测。在食品和消费品行业，这些变化源于3个重要因素：成分、工艺和包装。第四个因素通常是产品老化的特征，但我们可能认为保质期稳定性是食品加工过程中的一种特殊情况，尽管通常是非常被动的情况（但也考虑产品暴露于温度波动、光催化氧化、微生物污染和其他不利环境因素）。成分发生变化的原因有很多，这些变化可能是为了提高产品质量、降低生产成本，也可能仅仅是因为某种原材料的供应已经无法获得。工艺的变化同样可能是为了提高感官属性、营养属性、微生物稳定性等特性，以及降低成本或提高生产效率。包装形式的改善源于对产品稳定性或其他质量因素的考虑。例如，一定程度的氧气渗透性可以确保新鲜牛肉产品保持红色，以提高对消费者的视觉吸引力。包装是产品信息和品牌形象的载体，因此感官特征和期望都会随着包装材料及其印刷覆盖层如何承载和展示这些信息而变化。包装和印刷油墨可能会引起食品风味或香气的变化，因为风味会发生转移，有时异味会转移到产品中。包装还可以作为氧化反应的重要屏障，降低光催化反应的潜在有害影响，以及微生物侵扰和其他干扰。

进行感官测试是为了研究这些产品操作会如何引起人们的感知变化。通常，人们不能准确地预测或者很难预测由于配料、加工或包装的作用而产生的感官变化，因为食品和消费品通常是相当复杂的系统。香气是多种挥发性化学物质组成的复杂混合物。实验室里的非正式品尝可能无法对感官问题给出可靠或充分的答案。研发实验室工作台的外界干扰、竞争性气味及非标准照明等会严重影响感官评定的准确性，使得产品开发人员的鼻子、眼睛和舌头可能不能代表其他大多数产品消费者。因此，尤其是在自然条件下，消费者对产品的看法存在一些不确定性。

这些不确定性非常关键，如果感官测试的结果是完全已知或者可预测的，就没有必要进行正式的感官评定。然而，在工业领域中，常常要求感官评定小组进行无意义的测试。无意义的常规测试通常源于过于根深蒂固的产品开发顺序、公司传统，或者仅仅是为了公司规避风险。然而，感官评定只有在不确定性降低的情况下才有意义。而如果没有不确定性，就没有必要进行感官评定。例如，一个感官测试是评价商业红葡萄酒和商业白葡萄酒之间是否有可察觉的颜色差异，因为没有不确定性，感官评定是没有意义的。在工业领域中，感官评定提供了一种信息渠道，这种信息对产品开发和产品变更方向的商业管理决策很有意义。一旦提供了感官信息，这些决策便具有更低的不确定性和更低的风险。

在产品开发的早期阶段，感官评定和消费者调查可以帮助提高某类产品接受度等重要感官属性。它可以基于产品感官特征识别目标消费群体，便于分析竞争对手的产品特征，以及评估新的产品概念。

结合来自感官和仪器测试的数据可以明确决定感官属性的关键理化指标，从而形成对产品化学和物理特性的见解。如果仪器数据与感官数据存在显著相关性，则可以省略感官小组评定，而采用更具成本效益的仪器测试，根据仪器数据与感官数据之间的相关关系得到产品品质数据。

在质量控制（QC）或质量保证方面，感官评定非常有用甚至非常必要，它可以作为原材料质量保证程序的一部分。此外，感官评定可以为质量测试中使用的感官规格设定消费者可接受度。感官测试在确定原材料变化或生产工艺的改变是否会影响感官质量和/或产品可接受度等方面具有宝贵的价值。对于易受污染的产品，感官评定可以确保不合格的产品不进入市场。对于许多产品，感官性能在产品被微生物污染前就会变差，因此感官评定可与微生物测试相结合，用于确定供应链中产品的保质期和产品变异性。

从市场营销的角度来看，感官分析和消费者测试可以了解产品的属性和可接受度。消费者认为这些属性对产品的消费者接受度和喜好度至关重要。它可以为营销宣传提供标签，如“好的”“新的”和“受欢迎的”。它还可以确保感官特性与品牌交流宣传协同工作。感官分析和消费者测试可以提供有关产品优点或缺点的诊断信息，为进一步调研探索新产品的机会，提出假设。

感官分析和消费者测试被广泛应用于研究领域。它在更基本的层面上用于研究新技术，以帮助产品开发和理解消费者行为。此外，将感官分析与仪器分析、脑成像技术、心理物理测试和基因组学等联系起来的多学科研究，可以使人们更广泛地了解与感知有关的机制以及感官群体的差异。

思考题

1. 为什么要学习食品感官评定？
2. 食品感官评定的主要研究内容有哪些？
3. 简述食品感官评定的应用领域。

CHAPTER 2

第二章 食品感知理论

学习目标

1. 了解食物的基本品质属性及其特征。
2. 了解人体器官对食物不同品质属性的感知途径。

食品是一种复杂多元体系，由多种属性组成，按照感官评定的识别顺序可分为外观、气味、滋味、质构 4 种属性。在不同的食品中，这些属性具有不同的特征。此外，这些食品属性的评定离不开人体感觉器官的参与，正确使用视觉、嗅觉、味觉和触觉 4 种途径是高效感知食物不同属性的关键。本章主要介绍食物的不同属性特征及其感知途径。

第一节　食品外观特征与视觉感知

一、外观特征概述

外观是反映产品品质的关键属性，也是影响消费者购买欲的直接因素。实验室中感官鉴评员在对食品进行感官评定时，外观观察是必不可少的环节。食品外观可分为静态物理属性（形状、大小和表面质地特征）、与时间相关的动态物理属性、以及与光环境有关的光学属性（颜色、澄清度、光泽度等）。其中物理属性主要包括长度、宽度和厚度，几何形状（包括方形、圆形等），辅料或添加剂（如坚果、干果、蔬菜）的分布，表面质地特征（包括干燥或湿润、平滑或粗糙、灰暗或发亮、柔软或坚硬、松脆或有嚼劲）。颜色可以用明亮度、色调和饱和度来表示，其中颜色的均匀性也包括在外观评定的范围内。

1. 食品的静态物理属性

食品的静态物理属性包括形状、大小和表面质地。形状和大小是评定部分食品品质的重要外观特征，尤其是果蔬类产品。例如在苹果的分级分类中，体积较大的球形苹果被视为优质苹果。然而，在实验室进行感官评定时，为了避免对其他属性的干扰，样品的大小和形状通常会保持一致。质地指产品结构或内部组成的感官表现。人们对质地的感知可分为视觉和触觉感知，两者相辅相成，帮助我们更全面地掌握食物的质地信息。以下主要讨论视觉感知的表面（或截面）质地信息。例如，从牛排的表面纹理可以看出纤维的走向以及脂肪的分布，漂亮均匀的纹理意味着上等的牛排品质；蛋糕截面孔径和光泽度与蛋糕的水分含量高度相关；燕麦片或饼干的表面粗糙度也可以用视觉感知进行评定。质地的视觉描述术语如表 2-1 所示。

表 2-1　　质地的视觉描述术语

几何特性		湿润特性	
描述	感知	描述	感知
光滑度	所有颗粒的存在	湿润	水或油存在的程度
有沙砾的	小、硬颗粒	水分/油释放	水或油散发的程度
多粒的	小颗粒	油的	液态脂肪含量
粉状的	细颗粒	油脂的	固态脂肪含量
含纤维的	长、纤维颗粒（有绒毛的织物）		
多块状物的	大、片状或突出物		

2. 食品的光学属性

食品的光学属性包括颜色、浊度、光泽和透明度。

颜色作为最直观的光学属性，是人类大脑对光线与物体相互作用的感知。人类感知的物体颜色受 3 个因素的影响：物体的物理和化学成分、照射物体光源的光谱成分，以及观察者眼睛的光谱灵敏度。当其中任何一个因素受到影响，人类感知到的物体颜色都会发生变化。光照射到物体上后会发生折射、反射、透射或被吸收。如果可见范围内的所有辐射能量从不透明的物体表面反射回来，物体就会呈现白色；如果可见范围内的光被部分吸收，物体就会呈现灰色；如果可见范围内的光被完全吸收，物体就呈现黑色。环境条件也会影响颜色的感知，例如，在阳光直射下黑色字体比在台灯下的白色页面反射更多的光，但由于它们对光线的相对反射率不同，我们仍然能清晰地看到黑色字体与白色页面的区别。

物体的颜色变化可以从 3 个维度分析。第一个是明亮度（如绿的明暗度），明亮度的感知只反映反射光和吸收光之间的关系，不涉及光的波长。第二个是色调，消费者通常描述为“色彩”（如绿色）。由于物体对不同波长辐射能量的吸收不同，导致人们感知到的色调不同。当某种物体吸收了更多的长波，反射了更多的短波（400~500nm），那么该物体会呈现蓝色。如果某种物体在中等波长处有最大光反射，那么它通常呈现黄绿色，而在长波长（600~700nm）处有最大光反射的物体则呈现红色。最后一个是饱和度，也称为颜色的纯度（如纯绿色与灰绿色），它表示某种颜色与灰色的偏离程度。

消费者经常通过颜色来评估肉类、水果和蔬菜等产品的品质。例如，黄色西瓜和红色西瓜引起的消费者购买欲不同。在食品加工和烹饪中，颜色反映了食物的熟化程度，而且一定程度上也与食物的香气和滋味变化相关，例如烘烤和油炸食品的褐变反应。颜色对于食品的分级分类也非常重要，例如金枪鱼罐头的色度影响罐头的分级。此外，产品的颜色还会影响我们对香气、滋味等属性的感知和判断。例如，当某种水果味饮料的颜色不是这种水果的颜色时，其识别正确率就会显著降低。由上述可知，产品的颜色是反映其品质的重要指标。因此，感官分析专家应该培训鉴评员准确评估产品颜色的方法，尽量减少颜色和外观偏差对其他属性造成的影响。

光线反射和传播的几何方式会随着物体理化性质的变化而变化，导致不同物体的浊度、光泽和透明度存在差异。浊度是饮料的一个重要特征。当饮料出现浑浊时，细小的悬浮颗粒会转移光穿过材料的直线路径，并将其散射到不同的方向。光线照射到光滑的物体时会定向反射，当光线照射到不规则、有图案或有微小颗粒的物体时，光线会被反射到各个方向，物体的光泽就是光定向反射的结果。

3. 食品的动态物理属性

液体或半固体的动态物理特征是判断其品质的重要指标。通过解析牛顿或非牛顿流体的流动特征，可以获取黏度、浓度等信息。其中黏度主要与一定外界压力条件下（如重力）液体的流动速率有关，不同液体食品的黏度差异很大，例如水和啤酒的黏度只有 1cP（10^{-3} Pa·s），而一些胶状食品的黏度可达到几千个 cP。因此，通过视觉观察从容器中倾倒或搅拌流体时流体的流动性，或是通过考察流体在水平表面的铺展过程可以初步掌握流体的黏度等信息，例如蜂蜜从勺子上滴下时的黏度、果冻的弹性或者披萨干酪的黏稠度。此外，对于碳酸饮料，通过观察倾倒时气泡的产生情况，可以初步判断其碳酸饱和度。

二、视觉感知概述

视觉是人类认识外部环境、建立客观事物第一印象的最直接途径。在获取外部信息时，视觉感知在各种器官感知中占据非常重要的地位。食品感官评定过程中，视觉也是获取食物形状大小、质地、颜色等属性的重要渠道。此外，视觉还是获取颜色信息的唯一途径。

视觉感知外部环境的原理为：外源物体反射的光或透过物体的光，落在观察者的眼角膜上，通过房水后到达晶状体，然后通过玻璃体到达视网膜，其中大部分光落在视网膜中心的小凹陷处（中央凹）（图 2-1）。同时视网膜上分布有视感受器、视杆细胞和视锥细胞。在光刺激下，这些感受器中的光敏色素中的视蛋白结构会迅速改变，从而产生神经电脉冲，沿视神经传递到大脑。

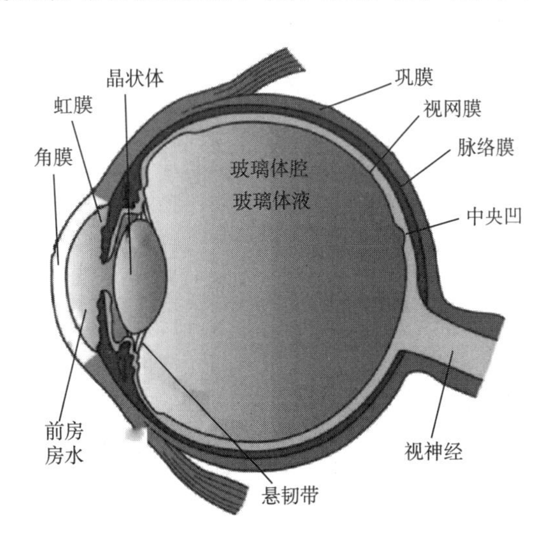

图 2-1　眼睛的生理结构

颜色的视觉感知产生是由于物体反射的光信号会刺激眼睛的光感受器，进一步传输至大脑翻译成颜色。整个电磁光谱包括 γ 射线（波长 10^{-5}nm）到无线电波（波长 10^{13}nm）。然而，眼睛中的光感受器只对其中很小的范围作出反应。在电磁光谱的可见波长范围内（380～770nm，表 2-2），不同波长的光强度不同，因此刺激视网膜中的光感受器所引起的视觉感知（颜色）也不同。视网膜中大约有 1.2 亿个视杆细胞，这些视杆细胞能够感知到极低强度（小于1lx）的光。由于视杆细胞只产生非彩色（黑色/白色）信息，在弱光条件下，人类有暗沉视觉，无法感知颜色，这就是我们在月光下无法分辨颜色的原因。在副中央凹处（中央凹附近），视杆细胞浓度达到最大，因此在低照明水平下，侧视物体比直视物体更容易感知颜色。此外，视网膜上600万个视锥细胞在较高的光强度（照明水平）下工作，负责提供彩色信息（颜色）。视锥细胞中含有3种对颜色敏感的色素，分别对红光（波长760nm左右）、绿光（波长530nm左右）和蓝光（波长420nm左右）最敏感。

表2-2　电磁光谱的可见波长范围

颜色	波长/nm	颜色	波长/nm
紫色	380~400	黄色	570~590
蓝色	400~475	橘色	590~700
绿色	500~570	红色	700~770

三、外观特征的视觉和仪器测定方法

通常，食物的物理外观特征可以通过视觉观察的方法进行测定，通过标准的描述技术辅以简单的强度量表即可量化其大小或强度。例如“饼干表面可见的巧克力碎片数量”就是饼干的外观特征之一，在不同饼干样品中，该“数量”可能会从少到多，因此在评定之前需要制定包含高低两端的评定量表。视觉质地参数，如表面粗糙度、表面凹痕的大小或数量，以及液体产品容器中的沉积物密度或数量等也可通过强度量表进行量化评定。这些简单而具体的属性描述大多不需要培训，并且很容易应用到产品的评定过程中。当然，与其他描述技术一样，如果提供一些参考物来固定量表的刻度，量表就会变得更加精确，感官评定小组成员之间也能更好地达成一致。下文讨论颜色、浊度、光泽度和半透明度的视觉和仪器测定方法。

1. 颜色

感官科学家已经使用了各种各样的感官测试方法来进行视觉颜色测量。例如，三角检验法、五中取二检验法和描述性分析法等。值得注意的是，在对颜色进行感官评定时，将所有影响颜色感知的因素进行标准化十分重要。一般来说，进行颜色评定的感官分析人员应注意、控制并报告以下内容。

（1）观察区域的背景颜色。

（2）产品表面的光源种类及其强度，推荐750~1200lx的光强。此外，如果没有标准光源，应选择具有高显色指数的光源。

（3）感官评定人员的视角和光线射入样品的角度，通常两者不能相同，因为这会导致入射光的镜面反射。通常情况下，展台区域的光源设置在样品的垂直上方，小组成员就座时的视角与样品的角度约为45°，这样可以最大限度地减少镜面反射效应。

（4）光源与产品之间的距离，这将影响入射到样品上的光量。

（5）样品是被反射光照射还是被透射光照射。

产品表面的光源、色温与显色属性如表2-3所示。

表 2-3 产品表面的光源、色温与显色属性

光源	色温/K	描述	显色属性	
			显色指数	显色质量
蜡烛	1800	很温暖	—	—
高压钠灯	2100	很温暖	22	差
40W 的白炽灯泡	2770	温暖的	约 100	非常好
100W 白炽灯泡	2870	温暖的	约 100	非常好
CIE 光源 A	2856	温暖的	约 100	非常好
暖白色荧光灯	3000	温暖的	82	比较好
金属卤化物灯	3000	温暖的	85+	比较好
中性荧光灯	3500	中性	85	比较好
冷白光荧光灯	4100	冷色	82	比较好
钨卤素灯	4700	冷色	99	非常好
CIE 光源 B（阳光直射）	4870	冷色	90	非常好
全光谱荧光灯	5500	冷色	—	—
日光荧光灯（森林城 F40D）	6300	冷色，蓝色	76	一般
CIE 光源 D65	6500	冷色，蓝色	100	非常好
日光荧光灯（Duro Test Day Lite）	6500	冷色，蓝色	92	非常好
CIE 光源 C（阴天日光）	6774	冷色，蓝色	—	—
CIE 光源 D（日光）	7500	冷色，蓝色	—	—

注：CIE 光源，指由国际照明委员会（CIE）规定和定义的一系列标准光源。

颜色可由色温定义。色温是表示光线中包含颜色成分的一个计量单位。理论上，黑体温度指绝对黑体在绝对零度（-273℃）时所呈现的颜色。黑体在受热后，逐渐由黑变红（色温<2000K），发白（色温 4000~5000K），最后发出蓝色光（色温 8000~10000K）。用于食品颜色评估的标准光源一般为 CIE 光源 A（色温 2856K）、CIE 光源 C（色温 6774K）、CIE 光源 D65（色温 6500K）和 CIE 光源 D（色温 7500K），这些光源均以钨丝为原料。与钨丝灯和白炽灯相比，标准荧光灯由于光谱分布不同（它们往往更尖锐，不那么光滑），导致感知到的颜色不同。之所以会出现这些颜色感知的差异，是因为颜色取决于产品对光的吸收和入射光谱的波长。例如，在标准光源下，如果产品吸收的是红色区域的波长，而不是光谱中绿色区域的波长，那么物体看起来就是绿色的。然而，如果入射光只有红色区域的波长，那么物体就不会呈现绿色，因为绿色区域的波长没有反射到眼睛中。光源对物体的显色能力称为显色指数（Ra）。对于一种光源，它的显色性可以通过与同色温参考比较或与基准光源（60W 钨丝灯，色温 2900K）下物体外观颜色的对比进行测定。显色指数越接近 100，显色性越好。感官鉴评员需要接受色盲测试，测试过程中可以使用一些模型产品或数字图像作为参考标准。然而，这些标准的颜色和样品可能存在异谱匹配。异谱匹配是指在某个光源下观察两个

物体时，它们颜色明显匹配，但在很多其他光源下观察它们时，它们的颜色不相同。这种异谱匹配现象有些人可以观察到，而有些人观察不到。

2. 浊度

物理学将浊度定义为入射光束穿过悬浮物时散射的总光。消费者通常希望啤酒、果汁和葡萄酒等饮料是清澈的，而苹果酒是浑浊的。在饮料加工过程中，可通过一些工艺来降低饮料的浊度或增加清晰度，例如在酿酒中使用细化剂。在啤酒、苹果酒和果汁等产品中，多酚-蛋白质相互作用会造成浑浊；在有些饮料中，碳水化合物和微生物的生长也会引起浑浊。此外，当胶体或较大的颗粒沉淀在容器中时，也可能会出现浑浊。

虽然浊度计可通过聚焦光束来测量光在几个角度的散射进而计算浊度，但是将仪器测量与人类感知相结合的方法更有利于浊度的精准评定。因此，当某种产品的感知浊度和仪器测量结果之间的关系不太明晰时，有必要通过专业的感官方法来评定浊度，从而了解消费者对该产品的感官反应以及与仪器分析之间的相关性。换句话说，物理测量的光散射与感知浊度之间需要建立联系，因为这样才能通过仪器分析得知产品的浊度信息。例如有研究发现，仪器测量的苹果汁浊度和感知清晰度之间存在线性关系，还有一些研究在咖啡和啤酒等介质中发现了仪器测量和感官感知的浊度之间的联系。此外，光散射受颗粒大小的影响，因此也可以测量感官清晰度与产品中悬浮物质的大小和分布之间的关系。

3. 光泽度

光泽度是另一个重要的外观属性。同样地，尽管有很多测量光泽度的仪器分析方法，但是在某些特定的环境中，感官感知仍然不可替代。因为仪器分析在测量光的反射时，更适用于平整的表面，如油漆和蜡表面；而现实中很多食物的表面并不平整，例如蛋糕和烘焙食品。由于光反射率有两种主要类型，在没有适当的参考标准或培训的情况下，不同的感官评定小组成员对于整体亮度的感知可能不同。镜面反射是指当光源的实际图像出现在产品表面时所感知到的镜面般的光泽。显然，测试的角度和观察条件对于光泽度的测定十分重要。另一种光反射现象叫作漫反射，与镜面反射不同，漫反射指光被表面散射到不同的角度，导致看不到光源的反射图像。例如，用磨布抛光的金属表面会产生许多细微的划痕，当光照在上面时就会产生漫反射，这时候它的表面看起来很有光泽，但不会形成镜面反射的图像，这类光泽在食品中也很常见，例如裹上糖衣的面包和山楂。

4. 半透明度

半透明度是指光在通过样品时受阻导致无法透过样品清晰观察物体的物理性质。在一项试验中，为了测定样品的半透明度，研究人员使用反射分光光度计在最大照明面积和最大观察孔径下测量样品；然后再换成较小的照明面积并用相同的观察孔径重复测量。如果亮度读数大幅增加（CIE-LAB 中的 L^*），则样品是半透明的。半透明度对于橙汁、番茄皮、鲜切番茄和菠萝等食品十分重要。果肉的半透明度较高，通常意味着风味不良和果肉的脆弱。总之，反射分光光度计和标准感官技术都可以用于半透明度的测定。值得注意的是，仪器只能接收从有限的立体角反射回的光，而人类可以感知多个不同方向的光，这也是彩色半透明材料看上去发光的原因。

第二节 食品风味特征与嗅觉、味觉感知

一、食品风味特征

风味作为食品的基本属性之一，指的是味觉或嗅觉系统受到食物刺激所产生的综合感觉。食品的风味包括气味、味道以及化学感觉因素。

除了少数的异味鉴定试验，通常在食品感官评定中，食品的气味也被称为香气。食品的气味来源于从食品表面和内部逸出的挥发性成分，该过程受到温度和食物本身理化特性的影响。升高温度有助于促进食品内部挥发性成分的扩散并透过表面逸出。此外，一定温度下，相对于坚硬、平滑、干燥的食物表面，柔软、多孔、湿润的食物表面更有利于气味的逸出。气味化合物种类复杂繁多，根据哈珀（Harper，1972）的报道，已知的气味约有 17000 种，因此研究人员一直未能将气味进行分类。尽管没有系统的气味分类方法，香气研究的专业人员对于某些物质的气味分类却存在高度一致性。

味道指通过咀嚼口腔中溶解的物质获得的感受。甜味、鲜味、咸味、酸味和苦味是五种公认的味道。甜味表示食物中极有可能存在碳水化合物。鲜味表示某些氨基酸或肽等物质的存在。咸味与矿物质有关，矿物质对神经和肌肉功能以及调节体液至关重要。酸味表明食物中存在酸。人们通常不喜欢很低 pH 的食物，此外变质的食物通常也是酸性的。人类和其他哺乳动物对苦味重的食物表现出天生的厌恶，这是一种对有毒物质防御的表现。

与口腔黏膜敏感性相关的其他感觉可能是由某些化合物刺激三叉神经末端引起的，例如涩味、金属味、辣味、冷却感。

在口腔加工过程中，食品风味的产生分为几个不同的阶段。首先，咀嚼食物会释放出挥发性气味化合物，这些化合物通过鼻咽通道进入鼻腔，与嗅觉上皮细胞接触，这个过程被称为鼻后嗅觉。与此同时，食物中的味道化合物溶解在唾液中，与味蕾中的味觉感受器接触。上述感觉的总和被定义为食品风味，每一种风味都传达着营养或生理上的需要。

二、嗅觉感知

人们总是倾向于认为食品风味是在口腔中感知的，因此忽略了嗅觉系统在风味感知中的重要贡献。事实上，无论是通过鼻孔吸入还是口腔中的气味，不同食品之间的风味差异绝大多数都是由嗅觉判断的，因此嗅觉感知在食品风味多样性的发展中发挥了重要作用。举一个最简单的例子，柠檬的风味特性并不是源于柠檬的滋味（仅仅是酸、甜和苦味），而是来自萜烯类芳香化合物。

嗅觉感知离不开嗅觉受体的参与。嗅觉受体位于鼻腔上部的上皮部位，这样的位置在一定程度上能够防止外界因素的损伤作用，当然这也意味着只有很少一部分的空气可传播气味分子并被感知。然而，嗅觉系统的生理结构（图 2-2）提高了其敏感性，从而弥补了这一缺陷。鼻腔每侧都分布数百万的受体，这些受体上面长满了纤毛，极大地增加了受体接受外源刺激的接触面积。此外，数百万的受体发出的神经纤维通过鼻腔顶部的筛骨到达嗅球的嗅小

球结构中，这些嗅球是神经元细胞形成突触联系和交互作用的密集区。在向大脑高级中枢神经系统传递信号的过程中，由于密集区包含多个神经分支，因此有无数的机会来集中或收集微弱信号并传导至下游的神经细胞。嗅觉感受器与味觉感受器存在本质上的区别，嗅觉感受器是神经细胞，其存活期有限，通常在 1 个月内就会更新代谢，而味觉感受器是分化的上皮细胞。

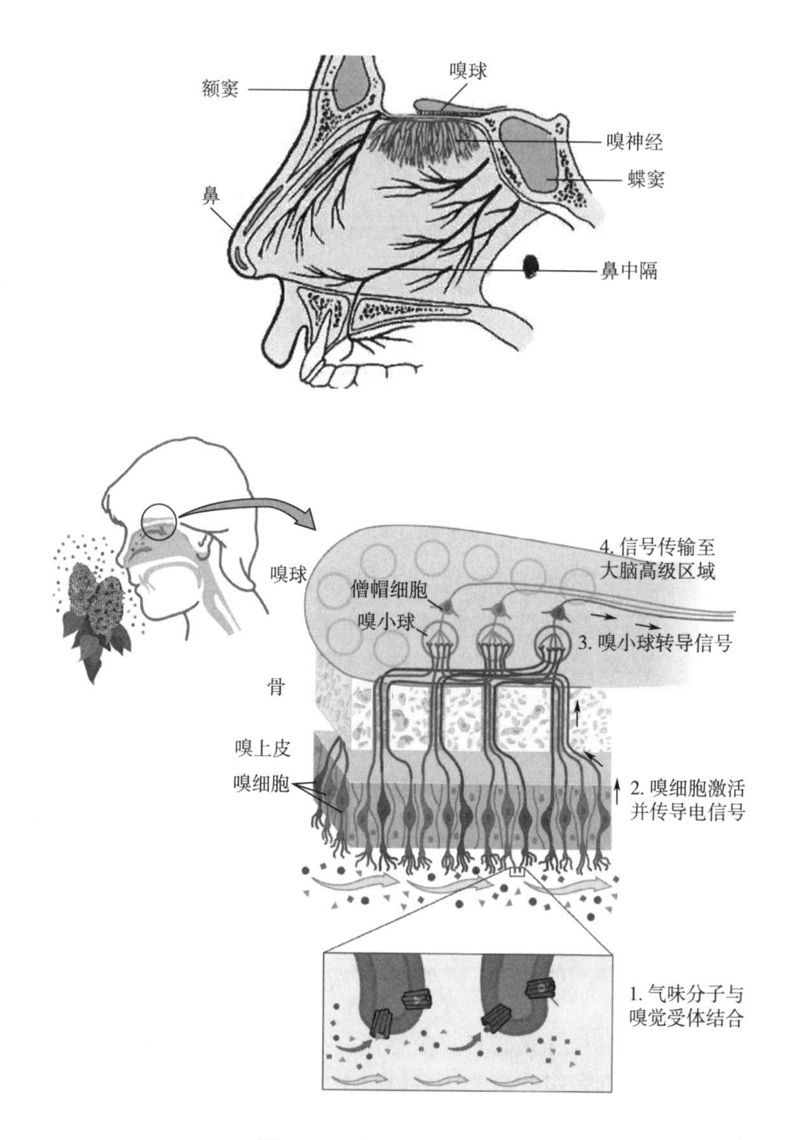

图 2-2　嗅觉系统的生理结构

嗅觉系统是如何感知气味的呢？首先携带气味分子的空气通过鼻孔进入鼻腔，鼻腔中的网状骨、犁骨和软骨组织等可以作为空气的加湿器、加热器和过滤器。携带气味活性分子的空气一进入鼻腔，气味活性分子就溶解在覆盖鼻腔的黏液中，并附着在嗅觉受体的末端，然后与嗅觉受体相互作用。嗅觉受体共有 1000 多种，每种嗅细胞产生一种特定类型的嗅觉受体。每个受体只能选择性地与一些特定的气味活性化合物结合。同样，每种气味活性化合物只能与特定的受体结合。在感官评定时，建议最佳嗅闻时间为 1～2s，在此之后建议暂停 5～

20s 恢复受体的敏感度，在此期间感受器需要对气味进行适应。

嗅觉的敏感性因人而异，与多种因素相关，如性别、年龄、习惯、疾病和创伤。完全丧失嗅觉（嗅觉缺失）的病例很少见，但对某些气味活性化合物的嗅觉缺失案例很常见。此外，嗅觉敏感度会受到饥饿感、饱腹感、情绪、怀孕和月经周期的影响。

三、味觉感知

1. 味觉系统

味觉一直是影响人类辨别和挑选食物的主要因素之一。味觉感知源于水、油或唾液中的刺激物对味蕾的刺激。如图 2-3 所示，味蕾位于舌头表面，部分位于上颚的上皮细胞，由无数个味觉细胞成簇聚集而成。一个味蕾可以包含多达 100 个味觉细胞，这些细胞分 3 种类型（Ⅰ～Ⅲ型）。Ⅰ型细胞占所有味蕾细胞的 50%，它包围了其他类型的细胞，并调节三磷酸腺苷等神经递质的（重新）摄取和降解。Ⅱ型细胞占 20%～30%，它可以检测和传导甜、苦和鲜味刺激，虽然这些味道由不同的受体检测，但不同Ⅱ型细胞之间的下游信号转导级联基本相同。Ⅲ型细胞可以检测酸味和咸味刺激，约占 10%。味蕾细胞的平均寿命为 8～12d，因此味蕾细胞处于不断的更新过程中。

每个味蕾都有一个小开口（孔），溶解在唾液中的滋味化合物通过这个小孔，到达感受器上的蛋白受体，更具体地说是 G 蛋白偶联受体（GPCRs）。GPCRs 是真核生物中最大且最多样化的膜受体。人类有近 1000 种 GPCRs，它们在感知、代谢和免疫等各种信号通路中都发挥着重要作用。据估计，有 30%～50%可用药物靶向 GPCRs。GPCRs 可以检测（即结合）结构不同的信号分子，如气味、神经递质和激素，例如视紫红质等光敏 GPCRs 参与视觉光转导。GPCRs 可分为 5 类，根据序列相似性可进一步分为不同的亚家族，其中能够检测甜味和鲜味的 GPCRs 属于谷氨酸类 GPCRs。

酸味、甜味、苦味、咸味、鲜味是 5 种基本口味。最近的研究表明，油腻味可以被认为是第六种基本味觉。如图 2-3 所示，基本味觉的受体位于舌头的特定部位：舌尖是甜味感知区；舌头前部侧边是咸味感知区；舌头后部侧边是酸味感知区；舌根为苦味感知区。目前人们普遍认识到，味觉受体均匀地分布在整个舌表面。味觉的感知受到几个因素的影响，如唾液中物质的浓度、食物的食用温度、刺激的持续时间以及其他味剂的存在。完全丧失味觉（阿尔茨海默病）的案例非常少，但消费者对某些刺激的敏感性往往存在差异。例如，不同人可能对苦味物质的敏感度不同。

2. 5 种基本味觉的受体

（1）鲜味受体　鲜味（umami，日语中“美味”的意思）最早由池田（Ikeda，1909）提出，是肉汤、熟肉、鱼类、贝类、番茄、蘑菇和某些干酪的独特滋味。据报道，第一个被确认能引发鲜味的化合物是谷氨酸。自此之后人们发现了更多能引发或增强鲜味的化合物。描述鲜味的术语多种多样，主要包括连续性、丰满度、冲击力、温和度和厚度等风味特征。人们通常将鲜味描述为一种芳香的“满足感”。

鲜味是由两种味觉受体介导的。第一种是谷氨酸类 GPCR 二聚体 TAS1R1+TAS1R3（图 2-4），作为 L-氨基酸受体，它是主要的鲜味受体。其中 TAS1R1 单体对于鲜味调节至关重要。第二类鲜味受体也是谷氨酸类，包含 4 种特异性滋味的代谢性谷氨酸受体（GRM1、GRM2、GRM3、GRM4），这些 GRMs 在谷氨酸盐及其类似物如 L-（+）-2-氨基-4 磷酸丁酸盐的作用

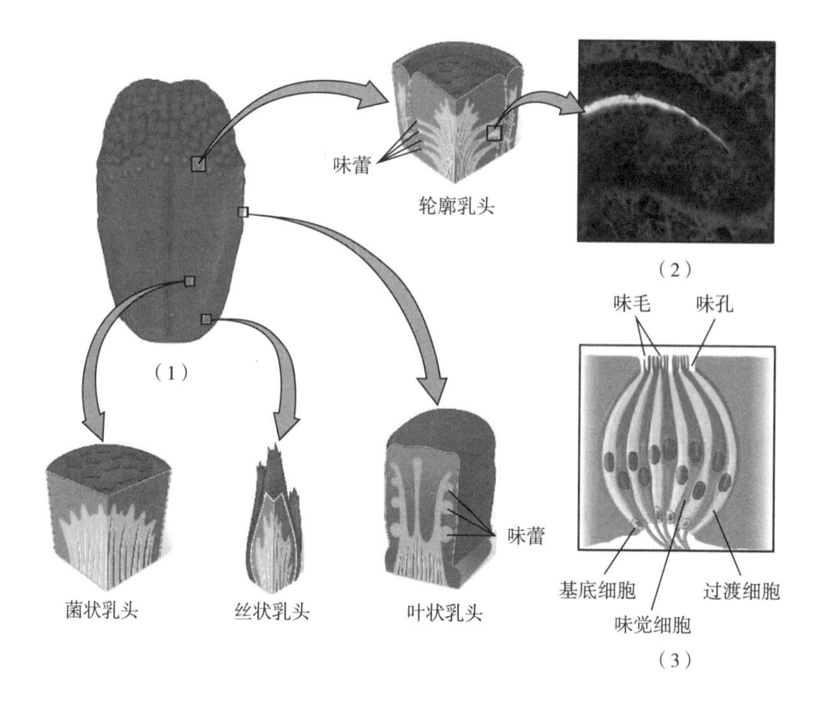

图 2-3 人类舌头的解剖结构

（1）为舌头表面可以区分 4 种类型的舌乳头（轮廓、菌状、丝状和叶状）。（2）为轮廓状乳头的横切面。（3）为具有基底细胞、味觉细胞和过渡细胞的味蕾示意图。味觉细胞的味毛可通过味孔进入唾液。

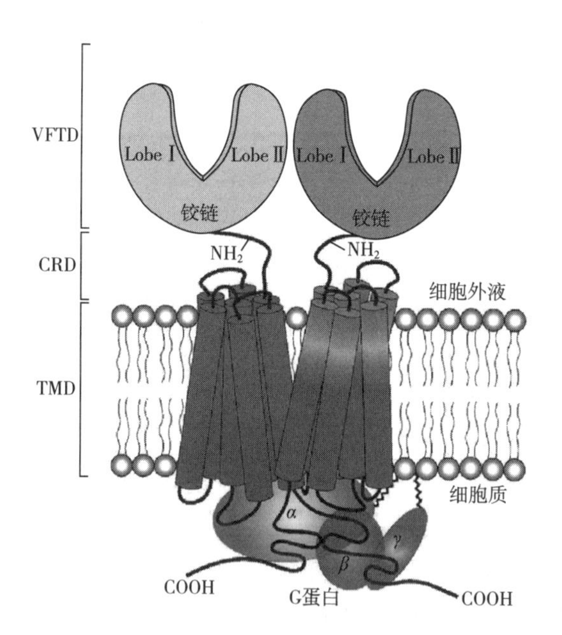

图 2-4 质膜中的鲜味受体二聚体 TAS1R1+TAS1R3 和细胞内 G 蛋白异源三聚体

味觉受体异源二聚体由 TAS1R1 和 TAS1R3 组成，每个都有 7 个跨膜蛋白片段（跨膜结构域，TMD），将它们锚定在味觉细胞膜上。每个单体在细胞外有两个叶，被称为捕蝇草结构域（VFTD）。这些 N 端叶通过富半胱氨酸结构域（CRD）连接到 TMD。叶、TMD 和 CRD 都是可能的配体结合位点。黑色锯齿线表示 G 蛋白 α 和 γ 的膜附着，它们与 G 蛋白 β 在细胞质一侧。G 蛋白三聚体与受体蛋白的 C 端相互作用。

下会被激活。在中枢神经系统中，特别是在大脑中，谷氨酸既是主要的兴奋性神经递质，也是抑制性神经递质γ-氨基丁酸的前体。GRM1 和 GRM4 在味蕾中都有表达，但味蕾中的 GRMs 对谷氨酸的敏感性约为大脑受体的 1%。

（2）甜味受体　甜味受体同样属于 TAS1R 家族，最常见的甜味受体为 TAS1R2+TAS1R3。与 L-氨基酸受体 TAS1R1+TAS1R3 相反，甜味受体 TAS1R2+TAS1R3 除了能感知甘氨酸和 D-色氨酸等甜味氨基酸外，还能感知甜味氨基酸二聚体阿斯巴甜和各种甜味蛋白质，如应乐果甜蛋白和奇异果甜蛋白。TAS1R3 受体胞外区域的空腔和甜味蛋白的分子结构是影响甜味蛋白感知度的关键因素。

（3）苦味受体　苦味由 TAS2 单体或二聚体介导。在人类和小鼠中，TAS2R 家族由 25 种与苦味相关的味觉特异性 GPCRs 组成。与甜味和鲜味 GPCRs 不同，TAS2R 家族与所谓的卷曲 GPCRs 受体密切相关，该受体对多细胞动物的身体发育至关重要。目前研究人员已经对 9 种 TAS2Rs 的结构功能关系展开了研究，包括 TAS2R4、TAS2R10、TAS2R14、TAS2R16、TAS2R30、TAS2R38、TAS2R43、TAS2R44 和 TAS2R46。表 2-4 列出了已鉴定的人类 TAS2 受体及其编码基因的染色体位置。大量 TAS2R 亚群在单个味觉受体细胞中表达，表明这些受体共同发挥着苦味传感器的作用。

表 2-4　已鉴定的人类 TAS2 受体及其编码基因的染色体位置

苦味感受器	编码基因的染色体位置	苦味感受器	编码基因的染色体位置
TAS2R1	5p15. 31	TAS2R30	12p13. 2
TAS2R3	7q34	TAS2R31	12p13. 2
TAS2R4	7q34	TAS2R38	7q34
TAS2R5	7q34	TAS2R39	7q34
TAS2R7	12p13. 2	TAS2R40	7q34
TAS2R8	12p13. 2	TAS2R41	7q35
TAS2R9	12p13. 2	TAS2R42	12p13. 2
TAS2R10	12p13. 2	TAS2R43	12p13. 2
TAS2R13	12p13. 2	TAS2R45	12p13. 2
TAS2R14	12p13. 2	TAS2R46	12p13. 2
TAS2R16	7q31. 32	TAS2R50	12p13. 2
TAS2R19	12p13. 2	TAS2R60	7q35
TAS2R20	12p13. 2		

（4）酸味受体　与甜味、苦味和鲜味不同，酸味的感知不涉及 GPCRs。酸味的产生与细胞内的酸化作用有关，但是目前酸味受体的介导路径仍不清晰。研究表明，有机酸透过细胞膜渗透进细胞后，使细胞质酸化，导致钾离子渗漏通道 KIR2. 1 堵塞，从而诱导酸味细胞的激活。此外，通过质子电导通道进入细胞的质子进一步使酸味细胞去极化。在过去的 30 年里，人们提出了许多可能的酸味受体，如上皮钠通道、超极化激活的环核苷酸门控通道、酸传感离子通道和

多囊肾病蛋白样蛋白。然而，进一步的生物物理和小鼠基因研究证明这些说法是错误的。人们在昆虫中发现了一种二元酸感知机制，这种机制在进化上可能是保守的。有研究人员认为蛋白质 Otopetrin-1（Otop1）是酸味受体的可能性最大。Otop1 是在筛选出编码多个具有指示性表达模式的跨膜结构域蛋白质的基因后出现的。Otop1 在体外作为酸味觉受体，即锌敏感的质子传导通道。

（5）咸味受体　上皮钠通道被公认为感知氯化钠的受体。咸味受体细胞分为两种，一种是和低浓度 NaCl 相互作用的阿米洛利敏感型味觉受体细胞，另一种是与高浓度 NaCl 相互作用的阿米洛利不敏感型味觉受体细胞。Ⅲ型味觉细胞可能含有介导高浓度盐的咸味受体，阿米洛利敏感型咸味可能是由非Ⅱ/Ⅲ型细胞介导的，目前尚不明确确切的细胞类型。此外，高浓度的盐会激活苦味和酸味受体细胞，从而激活相关神经通路，令人产生厌恶的反应。

3. 味觉传导

（1）甜味、苦味、鲜味的传导　当食物进入口腔并与味觉受体结合时，味觉传导就开始了。GPCR 在与配体结合时其构象发生变化，并发挥鸟嘌呤核苷酸交换因子的功能。由此产生的亚基 Gα-味蛋白从二聚亚基 Gβ_3/Gγ_{13} 中解离，然后向下游感受器发出信号（图 2-5）。在信号传递过程中，磷脂酶 C 异构体 β2 将膜脂磷脂酰肌醇 4,5-二磷酸水解为二酰基甘油和第二信使肌醇 1,4,5-三磷酸（IP_3）。味觉细胞释放 IP_3，诱导内质网通过 3 型 IP_3 受体释放钙离子。浓度升高的胞内钙离子靶向结合瞬时受体电位阳离子通道亚家族 M 成员 5（$TRPM_5$），并通过电压门控钠通道诱导钠离子流入，随后细胞去极化。该动作电位触发钙稳态调节剂 1 和 3 的打开，三磷酸腺苷作为神经递质释放到味觉传导神经纤维上。

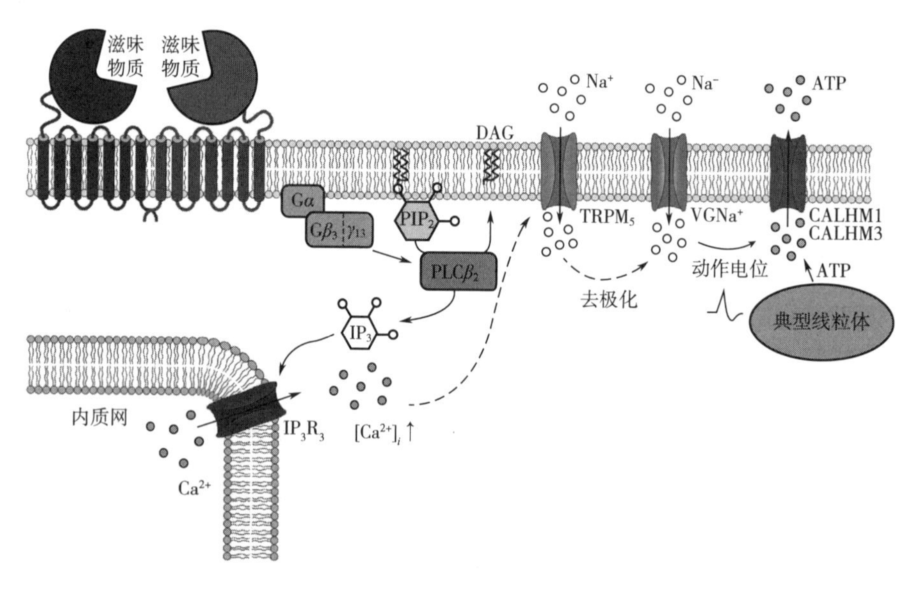

图 2-5　甜味、鲜味和苦味的味觉传导通路

味觉结合使 GPCR 二聚体（左上）引起三磷酸鸟苷（GTP）驱动的味蛋白亚基 Gα 从亚基 Gβ_3/Gγ_{13} 中解离，这触发磷脂酶 Cβ_2（PLCβ_2）水解磷脂酰肌醇 4,5-二磷酸（PIP_2）为第二信使肌醇 1,4,5-三磷酸（IP_3）和二酰基甘油（DAG）。通过 3 型 IP_3 受体（IP_3R_3）从内质网释放 Ca^{2+}，提高胞质钙［Ca^{2+}］$_i$，并靶向作用通道蛋白 $TRPM_5$。通过电压门控钠通道（$VGNa^+$）的 Na^+流入导致细胞去极化，动作电位触发钙稳态调节剂 1 和钙稳态调节剂 3（CALHM1 和 CALHM3）的打开，由非典型线粒体产生的三磷酸腺苷（ATP）被释放到味觉传入神经纤维上。

（2）酸味的传导 由于酸味受体仍未确定，酸味的转导尚不明晰。渗透细胞膜的有机酸会引起去极化，使细胞质酸化，并阻断钾（K^+）通道 KIR2.1。此外，质子通过质子电导通道进入细胞，进一步使细胞去极化并诱导产生动作电位，从而激活味觉传入神经纤维上的神经元。

（3）咸味的传导 上皮钠通道（ENaCs）被公认为是咸味的受体。当盐浓度较高时（0.3mol/L NaCl 或 KCl），苦味和酸味相关的两条排斥神经纤维会被激活，引起排斥反应。此外，高离子强度抑制碳酸受体碳酸酐酶 4，这可能导致细胞内质子增加并触发相关的排斥神经通路。

味觉相关受体及其配体和相关传导途径见表 2-5。

表 2-5 味觉相关受体及其配体和相关传导途径

滋味属性	味觉感受器	配体	感受目标	传导途径
甜味	TAS1R2+TAS1R3	糖、糖替代品、甜味氨基酸、多肽、蛋白质	蔗糖、甘氨酸	$PLC\beta_2$
	TAS1R3+TAS1R3	低亲和力甜味受体，不与糖替代物或 D-氨基酸结合	蔗糖	$PLC\beta_2$
鲜味	TAS1R1+TAS1R3	L-氨基酸	丙氨酸、丝氨酸、谷氨酰胺	$PLC\beta_2$
鲜味	GRM1、GRM2、GRM3、GRM4	谷氨酸	谷氨酸、L-AP4	未知
苦味	25TAS2 感受器	因受体而异	咖啡因、奎宁、PCT	$PLC\beta_2$
酸味	Otopetrin-1	有机酸	醋酸、柠檬酸	KIR2.1
咸味	ENaCs	盐	NaCl	Ion channel、Car4

注：$PLC\beta_2$：磷脂酶 C 亚型 β_2；L-AP4：L-（+）-2-氨基-4-膦丁酸酯丙基硫脲嘧啶；PCT：苯硫脲；KIR2.1：钾离子通道；ENaC：上皮钠通道；Ion channel：离子通道；Car4：碳酸酐酶 4。

4. 味觉的特性

味觉有两个重要的特性，分别是味觉的适应性和味觉感知的交互性。适应性指的是在持续刺激的条件下味觉反应的降低。这样的例子有很多，例如当你把脚放入热水中可能会立刻发出惊叫，但一段时间后皮肤就适应了。我们的眼睛也可以不断地适应周围光线的变化，例如当我们刚进入一家电影院，会感觉眼前一片漆黑，但几分钟后我们就能看清楚周围的环境。实验室内会经常开展一项实验，实验员伸出舌头，让溶液缓缓流过舌头表面，一开始会有明显的味觉感知，一段时间后就慢慢失去了感觉。味觉的第二个特性是多种味觉之间表现出部分抑制或相互掩盖作用，即交互性。例如，水果饮料和葡萄酒中的酸味可以被甜味部分掩盖，盐在一定程度上可以抑制苦味。

第三节　食品质构流变特征与口腔感知

一、质构概述

目前，质构被普遍定义为通过视觉、听觉、触觉等感官检测到的食物的结构特性、机械特性以及表面特性。质构有以下几个特点：①质构是一种只有人类（和动物）才能感知和描述的感官属性，任何仪器测量都必须与感官反应相关。②质构是一个多参数属性。③质构与食物的结构密切相关。④质构可通过多种感官检测。

通常，物体的质构可以由视觉（视觉质构）、触觉（触觉质构）和听觉（听觉质构）所感知。然而对于某些产品，通过一种感官就可感知其质构，而有些产品的质构则需要多种感官同时发挥感知作用。例如，通过视觉和触觉可以感知到橘子皮有粗糙感，而苹果皮却没有。在咀嚼薯片的过程中，通过触觉和听觉能感知其酥脆感。通过感受搅拌玻璃杯中奶昔时的感觉以及口腔中的触觉可以评估其厚度（黏度）。对于一种产品，质构的视觉感知也是反映该产品新鲜程度的特征参数之一。例如，菠菜的枯萎和葡萄的干瘪意味着其品质已经不新鲜。此外，质构的视觉感知会创造一种对产品口感特征的期望。当这种期望和触觉感知到的产品质构特征不一致时，就会导致产品的接受度下降。因为人们最在意的往往是食物质构的口腔感知。

对消费者而言，食物的质构非常重要。然而，与颜色和味道不同，消费者通常不把质构作为食品安全性的评价指标，而是作为食品品质的评价指标。不同经济阶层的消费者对质构的认识存在差异，相对于低收入人群，高收入人群对食物的质构更加敏感。此外，相对于一般人群，大型食品公司的消费者更重视食物的质构。消费者更青睐的食物质构是“能够在嘴中完全受控”。黏稠、黏糊糊的食物或者存在块状或硬颗粒的食物会让消费者担心有窒息的危险，因而被拒绝。对于某些食品，质构是产品最重要的感官属性，存在质构缺陷的产品，如潮湿的（不脆的）薯片、又硬又柴的（不嫩的）牛排、枯萎的（不脆的）芹菜条，将会对消费者的食用感受产生极其负面的影响。还有一类食品，尽管质构也很重要，但它不是这些食品的主要感官特征，例如糖果、面包和各种蔬菜等产品。面包的质构对于可接受度的影响所占比重约为20%。对于黏度相对较低的液体，如葡萄酒和苏打水等，质构对产品的接受度只有很小的影响。

在饮食过程中，食物内部、盘子上不同食物之间的质构差异也很重要。相对于土豆泥、冬南瓜泥和碎牛肉组合，索尔兹伯里牛排、炸薯条和大块冬南瓜的搭配会让人更有食欲。因此，在单一食物中或在一顿饭的搭配过程中应注意建立食物的质构差异。咀嚼食物的动态过程中，口腔感受到的结构差异十分重要，这也是马铃薯片和玉米片具有高适口性的原因，类似的具有这种动态质构差异性质的食物还有覆盖巧克力的花生和糖果等。在一项实验中，研究人员将29种食品混合并制成糊状以消除其质构特征，然后让感官评定小组成员品尝并识别这些食物。最终，只有约40%的食品能够被正确识别，其中只有4%的小组成员能正确识别出混合卷心菜，7%正确识别出黄瓜泥，41%正确识别出混合牛肉，63%正确识别出胡萝卜泥，81%正确识别出苹果泥。这些数据表明质构在消费者识别和分类食品的过程中起着不可忽视的作用。

此外，对食物质构的描述也因人而异。在一项质构描述实验中，不同食物引起的感官评定小组成员的口腔感知是不同的。小组成员在描述74种食物的质构时总共使用了79个质构描述词，有21个描述词被100名小组成员使用了25次及以上。最常用的词汇是硬度（软、硬、耐嚼、嫩）、脆度，以及水分情况（干、潮湿、湿、汁）。此外，研究发现日本人比美国人更擅于用质构描述词（日本人使用了406个，而美国人使用了79个）。当然，这可能不是基因差异，而是文化差异引起的，因为日本食物的质构通常比美国食物的质构更具多样性，此外语言上的差异也是潜在原因之一。尽管文化或语言上的差异一定程度上会影响人们对于质构的描述，但是有一些质构描述术语在不同文化中是普遍存在的。当然也有一些例外，例如法国人不认为蔬菜和水果是“脆的”（Croustillant），而在美国人眼里这些新鲜的产品却是脆的。总之，任何国家、文化或地区的感官评定专家在感官评定过程中不仅要注意食品的味道和颜色，还要注意感知到的质构特征。

二、质构的口腔感知

口腔感知可分为口腔-触觉感知、口腔属性、口腔中的相变。

（一）口腔-触觉感知

口腔-触觉感知的质构包含了在口腔中引起的所有质构感觉。嘴唇、牙齿、口腔黏膜、唾液、舌头和喉咙都涉及口腔质构的感知。口腔质构感知的顺序包括嘴唇摄取、门齿咬断、臼齿咀嚼（坚硬的食物）、唾液湿润和酶分解、舌头和硬腭之间发力使半固体食物变形、舌头将食物加工成一个食团然后吞咽。

1. 食物的崩解过程

在一次咀嚼过程中，食物颗粒的大小逐渐减小了几个数量级。食物的机械特性是碎化程度的决定性因素，不同食物在吞咽时的碎化程度差异很大。总的来说，对于大多数食物，平均食丸大小与食物硬度呈负相关。此外，在相同咀嚼次数或相同咀嚼时间下，断裂应变与消费者评估或通过图像分析测量的分解颗粒大小呈正相关。此外，食物的某些细节特征会促使消费者不得不调整咀嚼的策略，因此有时候这些细节特征可能比硬度对食物的分解更加重要。例如，油的释放对感官有很大影响，因此在相似的力学性能水平下，结合油滴的凝胶模型的破碎程度远低于未结合油滴的凝胶。结构简单或质地均匀的食物与结构复杂或质地不均匀的食物在分解时遵循不同的分解途径，后者会被分解成更多且更小的颗粒。此外，食物在口腔中的分解过程可以看作是两个连续过程的复合结果，即选择和破坏。在两种不同大小的凝胶颗粒的混合物中，较大的颗粒被优先选择分解，较小的颗粒被咀嚼的次数明显较少，由此可见，食物分解受到碎片颗粒大小分布的影响。如果食品的结构在口腔加工过程中容易发生物理分解和/或酶降解，那么食品的微观结构会发生变化。例如融化的食物，如巧克力、糖果和冰淇淋，在口腔温度下会失去结构。巧克力是一个连续的脂肪晶体网络，可以与唾液形成水包油乳液。饼干由于糖相的增溶作用，从食物基质中释放出大量的淀粉颗粒，这些颗粒暴露于α-淀粉酶后被水解。相比之下，在咀嚼过程中，肉的微观结构破坏程度较低。尽管肌束逐渐断裂成小颗粒，但由于胶原鞘的保护，纤维结构不会被完全分解，肌节长度也不会发生明显变化。在坚果的咀嚼过程中，果胶的细胞壁和细胞间黏附可以保护坚果免受机械剪切，其效果取决于咀嚼次数。

2. 食丸的形成

唾液由水、不到1%（质量分数）的电解质以及有机化合物组成，它是颗粒化过程或食丸形成的关键驱动因素。食物颗粒的团聚是一个复杂的过程，涉及大多数固体食物的润湿和包覆、水化和造粒（图 2-6）。第一个环节是润湿和包覆，由于表面活性成分（如蛋白质和磷脂）的存在，疏水和亲水表面能会降低（即接触角变小），从而利于唾液对食物颗粒的润湿和包覆，这是食物-唾液相互作用的第一步，并防止颗粒黏附在口腔表面（牙齿）。润湿和包覆对于干燥食品和油性食品的润滑和丸状形成非常重要。第二个环节是水化，对于多孔食物，如果其空隙壁是由亲水分子（如一些蛋白质和多糖）构成的，这些亲水分子就会自发地从毛细流到多孔食物的狭窄空隙中，随后水分子扩散到壁上，并通过氢键与食物分子相互作用，导致食物的水化和软化。水化作用软化了食物颗粒，从而有助于食丸的形成。当接触角>90°时，毛细流不会自发地进入狭窄的空隙空间。需要注意的是，口腔加工可通过外力促进唾液流入狭窄的空隙，并可通过机械分解增加食物颗粒的比表面积，从而增强水化作用。最后一个环节是造粒。颗粒在固结应力下形成大团聚体，形成内聚丸，在毛细管力、界面力和黏性力的联合作用下形成永久的黏结。这一过程可能存在摆动状态、纤维状态和毛细管状态。在摆动状态下，颗粒在接触点被液体桥连接在一起。在毛细管状态下，颗粒处于饱和状态，颗粒之间的空隙被液体填充。纤维状态是摆动状态和毛细状态之间的过渡。唾液中的黏蛋白网络具有黏弹性，可作为黏合剂，有助于造粒过程。此外，α-淀粉酶水解可能有助于食丸的强化，这也有利于食物颗粒的造粒。一些高水分固体食物，如蔬菜和水果，在口腔加工过程中会释放大量液体，从而减少唾液分泌，

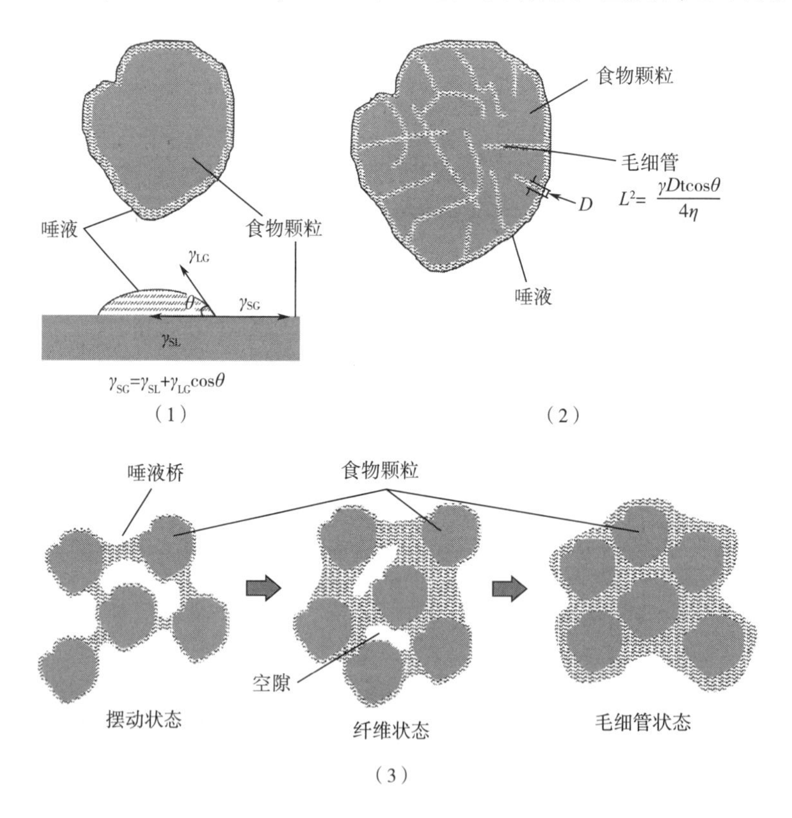

图 2-6　食丸形成过程示意图

（1）食物颗粒润湿：γ 是表面张力；SG 是固气界面；LG 是液气界面；SL 是固液界面。当 θ<90°时，液体湿润；当 θ > 90°时，液体大部分不湿润。（2）食物颗粒通过毛细管流动水化，用瓦什伯恩（Washburn）方程描述：D 是平均孔径；L 是渗透到完全可湿多孔材料的距离；γ 是唾液在食材壁的表面张力；θ 是唾液与食物的接触角；t 是液体渗入毛细管的时间；η 是液体的黏度。（3）食物颗粒通过摆状、纤维状和毛细血管状态形成食丸。

促进丸状形成。据报道，在单一固体食物中添加配料或调味品可以通过改变丸剂的流变性和摩擦学特性促进食丸的形成。然而，目前关于唾液在这些食物的成丸过程中如何发挥作用的研究还很少。

3. 吞咽

吞咽涉及触觉/动觉知觉，以及调节和适应口腔内的剂量变化。固体食物可以变成各种各样的食丸，这些食丸都有一个共同点，即必须满足一定的吞咽要求。由于每种食物的动态感知途径都是独特的，因此不同食物的动态感知差异很大，且很难根据咀嚼过程中发生的感觉变化来确定吞咽阈值。了解吞咽的物理机制及其与感官知觉的关系对于揭示不同类型食物的吞咽阈值至关重要。对于固体食品，必须将颗粒大小减小到一定程度以满足吞咽的要求，粒度的吞咽要求取决于具体的食品结构和样本量。不同的个体和动物的咀嚼周期也有很大的差异。例如在一项研究中，87 名牙齿正常的受试者对 9.1cm^3 的花生咀嚼次数从 17~110 次不等。通常，唾液分泌更多的人的咀嚼次数更少。在吐司上涂黄油会减少咀嚼的次数。固体食物如谷类食品、乳制品、肉制品、蔬菜、水果和坚果会在食丸的形成过程中发生唾液浸渍。根据这些食物的初始性质，吞咽时的水分含量从<50%到>90%不等。食物的质构属性如硬度、黏度以及流变特性等与食物的口腔加工过程密切相关，很多研究将这些属性用于预测吞咽阈值。由于不同食物的质构差异较大，消费者的性别、年龄、咀嚼习惯和能力也不同，因此很难测定不同食物的吞咽阈值。

（二）口感属性

口感属性也是通过触觉感知获取，但与大多数口腔-触觉质构特征相比，其动态变化更小。例如，牛排的嚼劲或冰淇淋的稠度在口中感知时会发生明显变化，但品尝葡萄酒时葡萄酒的涩味通常不会发生明显变化。口感属性通常包括涩味、皱缩（与涩味化合物有关的感觉）、刺痛、发痒（与饮料中的碳酸有关）、热、灼烧（与在口腔中产生疼痛的化合物有关，如辣椒素）、凉爽（薄荷醇）、麻木。其中一些口感属性与产品的流变性和/或分解力有关，例如黏性和黏度；另外一些口感属性是化学反应引起的，如涩味和冰凉感。

口感属性可分为 11 类：①与黏度相关（薄、厚）；②与软组织表面相关（光滑、松软）；③与碳酸化相关（刺痛的、泡沫的、起泡的）；④与稠密度相关（水一样的、非常黏稠的、轻微黏稠的）；⑤与化学反应相关（涩的、麻木、冷却）；⑥与口腔涂层相关（黏附、脂肪、油性）；⑦与舌头运动阻力相关（黏糊糊、糊状、糖浆状）；⑧后味（清新、缠绵）；⑨与尝后生理感觉相关（饱腹、提神、解渴）；⑩与温度相关（热，冷）；⑪与湿度相关（湿、干）。

（三）口腔中的相变（融化）

目前，关于食物在口中的融化行为和相关的结构变化的研究较少。由于口腔温度升高，许多食物如巧克力和冰淇淋在口腔中会发生相变。据此研究人员提出了“冰淇淋效应”。他们指出，口腔感知到的质构动态变化是冰淇淋和其他产品适口性高的原因。一段时间以来，低脂肪是食品营销和产品开发的趋势。然而，脂肪主要与冰淇淋、巧克力、酸乳等在口腔内的融化过程有关。因此，当产品开发人员尝试用脂肪替代品取代脂肪的口感特征时，应该着重考察与相变相关的特征。早期的一项研究发现，口腔中冰淇淋融化过程的浓厚感可通过式（2-1）预测。

$$T_{\text{浓厚感}} = \mu^{\frac{3}{4}} \times f^{\frac{1}{4}} V \left[\frac{2(1-\phi)\Delta H_{i}\rho}{3K\Delta T\pi R^{4}} \right]^{\frac{1}{4}} \tag{2-1}$$

式中 μ——液相黏度，Pa·s；

T——固相（冰冻的冰淇淋）与舌头之间的温差，K；

ϕ——产品中空气的体积分数（溢出）；

H_i——冰的融解热，kJ；

ρ——冰的密度，kg/L；

V——舌头运动的速度，m/s；

f——舌头施加的力，N；

R——舌头接触食物的半径（假设为圆），m；

K——融化的冰淇淋的热导率，W/(m·K)。

虽然这个方程可能有助于指出影响融化系统的各种因素，但是其中的一些参数在实践中很难获取，因此很难标准化实施。目前仍然是通过小组成员的描述性分析或时间-强度测量法评价食物的融化过程。例如，有研究通过描述性分析和时间-强度测量法评估可可脂模型食品体系的融解，发现融化行为的变化与碳水化合物聚合物的脂肪替代程度有关。

三、食品质构对口腔感知的影响

（一）样品大小和形状

咀嚼方式，包括咀嚼次数、口腔停留时间、咀嚼速度、进食速度、肌肉活动和下颌运动，是食物-口腔相互作用的重要结果。尽管消费者的咀嚼模式因人而异，但食物结构在咀嚼模式方面往往起着主导作用。首先，样品的大小和形状是影响质构口腔感知的重要因素之一。例如糖浆中，粒径 80μm 以下的球形柔软颗粒或相对硬的平滑颗粒不会让人感知到沙砾感。然而，粒径为 11~22μm 的硬颗粒会带来明显的颗粒感。另一项研究表明口腔中可感知到的最小单个颗粒粒径小于 3μm。大小和形状还会影响口腔咀嚼过程，对于大部分食物而言，体积越大、产生的阻力越大，因此需要更长的口腔加工时间和更大程度的下颌运动和肌肉活动。例如，当多糖凝胶的体积增加一倍时，咀嚼持续时间、咀嚼次数和肌肉活动增加 1~2 倍，咀嚼持续时间与体积的 0.7 次方成正比。通常，当食物的机械性能在一个小范围内变化时，体积在咀嚼模式中起主导作用。与多个小方块的胡萝卜或黄瓜相比，一个大方块的胡萝卜需要的咀嚼时间更短，咀嚼次数更少，进食速度更快。而当胡萝卜切成细丝块时，总咀嚼时间/咀嚼次数进一步增加，进食速度降低，这表明高弹性和硬度的蔬菜咀嚼难易程度的顺序为：一个块样本<细切样品。相比之下，在咀嚼柔软的烤猪肉和鱼糜凝胶时，没有观察到形状对咀嚼模式的影响，这表明形状对咀嚼模式的影响与机械性能有关。

（二）不均匀性

在口腔感知的过程中，均一性不同的食物会给人带来不同的口腔感受。食物的均一性程度不仅取决于食物本身的结构，而且与长度尺度直接相关。在单一食物中，咀嚼次数和咀嚼时间随食物基质结构不均匀性的增加而增加。在微观尺度上，食物基质中的水分释放会影响感官知觉，进而影响咀嚼模式。例如，从充满乳剂的多糖凝胶中释放的大量油脂会影响咀嚼模式，研究人员推测这是由于它对感官知觉的影响，因为下颌运动的幅度分别与内聚性/黏附性和平滑性呈正相关和负相关。然而，从乳清蛋白/κ-卡拉胶凝胶网络中释放的大量的水对咀嚼次数、咀嚼持续时间和肌肉活动没有显著影响，这表明口中过量的水不会导致咀嚼速度变慢。当固体食物基质中含有肉眼可见的食物颗粒或碎片时，咀嚼模式很大程度上会受到这些颗粒和碎片的影响。例如，嵌入巧克力或明胶基质中的花生、κ-卡拉胶凝胶中的海藻酸钙珠、加工干酪中的甜椒凝胶片、明胶-琼脂凝胶和/或基于琼脂的凝胶片对这些食物的咀嚼模式有很大的影响。

在日常生活中，人们会摄入由各种单一食物组成的混合食物，此时不同食物的组合方式对咀嚼模式有明显的影响。例如，将蛋黄酱或干酪添加到不同结构的食物中，如胡萝卜、面包、饼干、煮熟的土豆和软化的干性食物，会促进食丸的形成，改变食丸的性质和增强润滑度，导致咀嚼时间、咀嚼次数和总肌肉活动减少，进食速度加快。在花生、干酪或吐司中添加天然黄油和人造黄油对咀嚼模式也有类似的影响。然而，研究发现在面包和土豆中添加蛋黄酱并没有改变每次咀嚼的肌肉活动，在花生、胡萝卜、蛋糕或干酪中添加液体后，每个周期的平均肌肉活动也几乎没有什么变化。这表明在同时咀嚼多种食物时，固体食物的质地/结构起主导作用。

（三）机械性能

食物的机械性能是影响咀嚼模式的最重要的结构特征。机械性能可以通过基本应力-应变法、经验方法（如质构分析）或消费者评价来评估。基本的应力应变方法是基于材料的工程理论发展起来的，目前已被用于测量食品的特定力学参数，包括线性黏弹性、大变形性能和断裂性能。尽管在模型食物中，口腔加工（肌肉活动和下颌运动）参数与杨氏模量之间存在显著相关性，但在结构复杂的真实食物中，并不经常观察到类似的关系。例如，牛肉和干酪具有相似的杨氏模量，但牛肉的咀嚼时间和咀嚼次数要比干酪大得多，这是因为它受到其他混合力学特性的影响。在对 8 种固体食物的口腔加工研究中发现，进食速度与杨氏模量以及 15% 应变下的单轴压缩应力呈负相关；研究人员随后进一步将固体食物的种类扩大到 59 种，这种相关性就消失了，这表明每种食物的结构都有其特殊之处，并在口腔咀嚼过程中起着至关重要的作用。

第四节 食品多元感知刺激与感知交互

食品是一种多元感知刺激，因此，某种感官模式下的刺激可能会影响另一种感官模式下的判断和感知。例如，有研究表明，人类在了解颜色和味道、颜色和气味的配对效应后，就可能会在感知其中一种属性后对另一种属性的感知产生预期。通过重复配对或通过不同口味和风味的自然共存，可以将这些体验建立一种关联并整合起来。额叶皮层区域的脑成像证明这些整合起来的感知是“真实的”感知，而不仅仅是某种反应偏差。以下重点讨论的感知交互有：滋味与气味、化学刺激与风味、颜色与风味，以及口腔触觉与味道的相互作用。

一、滋味与气味的相互作用

心理学研究发现，滋味和气味的感知强度存在一定程度的叠加效应。例如，在品尝咖啡时，咖啡的香气会对其甜味感有加成效应。一些未经培训的普通消费者会错误地将一些嗅觉感知归为“滋味”，特别是鼻后感知的气味，原因是鼻后嗅觉难以辨认，通常被误认为是口腔中的滋味，例如丁酸乙酯和柠檬醛会影响滋味评价。这种影响可以通过在品尝时捏紧鼻孔来消除，因为堵塞鼻孔可以阻止挥发性物质的鼻后通道，有效地切断挥发性风味的干扰作用。此外，有研究表明刺激性的滋味会降低挥发性风味的感知强度，而令人愉悦的滋味则与之相反。在果汁中添加不同质量的蔗糖，发现随着蔗糖浓度的增加，一些令人愉悦的气味属性的感知强度增加，而令人不愉悦的气味属性的感知强度有所下降。然而事实上并未检测到顶空挥发物浓度的变化，研究人员将其解释为心理作用，而不是物理作用。

一些研究人员认为，甜味感知的增强效果取决于味道和气味的一致性和/或相似性，这是因为许多气味与滋味非常接近导致难以区分，如蜂蜜的甜味或醋的酸味。在进食食物时，气味和滋味在空间和时间上的连续性对促进这种效应也很关键。

鉴评员对特定滋味-气味组合的学习经验十分重要，因为这会影响鉴评员感知到滋味或气味增强效应的方式和时间。例如，鉴评员在有了感知甜味和焦糖化气味同时出现的学习经验后，就会知道两者同时出现可能会产生一些甜味增强效果。为了明晰这种增强效果是真正的增强，还是仅仅是由于味觉和嗅觉的混淆而导致的甜味感知增强，研究人员针对大脑区域（如眼窝前额皮质）的多模态神经活动开展了大量的脑成像研究，结果表明嗅闻甜香可能会唤起记忆中编码的所有的滋味/气味配对经验（即风味）。此外，当受试者口中含有某种滋味时，对与该滋味相似的气味的感知阈值会降低。受试者的专注度和受培训程度对滋味-气味相互作用的感知也有影响。

二、化学刺激与风味的相互作用

化学刺激与风味之间也会发生相互作用。只要比较过苏打水和碳酸苏打水，就会知道二氧化碳带来的刺痛感会改变产品的风味平衡，通常在碳酸作用缺失的情况下产品的风味会大打折扣。第一批研究化学刺激对嗅觉影响的工作者发现，鼻腔中的二氧化碳对嗅觉有抑制作用。日常生活中，携带刺激性成分的气味很多，它们或多或少都会抑制我们对风味的感知。当鼻腔对刺激的敏感性降低时，通过嗅觉感知到的芳香风味就会增强。同样地，降低刺激的程度时，这种刺激的抑制作用也会降低。

食品中另一个典型的化学刺激是辣椒对口腔的刺激。研究表明辣椒素对口腔味觉感知有部分抑制作用，特别是对酸味和苦味的抑制。民间有很多改善辣椒引起口腔灼伤的偏方，例如用不同味道的食物进行中和清洗，如玉米淀粉、酥油、菠萝、糖和啤酒等。经过系统对比发现，甜味、酸味和咸味的食物对缓解灼伤感有一定的效果，其中甜味食物效果最好。

三、颜色与风味的相互作用

食物外观对风味感知的影响不容忽视，研究人员围绕两者的相互作用展开了广泛的研究。人类是一种视觉驱动的物种。因此在烹饪艺术非常成熟的当今时代，食物的视觉呈现与其风味和质构品质同等重要。通常，食物的颜色越深，人们感知的风味强度就越强。当食物颜色与其本身不符时，食物的风味识别会受到干扰。例如在评价红色的白葡萄酒时，感官评定小组成员会使用更多的用于描述红葡萄酒的词汇。对脱脂牛乳、低脂牛乳和全脂牛乳进行辨别时，即使是训练有素的小组成员，在黑暗中成功分辨脱脂牛乳和低脂牛乳的概率也微乎其微，这表明外观也会影响消费者对食物的感知过程。

四、口腔触觉与味道的相互作用

在口腔加工过程中，味觉和口腔触觉完全混杂在一起，尽管很多时候大脑可以识别它们，但是不可否认的是触觉与味觉也存在相互作用，而且这种相互作用会影响味觉，这已经在许多研究中得到了证实。例如，食物的粗糙/光滑程度显著影响了味道：粗糙的食物往往比表面光滑的食物更酸。与大豆蛋白凝胶和牛乳蛋白凝胶相比，明胶凝胶具有更高的硬度和更高的钠离子迁移率，但咸味评分更低，这表明了触觉-味觉相互作用对味觉感知的重要性。研究发现，虽然粗空隙面包和细空隙面包之间没有显著的钠释放差异，但粗空隙面包的咸味感明显强于细空隙面包，可能是因为在触觉-味觉相互作用下，粗空隙面包的坚硬质地降低了盐的感知强度。研究人员通过对比水溶液、悬浮液和凝胶的咸味，发现咸味感知受到黏度、凝胶硬度和固体颗粒机械感的影响。固体颗粒的存在不仅会略微增加黏度，而且会大幅削弱咸味、酸味、鲜味和甜味。这些例子说明，可以通过触觉和味觉的相互作用来实现对味觉的调整，从而影响味道感知。

第五节　食品感知的影响因素

一、阈值

阈值可以被定义为感官知觉的极限。阈值适用于气味和味觉，分为绝对阈值、识别阈值、差异阈值和终端阈值（最终阈值）4 类。绝对阈值是可以检测到刺激物（例如挥发性化合物或味道剂）的最低浓度。识别阈值是能够识别和描述刺激物的最低浓度。差异阈值是可以检测到的刺激浓度变化的最低浓度。终端阈值是指浓度超过这个阈值后进一步增加浓度则无法再被检测到，通常伴随着疼痛。然而，阈值不能被认为是一个常数，它往往随其他因素的变化而发生波动。例如，阈值可能受到注意力不集中、情绪波动、生物节律变化、饥饿感和饱腹感等因素的影响。

二、生理因素

通常，感官评定之前应该考察小组成员的整体身体和健康状况。鉴评员如果身体不适（如感冒、流感、感染），或情绪低落、工作压力大，应避免参加感官评定。吸烟者在感官评定开始前 1h 内不得吸烟。此外，在感官评定前 1h 内也应禁止喝咖啡。鉴评员在进行感官评定前的 2h 为不应过度饮食。其他可能影响小组表现的生理因素包括长期暴露于刺激条件下造成的适应性。

三、心理因素

1. 预期误差

当在分析之前或分析过程中给出了太多关于目标或样本的信息时，可能会出现预期误差。不必要的信息可能会引发某些预期，从而间接扭曲鉴评员的判断。因此，样本应该进行编码和随机化。所披露的信息的数量应该是最少的，并足以满足测试的目标。

2. 习惯误差

当相似的样本规律性地呈现时，鉴评员倾向于分配相似的分数而忽略可能发生的实际差异，此时就会出现习惯误差。在质量控制中习惯误差较为常见，可以通过改变样本的呈递规律来避免。

3. 暗示和分心误差

在分析过程中，不必要的噪声或评论可能会影响鉴评员的专注力，从而影响其作出正确的判断。为了避免这种分心误差，感官评定应该在安静的、没有干扰的环境中进行，评定过程中鉴评员不应开不必要的玩笑。有条件的情况下应使用专业的感官评定小间。

4. 刺激和逻辑误差

刺激误差是感官评定中另一个经典的问题。这种情况发生在鉴评员知道或假定知道刺激的本体，从而得出一些关于它应该是什么味道、气味或外观的推断。然而由于鉴评员假想和预期，这种判断往往是带有偏见的。但是刺激误差有时候也会发挥一定的积极作用，例如在识别葡萄酒产地和年份时，如果事先知道酒主人的喜好，猜对酒就容易很多。在感官评定中，通常采用盲测原理和随机三位数编码的方法来减小刺激误差。然而，鉴评员并不总是对样本信息一无所知。例如由产品员工组成的评定小组可能对正在测试的样品非常了解，这种了解会促使他们不自觉地做出一些推断。此外，当存在不相关的属性（如颜色）影响鉴评员的判断时，刺激错误就会发生。当不相关的属性与某些属性联系在一起时，就会出现逻辑错误（如颜色较深的样品被视为气味或味道更强烈）。为了避免这些错误，所提供的样本应尽可能均匀，或通过一些技术方法掩盖不相关的差异（如使用彩色嗅探眼镜、彩色照明、鼻夹等）。

5. 顺序误差

一个样本的判断可能会受到上一个的样本的影响。此外，最先呈现的样本往往会获得更高的强度分数。为了避免这种错误，可以对样本进行随机化，或者在评估每个样本前先将同一种产品作为“空白”样本提交给鉴评员。

6. 成见效应误差

当一个属性的感知会下意识地影响其他属性的感知时，就会出现成见效应误差。例如，最甜的样本可能被认为是最黏的。这种错误在未经训练的鉴评人中很常见。为了避免这种错误，鉴评员应该经过系统的培训。

7. 对比效应误差

如果一个队列中两个样本之间的差异太显著，鉴评员可能倾向于夸大这些差异。另一方面，如果相似的样本出现在一组差异大的样本中，它们的相似性可能会被夸大。为了避免这种错误，可以平衡样本的呈现顺序。此外，如果可能的话，应该排除队列中会产生对比效应的样本。

8. 集中趋势误差

当用量表评定量化样本之间的差异时，鉴评员往往倾向于不给出极端分数（最低和最高），给出的分数通常集中于量表的中间。为了避免这种错误，应该对鉴评员进行培训，并鼓励他们充分使用量表。此外，量表本身应该足够大，以适应样本之间的显著差异。

9. 缺乏积极性

鉴评员的积极性会影响他们在判断时的专注度和一致性。当一个鉴评员除了要进行感官评定还身兼其他工作时，就会出现缺乏动力的问题。为了提高鉴评员的积极性，应该定期对他们的表现进行反馈，并不断强调小组活动的重要性。

思考题

1. 食品的基本品质属性有哪些？
2. 人体感官对食品外观、风味和质构的感知途径有哪些？
3. 不同的食品品质属性之间存在哪些感知交互作用？

CHAPTER 3

第三章 感官阈值的测量

学习目标

1. 了解阈值的类型和定义。
2. 掌握风味的阈值测定方法。

第一节 概述

到底什么是阈值？美国材料与试验协会（ASTM）提出了定义：存在这样一个浓度范围，低于该浓度范围下限时某物质的气味或味道在任何实际情况下都不会被觉察到，而高于该浓度范围上限时任何具有正常嗅觉和味觉的个体会很容易地觉察到该物质的存在，这个浓度范围就称为阈值。

阈值不仅在理论上很难被定义，在实际操作中也很难测定。已有文献报道在奎宁硫酸盐的水溶液中阈值的变化范围在100倍左右，若是在更复杂的体系中，阈值变化范围将会更大。研究人员早期甚至怀疑感官阈值是否存在。

人们总是认为在阈值的研究上投入金钱和时间是没有必要的，然而事实上对阈值的研究十分重要，因为它对于感官评定工作者而言是一个非常有用的概念。可以用3个事例来说明其用途：第一个事例是对天然产品芳香特性可能有贡献的风味物质的测定。例如在确定苹果汁关键香气化合物时，首先采用仪器分析法测定苹果汁中的挥发性化合物，然后根据不同化合物浓度与阈值的比来确定它们对整体风味的贡献。在风味研究中，通常认为那些高于其阈值浓度的物质才会对整体风味有贡献。第二个事例是关于定义产品中污染或不良风味的阈值。使用自动漂浮嗅觉计测量空气的阈值，可用来确定空气被污染的程度，并制定合法的界限从而控制污染。在产品研究或感官评定人员的选择中，阈值还可作为挑选和测试鉴评员的一种依据。第三个事例是可以用于筛选对关键风味物质敏感的个体。在化学感觉中，不同个体的味觉和嗅觉敏感性存在差异，这时候阈值的测定尤为重要。

阈值的概念之所以具有吸引力，一个原因是阈值是以物理强度单位来表示的，例如产品中某特定化合物的阈值单位为mol/L，这种表述避免了评估标度或者感官评分的主观性，因此受到研究人员的青睐。但是，阈值测定并不比其他感官技术更可靠或准确，而且测量起来通常劳动强度很大。阈值仅仅代表了剂量-反应曲线或心理物理学函数上的一个点，所以，阈值用来反映物理浓度函数的感官反应动力学的作用非常有限。

风味单位的概念就是可用阈值来衡量风味的强度。例如，H_2S 从破裂的瓶子中泄漏到房间里，浓度达到了检测阈值，我们可以说其风味强度是 1 个单位；若其浓度达到 2 倍的检测阈值，则风味强度是 2 个单位；但当浓度达到 3 倍以上的检测阈值时就不能再使用此概念。

值得一提的是，阈值对于某种物质来说并不是一个常数，而只是感觉过程中从完全感知不到到有所感知的一个转变点。测得的阈值会随人的心情、人体生理功能节律失调时间，以及饥饿和过饱程度而变化。即便对于同一种具有相同阈值的化合物，当其浓度发生变化时，感知到的强度的变化速率也会受到个体状态的影响，因此若要将阈值作为识别强度的标尺来使用时需要特别注意。

第二节　阈值类型

一束光可能如此微弱而不能明显地驱散黑暗，一个声音可能如此低沉而无法被听到，一次触摸可能如此轻柔以至于我们很难注意到。换言之，只有当外部刺激达到一定强度时，才能够被感知。早期著名的生理学家费希纳（Fechner）称其为阈值定律，即目标对象能够进入意识之前必须跨越的某个东西。

阈值是感官能力的限度。一般被分为绝对阈值、识别阈值、差别阈值、极限阈值。

绝对阈值是指感官能感受到变化的最低刺激——最暗的光、最轻柔的声音、最清淡的味道。绝对阈值被看作是一个能量水平，低于这一水平刺激不会产生感觉，而高于这一水平感觉就能够传达到意识。图 3-1 所示为绝对阈值的传统定义，以柴油在空气中排放量的绝对阈值为例，当柴油排放量高于 5mg/L 时才可被检出，因此认为柴油在空气中排放量的绝对阈值为 5mg/L。

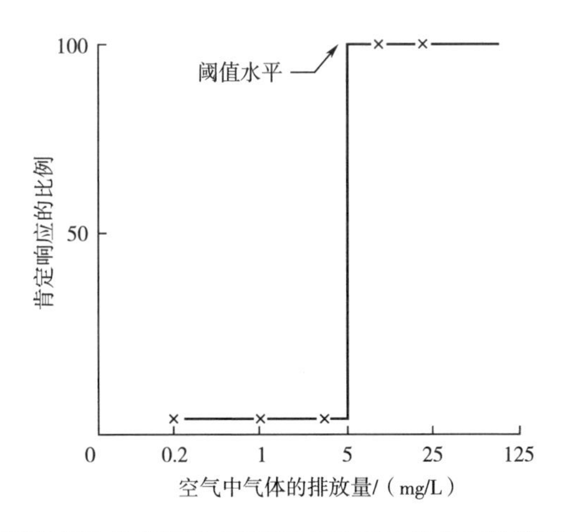

图 3-1　绝对阈值的传统定义（以柴油在空气中排放量的绝对阈值为例）

识别阈值指感官能认出并识别具体变化的刺激水平，或是表现出刺激特有的味觉或嗅觉所需要的最低水平。识别阈值通常要高于绝对阈值。如鉴评员品尝蔗糖含量持续增加的水溶液，在某个浓度感觉从“纯水的味道”转变到“非常淡的甜味”；随着蔗糖浓度的增加，进一步从“非常淡的甜味”转变到“适度的甜味”。其中第一次感官变化时的蔗糖浓度为绝对阈值，第二次感官变化时的蔗糖浓度即为识别阈值。又如当 NaCl 的浓度略微高于绝对阈值时，它是甜味的感觉；而只有当其浓度远高于这个阈值时，NaCl 才会表现出咸味，其中感官变化由“甜味”转变到“咸味”时的浓度即为识别阈值。

差别阈值是指感官所能感受到的刺激的最小变化量。通常通过提供一个标准刺激，然后与变化的刺激相比较来测定。测定时，刺激量在标准刺激水平上下发生微小变化，当这种刺激变化导致个体感受到感官差异时，刺激水平的差异值（或变化值）即差别阈值。差别阈值不是一个恒定值，它会随一些因素的变化而变化，尤其会随刺激量的变化而变化。通常在刺激强度较低时差别阈值较大，并且每位鉴评员的差别阈值都不同。

极限阈值是指刺激水平远高于感官所能感受的刺激水平，或是物理刺激强度增加而反应没有进一步增加所涉及的区域，通常也可称为最大阈值。在这个水平之上，感官已感受不到刺激强度的增加，且有痛苦的感觉。换句话说，感官反应达到了某一饱和水平，高于该水平不会有进一步的刺激感觉，这是因为感受器或神经达到了最大反应或者某些物理过程限制了刺激物接近感受器。但是，实际上很少有达到这种水平的食品，除了一些非常甜的糖果和一些非常辣的辣椒酱，食品或其他产品的饱和水平一般都远高于普通的感觉水平。对于许多连续系统，其饱和水平由于一些新感觉的加入，如疼痛刺激或苦味刺激而变得模糊。例如糖精的副味觉——苦味，在高水平时，对某些个体来说苦味会盖过甜味的感觉，浓度的进一步增加只增加了苦味，这一额外的感觉对甜味的感觉有一种抑制效应。因此，虽然反应的饱和似乎在生理学上是合理的，但复杂的感觉往往是由许多无法孤立的刺激所引起的。

在实践中，测量阈值的人会发现观察者反应转变的水平点会有变化。经过多次测量，即使对单一个体也会有可变性。在递增和递减试验中，即使是相同的试验组，人们转变反应的水平点也会不同。当然，人群间也有差别。这些导致了定义阈值的一般经验法则的确立总是有一些随意性，如将恰好有 50%的试验次数报告为“有感觉”的水平定义为阈值。

鉴评员的敏感度会因外界条件的变化而变化，如用布包裹的手表放在较远的距离，一会儿能听到指针走动的声音，一会儿则听不到。因此阈值并不是一个定值，而是对连续刺激的一种评价。如图 3-2 所示，某个鉴评员个体对空气中柴油的排放阈值是指他能感觉到柴油味的肯定回答比例达到 50%时柴油在空气中的排放量。

每个人对同一强度或同一味道的刺激物反应是不一样的，所以一个人的反应不能作为标准，要以一组人的反应为依据。如图 3-3 所示，由 62 人组成的评定小组，将其个体阈值分布作图，研究人员发现阈值的频率分布类似于钟形，然而右边的曲线要比左边的长，因为大多数鉴评员对刺激的敏感度很低。然后可用众数法对此结果进行分析，得到评定小组的平均阈值。

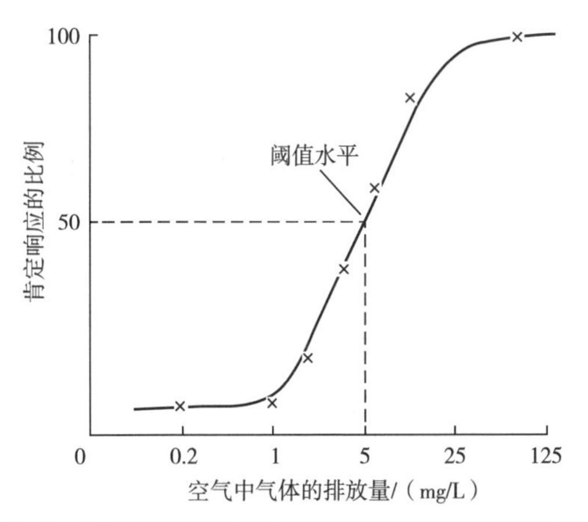

图 3-2　个体阈值的检测（以空气中柴油的排放为例）

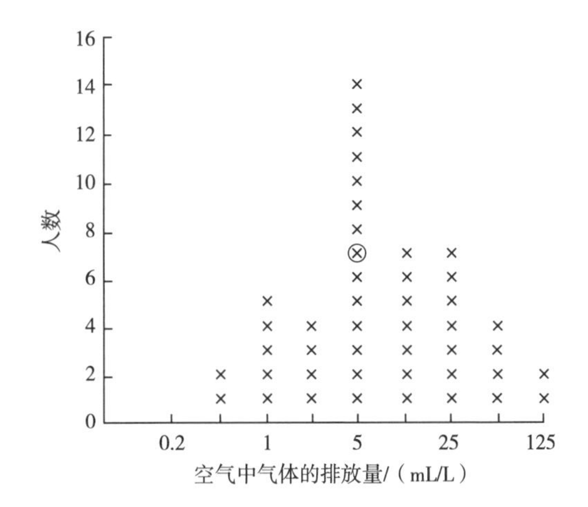

图 3-3　62 人评定小组的阈值

⊗是由图 3-2 中的个体阈值得到的。

第三节　味道、气味、风味的阈值测定方法

一、极限上升法

阈值可以通过各种各样的心理物理学方法进行测定，这些方法的基本依据可以是极限法、均差法和频率法。最适合测定小组阈值的方法可能是美国材料与试验协会（ASTM）提出的极限上升法（Ascending method of limits）。

【实例】测定异戊酸在空气中的阈值

一家粉刷工厂将含有浓重异味的异戊酸排放入空气中，附近的居民提出意见，并通过法院要求其将排放量控制在阈值之下。因此首先要测定异戊酸在空气中的阈值。选择 25 位鉴评员，使用动态三口嗅觉测量计进行测定，此仪器含有3个可嗅端口，鉴评员知道只有两个端口排放的是新鲜空气，另一个排放的是含异戊酸的空气，要求选出其认为有异戊酸排放的那个端口。

每个测试者轮流进行6种不同浓度样品的测试，样品浓度以3倍递增。必须连续两次选择正确才能开始计算得分。记录和分析结果见表3-1。个体阈值的计算是刚开始连续判断正确与上一次判断错误时浓度的几何平均值，小组阈值是个体阈值的几何平均数。另择日子对同一组鉴评员至少重复1次试验，一般情况下，阈值是下降的，因为测试者已经开始熟悉样品的气味和测定的技巧。如果阈值下降超过20%，则要重复试验直至阈值稳定。

表3-1　嗅觉的小组阈值测定

鉴评员	浓度/（μg/L）							阈值/（μg/L）	lg阈值/（μg/L）
	0.80	2.41	7.28	21.7	65.2	195	更高		
1	0	0	+	+	+	+		4.19	0.622
2	+	+	+	+	+	+		0.46	-0.337
3	0	+	+	+	+	+		1.39	0.143
4	+	+	+	+	+	+		0.46	-0.337
5	0	+	0	+	+	+		12.6	1.100
6	0	+	+	+	+	+		1.39	0.143
7	+	0	+	+	+	+		4.19	0.622
8	+	+	+	+	+	+		0.46	-0.337
9	+	+	+	+	+	+		0.46	-0.337
10	0	+	0	0	+	0	+	338	2.529
11	0	+	+	+	+	+		1.39	0.143
12	0	+	+	+	+	+		1.39	0.143
13	+	0	+	+	+	+		4.19	0.622
14	0	0	+	+	+	+		4.19	0.622
15	+	+	+	+	+	+		0.46	-0.337
16	0	+	0	+	+	+		12.6	1.100
17	0	+	+	+	+	+		1.39	0.143
18	+	+	0	0	+	+		37.7	1.576
19	+	+	+	+	+	+		0.46	-0.337
20	+	0	+	+	+	+		4.19	0.622
21	0	+	+	+	+	+		1.39	0.143
22	+	+	+	+	+	+		0.46	-0.337
23	+	0	0	+	+	+		12.6	1.1
24	+	+	+	+	+	+		0.46	-0.337
25	0	0	+	+	+	+		4.19	0.622

注：“+”表示正确；“0”表示错误。

二、极限法

在心理物理学的早期，极限法是最常见的测量阈值方法。在这个过程中，刺激强度将以升序增加，然后以降序减少，从而找到观察者从消极到积极或从积极到消极反应变化的点。经过多次升序和降序实验，可以取一个平均变化点作为阈值的最佳估计值（图 3-4）。

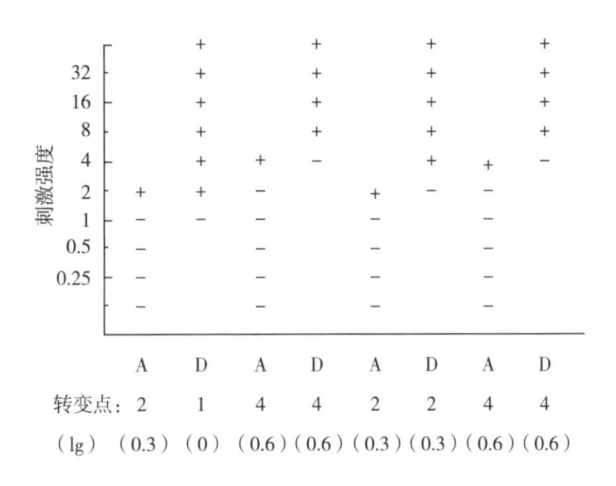

图 3-4 极限法例子

“+”表示正确；“-”表示错误。

这个程序虽然简单直接，但存在几个问题：首先，浓度递减可能会引起感觉疲劳或感觉适应，使观察者无法觉察到刺激，但这些刺激单独呈现时就会被清楚地感知到。为了避免在味觉和嗅觉中出现常见的感觉适应或疲劳问题，该方法通常只采用浓度增加的方式进行。其次，不同的人可能会在他们感觉变化之前设定不同的标准。有些人可能非常保守，他们在感知到变化之前必须很确定；另一些人可能会把任何迹象都作为报告感觉变化的理由。因此，经典的极限法受鉴评员个人标准的影响。为了解决个体标准不受控制的问题，工作人员在每个强度水平或浓度步骤的试验中引入了强制选择元素。这种方法结合了极限法和判别检验。该任务要求观察者通过从背景水平中区分目标刺激来给出客观的检测结果。

三、极限上升强制选择法

该程序遵循经典的极限法，即刺激强度如味道或气味化学物质的浓度按规定的步骤提高，直到检测到该物质。该程序增加了一个强制选择任务，即将检测物质添加到一组刺激物或产品中，这些刺激物或产品包括不含检测物质的其他样品。其中，添加味道或气味化学物质的刺激物或产品被称为“目标”，而未添加味道或气味化学物质的样品被称为“空白”。人们可以使用目标和空白的各种组合，通常包括一个目标和两个空白。因此，该任务是一个三点选配任务（3-AFC），即被测试者要在 3 组样本中选择一个不同的样本。也就是说，如果他们不确定，就会依靠猜测做出选择。

1. 试验目的

这种方法旨在找到 50%的样本组均检测到的某种物质的最低浓度。在实践中，计算为单个阈值估计的几何平均值。

2. 预备步骤

在进行试验之前，有几项预备任务见表 3-2。第一，待测化合物的纯度已知。第二，选择稀释液（溶剂、基质）或载体，如对于香气的阈值检测，通常使用去离子水或蒸馏水。第三，选择浓度梯度的倍数，通常使用稀释倍数 2 或 3。第四，应设置一些样品浓度进行初步筛选以估计阈值可能出现的范围。可以通过使用 5 或 10 的系数进行连续稀释来完成，但要注意感觉适应对后续测试中个人敏感性降低的影响。若一开始就接触具有强烈刺激的样品，可能会导致随后被检测的样品没有气味或味道，而事实上这些样品在单独品尝时可能会被感觉到。初步测试的结果应该包含可能的浓度范围，因此大多数参加正式测试的人员都会在测试系列的某处找到个人阈值的估计值。这个过程通常需要 8~10 个步骤。

表 3-2　　阈值测定的预备任务

序号	步骤	序号	步骤
1	待测化合物的纯度已知（注明来源和批号）	5	选择稀释系数
2	选择稀释液（溶剂、基质）或载体	6	招募鉴评员，人数≥25 为宜
3	设置浓度梯度/稀释倍数，如 2、3、9、27	7	若可能，设置测试程序
4	筛选近似阈值范围	8	逐字为鉴评员写说明

接下来，应该招募鉴评员。1 个样本组应该至少要有 25 名鉴评员。如果目标是将结果推广到更大的人群，那么该评定小组在年龄、性别等方面都要能够代表该人群，建议评定小组扩大到 100 人或更多。通常需要排除可能影响其味觉或嗅觉并已知有健康问题的人，以及在测试中有明显感官缺陷的人。当然，与感官测试有关的所有准备工作都必须完成，例如准备一个没有气味和干扰的测试室、安排小组成员、准备调查问卷或答题纸、为参与者编写说明。对于阈值测试来说，特别重要的是要有干净、无气味的玻璃器皿或塑料杯，以免污染或干扰测试样品的气味。在气味测试中，样品容器通常被盖住以保持液体上方顶空的平衡。在嗅闻时，每个小组成员都要把盖子取下，然后再盖上。最后，必须尽量减少或消除外部气味的影响，如参与者使用的香水或香味剂、洗手液或其他有香味的化妆品，这些都可能污染样品容器或整个区域。在标记样品时，避免使用任何可能有气味的标记笔或书写工具。样品杯或器皿上应标有编号，如使用随机的三位数字。试验者必须在每个步骤为 3 个样品设置随机顺序，并对每个测试对象使用不同的随机顺序。这些应该记录在一张编码表上，显示随机的三位数代码以及哪个样本是正确的目标样本。

3. 测试步骤

极限上升强制选择法测试步骤如表 3-3 所示。测试者坐在一个样品托盘前，托盘中装有大约 8 排，每排 3 个样品。每排包含随机的一个目标样品和两个空白样品。与三角试验相同，挑选出与其他两个不同的样品。鉴评员被告知从左到右评估每一排的 3 个样品。测试时进行浓度系列的所有步骤，并记录受试者的结果，如果该鉴评员不确定则需强制做出选择。如果鉴评员错过了最高水平，该水平样品将被重复检测。如果鉴评员正确回答了整个浓度系列的样品，最低水平样品也将被重复确认。如果在任何一种情况下反应发生变化，则需计算重复试验的次数。

表 3-3　极限上升强制选择法测试步骤

序号	步骤
1	通过软件程序或随机数生成器获得随机编号
2	根据随机顺序，为每位参与者提供托盘
3	根据测试说明指导参与者
4	提供超阈值样品（可选择）
5	提供样品并记录结果。如果参与者不确定，需强制做出选择
6	以一系列正确/不正确结论计算小组结果
7	计算个人估计阈值：所有较高浓度样品测试都正确，计算其中第一个正确结果和最后一个不正确结果样品的几何平均值
8	对所有个人估计阈值取几何平均值，得到测试小组的阈值
9	根据浓度对数（lg 值）和正确比例绘制图形。取 66.6%正确率的点向下绘制直线与浓度轴相交，得到一个阈值估计值（可选择）
10	绘制上下置信区间±1.96 [p（1-p）/N]，p 是正确率。在 66.6%上下置信区间与浓度轴划线，转换成浓度区间

4. 数据分析

表 3-4 所示为一个分析数据和确定阈值的示例（上升三点选配法的样品数据分析）。首先，每位成员确定个人阈值的最佳估计值（BET），即为刚开始连续判断正确与上一次判断错误时浓度的几何平均值（两个值乘积的平方根）。这种插值方法在一定程度上防止了强迫选择过程会稍微高估个人阈值（即在这个浓度下，他们有 0.5 的概率感觉到目标与空白不同）的情况。如果受试者在判断错误的情况下到了测试浓度最高系列，或者从浓度最低的样品开始所有的判断都是正确的，那么就会在测试系列之外推断出一个值。若测试到达测试浓度最高点，BET 是测试的最高浓度和下一个更高浓度的几何平均值。在测试浓度最低点，它是测试的最低浓度和下一个更低浓度的几何平均值。一旦这些个体最佳估计值被制成表格，群体阈值就是个体值的几何平均值。其计算方法是对每个单独的 BET 取对数（lgBET），求对数的平均值，然后对这个值取反对数（相当于取 n 个观测值乘积的 n 次方根）。

表 3-4　上升三点选配法的样品数据分析

鉴评员	浓度/（μg/L）								BET	lgBET
	2	3.5	6	10	18	30	60	100		
1	+	0	+	+	+	+	+	+	2.6	0.415
2	0	0	0	+	+	+	+	+	7.7	0.886
3	0	+	0	0	0	0	+	+	42	1.623
⋮	⋮	⋮	⋮	⋮	⋮	⋮	⋮	⋮	⋮	⋮

续表

鉴评员	浓度/（μg/L）								BET	lgBET
	2	3.5	6	10	18	30	60	100		
n	0	0	+	+	0	+	0	+	77	1.886
正确率	0.44	0.49	0.61	0.58	0.65	0.77	0.89	0.86	lgBET 平均值	1.149
									$10^{1.149}$ =	14.093

注：“+”表示正确；“0”表示错误。BET：个人阈值的最佳估计值（Best estimate of individual threshold），即第一次正确试验（后续所有试验正确）与前一次错误试验的几何平均值。根据 BET 的几何平均值计算评定小组阈值。实际计算中，找到 lg$x$ 的平均值，然后取该值的反对数值（或 10^x ）。

5. 图解法

另一种分析方法也适用于这类数据集。假设进行三点选配法（3-AFC）测试，并在每个步骤中计算出小组的正确率。我们可以从图 3-5 最下面一行开始计算正确选择数的边际计数，表示为正确比例（正确率）。随着浓度的增加，这个比例应该从接近 1/3 概率水平上升到接近 100%。该曲线通常会形成一个类似于累积正态分布的 S 型曲线。阈值则被定义为表现正确率为 50%的水平。这是由 Abbott 公式得到的，如式（3-1）所示。

$$P_{corr} = (P_{obs} - P_{chance})/(1 - P_{chance}) \tag{3-1}$$

式中 P_{corr}——概率校正比例；

P_{obs}——数据中观测到的正确比例；

P_{chance}——可能概率，例如三点选配法的可能概率是 1/3。

另一种形式如式（3-2）。

$$P_{req} = (P_{chance} - P_{corr})/(1 - P_{chance}) \tag{3-2}$$

式中 P_{req}——为了达到某个概率校正水平所观察到的比例；

P_{chance}——可能概率；

P_{corr}——概率校正比例。

因此，如果需要在 3-AFC 测试中获得 0.5 的概率校正比例，则需要得到 1/3+0.5（1-1/3）或 2/3（66.7%）正确率。

一旦数据被拟合出一条直线或曲线，就可以求出该组达到 66.6%正确率的浓度（如果数据是线性的，则可以简单地用肉眼观察取值）。基于回归方程可以拟合许多数据集，如式（3-3）所示。

$$\ln \frac{p}{1-p} = b_0 + b_1 \lg C \tag{3-3}$$

式中 p——浓度 C 时的正确比例；

b_0 和 b_1——截距和斜率；

$p/(1-p)$——优势比。

样本阈值曲线和插值见图 3-5。需要注意的是，这也可以用其他概率检测的总体百分比进行估计，而不仅仅是用作阈值使用的 50%检测率。即人们可以在 10%或 90%检测率上进行插值。例如在测定消费者免受异味或污染影响的水平时，应设置较低的检测率。

图解法存在一定的假设和限制。首先，它假设人们要么是检测要么是猜测。在现实中，每个人都有一个单独的阈值梯度，或者是在他们阈值附近逐渐增加时的检测概率。第二，该模型没有具体说明在一组给定比例的人群中需要多少时间会检测得到结果。

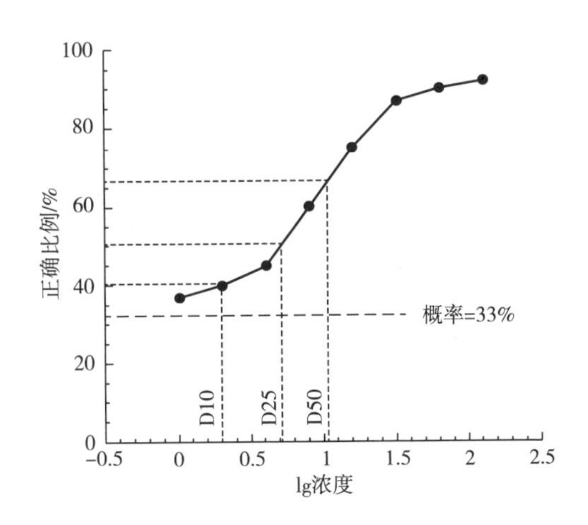

图 3-5　样本阈值曲线和插值

D10、D25、D50 分别表示 10%、25%、50%人群的插值检测水平。

6. 程序选择

需要注意虽然该测试与三角试验相同，但并没有使用 3 个样本的所有可能组合，因此该测试不是一个完全的三角试验，只使用了两个空白和一个目标样品的 3 种可能顺序组合。而在三角试验中，两个目标样品和一个空白样品的 3 个组合也会被使用（总共有 6 个可能）。对于味道或气味来说，评定样品之间通常不需要用清水漱口，尽管鉴评员可能会被要求在两排间进行漱口。条件允许的情况下建议给鉴评员提供一个达到可检测水平的初步样品，以便向他们展示测试的目标对象。当然，在使用高于阈值的样品时必须要注意以免使鉴评员感官适应或疲劳。在正式测试中，两次感官评定之间应间隔一定时间和/或漱口以防止对后续测试样品产生影响。测试的主持人还需要决定是否允许重新品尝，一方面重新品尝可能会使鉴评员感到困惑，但另一方面也可能有助于他们更好地了解哪个是目标样品。通常不建议重新品尝，因为这将引入一个由鉴评员个人决定的变量，存在个体差异。因此在保持所有鉴评员测试程序一致的基础上，一般不建议重新品尝。

另一个重要选择是“停止规则”。每个鉴评员必须持续检测到系列样品的最高浓度。但这会存在一些缺陷，因为系列样品的高浓度可能会使鉴评员感官疲劳，特别是对于阈值低的个体。出于这个原因，一些阈值测定程序引入了“停止规则”。例如可以允许鉴评员在相邻水平上给出 3 个正确答案后停止品尝。这能够避免敏感个体暴露在非常高浓度刺激下的情况。感官体验若令人不愉快（如苦味）可能会导致他们放弃测试。而“停止规则”的缺点是会提高假阳性率，假阳性是指仅凭猜测就能找到个体阈值。最极端的情况是一个完全不敏感的人（如果是气味阈值，则对该化合物无嗅觉）在系列测试中得到阈值。对于一个完全丧失嗅觉只能靠猜测的人来说，在步骤 1 到步骤 8 中找到阈值的概率是 33.3%。对于连续 3 次的停止规则，嗅觉丧失者连续 3 次幸运猜对概率超过 50%。当使用“停止规则”时，专业人员必须权衡受试者暴露在强烈刺激下和提高假阳性率的影响，这会对产生低的估计阈值带来负面影响。

7. 案例分析

对于极限上升强制选择法，我们可以使用已公布的气味阈值数据集（表3-5），这些数据来自一项检测甲基叔丁基醚（MTBE）气味阈值的研究。甲基叔丁基醚是一种污染地下水并使一些井水无法饮用的汽油添加剂。按照三角试验的方法，鉴评员须选择与其他两个不同的目标样品，样品浓度梯度相差约1.8倍。

表3-5　甲基叔丁基醚阈值数据

鉴评员	阈值/（μg/L）								BET	lgBET
	2	3.5	6	10	18	30	60	100		
1	+	0	+	+	+	+	+	+	4.6	0.663
2	0	0	0	+	+	+	+	+	7.7	0.886
3	0	+	0	0	0	0	+	+	42	1.623
4	0	0	0	0	0	0	+	+	42	1.623
5	+	0	+	0	+	+	0	+	77	1.886
6	0	0	+	+	+	+	+	+	4.6	0.663
7	0	+	+	0	+	+	+	+	13	1.114
8	+	+	0	+	+	+	+	+	7.7	0.886
9	0	0	+	0	+	+	+	+	13	1.114
10	0	0	0	0	0	0	0	+	77	1.886
11	+	0	+	+	+	+	+	+	4.6	0.663
12	0	0	0	0	+	0	+	0	132	2.121
13	+	+	+	+	+	+	+	+	1.4	0.146
14	+	+	+	+	+	+	+	+	1.4	0.146
15	0	+	+	0	+	+	+	+	13	1.114
16	0	0	+	0	0	0	+	0	132	2.121
17	+	0	+	+	+	+	+	+	4.6	0.663
18	0	0	+	+	+	+	+	+	4.6	0.663
19	+	+	+	+	+	+	+	+	1.4	0.146
20	+	0	+	+	0	+	0	0	132	2.121
21	+	+	+	+	+	+	+	+	1.4	0.146
22	+	+	+	+	+	+	+	+	1.4	0.146
23	+	+	0	0	+	+	+	+	13	1.114

续表

鉴评员	阈值/（μg/L）								BET	lgBET
	2	3.5	6	10	18	30	60	100		
24	+	+	+	+	+	+	+	+	1.4	0.146
25	0	+	+	+	0	+	+	+	23	1.362
26	0	+	+	+	0	+	+	+	23	1.362
27	+	0	0	0	+	0	0	+	77	1.886
28	0	0	+	+	+	+	+	0	132	2.121
29	0	+	0	0	+	+	+	+	13	1.114
30	0	+	+	0	+	+	+	+	13	1.114
31	+	0	0	+	0	0	+	0	77	1.886
32	+	+	+	+	0	0	0	+	77	1.886
33	+	+	+	0	+	0	+	+	42	1.623
34	0	0	0	0	0	0	+	0	132	2.121
35	0	0	0	+	0	+	+	0	132	2.121
36	0	0	0	+	0	+	+	+	23	1.362
37	+	+	+	+	+	+	+	+	1.4	0.146
38	+	0	+	+	+	+	+	+	1.4	0.146
39	+	+	0	0	+	+	+	+	13	1.114
40	0	0	+	0	+	+	+	+	13	1.114
41	+	+	+	+	+	+	+	+	1.4	0.146
42	0	+	0	+	+	+	+	+	7.7	0.886
43	0	0	0	0	0	0	+	+	42	1.623
44	0	+	+	0	+	0	+	+	42	1.623
45	0	+	+	0	+	+	+	+	13	1.114
46	+	+	+	+	+	+	0	+	77	1.886
47	0	+	0	0	0	+	+	0	132	2.121
48	0	+	0	+	0	+	+	+	23	1.362
49	0	0	0	+	0	+	+	+	23	1.362
50	0	0	+	+	+	+	+	+	4.6	0.663

续表

鉴评员	阈值/（μg/L）								BET	lgBET
	2	3.5	6	10	18	30	60	100		
51	0	0	0	+	+	+	+	+	7.7	0.886
52	+	+	+	+	+	+	+	+	1.4	0.146
53	+	+	+	+	+	+	+	+	1.4	0.146
54	+	0	0	0	0	+	+	+	23	1.362
55	0	0	+	+	+	+	+	+	4.6	0.663
56	0	0	0	0	0	+	+	+	23	1.362
57	0	0	+	+	0	+	0	+	77	1.886
正确率	0.44	0.49	0.61	0.58	0.65	0.77	0.89	0.86	lgBET平均值	1.154
									$10^{1.154}$ =	14.24

注："+"表示正确率；"0"表示错误；BET：个人阈值的最佳估计值。

由57人组成的性别比例均衡并能代表不同年龄段的评定小组中，BET的几何平均值为14μg/L。图3-6所示为利用图解法得到的阈值约为14μg/L，与计算的几何平均值一致。图解法是正确率为66.7%时对应的浓度，也是组中50%检测概率的调整水平。该水平的置信区间可以通过拟合曲线得到。标准误差由［p（1-p）/N］的平方根得到，在这种情况下p=1/3、N=57，标准误差为0.062。

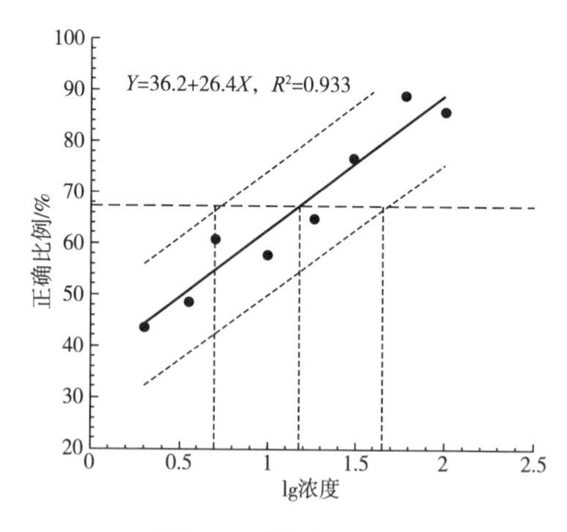

图3-6 数据阈值插值

95%的置信区间是由0.95倍的z分数（1.96）乘以标准误差得到的，在这种情况下等于±0.122。构建比正确率更高和更低的曲线，在66.7%水平上进行插值以找到置信区间上限和下限的浓度。

根据图解法，10%检测概率（按 Abbott 公式计算正确率为 40%）对应的浓度为 1~2μg/L。同样地，25%检测概率（按 Abbott 公式计算正确率为 50%）对应的浓度为 3~4μg/L。这些值可用于自来水公司设定甲基叔丁基醚含量的下限，该含量下限可以通过低于任意 50%总体阈值来检测。

四、其他强制选择法

上升强制选择法是味觉和嗅觉实验中广泛使用的阈值测量方法。一个例子是确定对苦味化合物苯硫脲（PTC）和相关化合物丙硫氧嘧啶（PROP）的敏感性。大约 1/3 的高加索人对这些化合物的苦味不敏感，这是因苦味受体突变导致部分功能丧失，通常表现为该性状的隐性状态。研究人员早期认为有必要对阈值进行严格测试，他们在每个浓度步骤中将 4 个空白样品（通常是自来水）与 4 个目标样品混合检测。正确选择的概率只有 0.014，因此这是一个相当困难的测试。一般来说，在 N 个总样本中，X 个目标样本中在任意一个水平排序的机会概率公式如式（3-4）所示。

$$p = X!/[N!/(N-X)!] \tag{3-4}$$

显然，目标样本和空白样本的数量越多，测试就越严格，最终的阈值估计值也越高。然而，任意增加 X 和 N 可能会使任务变得冗长，并可能导致鉴评者疲劳和积极性下降等其他问题。测试评估的严谨性必须与可能导致失败或低质量数据的过度复杂性进行权衡。

嗅觉阈值测试的另一个例子是阿穆尔（Amoore）评估特异性嗅觉缺失。特异性嗅觉缺失是指嗅觉正常的人对某种化合物或相关的化合物缺乏嗅觉能力。阿穆尔将嗅觉检测阈值高于总体均值两个标准差以上定义为嗅觉缺失。该测试有时被称为“五选二”测试，因为在每个浓度水平下，有两个含有待测气味的目标刺激物和 3 个稀释剂或空白对照样品。在五选二的测试中，测试者必须对样品进行正确排序，而仅通过猜测获得正确排序的概率是 1/10。测试表现通常通过测试下一个最高浓度来确认。在两个相邻水平上正确排序的概率是 1/100。这使得测试有些困难，但也降低了通过猜测获得正确答案的可能性。

提高正确率的另一个方法是在任意给定的浓度下要求获得多个正确选择。这是瓜达尼（Guadagni）多对测试的部分原理，在多于 4 对样品中进行任意浓度下 4 次重复的双选强制选择测试。史蒂文斯（Stevens）等在一篇关于嗅觉阈值个体差异的文章中指出，需要有 5 个正确配对才能将浓度记为正确检测水平，而且这种结果在下一个最高浓度水平上得到了确认。这项研究最重要的发现是，在 3 人中重复测试了 20 次，他们感知到丁醇、吡啶和苯乙基甲基乙基甲醇（玫瑰香）的浓度阈值变化为 2000~10000 倍。个体内部差异和测试对象群体之间的差异一样大。这一结果表明，嗅觉灵敏度的日常变化很大，而且个体阈值也不是很稳定。在每一浓度步骤对个体进行大量测试的研究表明，变异性的估计值很高。沃克（Walker）等使用了一个简单的是/否程序（如 A、非 A 测试），在每个浓度水平下进行了 15 次目标试验和 15 次空白试验，利用空白试验和目标试验之间的统计显著差异模型，得到个体阈值估计值的变化梯度。

总之，在需要精确确定阈值水平和进行大量测试遇到感官适应和疲劳问题时，上升强制选择法是一个合理有效的办法。然而，上升强制选择法的使用者应该清楚程序选择可能会影响获得的阈值。以下选择将影响测量值：选择的样品数量（包括目标和空白样品）、停止规则、建立阈值所需的连续正确步骤的数量、任何一个步骤所需的重复正确试验的数量和确定浓度稀释系数（味觉和嗅觉检测中常用 2 或 3）。

五、概率单位分析

组中数据应用转换或绘图的方法查找线性化曲线中 50%的点。在阈值测试的多次试验中，代表个体行为的心理测量曲线，以及群体的累积分布都类似于正态分布的 S 型函数。绘制数据图表的一种简单方法是在“概率纸”上绘制累积比。这种解决方案提供了一个图表，其中沿纵坐标标出相等的标准差，有效拉伸了两端的百分位数间隔，并压缩了中间区间，以符合正态分布的浓度。另一种实现 S 型反应曲线校正的方法是通过获取 z 分数（z-cores）来转换数据。

被广泛用于阈值测量的一种方法是概率单位分析。该种方法中，各个点相对于平均值进行转换，除以标准差，然后加上一个常数（+5）以便将所有数字转换为正值。如图 3-7 所示，可以在值 5 上内插一个线性拟合函数来估计阈值。转换数值（z 分数+5）往往使 S 型曲线更加线性。布朗（Brown）等使用了多配对检验的数据。首先，正确率根据概率进行了调整，将数据从每个浓度水平的正确率转换为 z 分数并加上一个常数 5。可以通过插值或曲线拟合得到概率单位等于 5 的阈值浓度。概率单位分析图可用于任何累积比例，以及排名数据和个体分析，这些个体的测试比之前展示的三点选配法更广泛。

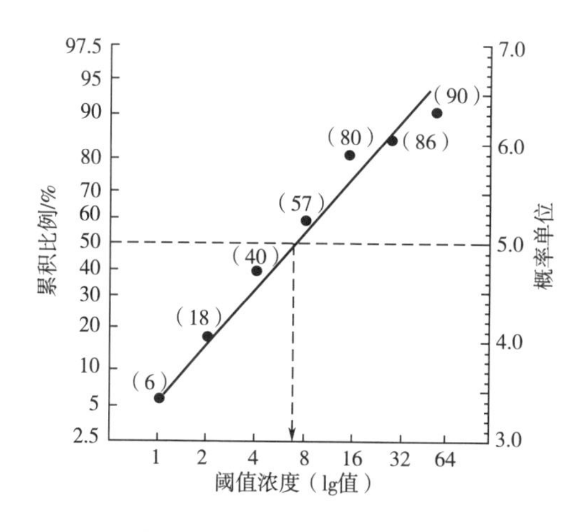

图 3-7 概率单位分析案例

括号中的数字是每个浓度步骤中达到阈值的小组成员的累积百分比。左轴上为不均匀刻度。概率单位标记出相等的标准差，并基于任何比例 z 分数加上常数 5。50%插值得到阈值。

六、感官适应和可变性

在重复测量中，无论是群体还是个体人员之间，个体可变性都对阈值的确定影响很大。个体稳定的嗅觉阈值很难测量，个体嗅觉阈值重复测试的相关性通常很低。即使在个体内部，阈值一般也会随着练习而降低，而练习叠加的效果是随机变化的。个体可能通过简单的接触对以前嗅觉缺失的气味变得敏感。

测试序列中感觉适应和灵敏度的瞬间变化会导致测量的不稳定性。正如序列敏感性分析所预测的那样，特定的刺激序列或多或少会增加辨别的难度。在两种较强的刺激之后，鉴评员可能会在一定程度上适应进一步的强烈刺激。研究发现，有时受试者会在一个浓度水平上所有 5 个配对都正确，并有一定把握“闻到了气味”，但在下一个浓度水平上进行配对测试时又不确定结果。这一报告与阈值数据中表现的反转与适应效应暂时降低敏感性的结论一致。在接近阈值的水平上，感官感觉有时会“忽有忽没”。

为了避免适应效应，其他研究人员减少了目标刺激的呈现次数。如劳利斯（Lawless）等采用四点选配法（4-AFC）测试，使用了3个空白样品和一个目标样品。这降低了可能反应水平，并减少了任何一个浓度步骤的潜在适应性。为了防止猜测正确的影响，当所有较高的浓度也都正确时，阈值将作为正确结果的最低浓度。阈值测量时会以重复的浓度上升来进行试验，并在第二天进行两次浓度上升的重复试验。在4组上升试验中，桉树脑的相关性为0.75~0.92，香芹酮的相关性为0.51~0.92。对于香芹酮来说，阈值在1d之内检测的重复性（r=0.91和0.88）优于在不同天检测的重复性（r=0.51~0.70）。后一个结果表明，气味阈值随着时间的推移会有一些变化。然而，这种上升法的结果可能不是对所有化合物来说都可靠。蓬特尔（Punter）使用上升四点选配法（4-AFC）和嗅觉仪，发现11种化合物的中位数重复检测的相关性仅为0.40。

在许多强制选择的研究中，也发现了整个测试群体的嗅觉阈值的高变异性。研究发现，在测定任意一种化合物的平均阈值时，当评定人数达到25人及以上时，可能会在数据集中看到一些不敏感个体。在所有的参与者中，少数嗅觉不灵敏个体会有很高的阈值。这对于需要筛选鉴评员检测特定味道或气味（如异味）的感官评定专业人员来说非常重要。在对支链脂肪酸阈值的广泛调查中，一些鉴评员对于浓度最高的样品都无法正确识别，而且对大多数脂肪酸敏感的鉴评员发现有些脂肪酸难以识别。鉴评员对常见的风味化合物双乙酰（乳酸菌发酵中一种具有黄油气味的副产物）的敏感度也有很大差异。但简单地接触一些化学物质可以改善嗅觉缺失并增加敏感性。

七、额定差异、适应性程序

1. 与对照组的额定差异

估计阈值的另一个实用方法是使用额定差异程度量表评分，其中包含对待测样品与一些对照或空白样品进行比较。额定差异可以使用线量表或类别量表，范围从“无差异或完全相同”到“差异很大”。在这些程序中，与对照样品的感官差异评级将随着待测物强度的增加而提高。评分与浓度关系图上的一个点被指定为阈值。在此方法中，对照样品也被评级，可以根据对照样品对自身的评分（通常为非零）来估计基线或误报率。由于感觉的瞬间变化，相同的样本往往会得到非零的差别估计值。

该技术应用于味觉或嗅觉阈值测试的一个案例中，一种物质以不同的浓度水平添加到食品或饮料中来估计阈值。在每组试验中，3个样品（两个相邻浓度的目标化合物和一个未知的对照样品）将与没有添加香气物质的对照样品进行比较。样品以简单的9分制评分，从0分（无差异）到8分（极度不同）。由于3个评级测试样品中浓度是随机的，因此该程序并不是一个真正的升序系列检测，而被称为“半上升配对差异法”。

该程序中阈值定义为：一种方法是将给定水平的差异评级与对照样本的差异评级进行比较。将这两个样品产生差异时的某一测量值作为阈值，例如通过t检验检测到显著不同时。另一种方法只是简单地从每个测试样本的差异评分中减去对照样本的差异评分，并将这些调整后的分数作为一个新的数据集。伦达尔（Lundahl）等采用了后一种方法。在数据分析中，他们进行了一系列的t检验，取两个值作为阈值的范围。较高值是与零产生显著性t检验的第一个水平，较低值是与第一个水平相比产生显著性t检验的最近的低浓度。这就提供了一个区间，其中阈值（由该方法定义）位于两个浓度之间。

该方法的一个问题是，当阈值是基于 t 检验的显著性时，阈值将取决于检测中的观察数量。这样测定的阈值是没有意义的，因为阈值会随着测试中鉴评员数量的减少而减少。这是一个无关的变量，是实验者的选择，这与鉴评员的生理敏感性或被测物质的生物效力无关。马丁（Marin）等指出，由于观察数量较多，基于更多观测数量的群体阈值将低于个体阈值的平均值，这是使用统计显著性来确定阈值的不合理之处，因此可以采用剂量-反应曲线的最大曲率点作为阈值的估计值。

图 3-8 所示为贝德勒（Beidler）味觉方程的半对数图，这是化学感官研究中广泛应用的剂量-反应关系图。绘制的对数浓度函数有两段斜率变化。其中一个点是响应从基线缓慢增加，然后急剧上升进入动态响应的范围中间。最大曲率点可以用图形估计，或通过曲线拟合找到最大变化率来确定。

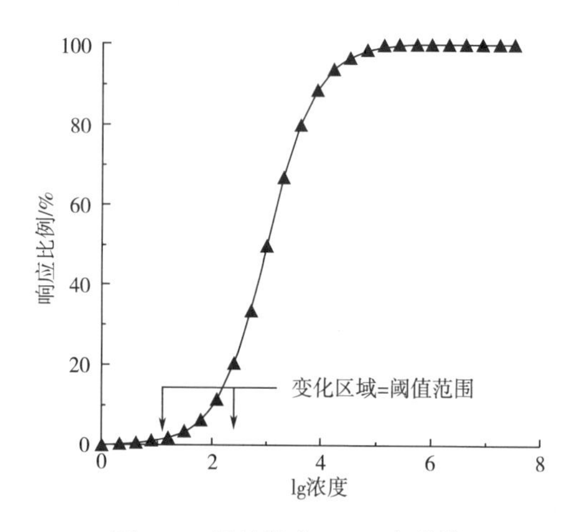

图 3-8 贝德勒（Beidler）曲线

2. 适应性程序

对于视觉和听觉刺激，阈值测量的常用方法是：下一个要测试的刺激强度水平取决于前一个区间是否被检测到。在这些程序中，受试者将围绕阈值水平进行跟踪，当表现不正确（或为未检测到）时强度递增，当表现正确（或可以检测到）时强度递减。一个常见的例子是在一些自动听力测试中，受试者只要听不见信号就会按一个按钮。当按下按钮时，声音的强度会增加；当松开按钮时，声音的强度会降低。这种自动跟踪程序会产生一系列的上升和下降记录，通常取转变点的平均值来确定阈值。适应性程序可能比传统方法（如极限法）更有效。他们专注于阈值附近的临界范围，不会浪费时间测试比阈值高很多或低很多的强度水平。

与听力测试不断播放刺激不同，这种方法对于不连续的刺激（味觉和嗅觉）的检测也适用。该方法也被称为阶梯法，因为上升和下降试验的记录可以在图形纸上连接起来，产生一系列视觉上类似楼梯的阶梯间隔（图 3-9）。该程序每次试验都依赖于前面的试验，这可能会导致受试者产生一些期望和偏差。心理物理学研究者已经找到了消除这种顺序依赖的方法，从而抵消观察者的期望。例如双随机阶梯法，即两个阶梯序列的试验被随机混合。一个阶梯浓度起始高于阈值，然后逐渐下降，而另一个阶梯浓度开始低于阈值，然后逐渐上升。在任何给定的试验中，受试者都不知道刺激来自这两个序列中的哪一个。在简单的阶梯程序中，在试验中选择的水平取决于先前特定序列试验中的检测或判别。进一步改进该程序的方法包括引入强制选择，以消除简单的是/否检测引起的反应偏差。

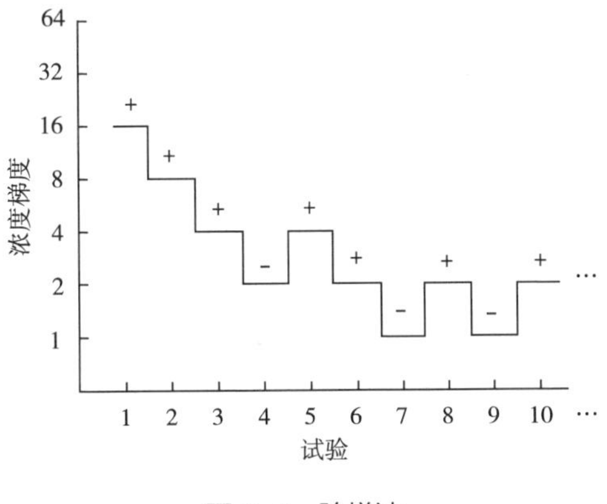

图3-9　阶梯法

适应性程序的另一个改进措施是调整递增和递减的规则，不像简单阶梯法那样进行一次试验，而是在改变浓度水平之前进行一些正确或错误的判断。例如“上下转变反应”规则，在浓度降低之前需要两个正确判断结果，而在浓度升高之前在给定的水平上需要一个错误判断结果（图3-10）。强制选择可以添加到适应性程序中。有时在分析中可以舍弃测试序列的初始部分，因为它一般不能代表最终的阈值，而且此时可能观察者仍处于熟悉检验方法的预热阶段。适应性程序的最新研究进展表明，使用这些方法可以减少测定阈值的试验次数。

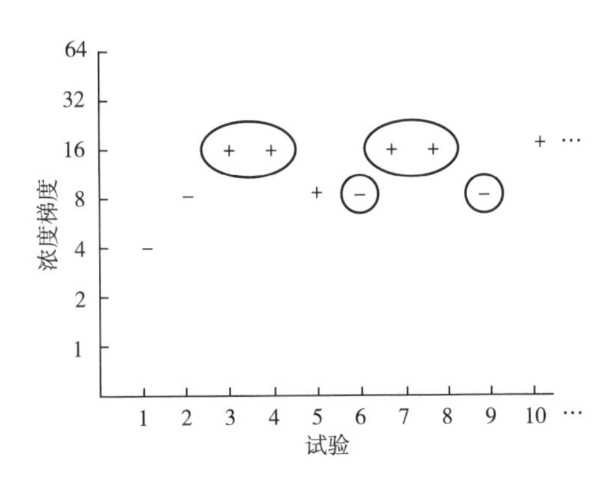

图3-10　阶梯法（“上下转变反应”规则）

八、稀释阈值法

1. 气味活性值和气相色谱-嗅觉分析（GC-O）

以下介绍几种利用阈值概念来确定滋味和气味物质感官影响的方法。第一种方法涉及食品或食品组分中挥发性芳香化合物的嗅觉效力。这里不仅是对于阈值的确定，而是对食品样本中物质阈值和实际浓度比值的确定。实际浓度与阈值比值可以说明某种风味物质是否对食品的整体感官属性产生影响。这一比值通常被称为“气味活性值”。第二种方法与第一种方法逻辑上相似，它是用来确定当稀释到一定程度时，辣椒化合物的刺激或辣感第一次被察觉到的浓度点［即斯科维尔（Scoville）法］。这两种方法都使用了稀释阈值作为感官影响的评价标准。

当分析一种复杂的天然产品，如水果提取物的化学成分时，可能会鉴定出数百甚至数千种化学物质，其中许多物质具有气味特性。在风味化合物的鉴定分析中，鉴定出来的风味化合物的数量取决于分析方法或仪器的分辨率和灵敏度。随着这些分析方法的不断改进升级，鉴定出的贡献风味物质越来越多。风味科学家需要找到一种方法来明确重要的风味化合物，换言之，需要将那些对整体风味有贡献的化合物，与那些浓度极低或贡献不显著的化合物区别开。

阈值可以用于解决这类问题，因为只有那些在产品中浓度高于其阈值的化合物才能对产品的风味产生影响。例如天然产品中存在的某种化合物浓度为 C，将该浓度除以阈值浓度 C_t 得到一个无量纲数值，C/C_t 定义了通过气味评估化合物的气味活性值。只有那些气味活性值大于 1 的化合物才会对产品的香气有贡献。气味活性值越大，该化合物对整体气味贡献可能就越大。然而，现在人们普遍认为气味活性值是一个浓度倍数，而不是一个主观数值的测量。只有直接量表法才能评估高于阈值的实际数值，以及浓度和气味强度之间的心理物理学关系。此外，这种方法忽略了高于阈值的物质可能存在加和或协同作用。一组相关的化合物浓度可能都低于各自的阈值，但它们组合可以刺激受体从而产生高于阈值的感觉。这一现象的产生是气味活性值法不能预测的，这样的一组化合物在稀释分析中可能会被遗漏。

尽管如此，阈值在剂量反应曲线上至少提供了一个同等强度参考点，因此它们在比较不同香气化合物的影响作用时具有一定的实用性。在分析一种食品时，人们可以在出版的阈值汇编中查找产品中所有已鉴定化合物的文献值。如果产品中化合物的浓度已经确定，可以通过简单地除以其阈值来计算出气味活性值。然而，需要注意阈值文献值取决于检验的方法和介质。除非使用相同的技术和相同的介质作为载体，否则对于不同化合物的阈值没有必然的可比性。

第二种方法是从产品本身开始，将化合物逐级稀释，直到达到每种化合物的阈值浓度，测量每种化合物的稀释倍数。这种方法的前提是使用分离程序使每个化合物都能被单独感知。常采用将气相色谱法与稀释分析嗅闻相结合的技术，如香气稀释分析（Aroma Extract Dilution Analysis）、CHARM 分析或气相色谱-嗅觉分析（GC-O）。这些技术的基础是在气相色谱运行过程中受试者嗅闻出口端感知到的气味。流出物被嵌入冷却、加湿的气流中，以提高受试者的舒适度，并提高洗脱化合物的感官分辨率。经过几次稀释后，对化合物的感知最终会消失，嗅觉效力指数与稀释系数的倒数有关。嗅闻者的感知响应是以时间为基础，与保留指数相互参照，然后通过保留指数、质谱分析和香气特征来确定化合物的组成。在实践中，这些技术大幅缩小了天然产品中对风味有贡献的潜在芳香化合物范围。

除了作为一种确定对感官品质具有显著贡献的芳香化合物的工具，该方法也用于评估测量鉴评员的敏感度。在这种方法中，混合物被稀释成系列浓度样品进样，气相色谱仪作为嗅觉测量仪。通过这种方法可以很容易地评估每种化合物阈值的变化，因为只要它们有不同的保留时间，就可以在气相色谱中组合运行。GC-O 也可用于筛选鉴评员、评估气味反应和评估特定的嗅觉缺失。

2. Scoville 法

稀释阈值法的另一个例子是传统的 Scoville 法，用于评定香料中辣椒的辣度。该方法是找到感觉消失时所需的稀释倍数，然后用这个稀释倍数作为效力的估计值，即效力被定义为阈值的倒数。这个程序的修订版被精油协会、英国标准协会、国际标准化组织、美国香料贸易协会（ASTA）所采用。

该方法将辛辣单位定义为能感觉到明确“刺痛”的最高稀释度，这与识别阈值的定义一致。Scoville 单位是稀释因子，常用 mL/g 表示。Scoville 方法流程为：首先对鉴评员进行敏感度筛选。提供稀释表简化最终效价的计算。样品在 50g/L 蔗糖和少量的酒精溶液中进行测试，由 5 名鉴评员参加，浓度在估计阈值附近以递增序列检测。阈值被定义为 3/5 的鉴评员作出正确判断的浓度。

为了提高方法的准确性和精确度，研究人员尝试了许多改变：①替换 3/5 鉴评员做出正确判断浓度作为阈值的规则，如采用 20～30 名鉴评员测试，结果表示为平均值+标准差；②使用三角试验测试，而不是在每个浓度下进行简单的是/否判断；③要求识别辛辣味；④将载体溶液蔗糖的浓度降低到 30g/L；⑤使用从 1 分（绝对检测不到）到 6 分（绝对检测得到）的评估标度，将检测阈值定义为平均标度为 3.5。由于感觉的持久性，所有这些方法都规定了样本间的休息间隔。但测量仍然存在困难，其中一个主要原因是辣椒中的活性成分辣椒素易使鉴评员的敏感度降低。此外，经常食用辛辣香料的人对辣味刺激的敏感度也会降低，导致鉴评员之间的敏感性存在很大的个体差异。

第四节 小结

阈值测量在感官分析和风味研究中有 3 种常见的用途。首先，可以用来比较不同鉴评员的敏感度；其次，可以作为评估一种风味化合物贡献性的指标；再次，可以提供有关异味最大耐受水平的有用信息。各种不同的技术已被用于测定阈值或在特定的工作中采用阈值概念。表 3-6 所示为阈值检测程序案例。在实际应用中，阈值测量在感官评定中的有效性仍有争议。一种观点是，阈值只是强度函数上的一个点，而不能告诉我们任何高于阈值反应的任何信息。有一些示例表明阈值不能预测或不能很好地与高于阈值的反应有相关性。

表 3-6 阈值检测程序案例

方法	响应	阈值
上升强制法	三点选配	个体阈值的几何平均值
上升强制法	二点选配、五次重复	最低正确浓度与下一个浓度的正确判断
半上升配对差异	与对照组的额定差异	减去所有空白试验的 t 检验差异性为 0
上下转换反应原则	二点选配	响应的平均值在一个判断错误后上升，在两个判断正确后下降
双倍随机阶梯	是/否	转变点的平均值
CHARM 分析	是/否	降序浓度无响应

尽管阈值的概念在感官评定中有许多实际应用，但也要考虑它存在的一些缺陷。首先，阈值只是统计学概念，其理论概念可能并不存在。由信号检测理论可知，信号和噪声在连续方式上存在差异，而感知中的不连续性可能是一种理想化结构，它令人感到舒适但不现实。不存在从未检测到100%检测的突然转变。任何阈值概念在使用中必须考虑这是一个数值范围，而不是一个单一的点。其次，阈值更多地依赖于测定条件及个体，因此它并不能作为一个具有生理学意义的固定的点而存在。例如，随着稀释剂纯度的增加，味觉阈值会下降。因此，真正绝对味觉阈值的测量需要无限纯度的水。

最后，由于上述问题，感官专业人员在使用阈值测试程序时需要牢记以下原则：首先，方法的改变将会改变获得的阈值数值；其次，阈值测定中个体的可变性很大，群体阈值的可靠性比个体阈值要高（图3-11）。个体阈值很容易出现高变异性和重复试验的低可靠性。某一天测量的个人阈值不一定是个稳定值，练习对个体阈值存在一定的影响，阈值可能在一段时间内稳定下来。但群体平均阈值是可靠的，可以提供刺激物生物活性的有效指标。

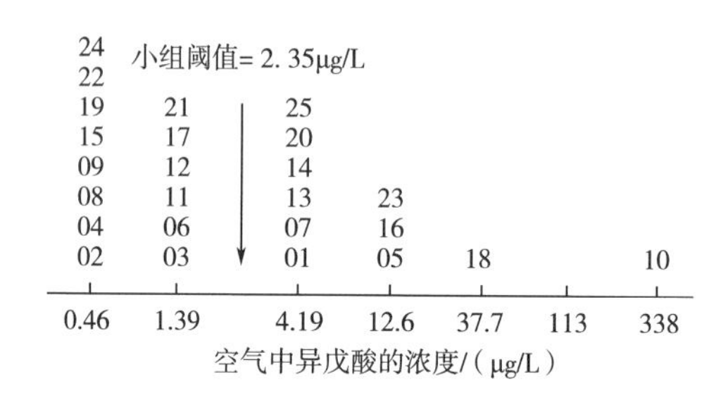

图3-11 个体阈值柱状图

思考题

1. 什么是绝对阈值、识别阈值、差别阈值、极限阈值？
2. 阈值测定的方法主要有哪些？

第四章

CHAPTER 4

食品感官评定条件的控制

学习目标

1. 了解食品感官评定的3个基本条件。
2. 了解食品感官评定过程中的注意事项。

感官评定过程不仅会受到客观条件（包括外部环境和样品制备）的影响，也会受到主观条件（主要指感官鉴评员的基本条件和素质）的影响。因此，若想通过感官评定的方法来确定目标样品的差异，就必须控制以下3个主要变量。

（1）感官评定环境　评定室的环境、灯光、室内空气、样品制备场所、入口和出口。

（2）鉴评员　鉴评员评定被测样品时所使用的方法步骤。

（3）感官评定样品　所使用的器具，样品筛选、制备、记数、编号及呈样方式。

对于感官评定来说，外部环境条件、参与试验的鉴评员和样品制备是试验顺利进行并获得理想结果的3个必备要素。只有在控制得当的外部环境条件中，经过精心制备所试样品和参与试验的鉴评员的密切配合，才能取得可靠而且重现性强的客观鉴评结果。

第一节　感官评定环境

感官评定室的设置应尽可能减少鉴评员的误差，提高他们的敏感性，并消除样品以外的所有干扰。试验管理员必须使鉴评员明确感官评定的目的。评定区域应设置在中心位置，使鉴评员易于到达，不拥挤、不混乱，要做到环境舒适、安静、温度可控，最重要的是，没有气味及噪声干扰。

在设计感官测试区域时，应考虑鉴评员的通行模式。鉴评员进入和离开区域时不得经过准备区或办公区。以防鉴评员接触到可能使他们的回答产生偏见的物理或视觉信息。例如，如果鉴评员碰巧在垃圾桶里看到一些特定品牌的空罐子，若他们期望将该品牌作为他们的编码样本之一进行评估，那么他们的反应可能会产生偏见。此外，出于感官测试环境安全性的考虑，应让小组成员减少在感官区域徘徊，因为他们可能会获得关于项目或其他鉴评员的信息。

一、总体布局

感官评定项目的范围将决定所需感官评定室的类型和大小。大多数评定室（图 4-1）都有几个功能区域，包括样品准备区、服务区、带有小间评定室的评估区、讨论/培训区、员工办公室和存储区。有些还可能包括接待区、等候区、焦点小组室和正在使用的测试区。总体设计应该考虑好鉴评员和样本移动的流程，这样既合理又可以避免鉴评员因看到样本而带来的偏差。食品样品需要规范的卫生流程，以避免新鲜制备的样品和废弃物品之间交叉污染。理想情况下，样品制备区应该与感官评定区分开，以避免由于强烈的气味、噪声或与测试相关的谈话而造成的偏差。

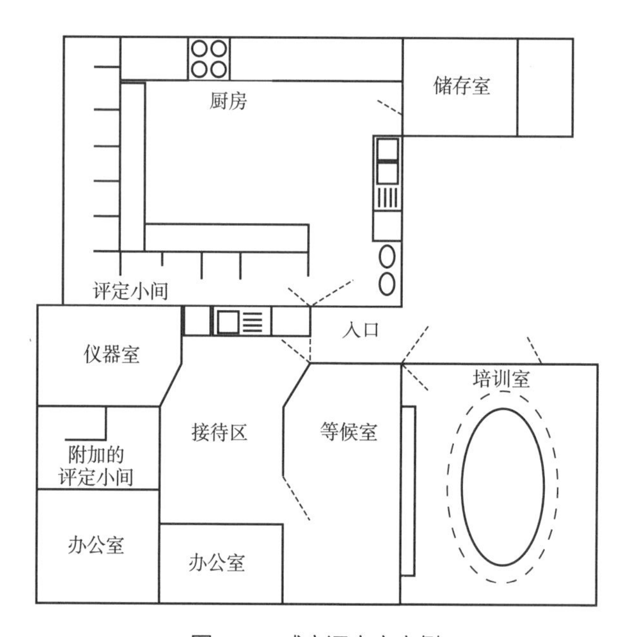

图 4-1　感官评定室实例

二、位置

感官评定区应位于无气味和安静的位置，避免靠近有气味和噪声的制造区域、繁忙的道路等场所。例如，在一家肉类加工厂，感官评定区不应该靠近熏房；而在葡萄酒厂，感官评定区应位于装瓶线噪声的听觉范围之外。如果鉴评员是从厂外筛选的，感官评定区最好设置靠近人口密度中至高的地区，以确保有足够的鉴评员供应。理想情况下，感官评定区应靠近房间入口，便于出入，并靠近足够大的厕所的区域，因为整个评定小组可能需要在短时间内使用这些设施。

三、材料

感官评定室使用的建筑和装饰材料必须要与评定样品所需的特殊环境相适应。尤其需要注意装饰物的影响，例如图片颜色与图案内容可能会分散鉴评员的注意力而产生偏差，盆栽植物可能会产生气味。

墙纸、织物、地毯、瓷砖等不能应用于感官评定室，因为它们本身就有气味，且容易藏有泥土、污垢等释放气味的脏东西。所选的建筑材料必须表面光滑，易于清洁，且不易吸收外界物质，这样上次感官评定样品的气味就不会残留而影响后续的评定。满足上述条件的理想的建筑材料有不锈钢、聚四氟乙烯塑料和贴面塑料。无味的聚乙烯薄片适用于天花板、墙壁及地板。

四、空气环境

评定室和讨论区应进行空气净化处理以排除异味。在这些区域的通风系统管道中，可以使用可更换的活性炭过滤器。过滤器可放置在评定区以外，以便能每2~3个月更换一次，且要进行定时检测以免活性炭失效或产生臭味。评定小间内保持微弱的正压可以最大限度地阻止来自样品制备区或外部的气味污染。负责感官评定的管理人员应确保评定室和讨论区使用的任何清洁用品不会产生额外的气味。这些区域应该尽可能远离噪声和干扰。在感官评定期间，应使围绕这些区域的走廊保持安静。此外，附近的机械系统（如冰柜、空调、加工设备）所产生的噪声应降到最低。

评定室和讨论区温度应控制在20~22℃，相对湿度为50%~55%。这些条件可以使鉴评员处在舒适的环境中，防止他们被不适的温度或湿度分散注意力。

对于某些产品系列，应该营造更专业的评定环境。例如，如果该感官评定室用于检测环境气味、气味阈值与家用清洁剂相关的气味等，则应创建气味室或动态嗅觉测试区。一个动态嗅觉测试区域应包含一个嗅觉计。在嗅觉计中，气体样品连续通过管子，样品与无气味的空气混合后被稀释。鉴评员将在出口处使用口罩或特别设计的嗅探口对样品进行评估。气味室可以同时供多个鉴评员使用。气味评定区由前厅和测试室组成。接待室保护试验室不受外部环境的影响。气味区应采用无异味、易清洗、不吸收的材料。不锈钢、陶瓷、玻璃或环氧漆较为合适。

五、颜色和灯光

颜色及灯光的设置应在保证能看见样品的前提下尽可能减小对鉴评员的干扰。墙壁应为白色，可消除由视觉效果引起的偏差。评定小间内还应该安装无影灯。若样品的外观属性是评定的主要内容，则还需要利用可变电阻器来控制光的强度。白炽灯所能调节的范围较广，且可以使用彩色光，但其发热量大，需要充分降温。荧光灯产生的热量小，且可以提供多种白色光的选择，如冷白、暖白、仿白昼光等（图4-2）。

彩色光可通过彩色玻璃球或特殊过滤器获得，一般评定小间内所使用的是低强度的红光、绿光、蓝光。使用彩色光的目的是，当不需评定样品之间的视觉差异而只需评定样品间气味等其他属性的差异时，应尽可能消除样品间的视觉差异。同时应尽量减少来自电脑显示器和开放式服务窗口带来的光污染。

六、功能区域

1. 接待区与等候区

接待区是鉴评员报到登记的地方。它通常在测试前和测试期间用作等候区。应注意确保结束评定的鉴评员不会影响仍在参加评定的人员。理想情况下，两者之间应该尽量减少接触。等候区应该有舒适的座位，光线充足，并且干净。这个区域通常是鉴评员对感官评定室的第一次接触，应该让他们感受到操作的专业性及组织的良好性。该区域应以医生的候诊室为模型进行

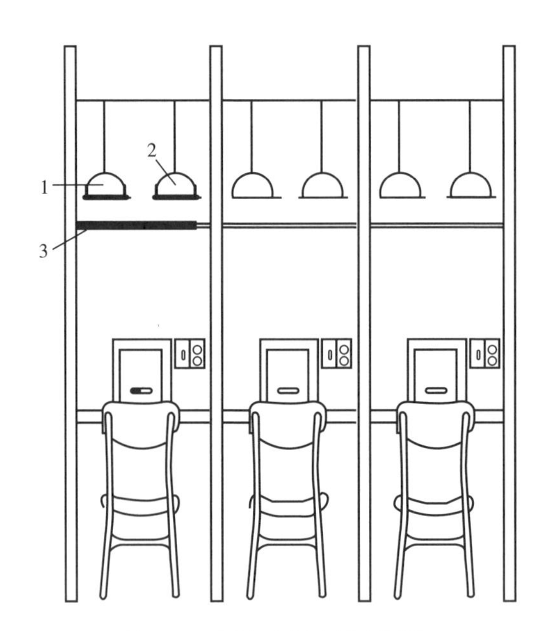

图 4-2 评定小间内灯光设计

1—白炽灯；2—荧光灯；3—过滤膜及固定物。

设计。

负责感官评定的工作人员应该尽量减少鉴评员的等待时间，但有时这是不可避免的。为了减轻等待期间无聊的情绪，该区域应配备一些读物。在一些评定室的设计中，还会专门为鉴评员的孩子设置儿童保育区。在这种情况下，必须注意减小该区域的噪声以防鉴评员在产品评定期间注意力受到干扰。

2. 样品制备区

样品制备区类似一个实验室，必须能按样品的需求量尽快地制备被测样品，并应适用于任何被测样品。准备工作通常是在杯子、碗、罐子、盘子等器皿中制作许多小而相同的样品，并将它们按品评顺序摆放在托盘上。重要的是要有足够的工作空间来操作，同时还应留出足够的空间放置准备设备。根据评估样品的差异，准备区域将有所不同。例如，专门用于冷冻甜点的设施不需要烤箱，但需要足够的冷冻空间。

准备区应安装洗碗机、带垃圾处理器的水槽和垃圾桶。还应提供足够的清洁水用于清洁，以及提供无味的水便于鉴评员冲洗口腔。通常首选双重蒸馏水或质量信誉良好的瓶装水。此外，根据要测试的产品类型，可能还需要其他电器，如燃气灶台、烤箱、微波炉及炸锅等。如果安装了烤箱和灶台，该区域需要带木炭过滤器或外部通风罩来控制烹饪区域的气味。

3. 储物室

对于食品测试的储藏室，必须严格符合卫生标准进行设计，包括卫生材料（如瓷砖）和建筑（如裂缝和缝隙的密封）。样品、参考样品和鉴评员的食物（奖励）都需要冷藏。对于冷冻样品，则需要放置冰箱、冷冻机、冰柜或培养箱的冷冻存储空间。此外，橱柜的存储空间还需要存放餐具、餐盘、纸质问卷、报告、文献材料等。理想情况下，入口处应该有存放防护服的区域。储物柜也可以用来存放不能带进实验室的个人物品，如珠宝。入口处必须有洗手设施。

储存样品应考虑保持适当的储存条件，例如卫生条件，避免样品交叉污染。在储存试验中，产品可能需要在特定的条件下储存，例如高温、高湿或自然光。

4. 样品呈送区域

这是一个与评定室相邻的空间，样品可以从这里被送到评定室。根据呈送的方式，这个区域可能需要足够宽以容纳手推车，并有足够的工作空间来放置样品以及样品的保温设备。呈送台的高度尽量与评定室柜台的高度一致。理想情况下，呈送区域应对评定室不可见，以尽量减少鉴评员看到测试样品而带来结果偏差。有必要保持此区域照明强度低于评定室区域，同时样品呈送区域与评定室应保持相同的照明颜色。

5. 评定区（评定小间）

这是鉴评员在评定室里单独工作，评估样本的区域。理想情况下，评定室不应与样品制备区直接相邻，以避免强烈气味带来污染。该区域应该始终保持干净和专业的外观。相对于评定室的其他区域，它应该保持微正压，以免引入其他气味。如果评定室有窗户，应拉上窗帘，以避免外部光线导致测试结果产生误差。

评定小间数量从3~25个不等，通常受到可用空间的限制。然而，应该尽可能设置更多的评定小间，因为评定小间的可用性经常影响测试量。

评定小间的大小和设计取决于测试类型。不同评定小间展位的大小差异很大，理想的评定小间大小约为1m×1m，只能容纳一名鉴评员在内独自进行感官评定试验。较小的评定小间可能会让小组成员感到“狭促”，影响鉴评员注意力的集中。另一方面，过大的评定小间会浪费空间。评定小间之间应用不透明的分隔板隔开，分隔板应延伸出桌面边缘至少50cm，高于桌面1m，以防相邻评定小间的鉴评员影响彼此的注意力。评定小间后面的走廊应该足够宽，以便鉴评员可以方便地进出评定小间。

评定小间柜台高度通常是书桌或餐桌高度（76cm）或厨房柜台高度（92cm）。评定小间柜台的高度受品评区舱口另一侧服务柜台高度的限制。桌高的柜台可以让鉴评员坐在舒适的椅子上，但要求感官工作人员弯腰将样品送到服务窗口。当柜台与呈送柜台高度一致时，可减轻工作人员的腰部受力，但应为鉴评员提供高度可调的凳子。图4-3为评定小间。

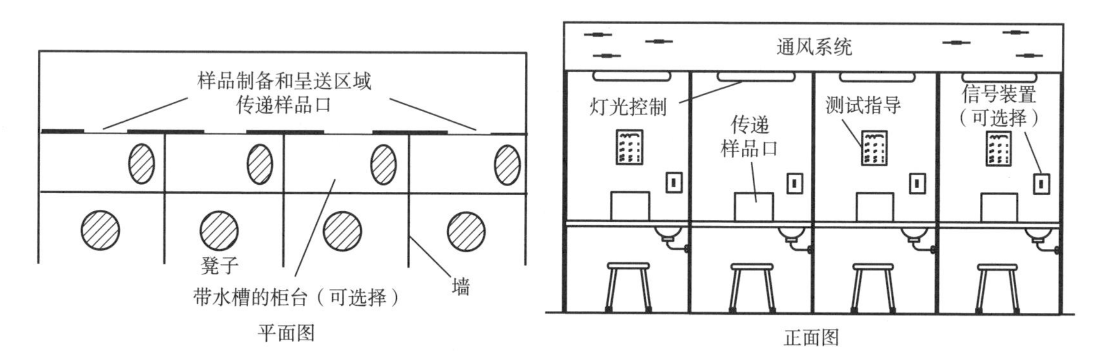

图4-3　评定小间示意图

服务窗口应足够大，以适合样品盘和打分表的传递。但应尽量降低鉴评员对准备/服务区域的可视度。每个评定小间三面是墙，前面有一个用于传递样品的窗口，通常宽约45cm，高40cm。然而，确切的大小取决于试验时使用的样品托盘的大小。最受欢迎的服务窗口是滑门型或面包盒型。滑门可以向上滑动或向侧面滑动。这种门的优点是它不占用评定小间或服务台上的空间，主要缺点是鉴评员可以通过开放空间看到准备区域。面包盒有一个金属窗口，既面向品评区，又面向服务区，但两侧不能同时打开。它的优点是可以将品评区与服务/准备区分开，但缺点是占据空间。服务窗口应安装在与柜台顶部齐平的位置，使工作人员能够轻松地将样品托盘滑进和滑出隔间。图 4-4 所示为两种最常见的服务窗口。

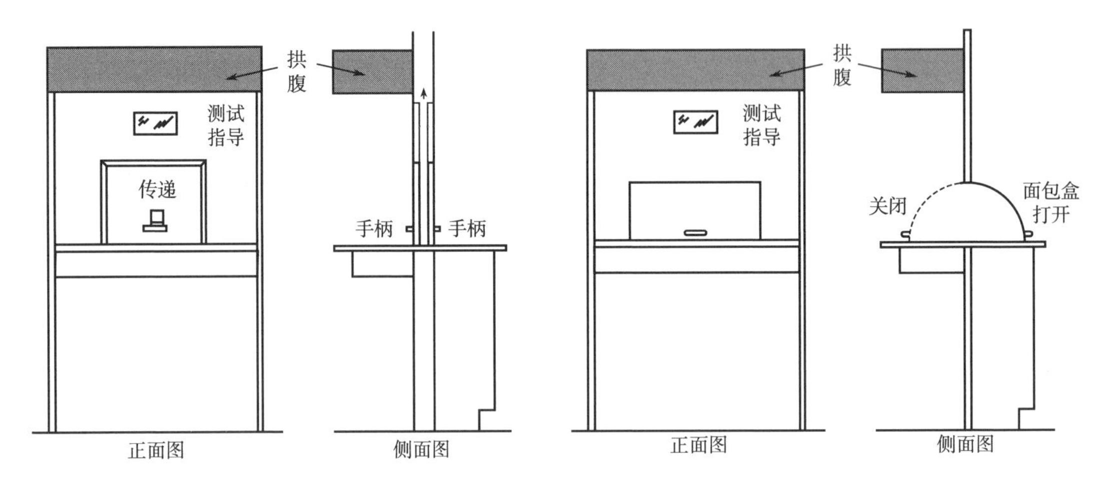

图 4-4　两种最常见的服务窗口的示意图

此外，评定小间应该有足够的电源插座，也可以包括一个自来水水槽。评定前需要确保视频显示设备和电脑输入设备的安全使用。评定区应为淡灰色或灰白色，同时温度、灯光可控，空气无异味。

当服务窗口关闭时，鉴评员应与呈送样品人员保持一定联系。评定小间内安装的信号系统实际上是一套电路和开关，感官评定负责人可据此了解鉴评员何时已做好评定准备或何时出现了问题。鉴评员按动评定小间内的开关，则样品制备区相应的信号灯就会亮起。也可在每个评定小间安装计算机操作系统。

6. 讨论室

感官评定中对样品的描述有一定的术语，因此需培训感官鉴评员，以对样品做出正确的描述性评价。简单的培训可以在负责人办公室里的桌子前，由负责人提供描述性评价的术语标准，对鉴评员进行培训。若需要对一种未知样品进行描述性分析或需要的培训量较多时，则需要一个专门的会议室，能容纳几张桌子、一个讲台及视听设备等。讨论室的布置通常类似于会议室，但装饰和家具应该简单，颜色也不会影响鉴评员的注意力，该区域建议为浅灰色或灰白色，温度、灯光可控以及空气无异味。

7. 设备

除了上述设备外，可能还需要专门的样品制备设备（如搅拌器等）及测量设备（如体积计、天平、移液器等）。

第二节　鉴评员的选拔与培训

感官评定以人的感觉为基础，鉴评员的感官灵敏性和稳定性严重影响最终结果的趋向性和有效性。由于个体间感官灵敏性差异较大，而且许多因素会影响感官灵敏性的正常发挥，因此，感官鉴评员的招募、筛选和培训是使感官评定试验结果可靠和稳定的首要条件。

一、鉴评员的招聘方式

（一）广告

广告可以刊登在当地的报纸上、公共场所的布告栏上或者通过工作人员亲自分发、张贴或邮寄出去。广告必须清晰明确，并详细说明对鉴评员的期望，以及相关指南或注意事项。

（二）直接招募

通过面对面或电话直接招募人员。

（三）推荐

通过现有鉴评员向训练有素的感官评定小组推荐新成员是招聘鉴评员非常有效的方法。

二、鉴评员的筛选

鉴评员的筛选是感官测试的重要组成部分。对于消费者测试，必须将潜在的受访者筛选为各类产品或特定品牌的用户，以便在适当的人群中进行测试。对于质量控制小组、差别检验和描述性小组，潜在的鉴评员应具有一定的身体素质（即没有与产品相关的医疗限制或过敏史）。感官测试是一项艰苦的工作，需要鉴评员注意力集中，有时会重复操作而易于疲劳。

除上述资格测试外，还要求鉴评员具有基本的感官敏锐度。对于差别检验，应对潜在的鉴评员进行测试，以确保他们的感官功能正常。通过筛选测试，还可以了解潜在的鉴评员是否能够遵循指示并理解所使用的术语。在描述性分析或质量控制工作中，通常选择较大的候选组中表现最好的子组作为鉴评员进行后续培训。

（一）无经验型鉴评员

无经验型鉴评员即未经训练型感官评定小组。这种类型的鉴评员通常只需要参与非常简单的感官测试，因此，一个无经验型感官评定小组通常包括那些愿意参加评定的人。感官敏锐度的筛选取决于测试物。参加者往往在被挑选为鉴评员后进行各种筛选测试，以便事先知道他们是否适合进行不同类型的测试。

（二）消费者型感官评定小组

消费者型感官评定小组是鉴评员中代表性最广泛的一类。通常这种类型的评定小组由各个阶层的消费者代表组成。他们仅从自身的主观愿望出发，评价是否喜爱或接受所试验的产品的程度，而不对产品的具体属性或属性间的差别作出评价。

（三）训练型感官评定小组

经过培训的鉴评员必须具有良好的个性和态度，身体健康，并满足感官敏锐度（能力）的最低标准。

（1）个性和态度 ①具有团队合作精神；②具有广泛的喜好；③态度积极但不傲慢；④善于倾听和沟通；⑤专注；⑥灵活。

（2）身体健康 鉴评员必须身体健康；必须记录任何生理或健康问题，例如过敏、配戴假牙、偏头痛。

（3）感官敏锐度 鉴评员在以下方面的感官敏锐度应至少正常。

①检测刺激：识别和评定指定属性的强度是许多感官测试的一个组成部分，因此，鉴评员能够检测典型浓度/强度的气味和味觉刺激是很重要的。用于评估检测能力的常用方法有阈值测试：通过增加/减少刺激的浓度。其通常用于基本味觉的测试。

②区分刺激：区分某些属性强度不同的样品是许多感官测试的基本要求。重要的是，鉴评员要对这些属性的不同浓度/强度足够敏感。

评估辨别能力的常用方法有差别检验：成对比较检验、三点试验和排序检验。通常情况下，筛选测试中使用的样品需要符合今后实验中将要接触的样本的特性，例如，如果要评估碳酸饮料，筛选样本可能包括不同水平的糖、酸或芳香化合物。同样重要的是，要确保鉴评员能够在混合物和待测试样品中挑选出刺激因素。需要仔细考虑样品之间的差异。如果样品间差异大，测试就会太容易，反之如果差异很小，测试则会很难。

③识别和描述刺激：尽管识别感官特性将成为培训的一部分，但鉴评员本身具有识别和描述刺激的基本能力是很重要的。典型的测试包括展示一系列基本的味道和/或气味，并要求鉴评员说出这些感觉。表4-1所示为用于味觉和香气识别测试的典型示例和浓度。

表4-1 用于味觉和香气识别测试的典型示例和浓度

感官	属性	材料	浓度/（g/L）
味觉[①]	酸	柠檬酸	0.28
	苦	咖啡因	0.195
	咸	氯化钠	1.19
	甜	蔗糖	5.76
	鲜	谷氨酸钠	0.29
鼻前嗅觉香气[②]	新鲜柠檬香	柠檬醛	0.01
	玫瑰花香	香叶醇	0.01
	青香、绿叶香	顺-3-己烯醇	0.05
	苦杏仁香	苯甲醛	0.05
	草莓、香蕉香	丁酸乙酯	0.005
	丁香	丁子香酚	0.005

注：①来自ISO 3972：2011。

②来自ISO 5496：2006。

描述样品属性并能有效传达是参与感官分析的鉴评员的必要技能。对样品进行“简要概述”是评估这种能力的有效方法。每个人被要求在纸上记录描述2~3种样品的外观、香气、质地和味道的词汇或短语。然后由主持人引导与小组其他成员讨论看法。

④解释测试结果：判断受试者是否适合参与感官评定取决于其被要求进行测试的类型。例如，鉴评员可能对苦味化合物不敏感，然而，如果他们不需要评估具有这些属性的样本，那么排除他们可能是不必要的。

对于被认为非常重要的属性，可能是100%正确率；对于其他属性来说，正确率可能会减小至60%~80%。通常情况下，只有10%~30%的参与者有望通过筛选成为训练有素的鉴评员。记录鉴评员的优势和劣势为未来感官评定小组成员的选择提供了有用的信息。

（四）筛选测试示例

在目前的实验中，样品类别通常和鉴评员将评估的实际产品保持相同，而不是使用一些简单的模型体系。通常使用以下两种不同的筛选测试：①气味识别测试，确定气味敏锐度；②排序测试，确定鉴评员是否能够区分味道强度。

气味识别是感官工作中的一项基本技能。在日常生活中，当识别滋味和气味时，情境线索通常是可用的。当这些线索被移除时，许多人只能指出他们所嗅到的气味的一半。然而，当进行多项选择测试时，他们的识别正确率会上升到75%左右。如果使用常见的日常家庭气味，有些人会做得更好。

感官强度的排序是另一项基本技能。描述性小组和质量控制工作中，可能需要区分特定属性的强度（例如，甜度）。描述性小组经常被训练使用参照特定标准强度水平的量表。由于未来的感官评定小组成员尚未接受培训，不应期望他们使用量表；但正确的强度等级排序对于候选人是必要的。

1. 气味识别

（1）材料　第一套是6个罐子，盖子里有独特的气味（都标有“A”，分别标有独特的三位数代码）；第二套是6个罐子，盖子里有独特的气味（都标有“B”，分别标有独特的三位数代码）；标有A和B的两张空白问卷。

（2）程序　从气味组A开始，闻一闻每个标有A的螺旋盖罐子里的气味，试着在问卷上写下1~2个最能描述每种气味的词来识别每种气味。确保盖子上的三位数代码与问卷中答案线上的代码相匹配。分组，围成一圈分享一套罐子，但不要和其他成员讨论答案。接下来，使用气味组B，闻每个罐子中的气味，试着从作为提示的选择列表中找出每一个答案。当完成两项练习后将问卷交给感官专业人员制成表格。

2. 滋味排序

（1）材料（每个人）　第一组是3份苹果（或其他水果）果汁样品：一份原装、一份添加5g/L蔗糖、一份添加10g/L蔗糖。第二组是3份苹果（或其他水果）果汁样品：一份原装、一份添加1g/L酒石酸、一份添加2g/L酒石酸。

（2）程序　根据问卷上的说明，为第一组3份苹果汁的甜度排序（3=最甜；1=最不甜）。根据问卷上的说明，为第二组3份苹果汁的酸度排序（3=最酸；1=最不酸）。

图4-5所示为问卷式样。

姓名（或编号）：

气味识别（A组）

闻A组中的样品，识别所感知的气味。在表1中写出你的答案。

表1：自由选择过程(A组)

样品编号	感知到的气味
163	
825	
287	
907	
653	
197	

姓名（或编号）：

气味识别（B组）

闻B组中的样品，并根据提供的列表识别所感知到的气味。在表2中写出你的答案。

表2：匹配过程（B组）

样品编号	感知到的气味
479	
509	
688	
109	
621	
774	

滋味排序

根据最甜到最不甜的程度将这些样本排序。在所提供的空格内写上样本编号。

最甜　　　　　　　　　　　　　　　　最不甜

______　　　______　　　______

根据最酸到最不酸的程度将这些样本排序。在所提供的空格内写上样本编号。

最酸　　　　　　　　　　　　　　　　最不酸

______　　　______　　　______

图4-5　问卷式样

三、鉴评员的培训

经过一定程序和筛选试验挑选出来的人员，常常还要参加特定的训练才能真正符合感官评定的要求，从而在不同的场合及不同的试验中获得均一且可靠的结果。

（一）差别检验

参与这些测试通常被认为是直接的，鉴评员通常需要熟悉而不是深入的培训，尽管特定属性的差别检验可能需要测试属性方面的培训。最简单的试验，如配对比较，三点和二-三点检验，可以根据测试物由无经验或训练有素的鉴评员执行。推荐的最低参与人数取决于鉴评员类型。

在如何完成测试方面，鉴评员应该得到明确的指导。应注意不遵循规程的后果，例如，口腔清洁不良、不按提出的顺序评估样本。此外，可以为第一次参加测试的小组进行“实践测试”，从而加深理解，消除焦虑。

（二）描述性测试

应为参与描述性测试的鉴评员提供集体培训。培训通常是密集的，培训方法通常是筛选法的延伸。随着鉴评员经验的增加，测试的复杂性应增加，例如，三点检验、二-三点检验或排序试验中使用的样品可能更难区分。如果要对特定的样品类型进行评定，则应将其包括在培训中，以便熟悉这些样品的属性。对样品进行简要概述是一个有用的培训工具，它为鉴评员提供了熟悉样品和增强自信心的机会。

（三）喜好测试

喜好测试的培训只需要对测试方法有一个清晰的描述。当面谈者在面对面填写问卷时，鉴评员不需要进行培训，有时基于计算机的问卷可能需要提供额外指导。

（四）在小组训练中使用参考标准

经过训练的感官评定小组可用于几种特定场景下的感官评定。可能最常见的是描述性分析，在这种分析中，一个小组必须开发一个术语词汇表来描述产品，同时准备一个参考框架，里面包括每种属性高和低评定的例子。小组训练的一个重要方面是使用参考标准来训练和举例说明这些特定的感官属性。参考标准也用于某些感官方法，以举例说明给定属性的特定强度水平。一个很好的例子是美国材料与试验协会制定的辣椒热量表，用于评定各种辣椒产品和衍生品的热强度。

对于特定术语，使用参考标准在一些方面是有用的。例如，当他们参加小组培训时，并不是每个人都对“青草”香气的含义有相同的理解。使用一些参考标准，通常是特定的化学物质，如顺-3-己烯醇，可以让小组中的每个人大致了解你在谈论什么。一些参考标准是日常产品或对常见产品进行一些处理后得到的样品，例如将罐装芦笋汁添加到葡萄酒中，以显示特定产品中的青草或芦笋香气。这有助于所谓的概念形成。同样这样做也是为了让所有的鉴评员在寻找产品的属性并对其强度进行评级时，都能拥有相同的体验。总体目标是通过为整个小组提供一个共同的参考或基准来降低个体间的可变性。

有时用强度量表校准鉴评员也是有用的。全质构分析培训中，鉴评员会得到不同硬度级别的例子，以便校准自己关于咬穿食物样本所需的力的评定。该量表使用常见且容易获得的产品作为不同硬度等级的参考材料。

1. 材料

（1）案例 1　甜度参考标准。在训练阶段，鉴评员将得到 4 个代表刻度点的参考。在 15 分的甜度量表上，2 分、5 分、10 分和 15 分，由不同浓度的蔗糖溶液组成。在测试阶段，鉴评员会得到各种水果饮料的例子，用刚刚练习过的量表来评估甜度。

（2）案例 2　硬度强度的参考标准。鉴评员会得到 9 个参考，代表 9 个等级的硬度。

（3）案例 3　葡萄酒香气的参考标准。鉴评员会得到 5~6 个参考，作为装在有盖品酒杯中供品尝的葡萄酒样品。每一个参考都贴上了香气特征的标签。根据训练，还会有另外 5~6 个盲码参考，让鉴评员试着闻，并贴上正确的香气特征。

（4）案例 4　液态牛乳中的乳制品缺陷。鉴评员将得到 4~5 个液态牛乳样品，品尝不同样品的风味特征，这些特征已被标记为乳制品判断中的缺陷。完成后，鉴评员将得到 4~5 个盲码样品供品尝。

2. 程序

（1）案例 1　甜度参考标准。按照从低到高的顺序品尝参考样品。每次取样之间一定要漱口。一旦鉴评员尝遍了它们，就可以用托盘上的 4 种盲码样品来进行自我“测试”。尝试将每个盲编码样本匹配到 4 个参考级别中的一个。感官评定专业人员将提供指令代码表来告诉鉴评员“正确”答案。如果鉴评员在任何水平上都是错误的，则从低到高再试一次参考样本。当自我训练完成后，尝试 3 种盲码饮料，并根据对甜度的理解给它们打分。

（2）案例 2　硬度强度的参考标准。取每个样品，放在臼齿之间，用所需的力咬断它。如果不能咬断最硬的两个样本，就省略这两个样本。当完成后，会给鉴评员 3 个测试样本，让其咬碎，并让鉴评员使用 9 分制来评定硬度。9 分制质构硬度等级的参考标准如表 4-2 所示。

表 4-2　质构硬度等级的参考标准

刻度值	条目	描述	大小	呈送温度（建议）
1	奶油干酪	卡夫/费城（Philadelphia）	1.2cm^3	6.7~12.8℃
2	蛋白	煮熟的	1.2cm	室温
3	热狗	去除肠衣，生的	1.2cm^3	10~18.3℃
4	再制干酪	卡夫美国	1.2cm^3	10~18.3℃
5	橄榄	无凹坑，饱满的	1 个橄榄	10~18.3℃
6	花生	脱壳的	1 颗花生	室温
7	胡萝卜	新鲜的	1.2cm^3	室温
8	花生糖	糖果部分	1.2cm^3	室温
9	硬糖	冰糖	约 0.5cm^3	室温

（3）案例 3　葡萄酒香气术语参考标准（表 4-3）。鉴评员将得到一组带有表面皿或类似覆盖物的酒杯。轻轻旋转样品，然后打开盖子，快速嗅闻顶部空间。注意玻璃上列出的香气属性的名称。如果鉴评员不清楚这种感觉，可以再闻一遍。当对所有的玻璃杯中香气嗅闻过后，移动到测试样品托盘，闻一闻每一种气味的顶部空间，选择一个从参考样本中学到的香气术语，在术语清单上随机填写三位数代码。如果鉴评员认为有多个样本具有该特征，则可以为该术语

输入两个编码。如果鉴评员觉得一个样本有两个特征，可以把它们都记下来。

表 4-3 葡萄酒香气术语参考标准示例

术语	配方	可供替代的
二乙酰（黄油）	每 100mL 葡萄酒+1 滴黄油提取物	—
橡木味	每 25mL 葡萄酒+2~3mL 橡木味	新鲜橡木刨屑，可浸泡过夜
香草味	每 25mL 葡萄酒+1~2 滴香草香精	—
葡萄干	5~8 粒碎葡萄干/25mL 葡萄酒	—
邻氨基苯甲酸甲酯	5mL 韦尔奇康科德葡萄汁	—
黑加仑	5mL 利宾纳（Ribena）+黑加仑汁	10mL 黑加仑甜酒
甜椒	$1cm^2$ 切好的新鲜青椒，在测试前浸泡 30min，然后取出	—

（4）案例 4 液体牛乳中乳制品缺陷的参考标准。鉴评员会看到一排玻璃或塑料杯，上面标有特定乳制品缺陷特征的名称。品尝每个样品，然后吐出来，注意样品的香气特征。此外还会给鉴评员一大份没有缺陷的新鲜牛乳样品，以供比较。每次取样之间进行漱口，防止风味积聚或携带到下一个样品的品尝中。当鉴评员品尝完参考标准品后，会得到一个托盘，里面有 4~5 个牛乳样品，装在有盖的容器里。试着根据训练来识别缺陷，并将其列在三位数代码旁边。如果觉得可以通过简单的嗅觉来识别缺陷，则不需要品尝样品；如果觉得样品有不止一个缺陷，把两个都记录下来；如果觉得牛乳没有瑕疵，就留白。乳制品缺陷示例和制备配方见表 4-4。

表 4-4 乳制品缺陷示例和制备配方

缺陷	配方	注释
金属氧化味	将 1.8mL 10g/L $CuSO_4$ 溶液与 600mL 全脂牛乳混合	制备并储存 10g/L $CuSO_4$ 溶液
轻度氧化味	将 600mL 全脂牛乳暴露在明亮的阳光下直射 12~15min	提前 24h 准备（2d 后不再发生氧化反应）
哈喇味（脂解）	将 100mL 生牛乳与 100mL 巴氏灭菌牛乳混合，在搅拌机中搅拌 2min 后加入 400mL 牛乳，共计 600mL	向经巴氏杀菌处理（70℃ 持续 10min）后的牛乳中加入生牛乳。提前 24~36h 准备
果味/发酵味	每 600mL 牛乳加入 1.25mL 10g/L 己酸乙酯（食品级）	—
煮过的	将 600mL 牛乳加热至 80℃ 1min，然后冷却	—
酸味	在 575mL 全脂牛乳中加入 25mL 新鲜发酵酪乳	提前 24~48h 准备

第三节 感官评定样品

样品是感官评定的受体。样品制备的方式及制备好的样品呈送至鉴评员的方式，对感官评定试验能否获得准确而可靠的结果有重要影响。在感官评定试验中，必须规定样品制备的要求和样品呈送过程中的各种外部影响因素。

一、样品制备

（一）材料

用于制备样品的材料应具有已知的来源和储存历史。

1. 均一性

均一性是感官评定试验样品制备中最重要的因素。所谓均一性就是指制备的样品除所要评价的特性外，其他特性应完全相同。样品在其他感官质量上的差别会造成对所要评价特性的影响，甚至会使鉴评结果完全失去意义。对不希望出现差别的特性，应采用不同方法消除样品间该特性上的差别。例如，在鉴评某样品的风味时，就可使用无色的色素物质掩盖样品间的色差，使鉴评员能准确地分辨出样品间的气味差。

2. 样品量

大多数感官评定试验每次可鉴评样品数控制在4~8个。对含酒精饮料和带有强烈刺激感官特性（如辣味）的样品，鉴评样品数应限制在3~4个。呈送给每个鉴评员的样品量应随试验方法和样品种类的不同而分别控制。一些试验如二-三试验应严格控制样品量；另一些试验则不需控制，给鉴评员足够鉴评的量。通常，对需要控制用量的差别试验，每个样品的控制用量是液体30mL、固体28g左右为宜。偏好试验的样品用量可比差别试验高一倍，描述性试验的样品用量可依实际情况而定。

（二）设备和器具

用于样品制备及呈送的器具和设备的材料类型要仔细选择，以免引入偏差或新的可变因素。所有样品制备使用到的设备和器具均应标准化。大多数塑料器具、包装袋等都不适用于食品、饮料等的制备，因为这些材料中挥发性物质较多，其气味与食物气味之间的相互转移将影响样品本身的气味或风味特性。木质材料不能用作切肉板和面板、混合器具等，因为木材多孔，易渗水和吸水，且易沾油，并将油转移到与其接触的样品上。

因此，用于样品的储藏、制备、呈送的器具应该是玻璃器具、光滑的陶瓷器具或不锈钢器具，因为这些材料中的挥发性物质较少。此外，经过预测，低挥发性物质且不易转移的塑料器具也可使用，但必须保证被测样品在器具中的盛放时间（从制备到评定过程）不超过10min。

（三）方法

应明确记录样品制备的方案。所有样品应以完全相同的方式制备。在适当的情况下，应通过准确使用天平、体积计、秒表、搅拌器、温度探头或记录仪等使制备程序标准化。同样，样品在烤箱、冰箱、培养箱等中的操作方式也应标准化。如果样品在呈送前需要储存，则应测试储存条件对样品的影响，以确保感官（和微生物）质量不受影响。

应选择最不会掩盖样品之间差异的制备方法。例如，如果气味感知是关键目标，则可能需要将样品打成泥以消除质地差异。对于消费者测试，选择一种类似于在家庭中使用的方法最为合适。

二、样品呈送程序

除评估变量外，工作人员应非常小心地将所有服务程序和样品制备技术标准化，例如样品的视觉外观、样品的大小和形状以及呈样温度。此外，工作人员应决定使用哪种呈送容器，样品是否应与载体一起提供，在一次评定中应提供多少样品，是否应在样品之间漱口，以及品尝样品是否应咳痰或吞咽。

（一）样品呈送温度

样品分发到每个呈送容器中后，要检测其温度是否合适。目前，许多感官评定室都采用标准制备程序，即在样品制备时就检测样品所需的温度，并调节呈放容器的温度，直到样品送给鉴评员评定时还保持合适的温度。

一般来说，热食品应在60~66℃，热茶和咖啡应在66~71℃，冷饮料应在5~9℃提供。在液体牛乳等乳制品中，如果将产品加热到高于它们的保藏温度，其感官特性可能会更加突出。在一些主要关注敏感性和差别性的测试中，其实际意义较小，但适当的呈送温度有助于辨别。因此，液态牛乳的品尝可以在15℃而不是更常见的4℃下进行，以增强对挥发性风味的感知。冰淇淋在评定前应在-15~-13℃下至少保持12h。因为如果冰淇淋较冷，则很难被舀出。在较高的温度下，冰淇淋会融化。最好在呈送前直接从冰箱中舀出冰淇淋，而不是舀出冰淇淋后再将其储存在冰箱中。

许多样品可以在常温下品尝，例如零食、果酱和蜜饯以及谷物。当样品在常温下呈送时，感官评定工作人员应在每组鉴评期间测量并记录环境温度。对于在非常温下呈送的样品，应规定呈送温度以及保温方法（如砂浴、保温瓶、水浴、加热台、冰箱、冰柜等）。此外，工作人员也应规定样品在指定温度下的保存时间。如果样品要保存较长一段时间，测试方案应包括差别检验以确定保存时间是否会导致样品的感官特性发生变化。如果没有发生变化，则样品可以保存更长的时间。然而，如果样品要在高温下保存一段时间，工作人员还应监测可能危及鉴评员安全的潜在微生物生长繁殖情况。

（二）样品呈送容器

用于样品呈送的容器在一定程度上取决于样品大小。无论选择哪种容器，都不应赋予样品额外的感官特性。玻璃是优选的，但并不总是可行的，因为它更昂贵，需要清洗以重复使用。一次性塑料或纸塑杯、盘往往更受欢迎，但应在使用前进行测试，以确保它们不会影响样品的感官特性，例如，聚苯乙烯泡沫杯使用非常方便，因为它们是一次性的，可以很容易使用永久墨水标记或粘贴标签对其进行标记，但它会对热饮料的风味特性产生不利影响。如果通过记号笔标注三位数代码，则必须小心确保墨水不会散发香气。同一试验内所用容器最好外形、颜色和大小相同。建议使用透明或纯白色容器，除非呈送容器也用于掩盖样品之间的不必要差异，例如，深色不透明玻璃通常用于掩盖葡萄酒之间的外观差异。容器本身应无气味或异味。试验器皿和用具的清洗应慎重选择洗涤剂，不应使用会遗留气味的洗涤剂。清洗时应小心清洗干净并用不会给容器留下毛屑的布或毛巾擦拭干净，以免影响下次使用。

（三）样品载体

“载体”通常是指构成被测食物的基质或载体的材料，更广泛地说，也可以被认为是与被测食物一起食用（和品尝）的任何其他食物。例如糕点中的奶油馅，面包上的黄油，酱汁中的香料和生菜叶上的沙拉酱。

在差别检验中，目标通常是进行对产品差异非常敏感的测试。载体可以掩盖或掩饰差异，或最大限度地降低鉴评员感知由于添加其他风味和质地和口感特征的改变而产生的差异。在某些情况下，载体可能只是单纯地增加感官印象的整体复杂性，因此在这些情况下，使用载体可能是不可取的，因为它会降低检测感官差异的有效灵敏度。

而一些产品，如脂肪涂抹物、早餐谷物、调味料，不容易单独评定，需要额外的产品作为载体。这在消费者测试中尤其如此，在测试中，呈现样品正常消费时候的状态尤为重要。应仔细考虑载体的选择，因为它可以为数据提供额外的变化来源。此外，样品和载体之间的相互作用（物理化学和/或感知）可能导致与测试样品无关的感官评定。例如，面包的存在可能会影响味道和香气刺激物向受体的传递，已知酱汁的黏度会影响味觉的感知。感官分析人员应进行初步调查，以确保载体不会分散鉴评员对测试样品的注意力，也不会通过增加或掩盖样品的感官属性来影响样品最终的感官特性。一些典型的载体包括无盐饼干、白面包、大米、牛乳和淡白色酱汁。

感官评定时，如果对产品的载体或组合有所要求，则该过程的时间必须标准化。例如，如果将牛乳倒在早餐谷物食品上，则所有样品倾倒牛乳和品尝的时间必须相同。在没有说明的情况下，简单地将容器中的牛乳放入测试室中供鉴评员自己添加的做法是不明智的。他们可能会在一开始就将牛乳倒在所有样品上，结果导致最后一个评估的样品与第一个样品的质地大不相同。

（四）样品大小

如果样本在差别检验中被评定，而样本的外观不是被评定的变量，那么样本应该看起来相同。如果不可能将外观完全标准化，则可以使用顺序单一的呈送顺序。然而，如果有一种可能性，即鉴评员可能记得样本在外观上并不相同，那么差别检验就不合适了。

样品大小和形状非常重要，不同的样品大小可能会导致不同的结果。因此，在决定为鉴评员呈送样品时，应该记住几个问题。这项研究的目的是什么？这种产品的正常份量是多少？这种产品正常一口有多大？鉴评员需要评定该产品的多少个属性？是否可以很容易地控制产品的尺寸？这些问题的答案可以引导感官工作人员做出合理的决定，以确定所提供样品的大小。在某些情况下，可能会规定最低摄取量。这在消费者测试中可能很重要，因为一些参与者可能不敢品尝新产品。

三、样品顺序、编号及数量

呈送给每一位感官鉴评员的样品的顺序、编号、数量都要经过合理的设置。

为了避免遗留效应和对感官刺激的适应，需要在品尝样品之间使用口腔清洁剂。瓶装矿泉水在室温下可以成功地清洁先前样品残留的口感。油腻的食物往往需要一些更涩的东西，例如，一块苹果可以在巧克力样品之间食用。辛辣食物往往需要含有脂肪的味觉清洁剂，所以牛乳是一个受欢迎的选择。对于茶这样的有涩味样品，甜瓜是适合的。感官工作人员应在调查前根据意见确定合适的口腔清洁剂。此外，样品之间的间隔时间对于具有持久影响的样品也很重要。

（一）样品顺序

1. 随机化

当多个样本呈现给评估者时，重要的是随机呈现，以便每个鉴评员以不同的顺序接收样本，可以采用从包里摸样品卡或使用一组随机号码的方法。然而，在某些情况下，随机化是不可能的，例如，当一次只能准备一个样本，并且必须立即提供给所有鉴评员时。

2. 平衡试验设计

样品呈送的顺序要达到平衡，也就是保证每个样品在同一位置出现的次数相同，可以进一步减少顺序效应。这种设计类型被称为拉丁方阵（图 4-6）。存在许多专门的版本，如威廉姆斯拉丁方阵（图 4-7），其中每个样本出现在每个展示顺序中，也出现在设计中的每个其他样本之前/后，次数相等。

5×5	6×6
A B C D E	A B C D E F
B C D E A	B C D E F A
C D E A B	C D E F A B
D E A B C	E F A B C D
E A B C D	D E F A B C
	F A B C D E

图 4-6　拉丁方阵

n=5	n=7
A B E C D	A B G C F D E
B C A D E	B C A D G E F
C D B E A	C D B E A F G
D E C A B	D E C F B G A
E A D B C	E F D G C A B
D C E B A	F G E A D B C
E D A C B	G A F B E C D
A E B D C	E D F C G B A
B A C E D	F E G D A C B
C B D A E	G F A E B D C

图 4-7　威廉姆斯拉丁方阵

（二）样品编号

样品编号时，代码不能太特殊，要适当编号以避免给鉴评员任何相关信息。用一位字母或阿拉伯数字编号时会导致鉴评员按字母或数字顺序寻找暗示，从而误导感官评定，因此，最好用字母和数字相结合的方式编号。同批试验中所用编号位数应相同，同一个样品应编几个不同号码，保证每个鉴评员所拿到的样品编号不重复。所有代码应以一致的格式书写，并使用相同的无异味笔进行类似定位，或用计算机打印在随后放置在展示容器上的标签上。

（三）样品数量

评定的样品数量受到鉴评员感官疲劳和精神疲劳的影响。对于饼干，每次品尝 8~10 片是上限，对于啤酒，6~8 口是上限。对于风味持久的食品，如熏肉、有苦味的物质、油腻的物质，则每次只能品尝 1~2 份。此外，对于仅需视觉检验的样品，每次评定 20~30 份才会达到精神疲劳。

四、参考样品

参考样本可以用于举例说明一种属性或一种尺度上的特定强度点。任何参考样品的制备都需要采用上述相同的受控程序。如果参比物可以在室温下提供，可以在试验期间将其放置在实验室内。然而，有些参考物需要在特定的温度下提供，因此每次使用时都需要及时更新。参考样的使用应在鉴评员之间标准化，以免给试验增加进一步的误差。参考样也可以作为其中一个编码样本来评估鉴评员对于标样评定的一致性。

五、样品评定程序

评定样品的方案应由测试物确定。该方案必须在简报会上和/或在每个样品所提供的说明中向鉴评员清楚地说明。如果鉴评员的评估方式不一致会带来新的误差。

是否要求鉴评员吐出样本需要仔细考虑。在大多数分析性感官测试中，应避免吞咽，并将样品吐出。这是为了减少一个产品的遗留对下一个产品产生不必要的影响。然而，吞咽的动作对许多产品的感官特性都非常重要。吞咽在香气挥发物进入鼻腔的过程中起着关键作用，因此对味道的感知也是如此。此外，许多感觉受体细胞也存在于口腔后部和喉咙上。事实上，许多产品的重要属性都体现在这里，例如碳酸饮料的“燃烧”感。在消费者测试中，摄入应该与正常饮食条件相匹配，吞咽样本变得尤为重要。

在任何感官测试中，清楚地定义样品应该如何消耗或使用是至关重要的。对于某些感官方法，定义如何评定样本是感官评定方法本身固有的，例如描述性分析。对于其他方法，则应由工作人员确保鉴评员了解评定方案。对于食品，应考虑样品如何放入口中，第一口是否使用特定的牙齿，以及固体食物是否应规定咀嚼次数。

评定某一特定属性的时机也应明确，例如，在评定初始风味强度时，需要在第一次接触样品时作出判断，而整体风味强度可在产品评定后作出判断。

思考题

1. 感官鉴评员可以分成几种类型？选择感官鉴评员的依据有哪些？
2. 食品感官评定对环境有哪些要求？感官评定室应该具备哪些功能区域？
3. 制备感官评定的样品应该考虑哪些影响因素？如何进行样品的编码和呈送？

CHAPTER

第五章 感官评定偏差

5

学习目标

1. 了解感官评定偏差的类型及来源。
2. 了解感官评定偏差的消除方法。

第一节 简单对比对感官评定的影响

感官评定很容易受到简单对比的影响。在相同条件下，任何刺激与较弱刺激对比会显得更强烈，而在与较强刺激对比时会显得不那么强烈。例如，感官工作人员发现，食物的可接受度评级似乎一定程度上取决于在评估定提供的其他食物。如果之前有一个好的样本，糟糕的食物看起来会更糟糕。尽管在某些情况下，当一组样本与该组极其不同的样本同时存在时，它们可能看起来更加相似。

一、适应水平

纽约的 1 月似乎比相同温度下的 8 月热得多，这种效应可以通过赫尔森（Helson）的适应水平理论来解释。Helson 建议以待评估样本之前的平均刺激水平作为参考框架。在炎热潮湿的夏天，温和的温度似乎比寒冬中同样温和的温度更凉爽和清新。Helson 通过最近和前期的样本详细阐述了适应水平理论，即最近的样本对适应水平影响更大。然而，仅仅参考经验的平均值并不足以产生对比效应——如果平均值集中在响应量表的中间，中心偏差就会使其影响更大。

适应是指在持续刺激条件下反应性的下降，是感觉过程中的重要概念。在视觉的光暗适应中，生理适应或对环境刺激水平的适应在视觉的光暗适应中是明显的。热感和触觉也表现出强烈的适应效果，例如，人们易于适应室温（只要不是太极端），也不会意识到衣服的触觉刺激。因此，这个平均参考水平经常从意识中转移，或成为一个新的基线，使环境的偏差更加明显。有些人甚至认为这提高了辨别力——差异阈值在适应水平或生理零附近最小，符合韦伯定律。在化学、热和触觉方面，适应能力是相当强烈的。

然而，并非所有的对比效应都需要用前一个样本的神经适应或生理效应的概念来解释。因为或多或少的极端刺激改变了参照系，或者这正是刺激范围和反应尺度相互映射的方式。人类观察者就像测量工具，不断地重新调整自己到经验丰富的参照系。例如，对一匹小马的看法可能取决于参考框架是包括克莱德斯代尔小马、舍特兰矮马，还是微小的史前马物种。

二、强度变化

图 5-1 所示展示了一个简单对比效应试验，即不同环境下不同盐浓度的汤咸度等级评定。该系列试验主要考察了在低钠汤中加入两种较低或两种较高浓度的盐对咸味强度的影响，用简单的 9 级分类进行评级。在浓度较低的环境中，0.25mmol/L 的中等浓度样品得到了更高的等级，而在浓度较高的环境中，则得到了较低的等级。等级的变化非常显著，大约在 9 级的范围占据 2 级，约为总范围的 25%。

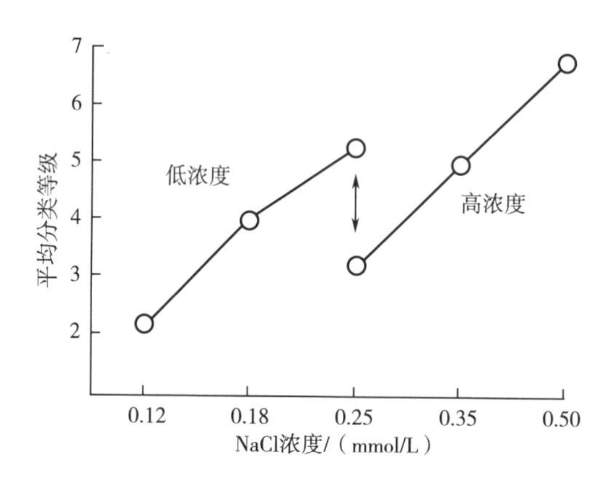

图 5-1　添加了氯化钠的汤的咸度等级评定

将 0.25mmol/L 的样本在两种情况下进行了评估，一种浓度较高，另一种浓度较低。

类似的变化也可以通过一个简单的试验来展示。例如，对砂纸的触觉粗糙度不同的实验。在较粗糙的样本中，中等粗糙度的样本评分将低于更平滑的样本。简单的对比效果并不局限于味道和气味。然而，并非总能观察到对比效应。在一些长系列刺激的心理实验中，已经观察到了一些样本之间的相关性。对前刺激和远期刺激的测定发现，该系列中相邻反应之间存在正相关。这可以被视为一种同化或低估差异的证据。

三、品质变化

视觉方面的例子，例如颜色对比，是早期心理学家熟悉的。在黄色背景下，灰色线条可能会显得稍微偏蓝，而在蓝色背景下，同样的灰色线条可能会显得更偏黄。著名艺术家约瑟夫·阿尔伯斯（Josef Albers）的画作就很好地利用了色彩对比效果。类似的对比效果也可以在对化学物质的感官中观察到。在香味评定的描述性小组训练期间，萜烯芳香化合物二氢月桂烯醇出现在木质或松树类参考组中时，鉴评员认为这种香气更像柑橘，而不应该出现在木质参考组中。然而，当相同的气味出现在柑橘参考组中时，同一小组的鉴评员声称它更像木质和松树香气，而不是柑橘。在柑橘类环境中与在木质环境中相比，样本被评为更具木质特征（图 5-2）。相反，在柑橘类环境中，柑橘香味的强度评级降低，而在木质环境中则增加。这种效应非常强烈，即使通过休息一段时间来消除感官适应，这种效应仍然存在。甚至当情境气味与目标样本一致时，这种效应仍会发生。

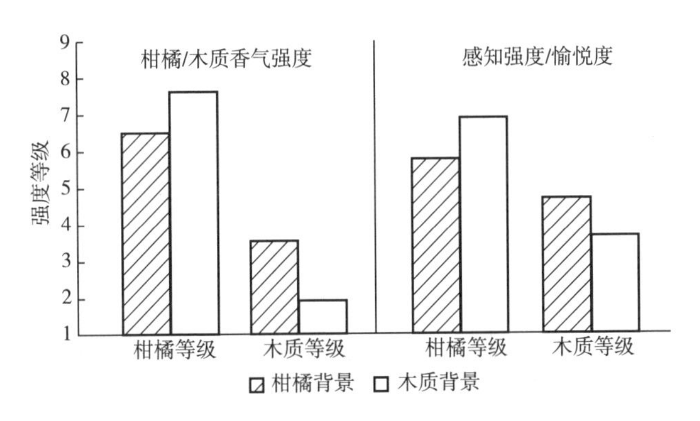

图 5-2　萜烯芳香化合物二氢月桂烯醇的气味强度对比

对比效应还可以改变样本的初始化和特征化方式。当人们对语音进行分类时，反复暴露于一种简单的音素会改变其他语音的类别边界。例如音素“bah”的声音开始时间较早，重复暴露于该音素可以改变音素边界，使靠近边界的语音更有可能被归类为“pah”（一个声音开始较晚的音素）。这种边界级的例子可能会跨越边界并转移到下一个类别中类似于一种对比效应。

四、偏好转移

食物偏好或接受度的变化可能是环境影响的结果。在食物接受度测试中，偏好转移是广为人知的现象。如果一个样本跟随一个质量差的样本，会看起来更有吸引力；如果跟随一个质量好的样本，则看起来不那么吸引人。这种对比效应已经在滋味、气味和艺术中被证实。在这类实验中观察到的另一个效应，即对比项会使其他评级较低的刺激通常变得更相似从而更不易区分，被称为凝结。例如，预先接触美味的果汁会降低人们对不那么吸引人的果汁的偏好评级。

研究者在优化番茄汁的咸味和水果饮料的甜度研究中发现了偏好转移。在递增系列中［图 5-3（1）］，将饮料与具有相同颜色、香气和其他风味物质（即只有甜味或咸味是不同的）混合来浓缩稀释的溶液；在递减系列中［图 5-3（2）］，将一个高浓度样本作为初始参照，然后稀释到适宜水平。如图 5-3 所示，试验组浓度呈显著差异，几乎接近 2∶1。即使鉴评员试图达到相同终点，这种效果依然存在。因此这种现象不能归因于感官适应或缺乏辨别。与非常甜或咸的初始参照相比，稍微淡一点的样本作为初始参照似乎刚好合适，但当用相对酸的水果饮料或无味的番茄汁作为初始参照时，只有一点糖或盐就有十分显著的对比效应。在样本的递增或递减系列中，过早发生的反应变化被称为“预期错误”。

五、对比效应

一般而言，人们通常倾向于寻求对比效应的生理解释，而非心理或判断性的解释。当然，一系列强烈刺激会导致后续测试样本的评分明显降低。感官适应在味觉和嗅觉的化学感官中的重要性显得尤为重要，这也是该解释的一部分。然而，很多研究表明，可以采取预防措施来防止感官适应。例如足够的冲洗或时间间隔，但背景效应仍然存在。此外，对低强度刺激的感官

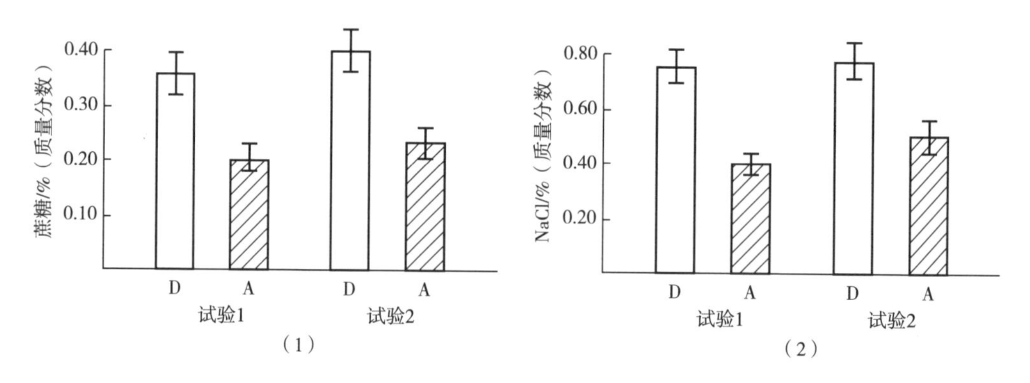

图5-3 水果饮料（1）中蔗糖和番茄汁（2）中盐浓度的优化

空白柱状图试验组D表示浓缩样品稀释到最佳；阴影柱状图实验组A表示浓度从低浓度升高到最佳。试验1是在没有特殊指示的情况下实施的，试验2是通过下达指令确保浓度上升和下降在相同的感觉水平。

适应通常不会导致对更强刺激样本的评分增加，因为相较于无刺激，适应必然会导致生理反应的减弱。

反对对比效应的简单适应解释的最好证据来自反向配对实验。在这类实验中，背景项遵循待评定的目标样本，因此对它没有生理适应效应。这种实验要求在背景项呈现后，通过记忆对目标样本进行判断，称为反向配对实验。由于顺序相反，背景项跟随而不是先于评级项，因此，背景效应不能归咎于受体的生理适应。反向配对效应可见于二氢月桂烯醇等芳香化合物的气味质量的变化，且其影响程度仅稍低于背景项先出现时引起的背景项变化。反向配对的情况也很可能产生简单的感官强度对比效应。当在正常强度水果饮料的味道和评级之间插入高甜度或低甜度样本时，会观察到甜度的变化。这种效应似乎更有可能改变响应函数。然而，并非该领域的所有研究者都同意此理论。马克思（Marks）认为，背景的变化很像是一个适应过程，而听觉刺激是个例外，可能改变的不是感觉本身，而是感觉的内在响应。例如，如果一个人在评定时拥有对评定样本的一些记忆痕迹，那么这些记忆痕迹或许会被改变。

第二节 刺激范围与频率对感官评定的影响

影响感官评级的两个最常见因素是评定样本的刺激和响应选项频率。这两个因素被纳入了一种有助于解释类别评级变化的理论中。

一、Parducci 范围和频率原理

帕尔杜奇（Parducci）试图超越Helson的适应水平理论，即人们在确定判断的参照时，会对感官体验的均值或平均值做出反应。相反，心理物理实验中，样本的整体分布会影响对特定刺激的判断。如果这种分布在低端更密集（聚集起来），包含了许多较弱的样本，那么样本评级就会提升。Parducci提出，感官评级是两个效应之间的妥协。第一个是范围效应，指用来细分可用的量表范围，通常倾向于将量表划分为相同的感知部分。第二个是频率效应，指感官评

定中鉴评员倾向于使用相同的评分等级。因此，重要的不仅是平均水平，而且刺激可能沿着连续体进行分组或间隔，这将决定如何使用反应量表。类别尺度行为可以被预测为范围效应和频率效应影响之间的妥协。

二、范围效应

范围效应已在类别评分及其他判断，包括比例缩放等方面被广泛认知。当扩大或缩小样本的整体范围时，鉴评员会将经验映射到可用的样本中。因此，较窄的范围会产生陡峭的心理物理函数，而较宽的范围会产生较平坦的心理物理函数。例如，两个关于评分量表的试验使用了4种类型的反应量表和一些视觉、触觉和嗅觉连续样本，比较了试验者使用不同的反应量表来区分样本的能力。在第一项研究中，鉴评员在区分样本方面没有任何困难；在第二项研究中，缩小连续样品的刺激范围后进行评级则更具挑战性。图5-4所示为不同刺激范围内（搅拌）硅胶样本的感知厚度评级。实验结果响应函数呈现变陡的情况。对于黏度的同一对数单位（lgη）变化，响应范围从宽刺激范围到窄刺激范围扩大了约一倍。

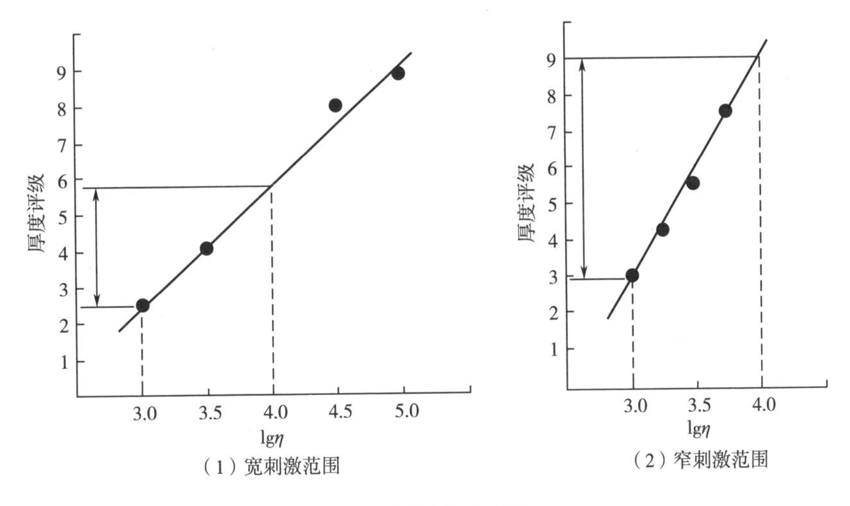

图5-4 简单的范围效应

当范围样本较大时，心理物理函数较平缓，而范围样本较狭窄时，心理物理函数更陡峭。

另一种范围效应发生在锚刺激下。研究表明，锚刺激对评级量表有强烈的影响，但如果锚非常极端，那么它的影响就会减弱，就像它们与判断参照无关一样。萨里斯（Sarris）和 Parducci 发现了单一和多个末端锚的相似效果，通常以对比效果的形式出现。例如，一个低锚刺激，无论是评级还是未评级，都会导致更强的刺激相比于没有锚出现时得到更高的评级，除非“锚”极端得看起来无关紧要。Sarris 和 Parducci 提供了以下类比：当一个销售员得知自己的工资高于某个同事，他会认为自己获得的工资是较高的，且他可能不会通过考察其他不同收入水平同事的建议来修正自己的判断。

三、频率效应

频率效应指人们在处理一系列样本或刺激时，倾向于以相同的次数使用可用的响应选项。频率效应会导致类似简单对比的变化，也会在刺激间隔较近或非常多的点附近，导致局部陡增的心理物理函数。频率效应指出，当判断大量样本时，低端或高端的样本倾向于分散到邻近的类别中。图 5-5 所示的面板展示了四个假设的实验，以及样本可能在范围不同部分的聚集情况。图 5-5（1）展示了在每个刺激强度上呈现相同刺激次数的心理物理实验。图 5-5（5）所示的结果呈现了评级与刺激强度对数值的简单线性函数关系。然而，如果刺激在分布的高端呈现得更频繁，即负倾斜，那么较高类别就会被过度使用，鉴评员就会开始将判断分配到较低的类别中。如果样本聚集在较低端，较低的反应类别将被过度使用，鉴评员将判断分配到更高的类别。如果刺激聚集在中端，相邻的类别将被用来处理一些中间刺激，将极端刺激推到反应范围的末端，如图 5-5（3）和图 5-5（7）的拟正态分布所示。

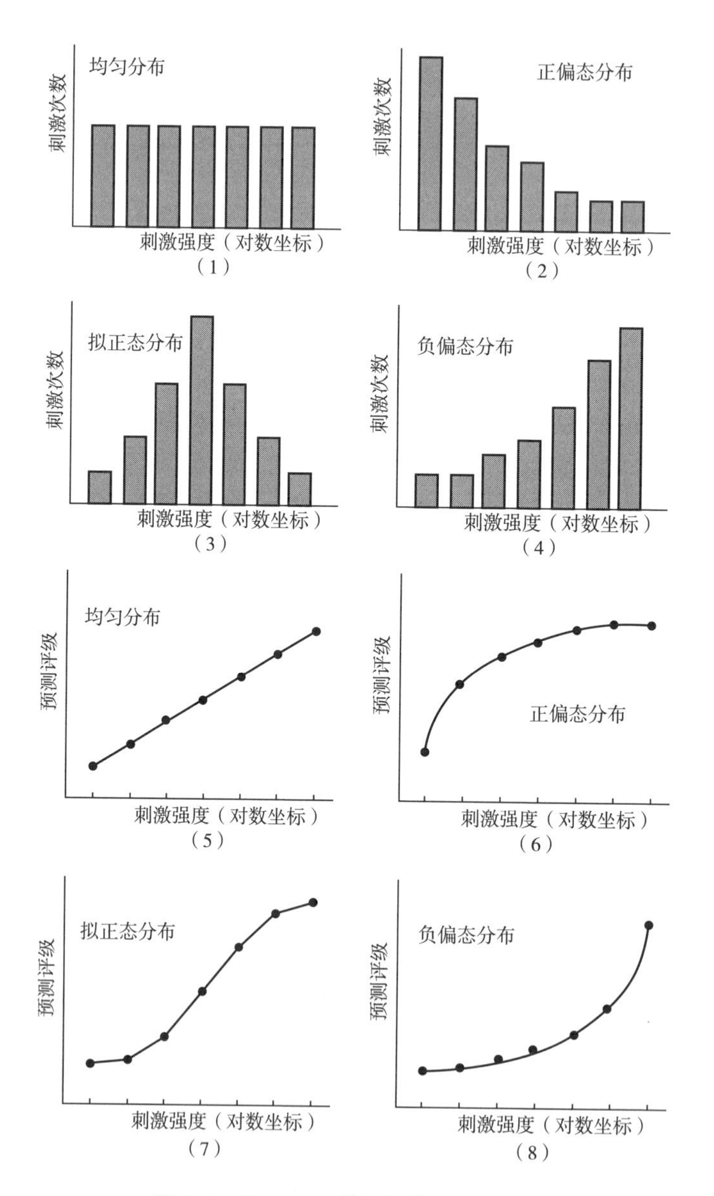

图 5-5　Parducci 范围频率理论的预测

集中在感知范围的一部分（上四重奏）的刺激的分布将显示出心理物理功能的局部陡峭（下四重奏）。这是由于鉴评员倾向于使用相同频率的类别，结果使判断从那些被过度使用的类别转移到相邻的类别。

这种行为与应用的测试情况相关。例如，当评定异味或污渍时，感知强度高的样本可能较少，而感知强度微弱的样本会较多。频率效应可以解释为量表的低端使用频率少于预期，但得到的平均值比人们认为合适的要高。例如，为一种新产品筛选一些口味或香味。供应商或风味开发小组通常会派出大量优秀的候选样本来进行测试。这些样本往往已经进行了预先测试，或至少得到了调香师的认可。但为什么在评定小组中只得到平庸的评级呢？可能是因为分布在高端的比例过高，因此评定小组的倾向是选择更低端的类别。这可能解释了为什么在评定相同的样本时，内部评定小组有时比消费者更积极或更消极。

虽然大多数关于范围效应和频率效应的试验都是在简单的视觉刺激下进行的，但也有味觉评定的例子。席夫斯坦（Schifferstein）和弗里吉斯特（Frijters）发现，带有线标记反应的偏态分布的影响与之前的类别评级研究中所看到的相似。也许线标记不是具有无限划分的响应量表，但鉴评员将线划分为离散的子范围，就像使用了有限数量的区域或类别一样。分组或间距样本的影响也随着暴露于分布的增加而增强。随着偏态分布从无暴露到单一暴露，负偏态（上端聚集）向较低反应类别的转变会加剧。因为鉴评员获得了样本集的经验，所以情境效应不会突然出现，而是会控制鉴评员的行为。

第三节 心理特征对感官评定的影响

感官评定中存在心理特征对个体响应的影响。吉尔福德（Guilford）提出：“人类判断具有独特性，尤其是当它们影响某些测量方法的操作时。”了解这些特性，就可以避免被非典型的响应模式所影响。在许多情况下，可以组织和设计测试，最大限度地减少这些错误的影响，或者至少使它们能够平等地影响所有的样本。例如，在多样本偏好测试中，第一个呈现的样本通常会比随后呈现的样本分数更高，此为第一样本效应，是时间顺序错误的一种。为了最小化这种错误的影响，并确保它对所有样本的影响相同，需要经常将样本等价地放置在第一位。此外，数据分析必须包括通过服务顺序检查响应模式。当然，有些测试会故意设置成单一样本测试，因为知道这可能使样本获得更高的分数。一般来说，当鉴评员对测试方法、特定样本或样本类别不熟悉时，这些错误会更明显。显然，如果测试者与有经验和受过培训的鉴评员一起工作，遵循推荐的程序，这些错误的影响可以减少。

然而，有一些心理错误与被测试的具体样本直接相关。通过适当的试验设计、对比和收敛以及其他对比影响，可以将其最小化，但不能将其完全消除。对于感官评定专业人员来说，关键是要意识到这些错误，以及在设计测试时减少它们的影响，并确保在测试中，所有样本都有平等的机会受到这些影响。

一、集中趋势误差

这种错误的特征是鉴评员在评分时往往会避免给样品极端分数，而更倾向于在量表的中间范围给样本评分。如果鉴评员对测试方法或样本不熟悉，更容易出现这种评分错误。相对而言，有经验和合格的鉴评员较少犯这种错误。

避免极端情况是一个特别有趣的问题。例如，有人指出 9 分偏好量表及类似量表在实际使用上存在限制；也就是说，为了避免极端情况，引入了7分量表。吉尔福德（Guilford）、阿梅森（Amerine）等建议，可以通过改变单词或它们的含义，或增加术语间的间隔来避免这种极端。这种方法更适用于除了9分偏好量表以外的量表，在样本服务顺序平衡且鉴评员熟悉量表和样本的情况下，可以避免此类错误。此外，还有一种“标记情感强度量表”（LAM量表），可以改善量表类别之间的间隔。标记情感强度量表提高了鉴评员对受欢迎样本的辨别力。用7分制代替9分制并没有修正错误，现在通常使用的是5分制。避免极端情况也可能发生在那些受过训练，认为对感知的属性强度有正确响应的鉴评员身上。这种情况在使用参考样品时很可能发生，建议鉴评员为这些标准指定特定的值。这种集中倾向的错误可以通过标准的感觉程序和实践来最小化。例如，在对无经验的用户进行测试时，事先演示量表使用方法具有非常好的效果，并可以将这种错误最小化。

二、时间顺序误差

时间顺序误差也被称为顺序效应、首样或位置误差。无论样本是什么，第一个样本的评分结果错误都会比预期的高。如果呈样顺序不平衡，并且结果没有针对呈样顺序的功能进行讨论，则解释结果时可能会遇到困难。虽然可以通过使用拉丁方设计来减少测量顺序的影响，但这些设计很少用于感官评定，主要是因为不太可能的假设是交互作用，可以忽略不计。鉴评员和样本之间的相互作用并不罕见，也不是单独由各种测试组合引起的相互作用。但是，按显示顺序检查响应模式作为评估误差的方法，将提供非常有用的关于样本相似性和差异性的信息。

三、期望误差

期望误差的根源在于主体对样本的认知，并表现为对特定属性或差异有预期。随着样本提供的信息增多，人们可能会陷入先入为主的思维模式，通常会倾向于发现他们期望中的样本特征。例如，鉴评员如果知道样本来自产量过剩的车间，可能会认为样本的口味已经放置过久变质；啤酒鉴评员若得知啤酒花的含量，可能会对苦味的判定产生偏差。在辨别测试中，鉴评员很可能在比预期小得多的浓度下报告差异。相反，感官评定专家组组长可能会忽略在该类型的样本中不被期望的差异。事实上，如果鉴评员对样本了解过多，则不应该被选中参与测试。在描述性测试中，将鉴评员暴露于大量不相关参考信息中可能产生“幻影属性”，即不存在于测试样本中或不在可感知范围内的属性。这种错觉表明了该属性存在“错误命中”。如果专家组组长预先为鉴评员提供了该属性的参考信息，那么鉴评员对该属性的期望就是合理的。

期望误差会直接损害测试的有效性，因此必须对样本的来源保密，并且在测试前不能向鉴评员透露任何信息。样本应被编号，呈递给鉴评员的顺序应当是随机的。优秀的鉴评员不应受到样本信息的影响，然而实际上鉴评员并不知道该怎样调整自己的结论以抵消因期望产生的自我暗示对样本判断的影响，因此，最好的方法是鉴评员对样本的情况一无所知。

四、习惯误差和预期误差

习惯误差和预期误差源于鉴评员对一系列样本或问题提供相同的回答。人类是一种习惯性的生物，感觉世界时存在着习惯，这可能导致偏差，也被称为习惯误差。这种误差源自在刺激物带来微小变化的情况下，鉴评员却给予了相同的回应，忽视了这种微小的变化趋势，甚至无法察觉偶然错误的样本。例如，在阈值测试中，通过微调刺激的浓度，系统性地改变样本，鉴评员可能会报告“未感知”超过刺激实际感知的浓度（即习惯化）。预期错误的一个例子是，在达到浓度阈值前，鉴评员可以报告出对刺激的感知，但在任何时候都是预期的，因为有一系列“未感知”的响应。在某种程度上，习惯误差、预期误差与期望误差相似。习惯误差非常普遍，需要通过改变样本类型或提供掺合样本来加以控制。

五、刺激误差

当鉴评员在测试中有关于样本的先验知识时，可能会出现刺激误差。这种情况下，评分可能是基于对物理刺激的认知而不是基于对刺激本身的感知，或者会出现意料之外的差异。后一种情况尤为棘手，因为非样本变量可能会在正常的生产周期中出现，或者样本被呈现的方式可能不具有代表性。

刺激误差通常源于一些不相关的条件参数。例如，容器的形状或颜色会影响鉴评员的判断。即使完全相同的样本，如果条件参数存在差异，鉴评员也会认为它们不同。例如，装在螺旋盖瓶子里的酒通常价格更为实惠，比起用软木塞瓶装的酒，鉴评员往往会给使用这种瓶子装的酒更低的评分。有时，评定小组的紧急召集也可能导致对已知样本的不利报告。较晚提供的样本一般被归类于口味较重，因为鉴评员知道为了减小疲劳，评定小组组长倾向于将口味较淡的样本放在前面鉴评。消除这种误差的措施包括：避免留下与项目不相关的线索；确保评定小组的时间安排有规律，但提供样本的规律或方法则需要经常变化。

为了降低刺激误差，感官专业人员在测试前必须对样本进行彻底检查，并确保有足够数量的样本可用，避免只使用一个或两个容器盛装的样本，并假设它们是有代表性的。如果按照上述测试程序进行测试，刺激误差就不应该成为主要关注的问题。这也是直接参与样本配方的人不应该成为该样本测试对象的原因之一。

六、逻辑错误

逻辑错误出现在鉴评员脑海中将两个或两个以上特征的样本相互联系时。这些错误通常在鉴评员没有明确任务指示的情况下发生。当鉴评员对具体任务不熟悉，且在评分过程中依靠自我决定而不是明确逻辑时，逻辑错误就会出现。

例如，通常认为越黑的啤酒口味越重，或者颜色越深的蛋黄酱越不新鲜，了解这些类似的知识可能会导致鉴评员改变评判，而忽视自身的感觉。为了减少逻辑错误，需要保持样本的一致性，并通过使用不同颜色的玻璃和光线等掩饰差异。有些特定的逻辑错误虽然无法掩饰，但可以通过其他方式避免。例如，通常认为苦味浓的啤酒因啤酒花的香气而评分更高。为了打破这种逻辑联想，评定小组组长可以训练鉴评员，在样品中混杂一些含有奎宁成分而少用啤酒花的样本，以改变鉴评员的评分标准。

七、晕轮效应

在评定样本多种属性时，鉴评员对每个属性的评分会相互影响，这就是晕轮效应。同时评定不同风味和整体可接受性与单独评定每个属性产生的结果不同。例如，在橘子汁的消费测试中，鉴评员不仅要按自己对橘子汁的整体喜好度来评分，还要评定其他属性。当一种样本受欢迎时，它的各个方面——甜度、酸度、新鲜度、风味和口感也会被划分到较高的级别。相反，若一种样本不受欢迎，则它的大多数属性的评分都不会很高。当任何特定的变化对样本的评定结果都很重要时，避免晕轮效应的方法是提供几组独立的样本，分别对多种属性进行评定。

吉尔福德（Guilford）将一次响应对后续响应的影响与刺激误差联系在一起，因为它的标准与特定的试验无直接关系。晕轮效应的一个例子是消费者先对样本做出偏好响应，然后再对一系列相关的样本属性进行测试。在这种情况下，最初的响应奠定了基础，后续所有的响应都证实了这一点。晕轮效应在涉及消费者的测试中更常见，尤其是在需要回答众多问题时。随着问题的增多，需要鉴评员重新品尝样本，而重新品尝又会导致生理疲劳，进一步加剧集中倾向错误的产生。为了克服或规避晕轮效应，一些研究人员要求测试者从记分卡上的不同位置开始提问，或者改变问题列出的顺序。尽管这些方法看似有效，但仍存在问题，影响着鉴评员对不同问题的回答。

八、接近误差

接近误差是指相邻的特征往往被认为比那些相距较远的特征更相似。因此，相邻属性之间的相关性可能比分开的属性更高。可以通过分离相似的属性、对重复样本集的属性进行评级或将记分卡上的属性随机化来最小化接近误差。然而，这些方法都存在实施困难的问题。或许更重要的问题是，接近误差是否可以在大多数消费品（食品、饮料、化妆品等）中得到证明。对接近误差的研究似乎与社会研究（即人格特征）相关，而非消费品。

在描述性测试中，鉴评员决定感知和评分属性的顺序（通常按照感知到的顺序），将序列随机化会造成混乱（并增加变异性）。例如，允许鉴评员对属性进行随机评分表现出 3 种效应：变异性增加、测试时间延长（多达 50%）以及完全忽略某些属性的倾向。这些效应似乎不会随着时间的推移而减少。

九、对比误差和收敛误差

对比误差和收敛误差是最难处理的误差。对比误差和收敛误差与样本相关并经常同时出现。对比误差表现为两个样本的评分差异极大，远超预期范围。这种情况可能出现在一个“较差”品质的样本后紧接着一个“较高”品质的样本。而收敛误差则相反，常因两个（或更多）样本间的对比掩盖了其中一种样本与其他样本之间的较小差异而产生。在涉及 3 种或更多样本的试验中，一种效应的存在往往伴随着另一种效应的存在。这两种效应如图 5-6 所示。差异的夸大和压缩可能带来严重后果。一个或多个样本是可识别的；或者几个样本是实验性的，而一个是商业可用（如“黄金标准”）时，更有可能遇到对比误差和收敛误差。若必须包含这些样本，实验设计和服务顺序对响应极为重要。例如，在平衡设计中，每种样本均在每个服务位置出现，当特定的样本最后提供时，结果可检查，从而不影响前面的样本。这样可评估对比误差和收敛误差的影响。也可能样本总是在最后的位置提供，以至少消除上述两种影响中的一种。

感官专家必须在测试之前尽早评定样本，以确定对比和收敛的潜力。然而，不能忽略错误并报告结果，或者简单地指出特定的测试错误对响应有显著影响而无法得出结论。最合理的方法是描述与样本服务顺序相关的结果。

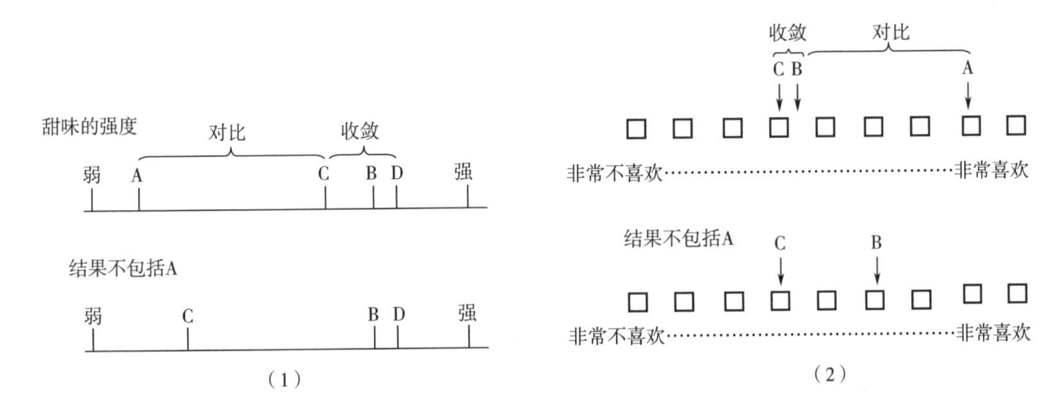

图 5-6　对比效应和收敛效应缩放（1）和偏好（2）模式的例子

仅为了显示的目的，样本似乎是在一个单一的规模上评分。在实际的测试中，每个样本都会有自己的记分卡。

以图 5-6（2）中的偏好数据为例，当 A 不是决策因素时，样本 B 比样本 C 更受欢迎。描述与服务订单相关的样本结果有两个目的：①满足测试请求者对消费者喜好的测量目标；②提醒测试请求者意识到，测试中包括容易出现此类错误的样本的结果。

第四节　感官评定偏差的标准

一、特殊的使用范围和数字偏差

人们似乎更倾向于使用个人舒适圈内的范围或数字。在估计地震震级时，人们倾向于使用 2 或 5 的倍数（或 10 的倍数），这一效应在心理物理学中被广泛认可。通过幅度估计，特定数字范围的偏好使用导致了不同感觉连续区的幂函数指数之间的相关性。如果人们在响应输出函数中或多或少地扩展（而不是限制），在幅度估计中，将数字应用于个人感觉，就可以解释这种相关性。

另一种自我诱发的响应限制是在划线评分任务中仅使用选定的比例。在带有语言标签的线形量表上，人们可能更倾向于在语言标签附近做标记，而不是均匀分布在整个响应量表上。恩（Eng）最先观察到这一点，他使用了简单的偏好线性标尺，一端标记为非常喜欢，另一端标记为非常不喜欢，中间标记为中立。在一组 40 名消费者中，有 24 名仅使用了量表上标注的 3 个部分，而 Eng 将这些数据删除了。卡德洛（Cardello）等在陆军实验室和学生群体中标记的 LAM 量表中也观察到了这种行为。劳利斯（Lawless）等发现，在多个城市中心位置的消费者测试中，使用 LAM 量表的人有很高比例（有时超过 80%）在±2 mm 范围内做出标记。劳利斯（Lawless）等还发现，虽然指示对这种行为影响不大，但扩大尺度的物理尺寸（从 120 mm 到 200 mm）在一定程度上降低了“分类”行为。分类评级行为也可以视为时间-强度记录中的阶梯函数（而不是平滑的连续曲线）。

在了解这些个体响应倾向的背景下，通过鉴评员内部的实验设计可以促进对样本差异的发现。在样本比较中，在完全区组设计的独立 t 检验或重复测量方差分析中，每名参与者被用作自己的基准。此外，应计算每个人数据中样本比较的差异分数，而不是仅仅计算每个人的平均值并观察平均值之间的差异。

二、 Poulton 分类

波尔顿（Poulton）发表了大量关于评级中偏差的文章，并对其进行了分类。这些偏差包括中心偏差、收缩偏差、数值评分的对数响应偏差，以及当鉴评员将之前的研究经验带入新试验时产生的一般转移偏差。

根据 Poulton 的观点，人们可能会根据记忆中类似感觉事件的参考或平均值来评价刺激，倾向于认为新样本与该参考值接近，导致高值低估或低值高估。当样本遵循较强的标准刺激时，可能会被高估，而在遵循较弱的标准刺激时，可能会被低估，此为局部收缩效应。Poulton 还将倾向于在响应范围中间的倾向归类为一种收缩效应，称为响应收缩偏倚。在所有这些影响中，出现了一个问题：在感官判断中，对比和同化哪个更常见、更有效。尽管在心理物理学试验中，通过对响应相关性的序贯分析，发现了响应同化的证据，但对比似乎更多地体现在味觉刺激中。同化效应并不像对比效应那样普遍，尽管在消费者期望的试验中确实观察到了同化。在这种情况下，同化不是针对其他实际刺激，而是针对预期水平。

在开放式响应量表中使用数字（如幅度估计），可以观察到对数响应偏差。有几种方法来查看这种类型的偏差。如果一系列刺激按强度递增的顺序排列，鉴评员随着强度的增加而改变数字的使用策略。例如，鉴评员可能会使用 2、4、6 和 8 这样的数字评价某个系列，但当刺激达到 10 时，鉴评员可能会跨越更大的步长，例如 20、40、60、80。另一种观点是，随着数字变大，人们对更大数字的感知幅度趋向于用更小的算术步长表示。例如，1 和 2 之间的差异似乎比 91 和 92 之间的差异要大。除了在非常高的水平上收缩刺激强度之外，相反的情况也存在，当使用小于数字 3 的响应时，人们似乎不合理地扩大了主观数字范围。避免数字偏差的一个方法是完全避免数字，或者用线性缩放或跨模态匹配线段长度作为响应，而不是使用像幅度估计这样的数字评级技术。

转移偏差是指利用先前实验的情境和记忆判断来校准自己以适应后续任务的一般倾向。这种倾向可能涉及 Poulton 或 Parducci 理论中的任何偏差。这种情况在鉴评员参与多次实验或在感官小组内反复使用同一鉴评员时非常常见。人们希望记忆和内在一致。因此，一次样本的评定可能会受到以前对类似样本评定的影响。有两种观点来看待这种趋势：一种是即使鉴评员的感官经验、感知或对样本的看法已经改变，评定也可能不会适当地改变；另一种是描述性分析中，鉴评员训练和校准的主要功能之一是建立能够稳定感觉记忆参考，因此，这种趋势也有积极的一面。

三、响应范围效应

Poulton 提到的一个偏差为“响应范围均衡偏差”，即刺激范围保持不变，但响应范围和评级发生变化，导致评级扩大或缩小，以致使用整个范围（排除任何终端类别回避）。这与刺激范围效应的“映射”思想相一致（即刺激映射到可用的响应范围）。范围稳定隐含在一些规模研究的设计和给鉴评员的说明中。类似地，在一些描述性分析训练中，使用物理参考标准，这也与 Sarris 在锚定刺激方面的工作相关。安德松（Anderson）在 20 点类别量表和线标记的研究中，给鉴评员提供了高、低的例子或结尾锚，以展示可能遇到的刺激范围。回答的范围是已知的，因为可以在回答表上看到，或者已经在练习中预先熟悉了。因此，鉴评员可以以一种很好的分级方式将响应分布在整个范围内，使量表使用看起来合理且线性。有一些端点效应不利于使用整个范围（即人们倾向于避免使用端点），但可以通过 20 点类别量表的第 4 点和第 16 点提供的缩进刺激端点锚的响应标记来避免这种情况。这样做可以在刻度末端为意想不到的或极端的刺激提供一个舒适区，同时在内部点内留下足够的梯度和移动空间，从而提供心理上的隔离效果。“舒适区”的概念是早期研究者在描述性分析中使用带有垂直缩进标记的线条尺度的原因之一。

响应范围映射规则的一个例外是，当参与者注意到并认真对待刻度上的锚短语或单词时，例如，当将“最大可想象的感觉”固定在涵盖所有口腔感觉（包括疼痛）的刺激上时，响应范围较小，而当“最大可想象的感觉”仅指味觉时，响应范围更大。这也是一个对比的例子，高端锚可以唤起一种至少在参与者心理中的刺激环境。如果高端词汇引起的图像非常极端，它可能会压缩评级到一个较小的范围内。为避免在响应范围内对评级压缩，感官评定专业人员需要考虑如何解释高锚定短语。描述性分析量表的使用取决于高度极端的概念化。“极强”是指所有样本中可能感知到的最强烈的味道。然而，样本中极强的甜味可能比极强的咸味更强烈。该“极强”的定义需要由评定小组组长慎重选择，并向小组成员提供明确统一的参考框架。

四、中心偏差

当鉴评员意识到可能遇到的一般刺激强度水平，并倾向于将刺激范围的中心或中点与响应量表的中点匹配时，就会出现中心偏差。Poulton 区分了刺激中心偏差和响应中心偏差，但这种区别主要是试验设置中产生的影响。在这两种情况下，人们倾向于将刺激范围的中间部分映射到响应范围的中间部分，否则就会忽略响应尺度上的语言标签的锚定含义。请注意，中心偏差与受访者可以使用任何有效的不平衡量表的概念相反。例如，在针对消费者的营销研究中常用的“优秀-非常好-不错-一般-差”量表是不平衡的。不平衡量表的问题是，在许多试验中，受访者会把回答集中在中间类别上，不管它的语言标签是什么。

在对心理物理函数进行数值插入或在寻找最佳样本比例时，中心偏差是一个重要的考量问题。Poulton 引用了麦克布赖德（McBride）的方法来考虑恰好标度（JAR）量表中的偏差。在测试甜度的样本中，人们往往倾向于将系列样本居中，这样中间的样本最接近合适的甜度。函数会根据测试的范围移动。McBride 给出了一种不同范围内的插值方法。恰到好处的函数与刺激序列的中位数相交的点展现出无偏差或真实的水平。这种插值方法如图 5-7 所示。这种方法将在测试中呈现样本的范围，并记录 JAR 点的移动情况。然后，可以通过插值来找到从这个级数的中心获得的恰到好处点的范围。尽管这需要进行多次测试，但它能够避免对 JAR 级别的错误估计。

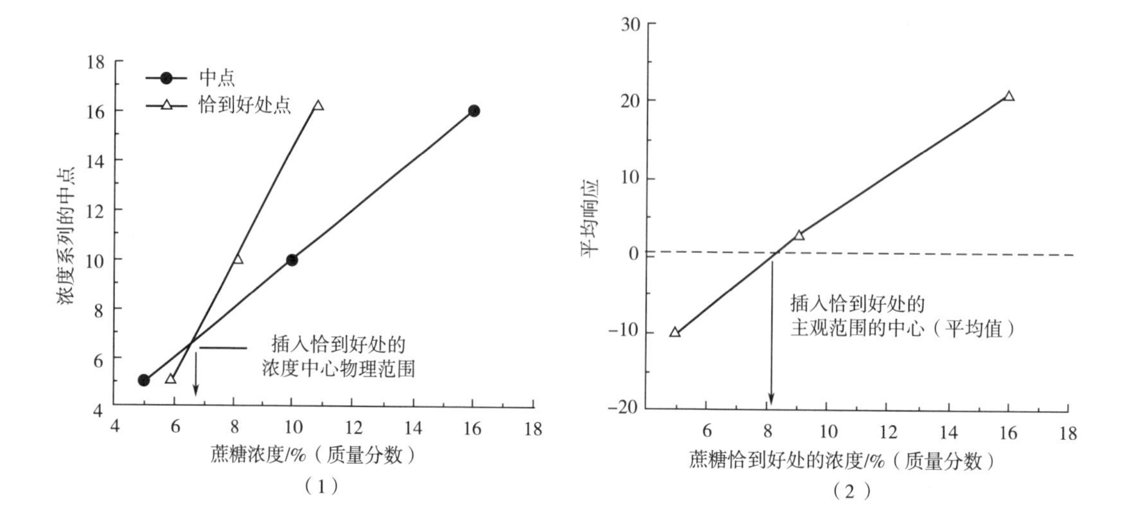

图 5-7 插值方法调整恰到好处的评级中的中心偏差

该实验测试了 3 段蔗糖浓度的柠檬水，低 2%~8%，中浓度为 6%~14%，高浓度为 10%~22%。（1）中，Poulton 方法用于从中点浓度对应于恰到好处的系列中插入无偏恰到好处的点。（2）中，McBride 的方法用于从系列中插入恰到好处的点，其中平均响应对应于恰到好处的点。当平均响应恰到好处（在这个尺度上为零）时，假设的刺激范围将以恰到好处的水平为中心。

第五节 响应相关性和响应限制

桑代克等早期实验心理学家指出，一个人的某种积极特质可能会影响人们对此人其他特征的判断。在军官人事评估中，桑代克观察到各项评估因素之间存在着适度正相关关系。在现实生活中，人们也常常会这样评价他人。例如，人们可能会假设一个有天赋的运动员也同样对孩子友好，对慈善机构慷慨等，即使这些特征之间没有逻辑关系。人们倾向于拥有形成一致整体且没有冲突或矛盾（认知失调）的认知结构，因为这些冲突或矛盾会使人感到不舒服。晕轮效应描述了从一个积极样本到另一个积极产物的延续，但它常用来指不相关属性的正相关。当然，也可能有负面或喇叭效应，其中一个明显的负面属性会导致其他不相关的属性也受到负面评价。例如，某种食物用微波炉加热效果很差，它的味道、外观和质地也可能会得到负面评价。

一、响应相关性

图 5-8 所示为晕轮效应的一个简单例子。这个试验在低脂牛乳中加入少量的香草精，接近感知阈值。然后从 19 名牛乳消费者中收集了对甜度、厚度、奶油味的评级和对样本的整体喜好度，同时也收集了对照牛乳的评分。尽管香草香气和甜味之间以及香草香气和质地特征之间缺乏直接联系，但引入这一积极的因素就足以明显提高甜度、厚度和奶油味等级。

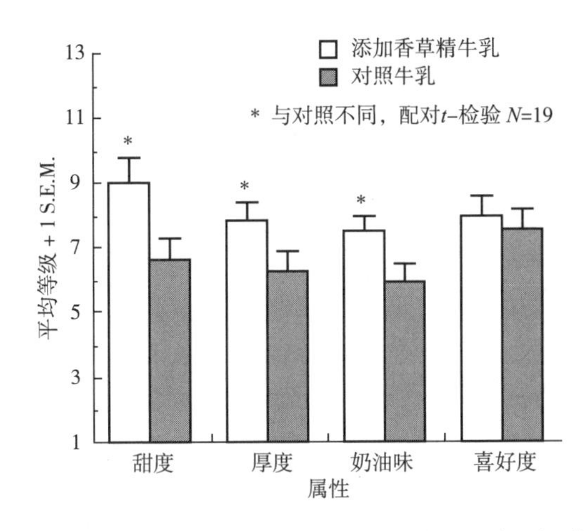

图 5-8 在低脂牛乳中加入适量香草精后牛乳甜度、厚度、奶油味和喜好度

乙基麦芽酚是一种焦糖化产物，具有焦糖香气。当添加乙基麦芽酚到样本中时，与没有这种味道的样本相比，甜度评级可能会上升。然而，这种增强甜味的效应似乎是错误地将嗅觉刺激归因于味觉的一个例子。研究表明，柠檬醛（一种柠檬气味）可以提高味觉评分，但仅当鼻孔打开时，气味才能扩散到鼻腔并刺激嗅觉感受器（即鼻后气味）。当鼻孔被关闭时，气味的扩散被有效阻止，味觉增强也消失了。该研究证明柠檬醛并没有真正增强味觉强度，而只是一种嗅觉刺激，即一种味觉和嗅觉之间的混淆。对其他气味的研究也表明，即使是乙基麦芽酚，捏鼻也可以消除挥发性香料的味觉增强作用。通过训练鉴评员学习更有效地从味觉中分离或定位气味体验，乙基麦芽酚效应也可以被最小化。甜味增强可能是一种条件反射作用，或者是甜味与食物中的某些气味相匹配的经验。

从图 5-8 所示的香草晕轮效应中可以吸取一些经验教训。第一，未经培训的消费者难以准确提供样本特性感官规格。虽然在集中地点或家庭使用测试中从消费者那里收集一些诊断属性评级可能是一种常见做法，但必须谨慎分析此类信息。属性之间已知的相关性、晕轮效应和味觉-嗅觉混淆，这些都可能导致评级偏差。第二，消费者会将样本视为一个整体。在简短的样本测试中，消费者不会进行分析，也不会学会将感知分开，从而专注于个别的样本属性。第三，如果消费者没有机会评定一个显著的样本特征，可能会在问卷的其他地方表达这种感觉，也许是在一个不合适的地方。最后，在牛乳的例子中，没有提供用于评定香草味的刻度，这种滥用响应量表的做法会影响问卷结果，这种影响称为响应限制或“倾销”效应。

二、响应限制（“倾销”效应）

一个样本如果具有明显的负面属性，那么它的其他属性会受到负面影响，这是喇叭效应的一个例子。当从问卷中忽略消极属性时，测试效果可能会更糟。这种遗漏可能是因为疏忽或未能预测消费者测试的结果，或者可能是由于在实验室条件下未能观察到这些结果。在这种情况下，消费者可能会通过在其他量表上给出负面评定或报告其他与样品无关的负面看法来发泄无法报告的不满。换句话说，限制回答或不提出相关问题可能会改变其他属性的评分。

响应限制在甜味增强方面也有体现。研究发现，当仅评定甜味时，如果同时存在水果香味，甜味评级会更高。但当允许同时评定甜味和果味时，甜味并未增强。类似的，甜味和果味评级、甜味和香草评级的结果也完全相同。因此，允许适当属性的评定可能会解决虚幻增强的问题。以己烯醇为例，它具有一种新鲜的青草香气，当它加入草莓味混合物中，仅当“青草”属性被移除时，其他属性的平均评级上升。当“青草”属性包含在评定中，响应会正确地分配到该等级，而香气谱中的其他属性没有明显增强。

响应限制既有好处，也有坏处。从市场营销的角度看，如果问卷巧妙地忽略甜味以外的其他感觉的评定，那么很容易从消费者那里获得明显的甜味增强评级。然而，捏鼻子的条件和使用完整的属性说明了一些挥发性的气味，如乙基麦芽酚不是甜味增强剂，但它们是甜味评级增强剂。也就是说，它们不会影响对甜味强度的实际感知，但会改变响应输出函数，或者可能会拓宽甜味的概念，使其超越味觉，即包括宜人的芳香。

在感官测试中是否还有其他情况会出现“倾销”效应？在一段时间内对单一属性进行评定，通常会导致时间-强度缩放。在这种情况下，鉴评员记录连续感觉强度的变化，很难连续地关注或快速转移注意力到多个属性上。这似乎为“倾销”效应产生虚幻增强提供了机会。

过多属性可能导致评级下降。一个常见的例子是比较一个简单的蔗糖溶液与相同浓度并添加水果气味的溶液的甜度。当只评定甜度时，它的评级高于同时评定甜度和果味的情况，这是常见的“倾销”效应。然而，在评级总强度和 6 种额外属性时，甜度评级明显低于其他两种情况中的任一种。在另一个例子中，包括苦味等级（除了甜味和果味等级）与同级甜度（最高条件）相比，降低了甜度等级，也与同时包括甜度和果味（获得中等甜度等级）相比，降低了甜度等级。

当为简单混合物提供大量响应类别时，甜味增强完全逆转为甜味抑制。尽管这种影响尚未得到彻底研究，但它提醒着感官研究人员，给未经训练的消费者提供的属性数量可能会影响评定结果，属性太多可能与属性太少一样危险。训练有素的评定小组是否有这种效应仍然是一个未解之谜。有时很难预先确定要评级的属性的正确数量，以防止“倾销”效应。在描述性培训中，仔细预测和讨论可能会对避免“倾销”效应有所帮助。覆盖广泛和详尽固然很重要，但也不应在不相关的属性上浪费鉴评员的时间。

第六节　感官评定偏差消除方法

一、避免或最小化

为了避免环境对感官评定的影响，可以呈现单一样本，即只执行单一的测试。这种方法在某些消费者测试中适用，因为测试本身会极大地改变情境，未评定样本将受到第一个测试样本的过度影响。这种情况通常发生在测试消费品中，如杀虫剂或护发素。然而，在分析性感官测试（如描述性分析）中，很少采用单一测试。让训练有素的专家组在一次会议中只评定单个样本，在经济和统计上都是非常低效的。更重要的是，单一测试没有充分利用人类观察者天生的比较能力。此外，由于存在迁移偏差（鉴评员毕竟有记忆），对于正在进行的测试来说，这种解决方案可能是不切实际的。即使在测试过程中没有直接的参考框架，人们仍会根据最近经历过的类似物品的记忆来评定样本。因此，如果没有明确提供参考，将采用一个参考框架。

波尔顿（Poulton）认为，在大多数西方文化中，基于试验参与者的可比经验，这个基线是相当恒定（可能对消费者而言）和中立的。他建议将单一测试作为一种避免频率和中心偏差的方法。然而，这一观点缺乏试验依据。此外，考虑到高度特异性的食物偏好和饮食习惯，在对食物的感官评定中，个体之间的恒定基线似乎不大可能相同。因此，单一测试实际上会给数据引入偏差。此外，单一测试设计忽略了将鉴评员作为自身对照或基线进行比较的统计学和比例优势。

这个问题可以重新表述为，感官评定专家如何避免或最小化对比偏差。有 4 种处理背景效应的方法：随机化（包括平衡）、稳定、校准和解释。随机化是指通过随机或平衡的顺序设计感官测试稳定是指试图在所有评定过程中保持对比相同，以确保所有观察者的参考框架是恒定的。校准是指对描述性面板进行培训，通过使用参考标准进行培训，使其对量表的参考框架化。解释是指仔细考虑在某一特定情况下的评分是否可能受到试验背景的影响，例如受到在该会议上被同样提出的具体样本的影响。

二、随机化和平衡

长期以来，使用不同的随机或平衡顺序一直是感官评定的良好实践原则。简单的顺序效应、顺序依赖关系和任何两个样本之间的对比，都可以通过使用足够的顺序来抵消，这样一组鉴评员中每个样品的直接参考框架都是不同的。如果过多地使用感官连续性高端的样品进行评定，可能会让鉴评员误以为在这一端有过多的聚集，尽管整个样品组可能并不存在这种情况。Poulton 指出，一个“受控的平衡秩序”可能有助于避免这种情况。就像对经典时间顺序效应的讨论一样，是随机化并忽略局部顺序效应，还是系统地平衡顺序并分析顺序依赖性，以消除实验兴趣的影响，取决于实验目标、资源和最终用户需要的信息。

然而，使用随机或平衡顺序本身并不能消除在重复评级实验中产生的更广泛的环境影响。更广泛的参考框架仍然存在，鉴评员仍然根据他们的背景框定样本的范围，并将样本映射到已知的比例范围。因此，当比较两个不同试验阶段的结果时，使用随机化或顺序平衡并不能解决背景改变的问题。

值得注意的是，对多个刺激范围的检查在哲学上类似于随机化或平衡的方法。避免“刚刚好”标度中心偏差的一种方法是使用不同的范围，这样可以通过插值找到真实的“刚刚好”点上居中的刺激集。多样化背景成为试验设计的一部分。目标是有意地研究范围效应，而不是通过随机化来平均或中和这些效应。作为一个通用原则，对样本进行多种环境评定会提高感官专业人员对最终解释的理解和准确性。

三、稳定和校准

处理环境效应的第二种方法是尝试保持所有样本在测试中的试验环境不变。如果样本会引起疲劳，适应或遗留效应可能会限制可提供的样本数量。最简单的策略是将所有测试样本与一个对照组进行比较，并构建差异评分作为主要数据形式。或者使用与参考项的差值评级或恒定参考项的幅度估计。如果样本不会引起过度疲劳，提供一个练习样本可能会带来一定的稳定效果。此外，可以通过使用每个测试中出现的高低刺激的参考标准来稳定终点。高和低的例子可以作为盲法“捕捉试验”。如果被发现表现出收缩偏倚、端点回避或简单地向量表中间部分靠拢的情况，则扩大量表使用范围，这在重复测试中有时会发生。在幅度估计和使用标记幅度刻度的情况下，用于比较的参考标准可能具有稳定效应，并减少所有缩放方法中观察到的一些对比效应。

校准可以通过在试验中使用框定参考标准，或在训练中提供参考标准来实现。考虑评定过程中的环境影响是获得良好感官判断的重要条件。例如，安德松（Anderson）在讨论类别量表的使用时提出："在功能测量中，使用预备练习已成为标准的几个预防措施之一。刺激的一般范围最初对鉴评员是未知的，评定量表是任意的。因此，鉴评员需要为刺激建立一个参考框架，并将其与给定的响应量表相关联。"Anderson 指出，这种做法可以减少变异性。他在心理实验室中，稳定量表使用的实践类似于用待评定样本的例子培训描述性小组成员。Anderson 继续描述了端点刺激，在他的 20 分量表中，低强度和高强度的标准为："端点刺激极其重要。这些额外的刺激比待研究的试验刺激更极端。端点刺激的一个作用是帮助定义参考框架。"因此，按照这种观点，正确使用评分量表包括对判断样本的背景作出定义。在实践中，这是通过呈现限定感官范围的具体示例来实现。一个明确的例子是盖伊（Gay）和米德（Mead）的相对比例方法：首先对样本进行检查，然后将最高和最低的样本放在两端，其他的样本沿刻度分布。这确保了整个刻度的使用，使数据完全相对，并完全具体到背景和样本集。

测试员的校准在描述性分析中属于常见做法，特别是在那些使用强度参考标准的技术中。端点校准实际上是类别量表的必要实践，其目的是修正实验对象量表的线性使用。如果通过训练能够在鉴评员中培养出稳定的参照框架，那么看似无法获得无偏差的刻度使用的问题可以转变为优势。

四、解释

最后一种处理环境效应和偏差的方法是要意识到它们的存在，并在得出关于样本差异的结论时保持适当的谨慎。除非是在类似的情况下进行的评定，否则得出在不同阶段评定的两种样本的不同结论是不恰当的。为了得出准确的结论，感官专业人员必须着眼于整个试验背景，而不仅仅是有关样本的汇总统计数据。在得出关于样本差异的结论时，有必要质疑观察到的差异是否可能由背景效应引起，或者它是否真正基于感官的差异。当一种风味明显增强或协同影响另一种风味时，人们必须一直质疑这些数据是如何得出的，是否存在足够和适当的响应类别，或者是否由于转换到可用但受限制的响应属性而导致其明显增强。

思考题

1. 什么是感官评定偏差？
2. 感官评定偏差的主要类型有哪些？
3. 感官评定偏差的主要消除方法有哪些？

CHAPTER

第六章 差别检验

6

学习目标

1. 了解差别检验的分类。
2. 了解差别检验各方法的原理及适用范围。
3. 掌握差别检验技术操作及结果统计方法。

第一节　概述

当要求鉴评员评定两个或两个以上的样品之间是否存在明显感官差异时，应采用差别检验法。差别检验法通常用于以下情况：①筛选和培训鉴评员；②调查食品污染情况；③确定敏感性阈值；④食品质量保证/质量控制，例如筛选原材料以确保一致性；⑤调查食品成分/工艺变化的影响，例如为了降低成本或变更供应商；⑥对食品整体品质进行初步评价。在差别检验过程中，有必要确定具体的测试目标。测试目标与时间尺度、成本等样品的其他因素都会影响检验方法的选择。此外，根据测试目标了解差别检验的局限性非常重要。例如，标准三点检验可以确定两个样本之间是否存在显著差异，但单独使用该方法，既不能提供样品间差异程度的信息，也不能指导样本选择。差别检验通常在食品感官评定室或类似的不会引起评价偏见的环境中进行。在作出判断之前明确是否允许鉴评员重新评估样品至关重要。这是一个选择的问题，由可用样品的数量、样品的性质、遗留效应、完成测试的次数（最小化疲劳）或测试的目的等因素决定。在设置差别检验时，必须确定允许鉴评员如何回答。“强迫选择”模式要求鉴评员必须做出决定，并选择一个样本来回答问题，例如，哪个样本是“最甜的”或“最不同的”。“无差异”模式允许鉴评员报告样本在所问问题上没有差异。关于这些选项中哪一种最适合应用也存在一些争论。例如，一个训练有素、经验丰富的评定小组不希望在他们认为样本相同的情况下被迫做出选择。相比之下，无经验的鉴评员通常会选择“无差异”选项，而不是冒险做出选择。如果允许“无差异”选项存在，则有 3 种可能的数据分析方法：①忽略“无差异”的回答。这将减少鉴评员的数量，从而降低检验的统计量。同时，应报告“无差异”回答的数量。②在产品之间按比例分配“无差异”的回答，假设鉴评员被迫做出选择，他们的结果将被随机分配。应报告“无差异”回答的数量。③根据已经做出选择的其他数据，按比例分配“无差异”的回答。从本质上讲，这意味着应该首先执行强制选择方法。其中第三种方法很少使用。

现实生活中可能存在一种情况，即两个样品的化学成分不同，但人类察觉不到这种差异。产品开发人员利用了这种可能性，使用不同的成分重新配制产品，同时又不想让消费者察觉到差异。例如，冰淇淋制造商可能想用一种便宜的香草香精来代替香草冰淇淋中原本使用的昂贵香草香精，但不想让消费者察觉到产品的不同。若严格执行的充分统计量差别检验表明两种冰淇淋配方没有明显的不同，则可确保公司以较低的风险进行替换，这是感官差别检验的理想应用。此外，当加工人员不希望因加工过程改变而影响产品的感官特性时，也可以使用差别检验。在这两种情况下，差别检验的目标不是拒绝原假设，因此也被称为相似性检验。然而，当一家公司改变产品配方以制造“新的、改进的”版本时，则可以使用差别检验来表明两种配方是不同的。在这种情况下，差别检验的目标是拒绝原假设。如果数据表明两种配方明显不同，那么鉴评员就必须进行感官评定，以确保目标消费者认为“新”配方有所改进。

需要注意的是，不能鉴别出样品间具有明显差异并不意味着样品就是相似的。样品的相似性检验是一个复杂的统计学问题，将风险考虑在内意味着错误决策的可能性仍然存在。例如，如果我们在零假设为真时拒绝它，则将犯第一类错误（α-风险），它的概率等于 α（显著性水平）。在实践中，我们可能会遇到这样一种情况，在比较实验产品和目标产品时，假设产品之间“没有差异”（称为零假设）。如果我们从结果中得出结论，认为存在差异，而实际上并非如此，那么就犯了第一类错误，这种错误的概率等于 α。另一方面，如果我们得出的结论是没有差异，而实际上是有差异的，则犯了第二类错误（β-风险），这种错误的概率等于 β。α 和 β 之间存在数学关系，当其中一个降低时，另一个则升高。然而，这种关系是由鉴评员的数量、产品间的差异程度以及目标物的敏感性和可靠性决定的。

如果样本之间的差异非常大，则差别检验是没有意义的。如果初步测试表明，所有鉴评员都可以察觉到两个样本明显不同，则不能采取差别检验。在这种情况下，使用标度检验来表示样本之间差异的确切程度可能更有效。换句话说，当样本之间的差异很细微时，差别检验最为有效。然而，这些细微的差异使得犯第二类错误的风险更大。

差别检验建立于几百种不同测定方法的基础之上，主要分为以下两种方法。

（1）总体差别检验　即评定样品间是否存在感官差异？例如三点检验和二-三点检验就是用来判定鉴评员是否能够评定出所有样品的感官差异。

（2）性质差别检验　即评定样品间某一属性 X 的差异有多大。鉴评员需要集中注意力在样品的一种或少数几种属性上。例如，根据样品的甜度将其进行排序，就需要忽略样品的其他属性特征。成对比较检验和所有的多重比较检验就属于这种类型。鉴评员感知到的属性强度可以通过分类标度、线性标度和量值估计 3 种方法来进行评定。

第二节　总体差别检验

当鉴评员想要确定样品间是否存在可察觉的感官差异时，应当采用总体差别检验。在总体差别检验中，鉴评员可以利用所有可用信息做出判断。本节主要介绍几种常用的总体差别检验方法：三点检验、二-三点检验、简单差别检验、“A” - “非 A” 检验、五中取二检验、选择检验、配偶检验等。

一、三点检验

三点检验（也称三角检验）是广泛使用的差别检验方法。该方法是嘉士伯啤酒厂本特松（Bengtsson）等开发的，用于啤酒的感官评定，并由其他工人对各产品进行重复测试，验证了该方法的可行性。三点检验，顾名思义，是一个基于 3 种产品的测试，三种产品都被编码，鉴评员的任务是确定哪两种产品最相似，哪一种与其他两种产品最不同。在感官评定中，三点检验是一种专门的方法，用于两种样品间的差异分析，其差别可能是样品所有属性的差异，也可能是单一属性的细微差异。三点检验是一个非常困难的检验方法，因为在评估第三个产品之前，受试者必须回忆前两种产品的感官特征，然后作出决定。事实上，三点检验可以被看作是 3 个成对检验（A-B、A-C 和 B-C）的组合。当组织和执行三点检验时，鉴评员不应该忽视检验的复杂性和感官交互的问题。

1. 适用范围

三点检验的目的是明确两个样品间是否存在感官差异。当加工处理使样品发生了改变，而且无法依据一个或者几个属性来辨别样品的变化时，三点检验最为适用。这种方法在统计学上比成对比较检验和二-三点检验更为有效，但是，如果鉴评员对样品产生感觉疲劳、适应性或者实在难以区分试验的 3 个样品时就不能选用三点检验。该方法针对以下几种情况最为有效：

①确定产品差异是否由成分变化、加工、包装或贮藏条件所引起；

②在没有确定特定属性是否受到影响的情况下，判断是否存在整体差异；

③筛选和评判评定小组成员辨别既定差异的能力。

2. 检验原理

在三点检验中，3 个已编码的样品同时呈现给评定小组成员，其中两个样品完全相同。每位鉴评员必须从左到右依次品尝每个样品并指出哪个样品是不同的，或者哪两个样品最相似。一般的试验都要求小组成员指出不同的样本。然而，一些试验会要求鉴评员选出两个相同的样品。问题的提问方式可能并不重要，重要的是在重复使用评定小组时不应该改变问题的提问方式，否则会使鉴评员混淆。记录表样例如图 6-1 所示。评定小组成员必须经过训练，以便理解记录表所描述的任务，最终根据正确回答的次数参照附表 1 得到试验的解释。

3. 鉴评员

三点检验通常选用 20~40 名鉴评员，但是如果样品间差异明显、很容易辨别时也可以选用 12 名鉴评员。相似性检验则需要 50~100 名鉴评员，鉴评员必须熟悉三点检验方法特征

三 点 检 验		
姓　名 ________　　日　期 ________ 样品种类 ________		
说　明 从左到右依次品尝样品，其中有两个样品是相同的，找出不同的一个样品。 如果没有感知到差异，也必须选择一个。		
样品组合	不同的样品	注 释
________	________	________
________	________	________
________	________	________

图 6-1　三点检验记录表

（形式、目的、评估过程）以及用于测试的产品，因为风味记忆在三点检验中起着至关重要的作用。

鉴评员在进行正式评定试验之前必须明确试验的目标，对于试验的步骤和产品的特性也要比较熟悉。给鉴评员提供试验信息时，要注意避免有关信息对鉴评员鉴别产品的误导，如处理效果和产品特性等。

4. 试验步骤

试验区是鉴评员进行感官评定的场所，通常由多个隔开的评定小间构成，以便鉴评员在内独自进行感官评定试验。适当控制光线可以减少样品颜色上的差异。样品应当在保持其最佳状态（包括外观、味道等）进行制备和呈送。

呈送样品时，所有的样品应尽可能同时提供给鉴评员。如果样品较大，或在口中留有余味，或在外观上有轻微的差异，也可分批提供样品而不至于影响试验效果。

为了使 3 个样品排列次序和出现次数的机会相等，可以运用以下 6 种组合：ABB、BAA、AAB、BBA、ABA、BAB。在试验中，6 组出现的概率也应该相等，将它们随机呈送给鉴评员，鉴评员通过品尝、感觉、嗅闻等方式从左至右依次评定试验样品，也可以重复评估样品以提高试验的准确度。

图 6-1 所示为三点检验的记录表，可适用于多种样品，但要求在感官疲劳程度最低时使用。在鉴评员对样品做出最初的选择之后，不要询问有关偏爱性、接受度、差异度、或者差异类型之类的问题，因为鉴评员对不同的样品做出选择后可能会使他们在回答这些附加问题时产生偏差。

5. 结果的分析和解释

统计正确回答的数目和总的回答数目，有两种分析数据的方法。

如果手动分析数据，则将正确响应的数量与统计表（附表 1）进行比较。该表列出了在从测试中得出显著差异之前（在不同显著性水平下）所需的最少正确识别数量。总的正确响应数必须超过表中的临界最小值。

另一方面，如果得出样本之间存在显著差异的结论，则会计算出犯第一类错误（α-风险）

的概率。在这种情况下，使用小于0.05（相当于5%的显著性水平）的概率作为“截止值”。但是，在解释这些数据时应当遵循常识，例如，仅因为该值不小于0.05就得出样本间不存在显著性差异的结论是不可取的。

三点检验的结论是两个样本之间存在或不存在显著差异。在任何一种情况下，都必须说明检验的显著性水平，例如$P=0.05$。此外，也可对差异的性质作出评论，注意不要将“无差异”归为无用的结论。如果鉴评员无法感知到样品的差异，就应该请他们做出推测。

【实例1】三点检验——果汁公司苹果供应商更换

一家果汁公司正在考虑更换苹果供应商。执行更换的标准是新供应商苹果制成的苹果汁和现有供应商苹果制成的苹果汁没有显著的感官差异（5%的显著性水平）。该公司决定进行三点检验，目的是确定两家供应商的苹果所制成的果汁之间是否存在显著差异，检验选择的显著性水平为5%。为了节省成本，鉴评员人数被控制在最低水平，24名未经训练的鉴评员参与了三点检验，其中16名鉴评员作出了正确的选择。

如附表1所示，对于一个由24名鉴评员组成的小组，在5%显著性水平（$P=0.05$）下所需的最小正确回答数为13。

从结果分析来看，产生第一类错误的概率为$P=0.0009$，<0.05（检验的显著性水平）；事实上，它也低于0.01%的显著性水平。

可得到结论，两批苹果汁间的差异具有统计学意义（$P<0.05$），没有达到执行标准，供应商不会被更换。

应注意，如果试验的目的是评定两样品的相似性，则需要更多的鉴评员。

【实例2】相似性三点检验——混合型糖浆

一个混合型糖浆制造商得知其玉米糖浆供应商提高了价格。调查小组已经确定有一家供应商的玉米糖浆可供选择，品质高、价格更为合理。感官专业人员要测试这两种混合型糖浆样品的相似性，一种使用当前供应商的产品配制，另一种用替代供应商的较便宜的玉米糖浆配制。

试验目的是测试现有供应商和替代供应商生产的混合玉米糖浆的相似性，以确定公司现有混合型糖浆中的玉米糖浆能否用另一家供应商更价廉的玉米糖浆进行替代而不改变其感官风味。

鉴评员根据为混合型餐桌糖浆制定的试验协议设计了一个66个回答的三点检验。在评定小间里安装红色的滤光板来掩盖颜色的差异，12个鉴评员分别分配到5个连续的试验中，第6次也是最后一次试验安排6名鉴评员。图6-2所示为这个试验中鉴评员的工作表。为了最大限度地减少错误的相似性结论，感官专业人员把β值设定为0.1%（即$\beta=0.001$），并假设能够鉴定出样品差异的鉴评员至少占总人数的20%（即$P_d=0.20$）。为了保持0.10的适度α-风险，至少需要260名鉴评员。感官评定小组决定折中设定$\alpha=0.20$，$\beta=0.01$，$P_d=30\%$，这需要至少64名鉴评员。

结果发现，66个回答有21个回答正确选择了不相同的样品。附表1在$n=66$对应的行和$\alpha=0.20$对应的列中，可以发现满足显著性所需的最小正确回答数为26。因此，只有21个正确的选择，以99%的置信水平表明，能够感知到差异的人数比例小于30%，甚至可能更低。因此，可以得出结论，两种糖浆之间的任何感官差异都足够小，可以忽略不计。也就是说，这两个样品非常相似，可以互换使用。

工 作 表		
日期 11-5-98	编号 35-0032-31	
把此表放在放置托盘的位置上，事先给记录表编号并在容器上贴好标签。		
样品种类：混合型餐桌果汁 试验类型：相似性三点检验		
样 品 定 义：	编号：	
	含两个A的样本集	含两个B的样本集
A：编号为47-3651	587 246	413
B：编号为026（对照样品）	894	365 751

容器编号如下：

鉴评员	按次序编号			模式
1	587	246	894	AAB
2	413	365	751	ABB
3	751	413	365	BAB
4	246	587	894	AAB
5	751	365	413	BBA
6	587	894	246	ABA
7	413	751	365	ABB
8	246	894	587	ABA
9	894	587	246	BAA
10	365	751	413	BBA
11	894	246	587	BAA
12	365	413	751	BAB

每一个模式根据各个编号的位置重复两次。

图 6-2 相似性三点检验工作表（实例 2 测定混合型糖浆）

进一步分析数据可以得到更多的信息。用一个二项式近似值可以构造一个能鉴别出样品差异的人员比例的99%的单侧置信区间。这个值的最大值计算如式（6-1）所示。

$$p_{max} = p_d + Z_{\beta}S_d = \left[1.5\left(\frac{21}{66}\right) - 0.5\right] + (2.326)(1.5)\sqrt{\frac{\frac{21}{66}\left[1 - \left(\frac{21}{66}\right)\right]}{66}} = 0.177 \quad (6-1)$$

式中 p_d——正确回答的比例；

S_d——p_d 的标准偏差；

Z_{β}——可信度为 $100\times\beta$ 时，标准正态分布相对应的百分位数。

就是说，鉴评员有99%的把握可以肯定能够鉴别出样品差异的真实人数比例不会超过18%，甚至可能低至0。

【实例3】三点检验——箔纸与普通纸包装糖果的比较

糖果公司的包装部主管准备做以下测试：将用箔纸材料包装的糖果与目前普遍使用的纸包装糖果进行比较。预先观察表明，贮存3个月后，纸包装的糖果变得更硬而箔纸包装的糖果依然柔软。如果能够明确两种产品在贮存3个月后具有显著性差异，就可以在产品的包装上进行改进。

试验的目的是确定包装上的改变是否会引起贮存3个月后的糖果产品在风味和质地上的总体差异。

试验选定30~36人进行三点差别检验。试验在普通白光下进行，以便鉴评员能考虑到外观上的差异。将鉴评员预先安排成6人一组，以保证完全的随机性，并且在α值为5%的条件下确定差异的显著性。

在包装前首先检查试验样品，以保证样品与样品之间没有显著的感官差异。在贮存3个月时对测试样品进行评估，以确保没有出现导致测试无效的感官特征。

呈送样品时，为两组不同包装的样品分别准备54个样品盘，并用随机的三位数编上号码。打开包装后取出样品，去除掉两端，再切成小块装在已编号的样品盘里。为每位鉴评员准备一个标有其编号的托盘，托盘上放有P或F标记的3个样品盘，放置位置如图6-3所示。在鉴评员的三点检验记录表（图6-4）中写下3个样品盘的编号。

工 作 表

日期　87-4-2　　　　试验编号　587 FF03

把此表放在放置托盘的位置上，事先给记录表编号并在容器上贴好标签。

样品种类：独立包装的糖果

试验类型：三点检验

样品定义	编　号
Pkg4736　（纸）	P
Pkg3987（箔纸）	F

编号如下：

鉴定员的分组	呈送顺序
1,7,13,19,25,31	P—F—P
2,8,14,20,26,32	F—P—F
3,9,15,21,27,33	F—F—P
4,10,16,22,28,34	F—P—P
5,11,17,23,29,35	P—F—P
6,12,18,24,30,36	P—P—F

1. 将鉴评员的编号粘贴在托盘上。
2. 按照呈送顺序选出P和F，从左至右摆放在托盘内。
3. 将样品的编号写在鉴评员的记录表中。
4. 呈送样品。
5. 收集记录表，并判断鉴评员的选择是否正确。

图6-3　三点检验工作表（实例3　箔纸与普通纸包装糖果的比较）

三点检验		
试验号 ______		
鉴评员： 编号：______ 姓名：______ 日期：______ 样品种类：______		
说　明 从左到右评定托盘中的样品。有两个样品是相同的，一个是不同的。选出不同的样品，并在其编号的旁边标注一个“×”。		
托盘中的样品	不同的样品	备注
______	□	______
______	□	______
______	□	______
如果你想对你的选择做出解释，或者你希望对产品的特征做出评论，可以写在备注中。		

图 6-4　三点检验记录表（实例 3　箔纸与普通包装糖果的比较）

试验结果发现，30 位鉴评员中有 17 位正确地辨别出了不同的样品，即鉴评员人数 30，正确回答人数 17。

根据附表 1 得知，在 α-风险为 1%时，差异有统计学意义（$P \leqslant 0.01$）。

试验报告应包括上述的项目试验目的和试验设计等，并附上试验的工作表和记录表示例。将试验结果进行列表，并在后面表述显著性水平。在本实例中，纸包的糖果和箔纸包的糖果有很大不同。箔纸确实能产生一种可感知的效果。有 10 位鉴评员认为箔纸包装的样品质地更为柔软。

【实例 4】利用三点检验筛选鉴评员

一家香精公司需要选择 50 名鉴评员进行常规的香气混合和取代试验。试验是从 180 名参与者中进行筛选，通过对健康和有效性等方面进行筛选，有 124 名鉴评员最终通过预选进行香气鉴定的试验。

试验目的是从 124 名候选者中选出 50 名最优秀的香气鉴评员，通过 8 个难度渐进的三点检验确定每个候选者的香气鉴别能力。

本试验采用了 8 对芳香样品，试验难度是依据表 6-1 的排序逐渐增加的。每个鉴评员将进行 16 个三点检验。每一组芳香物质将会被呈送两次，一次是 A 单，即样品 A 为单个样品，一次是 B 单，即样品 B 为单个样品。

准备样品时，将无气味的吸墨纸浸入芳香油中约 1.27cm，再将其放置在棕色瓶中。在每次进行三点检验之前，由两个鉴评员对样品的特性和强度进行评定。每个样品都被随机贴上了三位数的标签，每次试验每位鉴评员测试样品的数字组合都是不同的。

表 6-1　　香气试验设置

试验编号		样品		正确率/%
A单	B单	A	B	
1A	1B	沙滩香气	檀香	75
2A	2B	卡南加油	依兰精油	74
3A	3B	合成茉莉	纯茉莉	73
4A	4B	海地香根草油	波旁香根草油	56
5A	5B	己基苯乙烯	戊基苯乙烯	52
6A	6B	月桂精油	羟基香茅醛	50
7A	7B	意大利柠檬油	加利福尼亚柠檬油	48
8A	8B	薰衣类油	薰衣草	43

注：鉴别难度按排序逐渐增加。

每天进行一次试验，124 人中有 62 人参与测试。每对芳香物的鉴评需要花 4d 时间完成，8 对芳香物则需要 32d。图 6-5 所示为每位鉴评员在评定每对样品时使用的评分表。

三 点 检 验

鉴评员：

编号：＿＿＿＿＿　姓名：＿＿＿＿＿　日期：＿＿＿＿＿

样品种类：＿＿＿＿＿＿＿＿＿＿＿＿＿＿＿＿

说　明

轻捷快速地打开棕色瓶，防止香气散发到测试间中。轻轻地闻芳香物气味。

选出三个样品中不同的一个，在相应的横线上画 ×。

样品编号　＿＿＿＿＿　＿＿＿＿＿　＿＿＿＿＿

＿＿＿＿＿　＿＿＿＿＿　＿＿＿＿＿

此栏不填

芳香物类型：＿＿＿＿＿　不同物：＿＿＿＿＿

正确性：＿＿＿＿＿ 对　＿＿＿＿＿ 错

图 6-5　三点检验评分表（实例 4　利用三点检验筛选鉴评员）

将每位鉴评员做出正确回答的数目记录在表 6-2 中。选出的 50 名在这 16 个试验中得分最高，且在每个成对的试验中至少有一个正确回答的人员。

表 6-2　　实例 4　利用三点检验筛选鉴评员试验结果

天数	样品号	鉴评员编号					
		1	2	3	4	5	6
1	1	1A+			1B−	1B+	
2	1		1B+	1A+			1A+
3	1	1B+	1A+		1A+		
4	1			1A+		1B−	1B+
5	2		2A+	2B+		2B+	
6	2	2A+			2B+		2B+
7	2		2B−	2A−			2A+
8	2	2B+			2B−	2A+	
9	3		3B+		3A+		3B+
10	3	3B+		3A+		3A−	
11	3	3A+	3A+	3B+			
12	3				3A+	3A+	3B−
13	4	4A+		4A+		4B+	
14	4		4B+		4A+		4A−
15	4		4A−		4B−		4B+
16	4	4B−		4B+		4A−	
17	5		5B+	5B−	5A+		
18	5		5A+			5A−	5A+
19	5	5B+		5A−		5B+	
20	5	5A+			5B−		5B−
21	6	6A+	6A+		6B+		
22	6			6B−		6A+	6B−
23	6	6B−	6B+		6A+		
24	6			6A−		6B−	6A−
25	7		7A+		7A−	7B+	
26	7	7B+	7B+	7A+			

续表

天数	样品号	鉴评员编号					
		1	2	3	4	5	6
27	7				7B+	7B+	7A-
28	7	7A-		7B-			7B-
29	8			8B-	8B-	8B+	
30	8		8A-	8A+		8A-	8A+
31	8	8B+	8B+				8B-
32	8	8A-			8A+		
总正确数		12	14	9	10		9

注：每一条目表明了单个样品和鉴评员的回答：+表示正确；-表示错误。

表6-2只显示了124名中的6名鉴评员的鉴评结果。例如，在第一天鉴评员5正确地在包含2个A和1个B的三点检验中分辨出了单个的B样品。

鉴评员必须得到10分或10分以上的分数，并且在每对试验中至少有一个正确答案的前提下才能被选中。因此，在表6-2所列的试验中1、2和4号鉴评员是合格的。

二、二-三点检验

二-三点检验在统计上不如三点检验有效，因为它的猜对率高达1/2，但是它简单易懂。与成对比较试验相比，二-三点检验的优点在于参照样品的存在避免了两种样品间的差异所引起的相互混淆，它的缺点是必须品尝3种样品而不是两种。

1. 适用范围

当测试目标是确定两个样本之间是否存在感官差异时，使用二-三点检验。尤其对有相对强烈的味道、气味和/或动觉效果的样品非常有效。主要适用于：①确定产品差异是否由成分、加工、包装或储存的变化引起；②确定在没有特定属性受到影响的前提下，是否存在整体差异。

二-三点检验一般在鉴评员多于15人时使用，人数多于30人时更适宜。它有两种存在模型。

（1）固定参照模型　所有的鉴评员会得到相同的参照物，通常是常规生产的产品。样品可能有两种呈送顺序：R_A BA和R_A AB，应在所有鉴评员中交叉平衡。如果鉴评员对样品很熟悉，则可以采用这种形式，把该样品作为参照物。使用固定参照模型需要鉴评员受过培训且熟悉参照样品，否则应使用平衡参照法。

（2）平衡参照模型　进行比较的两个样品被随机作为参照，但被参照的次数要相同。在这种情况下，有4种可能的呈送顺序：R_A AB、R_A BA、R_B AB、R_B BA，应在所有鉴评员中交叉平衡。当鉴评员对两种产品都不熟悉或没有足够数量的更熟悉的产品来执行固定参照二-三点检验时，使用平衡参照模型。

如果样品在品尝后有明显的余味，则不适合使用二–三点检验，最好采用成对比较检验。

2. 试验原理

在二–三点检验中，鉴评员同时收到3个样本。一个样品被标记为参照，该样品与另外两个编码样品之一的配方相同。鉴评员必须选择与参照最相似的编码样本。计算回答正确的数目，并根据附表2分析数据。对于非同质的样本，二–三点检验特别适用，因为所问的问题是：哪个样本与参照“最相似”（而不是“相同”或“最不同”）。

3. 鉴评员

按照三点检验所述的方法去选择、训练和指导鉴评员。通常情况下，该试验至少需要15~30人，少于15人时误差就会较大。如果能有30~40人甚至更多的鉴评员，误差将会大幅减小。

4. 试验过程

二–三点检验的标准呈样方式与三点检验相同。应尽可能地同时提供样品，或者依次提供。测试过程要求鉴评员记住在品尝顺序中不相邻的样品之间的差异。但二–三点检验的呈样方式可以修改，可将参照样本在两个测试样本之间进行送样。这种方式最大限度地减少了记忆的影响，因为鉴评员只需要记住测试样本和相邻参照之间的差异。具体步骤为：准备相同数量的各种可能组合并且将其随机分配给鉴评员。图6–6所示为一张二–三点检验记录表的例表（平衡参照模式和固定参照模式的例表是相同的）。记录表上不应向鉴评员询问额外的问题（例如，差异的程度和类型或者鉴评员的嗜好等），因为鉴评员对样品的选择也许会使他们在回答这些问题时产生偏差。计算正确回答的数目和总的选择数目，再参照附表2进行统计分析。不能有“无差异”这样的答案，鉴评员如果无法得出结论也必须进行猜测。如果试验的目的是证明其相似性，则使用相似性检验。

二–三点检验

试验编号：________

鉴评员：

编号：________ 姓名：________ 日期：________

样品种类：____________________

说 明

从左至右品尝样品。左手边的样品为参照物。从另两个样品中找出和参照物一致的样品并在对应的位置画×。

如果没有发觉差异，也必须做出选择。

参照物	编号 ______	编号 ______
■	□	□

注 释：____________________

____

____

图6–6 二–三点检验记录表

【实例5】平衡参照模式——茅台酒的香气

茅台酒研发人员想要知道，两种发酵方式生产的白酒是否会在香气的属性和强度上产生能够察觉的差异。

试验目的是评定用两种不同发酵方法开发的白酒是否存在可以察觉的香气差异。

当气味很复杂的时候，二-三点检验与三点检验、属性差别检验相比，要求重复嗅闻的次数少得多，这样就减少了由于鉴评员对气味的适应或者相互比较三个样品而引起的潜在混淆。试验由40名在气味评定方面有一定经验的鉴评员参与。样品由研发人员在同一天准备，在评定前，将酒注入大肚小口品酒杯中，轻轻摇晃，让酒香释放，静置1~2min，使酒香充满整个杯体，两个样品作为试验参照物的次数相同。图6-7所示为试验使用的记录表。

二-三点检验

试验编号：230S

鉴评员：

编号：＿＿＿＿＿ 姓名：＿＿＿＿＿ 日期：＿＿＿＿＿

样品种类：＿＿茅台酒＿＿

说 明

1. 从左边开始嗅闻每个样品。
2. 左边的样品为参照物，从这两个编号的样品中找出气味和参照物一致的样品。
3. 在相同的那个样品的相应方框中标注×。

如果不能分辨，请猜测一个。

参照物 编号＿＿＿ 编号＿＿＿

■ □ □

注 释：＿＿＿＿＿＿＿＿＿＿＿＿＿＿＿＿

图6-7 二-三点检验记录表（实例5 茅台酒的香气）

结果发现，40人中只有21人选择出了与参照物一致的样品。根据附表2，α 在5%显著性下要求的正确数为26。此外，从两种样品分别作为参照物的角度来分析这些数据，结果显示，正确答案是平均分布的。因此，结果表明两种样品在香气属性和强度上的差异都是微弱的。即使有，也可能是数据分析中的一些其他误差带来的影响。

因此感官专业人员告知研发人员，通过二-三点检验，两种发酵方式的白酒没有产生显著的气味差异。

【实例6】固定参照模式——新型啤酒罐

一个啤酒制造商有两种类型的啤酒罐可供选择，“A”是已使用多年的啤酒罐，“B”是建议的新包装，其宣称在延长产品保质期方面有一定优势。生产商想知道包装的变化是否会引起啤酒保质期品质的显著差异。他认为在啤酒中引入不必要变化的风险与放弃B罐提供的延长保质期的风险之间取得平衡是很重要的。

试验目的是通过感官评定来确定室温下贮存8周后，两种啤酒之间是否存在感官差异。

鉴评员数量：生产商从过去的经验中知道，如果不超过p_d=30%的小组成员可以发现差异，则认为没有重大市场风险。相比于放弃B罐提供的稍微延长的保质期，生产商更担心的是引入不必要的差异。因此，生产商决定将β-风险设置为0.05，α-风险设置为0.10。参考附表3中p_d=30%的部分，β=0.05的列和α=0.10的行所对应的鉴评员数量为96名。

鉴评员对“A”包装的啤酒口味是非常熟悉的，因此采用固定参照模式。在啤酒制造商的三个试验点分别进行一个单独的试验。每个试验点安排36名鉴评员，“A”作为参照；准备64杯A啤酒和32杯B啤酒，以16种AAB组合和16种ABA组合提供给鉴评员，最左边的样品是参照。

结果发现，3个试验点分别有18、20和19名鉴评员正确地选出了和参照物一致的样品。根据附表2，显著性水平10%时，要求的正确答案数为21。

在许多试验中为了获得更准确的结果，将两个或三个试验结合起来是可行的分析方法。在本试验中，样品出自同一批次，鉴评员也来自相同的小组，所以结合起来分析是完全可以的。从3×32=96个鉴评中得出了18+20+19=57个正确答案，由附表2可知，在96个鉴评结果中，显著性水平为10%时正确答案的临界值为55，显著性水平为5%时，则为57。

结合3个试验得出结论，显著性水平为5%时，样品间差异显著。接着，检查评定小组成员所做的描述差异的记录。如果没有找到差异，则将样品提交给描述性小组。最终，如果差异既不令人愉快也不令人不愉快，则可能需要进行消费者测试，以确定消费者是否对其中一种样品有偏好。

【实例7】相似性二-三点检验——混合咖啡替代品

一咖啡制造商得知，在他的混合咖啡中作为主要成分的一种咖啡豆在未来的两年里可能会短缺。研发小组配制出了3种他们认为与现有产品风味相同的新的混合咖啡。研发小组希望鉴评员评定出3种新的混合咖啡与现有产品的相似性。

试验目的是评定现有产品和另外3种混合咖啡的相似性，以确定3种混合物中的哪一种最能替代现有的产品。

预实验已经证实了替代品与原始样品之间存在的差异较小。因此，适合采用相似性二-三点检验。为了减小产生第二类误差，有必要将鉴评员增加到60人（通常的差别检验一般选36人）。对每种混合咖啡，感官分析员计划进行一个60回答的鉴评试验，试验时间间隔1周以上。由于样品的准备和放置时间是影响风味的关键因素，鉴评员必须严格按照时间表在准备好产品的10min内到达。使用有12个隔间的感官评定室，安装好棕色光过滤器，感官分析人员为测试的每个单元安排12个不同的测试对象。每次试验使用12名鉴评员的评定小组，这样的分配可以使得每个样品作为参考样品出现的次数均衡，也可以使得一个隔间内的两个试验样品出现次序均衡。图6-8所示为鉴评员的相似性二-三点检验工作表。

样品中不含糖和乳，壶水保持79℃倒入加热（54℃）的陶瓷杯中，陶瓷杯和工作表一起编号后按照指定的次序放置。为了节约时间事先准备好记录表（图6-9），壶水倒入时鉴评员必须已经进入评定室。

工 作 表

日期：3-4-87　　房间号：3　　编号：2803-30

把此表放在放置托盘的位置上，事先编写好记录表并在容器上贴好标签。

样品种类：咖　啡

试验类型：相似性二-三点检验（平衡参考）

样品：A= 对照样品　B= 混合物62-A

C= 混合物223B　D= 混合物211

样品编号：

	B 与 A			C 与 A			D 与 A		
	两个A		两个B	两个A		两个C	两个A		两个D
样品A	317	543	986	866	581	541	121	225	965
样品B	314	393	737						
样品C				674	373	158			
样品D							221	499	134

容器编号如下

鉴评员	形式	按次序编号	形式	按次序编号	形式	按次序编号
37	ABA	R-314-543	AAC	R-581-674	DAD	R-965-134
38	BBA	R-737-986	ACA	R-674-866	AAD	R-225-221
39	BAB	R-986-393	CCA	R-158-541	ADA	R-221-121
40	AAB	R-317-314	CAC	R-541-373	DDA	R-499-965
41	ABA	R-314-317	AAC	R-866-674	DAD	R-965-499
42	BBA	R-393-986	ACA	R-674-581	AAD	R-121-221
43	BAB	R-986-737	CCA	R-373-541	DDA	R-221-225
44	AAB	R-543-314	CAC	R-541-158	DDA	R-134-965
45	ABA	R-314-543	AAC	R-581-674	DAD	R-965-134
46	BBA	R-737-986	ACA	R-674-866	AAD	R-225-221
47	BAB	R-986-393	CCA	R-158-541	ACA	R-221-121
48	AAB	R-317-314	CAC	R-541-373	DDA	R-499-965

图6-8　相似性二-三点检验工作表（实例7　混合咖啡替代品）

<table>
<tr><td colspan="3" align="center">二–三点检验
试验编号：2803–30</td></tr>
<tr><td colspan="3">鉴评员：
编号：________ 姓名：________ 日期：________
样品种类：新鲜咖啡</td></tr>
<tr><td colspan="3">说　明：
从左至右品尝样品。左手边的样品为参照物。
确定其他两种样品中哪种和参照样品相匹配，并用×表示。
如果两种样品没有可感知的明显差异，也必须选择一个。</td></tr>
<tr><td>参照样品
■</td><td>编号 ______
□</td><td>编号 ______
□</td></tr>
<tr><td colspan="3">注　释：________</td></tr>
</table>

图6-9　相似性二–三点检验记录表（实例7　混合咖啡替代品）

感官分析人员和厂商共同决定了 $\beta=0.10$ 和 $p_{\mathrm{d}}=0.25$，即感官分析人员希望有 90%的把握能够分辨出差异的人数不超过总人数的 25%。

结果发现，3 次试验的正确回答情况如下。

房间号（12 人）	混合物 B	混合物 C	混合物 D
1	3	6	8
2	4	5	8
3	5	7	5
4	7	7	7
5	5	5	7
总和	24	30	35

对应到附表 4 中的横排 $n=60$、$\beta=0.10$，纵排 $p_{\mathrm{d}}=0.25$，感官分析人员发现需要 33 个正确的回答才能得出在测试所选择的 α–风险（约 0.25）上存在显著差异的结论。因此，在 60 名鉴评员的测试中，32 个或更少的正确回答数才能得出样品间具有足够相似性的结论。因此，可以得出结论，样品 B 和样品 C 与对照样品非常相似，可以做进一步考虑，而样品 D 有 35 个正确答案则不行。样品 D 的真实可分辨比例如式（6–2）。

$$p_{\max(90\%)}=\left(2\times\frac{x}{n}-1\right)+Z_{\beta}\sqrt{\left[4\times\frac{x}{n}\times\left(1-\frac{x}{n}\right)\right]^{n}} \tag{6-2}$$

$$=2\times\frac{35}{60}-1+1.282\times\frac{\sqrt{\left[4\times\frac{35}{60}\times\left(1-\frac{35}{60}\right)\right]}}{60}$$

$$=0.1667+1.282\times0.1273$$

$$=0.33\ (33\%)$$

式中 x——正确回答的数目；

n——鉴评员的数目；

Z_β——置信度为 $100\times\beta$ 时标准正态分布相对应的百分位数。

因此，感官分析员有 90%的把握得出结论：能区分样品 D 与对照样品的真实人数比例可能高达 33%，比 p_d 预设的临界极限值 25%还超出了 8%。

三、简单差别检验

1. 适用范围

该试验适用于确定两样品之间是否有感官差异，类似于三点检验和二-三点检验。当产品存在延迟效应或是供应不足以及 3 个样品同时呈送不可行时，最好采用简单差别检验来代替三点检验和二-三点检验。例如需要对有着强烈后味的样品、要进行表皮试验的样品以及可能从精神上混淆鉴评员判断的复杂性刺激样品间进行对比时，适合用这种方法。

简单差别检验比较耗时，因为产品差异的信息是从比较不同对（A/B 和 B/A）和相同对（A/A 和 B/B）所得到的结果中分析获得的。呈送相同对的样品能够使感官分析员评估出“无效对照物影响”的大小（即要求鉴评员判断两样品的差异大小，实际两样品为同种物质）。

2. 试验原理

要求判断出呈送给每个鉴评员的两个样品是相同还是不同。一半呈送两种不同的样品，一半呈送相同的样品。将相同样品组与不同样品组分别做出的“存在差异”的答案数目进行比较，再用χ^2 试验法来分析结果。

3. 鉴评员

一般而言，对于 4 种样品组合（A/A、B/B、A/B、B/A）中的每一种都要求有 20~50 名鉴评员进行差别检验。最多可以有 200 名鉴评员，也可以 100 名鉴评员评定两种组合，或者 50 名鉴评员评定 4 种组合。如果是由于刺激的复杂性选择简单差别检验，则每次最多只能向每位鉴评员呈送一对样品。鉴评员可以是经过培训的也可以是未经过培训的，但是评定小组不能将这两种鉴评员混合在一起试验。

4. 试验过程

与三点检验相同，尽可能同时提供样品或者陆续提供。如果每位鉴评员只能评定一对样品，则准备相同数量的 4 种组合，随机地分配给鉴评员。如果试验要求每个人评定一对以上（一对相同的和一对不同的或者所有的 4 种组合），那么应该保存好每名鉴评员的试验分数记录。

5. 结果分析与解释

见实例 8。

【实例 8】简单差别检验——烤肉调味酱加工设备的替代研究

为了使调味品的生产现代化，制造商必须改造老式的烤肉调味酱加工设备。管理人员想知道用新设备生产的产品与用老设备生产的产品风味是否一致。

试验目的是明确新老两种设备制造的烤肉调味酱是否能从味道上区分开来，新设备是否能代替老设备交付使用。

由于烤肉调味酱产品味道辛辣，在试验时可能会受余味的影响。因此，用清淡的搭配物进行简单差别检验，例如白面包，就比较合适。从30名鉴评员的鉴评试验中获得60个测试结果：30个为相同组合的，30个为不同组合的。每位鉴评员在第一阶段评定一个相同的组合（A/A或B/B），在第二阶段评定一个不同的组合（A/B或B/A）。试验的工作表和记录表见图6-10和图6-11。试验在全红色光线的小房间内进行，以便掩盖产品颜色上的不同。

工 作 表

时 间：87-2-28　　　　试验编号：84-46F09

把此表放在放置托盘的位置上，事先给记录表编号并在容器上贴好标签。

样品种类：白面包中的烤肉调味酱

试验类型：简单差别检验

样品定义	编号
5-117-36（旧机器）	36
5-117-39（新机器）	39

对每个容器进行3位随机编号，并且分为两组，一组为36，一组为39。
将样品从左至右按照以下顺序排放：

鉴评员编号	样品顺序
1~10	36—36
11~20	36—39
21~30	39—36
31~40	39—39

图6-10　简单差别检验工作表（实例8　烤肉调味酱加工设备的替代研究）

简单差别检验

试验编号　84-4639

鉴评员：

编号：________　姓名：________　日期：________

样品种类：白面包上的烤肉调味酱

说　明

1. 从左至右品尝样品。
2. 确定样品是否一样或者不一样。
3. 在下面做出选择。

注意：有些组的样品是相同的。

________ 样品相同

________ 样品不同

注　释：________________

图6-11　简单差别检验记录表（实例8　烤肉调味酱加工设备的替代研究）

预备实验是由5个有经验的品尝者来鉴别样品和搭配物白面包混合后是否使其尝起来更清淡一些。搭配物不能引入额外的感官因素，这样可以更容易进行对比分析。预备试验也有助于确定试验所需的与面包大小相称的合适的产品量（质量或体积）。

在鉴评员开始品尝前，把事先称量好的酱抹到切好的并且已经在密闭容器中冷藏过的面包片上。把样品按工作表中设计好的顺序置于标记好的托盘中。

在下面的表中，每列显示的是试验的样品，每行显示的是鉴评员的评定结果如表6-3所示。

表6-3　　实例8　鉴评员评定结果

鉴评员评定的结果	评定样品		
	相同组合	不同组合	总和
	AA 或 BB	AB 或 BA	
相同	17	9	26
不同	13	21	34
总和	30	30	60

采用χ^2分析来比较无效对照物影响（17/13）和处理影响（9/21）。统计值按式（6-3）计算。

$$\chi^2 = \sum_{i=1}^{r}\sum_{j=1}^{c}(O_{ij} - E_{ij})^2/E_{ij} \tag{6-3}$$

$$E_{ij} = (i\text{ 行的和}) \times (j\text{ 列的和}) / (\text{行和列的总和})$$

式中　O——观察值；

E——期望值。

如表6-3所示，χ^2的值包括4个部分：相同回答/相同组合、相同回答/不同组合、不同回答/相同组合、不同回答/不同组合。对于相同回答和不同回答的E值分别计算如下。

$$E_{11} = (26 \times 30)/60 = 13$$

$$E_{12} = (26 \times 30)/60 = 13$$

$$E_{21} = (34 \times 30)/60 = 17$$

$$E_{22} = (34 \times 30)/60 = 17$$

则χ^2值为：

$$\chi^2 = (17-13)^2/13 + (9-13)^2/13 + (13-17)^2/17 + (21-17)^2/17 = 4.34$$

该结果比附表5中的值（自由度$df=1$，概率$P=0.05$，$\chi^2=3.84$）更高些，也就是说样品间有显著性差异。

因此，鉴评结果表明两种不同的设备生产的烤肉调味酱之间有显著性差异。感官分析人员告诉管理人员已检测出两种产品之间存在差异，并建议，如果新设备需要一笔较大的资金投入，还应该继续在消费人群中做偏好性试验。如果偏好性试验的结果证明这两种样品相同或者新设备生产的产品更受欢迎，则可将新设备交付使用。

四、“A” -“非 A”检验

1. 适用范围

当在判断两种样品之间是否存在感官差异时，特别是当这些产品不适合用三点检验或二-三点检验时，通常采用“A” -“非 A”检验。例如对有着强烈及持久性风味的样品、需要进行半头或半脸测试样品、外观略有差异的样品，以及可能会从精神上混淆鉴评员判断的复杂性刺激的样品间进行对比时，适合用这种方法。当两种样品中的一种非常重要，可以作为标准产品或者参考产品，并且鉴评员非常熟悉该样品；或者其他样品都必须和当前的样品进行比较时，优先使用“A” -“非 A”检验而不选择简单差别检验。与其他总体差别检验一样，“A” -“非 A”检验在以下两种情况较为有效：①确定样品差异是否由成分、加工、包装或贮存的变化引起；②确定在没有特定属性受到影响的前提下，是否存在整体差异。

“A” -“非 A”检验也适用于筛选鉴评员，例如，一名鉴评员（或一组鉴评员）是否能够从其他甜味料中辨认出一种特别的甜味料。同时它还能通过信号检测方法测定感官阈值。但“A” -“非 A”检验不适用于判别两类产品是否相似到可以互换使用（如用于相似检验）。

2. 试验原理

最开始，会给鉴评员提供“A”和“非 A”两种样本，并要求他们熟悉样本特征。样本必须有适当的标签，例如，对照/非对照、目标/非目标和标准/非标准。或者，鉴评员可能会被提供一系列代表“A”和“非 A”的典型变化的样本。通常需要给他们足够的时间来熟悉样本。然后移除这些样本，向鉴评员提供一系列带有随机三位数代码的单个样本，并要求鉴评员判断每种样本是“A”还是“非 A”。通过χ^2检验，比较正确回答和不正确回答的个数，从而判定鉴评员的辨别能力。

最常见的设计只涉及 1 个“A”样本和 1 个“非 A”样本，可以修改此测试以包括 2~3 个不同的“非 A”样本，但所有这些样本都必须在初始熟悉样本的过程中提供。当在质量控制（QC）程序中使用“A” -“非 A”检验时，“非 A”样本可能是未知的，并且无法用于初始熟悉样本的过程。

“A” -“非 A”检验会受到反应偏差的影响，因为鉴评员将样本分配为“A”或“非 A”的标准有所不同。为了尽量减少这种偏差，可以在试验中添加一个可信度评级。在这种情况下，鉴评员被要求使用一个简单的分类标度来评判他们结果的可信度，例如非常确定、确定、不确定和非常不确定。

3. 鉴评员

训练 10~50 名鉴评员来辨认“A”和“非 A”样本。在试验中每个样品呈送 20~50 次，每名鉴评员可能收到 1 个样品（“A”或非“A”）或者两个样品（1 个“A”和一个“非 A”），或者会连续地收到多达 10 个样品。允许的试验样品数由鉴评员的身体和心理疲劳程度决定。

注意，不推荐使用对“非 A”样本不熟悉的鉴评员。这是因为对相关理论的缺乏可能会使得鉴评员随意猜测，从而产生试验偏差。

4. 试验步骤

与三点检验相同，同时向鉴评员提供记录表和样品。对样品进行随机编号和随机分配，以便鉴评员不会察觉到“A”与“非 A”的组合模式。在完成试验之前不要向鉴评员透露样品的组成特性。

注意，必须遵守如下规则：

(1) 鉴评员必须在试验开始之前获得“A”和“非 A”样品。

(2) 在每个试验中只能有 1 个“非 A”的样品。

(3) 在每次试验中都要提供相同数量的“A”和“非 A”样品。

这些规则可能会在特定的试验中改变，但是必须在试验前通知鉴评员。如果在第二条中有不止一种的“非 A”样品存在，那么在试验前必须告知并展示给鉴评员。

5. 结果分析和解释

皮尔逊（Pearson′s）和麦克尼马尔（McNemar′s）单自由度χ^2检验可用于标准“A”-“非 A”检验，而三点检验及二-三点检验的数据分析是基于正确回答比例的二项检验，最基本的区别在于前者涉及两个比例的比较（即“A”样本中回答“A”的比例与“非 A”样本中回答“A”的比例）或检验两个变量（样本和响应）的独立性，而后者是一个固定值比例的比较（即正确回答的比例与猜测概率）。

手动计算时，将χ^2统计量与统计表（附表 5）进行比较，统计表显示了在得出样本之间存在显著差异所需的最小值。此外也可采用统计分析软件，软件不仅可提供χ^2统计量和必须超过的临界最小值，而且如果得出样本之间存在显著差异的结论，还会提供发生第一类错误（P值）的概率。这种分析并不完全适用于向每个鉴评员提供多个样本的设计，但是相当常用。“A”-“非 A”检验的结论是两个样本之间存在或不存在显著差异。在任何一种情况下，均必须说明检验的显著性水平，例如$P=0.05$。

【实例 9】“A”-“非 A”检验——新型甜味剂与蔗糖的比较

某种饮料目前使用的甜味剂是 50g/L 的蔗糖，一产品开发商想用 1g/L 的新型甜味剂代替 50g/L 的蔗糖，预品尝试验已确定 1g/L 的新型甜味剂相当于 50g/L 的蔗糖。但是试验也表明，如果一次试验中同时出现一种以上的样品，鉴评员辨别力会受到影响，这是由甜味余味过重或其他味道的影响产生感官疲劳而引起的。因此研究人员希望通过感官评定确定添加了两种甜味剂的饮料能否从口感上区分开来。

试验目的是通过降低疲劳因素的影响直接比较这两种甜味剂，以明确使用 1g/L 的新甜味剂能否替代 50g/L 的蔗糖。

“A”-“非 A”试验允许鉴评员对样品进行间接比较，同时允许鉴评员事先熟悉新甜味剂的味道。1g/L 的新甜味剂溶液作为“A”反复提供给鉴评员，50g/L 蔗糖溶液则作为“非 A”。20 名鉴评员中每人在 20min 内鉴评 10 个样品，要求鉴评员对每份样品只品尝一次，记录回答（“A”或“非 A”），然后用清水漱口，等待 1min 再品尝下一份样品。图 6-12 所示为试验工作表，图 6-13 所示为试验记录表。

结果如表 6-4 所示。

工作表

日期 1-15-87　　　　试验编号 612A83

把此表放在放置托盘的位置上，事先给记录表编号并在容器上贴好标签。

样品种类：加糖饮料

试验类型："A"－"非A"检验

样品定义	编号
含有1g/L甜味剂的饮料（"A"）	A
含有50g/L蔗糖的饮料（"非A"）	B

将200个180mL的杯子编上随机的三位数并分成两组，每组100个。前100个用于样品"A"，后100个用于样品"非A"。

当准备好给鉴评员的托盘后，将样品从左到右按照以下顺序放置：

鉴评员	样品顺序									
1~5	A	A	B	B	A	B	A	B	B	A
6~10	B	A	B	A	A	B	A	A	B	B
11~15	A	B	A	B	B	A	B	B	A	A
16~20	B	B	A	A	B	A	B	A	A	B

图6-12　"A"－"非A"检验工作表（实例9　新型甜味剂与蔗糖的比较）

"A"－"非A"检验

试验号 ________

鉴评员：

编号：________　姓名：________　日期：________

样品种类：加糖饮料

说明

1. 在进行试验前，首先要熟悉样品"A"和"非A"的风味，这两种样品可以从工作人员那里获得。

2. 从左到右品尝试验样品，每个样品品尝完，在下面记录你的答案，然后用盘中的清水漱口，等待1min后继续品尝下一个样品。

注意：所呈送的"A"和"非A"样品数量大致相同

样品编号		样品是："A"	"非A"	样品编号		样品是："A"	"非A"
1	________	□	□	6	________	□	□
2	________	□	□	7	________	□	□
3	________	□	□	8	________	□	□
4	________	□	□	9	________	□	□
5	________	□	□	10	________	□	□

注释：________

图6-13　"A"－"非A"检验记录表（实例9　新型甜味剂与蔗糖的比较）

表6-4　　实例9　鉴评员评定结果

鉴评员评定的结果	样品		
	A	非 A	总和
A	60	35	95
非 A	40	65	105
总和	100	100	200

χ^2 统计计算与简单差别检验相同：

$$\chi^2 = \frac{(60-47.5)^2}{47.5} + \frac{(35-47.5)^2}{47.5} + \frac{(40-52.5)^2}{52.5} + \frac{(65-52.5)^2}{52.5} = 12.53$$

结果表明，χ^2 大于附表 5 中的值（$df=1$，$\alpha=0.05$，$\chi^2=3.84$），也就是说，两样品间存在显著的差异。

结果显示，1g/L 的甜味剂溶液与 50g/L 的蔗糖溶液有显著差异。感官分析人员告诉研究人员，这种新的甜味剂有可能对饮料的口味产生可以感知的变化。为了描述这种差异，下一步可以做描述性分析。

五、五中取二检验

1. 适用范围

该方法在统计学上非常有效，因为五中取二检验猜对的概率仅为 1/10，而三点检验为 1/3。同样，此试验会受感官疲劳和记忆效果的强烈影响，所以这种方法主要用于视觉、听觉和触觉的评定，而不适用于风味的评定。

五中取二检验主要是为了评定两种样品之间是否存在感官上的差异。当鉴评员人数较少（如 10 个）时，多用该方法。

同三点检验类似，五中取二检验在以下情况中是有效的：①确定产品差异是否由成分、加工、包装或贮存的变化引起；②在没有确定特定属性受到影响的情况下，判断是否存在整体差异；③在感觉疲劳影响很小的测试中，筛选和监测鉴评员辨别既定差异的能力。

2. 试验原理

呈送给每位鉴评员 5 个已编号的样品，告诉他们其中两个样品属于一种类型而其他 3 个属于另外一种类型。要求鉴评员从左到右品尝（感觉、观察、检测）每一个样品，然后选择出与其他 3 个样品不同的那两个样品。计算正确答案的个数，再参照附表 6 分析结果。

3. 鉴评员

按照三点检验所述的方法，对鉴评员进行选择、训练及指导。通常需要 10~20 名鉴评员，当差异显而易见的时候，5~6 名鉴评员也可以。所用鉴评员必须经过训练。

4. 试验过程

与三点检验一样，尽可能同时提供样品。如果样品较大，或者在外观上有轻微的差异，也可将样品分批提供而不至于影响试验效果。如果鉴评员的人数不是正好 20 名，则呈送样品的顺序组合可随机选择，但选取的组合中含 3 个 A 的组合数应与含 3 个 B 的组合数相同。

AAABB　ABABA　BBBAA　BABAB
AABAB　BAABA　BBABA　ABBAB
ABAAB　ABBAA　BABBA　BAABB
BAAAB　BABAA　ABBBA　ABABB
AABBA　BBAAA　BBAAB　AABBB

试验记录表如图 6-14 所示。计算正确答案的数目和所有答案的数目，然后参考附表 6 分析结果。试验中不能有“无差异”这样的答案，如果鉴评员不能感知差异也必须猜测一个答案。

五中取二检验

鉴评员：

编号：________　姓名：________　日期：________

样品种类：________________

说　明

1. 从左到右评定样品，两种是同一类型，另3种是另一类型。

2. 辨别出与另3个不同的那两个样品，在相应的地方标上×。

试验 1	试验 2	试验 3
左		
________	________	________
________	________	________
________	________	________
________	________	________
右	________	________
________		

注　释

左		
________	________	________
________	________	________
________	________	________
________	________	________
右	________	________
________		

图 6-14　五中取二检验记录表

【实例 10】五中取二检验——比较纺织品的粗糙度

一纺织品商用聚酯和尼龙的混合材料取代现有的聚酯纤维，但新产品投产后，他们被投诉新材料太粗糙。因此商家决定进行一次感官评定来比较两种材料的粗糙度，以决定是否要对新材料进行改进。

试验目的是比较两种织物表面手感的相对差异。

当感觉疲劳影响很小时，五中取二检验是评定差异最有效的方法。只需要12人的评定小组就能够测试出微小的差异。随机抽取两种织物的12个组合。要求鉴评员评定出："哪两个样品的手感相同且与另3个样品不同?"

试验时在鉴评员的正前方摆放一张折叠纸，将样品夹在其中，使得鉴评员只能用手感觉样品而不能看到样品（图6-15）。给每个样品编上一个三位数的编号。试验记录表如图6-16所示。

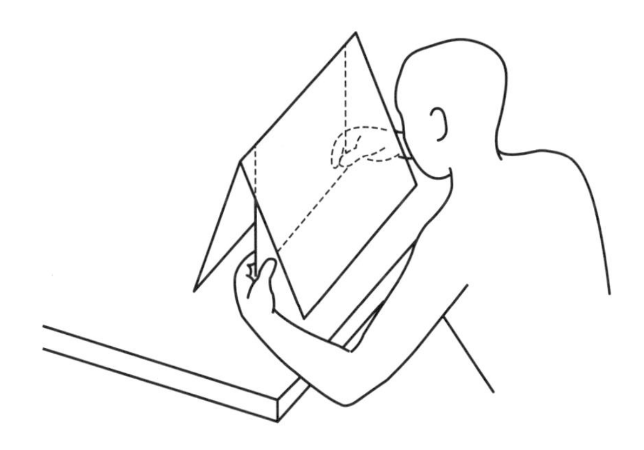

图6-15 五中取二检验操作图（实例10 比较纺织品的粗糙度）

五中取二检验

试验编号：________

姓　　名 ____________　　日　　期 ____________

样品类型 ________________________

差异类型 ________________________

说　明

1. 按照以下顺序评定样品，其中两种是同一类型，另3种是另一类型。用手指或手掌轻轻抚摸其表面。
2. 辨别出同型的两个样品，在相应的方框内标上×。

样品编号	×	注　释
________	□	________
________	□	________
________	□	________
________	□	________
________	□	________

图6-16 五中取二检验记录表（实例10 比较纺织品的粗糙度）

结果发现，在12名鉴评员中，9名能正确地把样品分开。如附表6所示，在显著性水平0.001时，两种样品的表面质感有显著性差异。

通过试验，制造商得知两种类型的织物表面质感的差异是很容易区分的，因此该厂商还需对新产品进行改进。

【实例11】五中取二检验——不同发酵菌种酸菜的外观比较

酸菜起源于西周时期，传承至今已成为我国东北地区重要的传统发酵蔬菜。色泽是影响发酵蔬菜质量和消费者接受度的主要因素之一。某酸菜生产厂家想更换发酵菌种以降低成本，但由于使用新的发酵菌种后酸菜色泽变暗，光泽度明显降低，因此市场部门希望通过一次感官评定来检验不同发酵菌种发酵的酸菜在外观上是否存在显著差异，是否会影响消费者对产品的接受度。

试验目的是确定两种不同发酵菌种的酸菜在统计学上是否存在显著的外观差异。

挑选通过色盲和弱视测试筛选10名鉴评员。将样品盛放在白色背景的表面皿里，在白炽灯下观察，预试验确保样品在裸置30min后（一次试验的最长时限）表面不会发生改变。

如图6-17所示，将样品按工作表从左到右直线排列；试验的记录表与图6-16类似。让鉴评员识别哪两个样品在外观上相同且与另3个样品不同。

工作表

日期 3-05-99　　　　试验编号 TO-AF88

把此表放在放置托盘的位置上，事先给记录表编号并在容器上贴好标签。

样品种类：酸　菜

试验类型：五中取二检验

样品定义	编号
PX-2316（对照物）	A
PX-2602（新型菌种发酵酸菜）	B

将每个样品按下列顺序放置在鉴评员面前。

鉴评员编号	样品顺序
1	A A B B B
2	A B B A B
3	B A A B B
4	B B A B A
5	B B A B A
6	B B A A A
7	A B B A A
8	A B B A A
9	A B A A B
10	A A B A B

图6-17　五中取二检验工作表（实例11　不同发酵菌种酸菜的外观比较）

结果发现，有5名鉴评员正确地将样品分组。根据附表6，两样品在1%的显著水平上存在明显差异。

通过试验，营销主管得知：使用不同发酵菌种的酸菜其外观差异是显而易见的。所以他将不得不在消费者中再进行一个接受性试验，以此决定这种差异是否会影响产品的总体接受情况。

六、选择检验

1. 适用范围

选择检验法是指以随机顺序出示给鉴评员3个以上的样品、要求选择出一个最偏爱或最不偏爱样品的一种感官评定方法，该方法常用于食品的嗜好性调查，不适用于刺激味道或后味很重的样品。

2. 鉴评员

鉴评员数量在5名以上，多则100名以上。由于试验比较简单，鉴评员不需要经过严格培训。

3. 试验过程

呈送给每位鉴评员3个已编号的样品，样品进行随机编号和随机分配。要求鉴评员从左到右依次品尝每个样品，然后选择出最喜欢的样品。根据χ^2检验判断结果。试验工作表如图6-18所示。

选择检验

姓名：__________ 日期：__________

说明：

1. 从左到右依次品尝样品。

2. 品尝之后，请在你最喜欢的样品号码上画圈。

256 387 583

图6-18 选择检验工作表

【实例12】选择检验——酱油产品感官偏爱性评价

某酱油生产商生产了4款酱油产品，想知道哪种酱油产品的消费者喜爱度更高，从而为产品研发提供方向。因此市场部门希望通过一次感官评定将本公司四款产品A、X、Y、Z进行比较，检验产品的偏爱性是否存在显著差异，判断消费者对产品的接受性。

试验目的是确定喜好度最高的酱油产品，并分析四款酱油喜好度间有无差异。

50名鉴评员采用选择检验法对A（526）、X（758）、Y（587）、Z（938）酱油样品进行了偏爱性分析，每个鉴评员选出了1个自己最偏爱的酱油样品，结果统计见表6-5。

表 6-5　　实例 12　鉴评员评定结果

样品	526	758	587	938
最偏爱样品的鉴评员人数	6	12	23	9

判断 526、758、587、938 4 个酱油样品间的偏爱性有无显著差异，计算如下：

$$\chi_0^2 = \sum_{i=1}^{m} \frac{\left(\chi_i - \frac{n}{m}\right)^2}{\frac{n}{m}} = \frac{4}{50} \times \left[\left(6 - \frac{50}{4}\right)^2 + \left(12 - \frac{50}{4}\right)^2 + \left(23 - \frac{50}{4}\right)^2 + \left(9 - \frac{50}{4}\right)^2\right] = 13.2$$

查χ^2分布表（附表 5）可知，χ^2（3，0.05）= 7.81<χ_0^2=13.2，χ^2（3，0.01）= 11.3 <χ_0^2 = 13.2。因此，A、X、Y、Z 这 4 个酱油样品间的偏爱性在 1%显著性水平上有显著差异。

评定出的最偏爱的酱油为 Y（587）样品，故判断最偏爱的样品 Y 与其他 3 个样品间有无差异，计算如下：

$$\chi_0^2 = \left(\chi_i - \frac{n}{m}\right)^2 \times \frac{m^2}{(m-1) \times n} = (23 - \frac{50}{4})^2 \times \frac{4^2}{(4-1) \times 50} = 11.76$$

查χ^2分布表（附表 5）可知，χ^2（1，0.05）= 3.84<χ_0^2=11.76，Y 样品与其他 3 个酱油样品间的偏爱性在 5%显著性水平上有显著性差异。因此，生产商可以重点研发及推广 Y 样品。

第三节　性质差别检验

如果样品间的差别较大，以至于很明显时，总体差别检验的意义就不是很大。如果预先的感官检验表明所有鉴评员都可以察觉出样品的不同来，就不能采用总体差别检验。在这种情况下，应通过性质差别检验来检测样品间差异的确切程度。性质差别检验是指检验一种样品与另一种样品或与其他几种样品某种属性之间的差异，例如几种样品间甜味的差异。但要注意，样品间某种属性没有差异并不意味着样品整体上没有差异。

在某些情况下，测试可以局限于一种形态，例如外观或香气，然而，这需要屏蔽样品的其他属性。简单地要求鉴评员专注于一种属性是很困难的，通常需要采用不同的方法来掩盖其他刺激。例如，当视觉差异可以很容易地确定特殊样本时，彩色灯光可以掩盖样本的外观。项目负责人可能只想对质地、香气和味道进行感官评定，而不希望对外观进行评定。必须彻底检查所有的屏蔽效果，以确保感官评定的有效性，否则最终结论可能造成对样本的错误假设。

两样品间性质差别检验的设计和数据处理都较容易，主要的困难就是确定试验是单边的还是双边的。通常可以根据两样品的特性强度的差异大小来判断。例如，两种饮料 A 和 B，其中饮料 A 明显甜于 B，则该检验是单边的；如果这两种样品有显著差别，但没有理由认为饮料 A 或 B 的特性强度大于对方或被偏爱，则该检验是双边的。若有两种以上的样品则有些可用方差分析，有些需用专门的数据统计法。随着样品数量的增多，体系的复杂性也迅速增大，改进试验所需费用也随之增长。

一、成对比较检验

成对比较检验有两种感官分析形式，即定向成对比较（也称为两点强迫选择）检验和差别成对比较（也称为简单差别或相同/不同）检验。形式的选择取决于研究目的。如果鉴评员知道两个样本只在特定的感官属性上有差异，那么就使用定向成对比较检验（2-AFC）法。事实上，使用定向成对比较检验分析样本中特定感官属性（如果已知）的差异，往往比要求鉴评员鉴定不同的样本更为有效。另一方面，如果鉴评员不知道样本在哪些感官属性上存在差异，则必须采用差别成对比较检验，该方法属于总体差别检验，并不常用，以下主要介绍定向成对比较检验。

定向成对比较检验（2-AFC）是一种两个产品的测试，鉴评员的任务是通过圈定或勾选的方式指出某种指定特征更强烈的产品，如甜度、柔韧度或光泽度，该指定特征在测试前已经确定并在记录表上注明，记录表如图6-19所示。注意，该检验要求鉴评员必须作出判断，也就是说，该检验是一种强制选择，结论必须是两种产品中的一种，而不能是“两者都不是”。

定向成对比较检验

姓　名：________　　日　期：________

样品种类：________

评定属性：________

说　明：

从左到右品尝每对样品，并将结论填写在下面。

若没有明显差别，请尽量猜测一个，也可填写“无差别”，但仅作为最后的选择。

样品组合		哪个样品更 ____
____	____	____
____	____	____
____	____	____

注　释：________

____

图6-19　定向成对比较检验记录表

1. 适用范围

当比较两种样品某个特定属性之间的差异时可用这种方法，例如比较两种样品哪个更甜。这种方法是最简单且最普遍的感官评定方法之一，常用于其他更复杂的评定方法之前。定向成对比较检验的结果表明了两个样品之间特定差异的方向。鉴评员必须确保两个样品只在一个特定的感官维度上不同。这通常是食品感官差别检验的一个问题，因为改变一个参数经常会影响产品的许多其他感官属性。例如，从海绵蛋糕中去除一些糖可能会使蛋糕不那么甜，但它也会影响蛋糕的质地和颜色。在这种情况下，定向成对比较检验将不适用于样品间的差别检验。

当使用成对比较检验时，有必要从一开始就区分双边应用（最常见）和单边应用。

2. 试验原理

与差别成对比较检验呈样（4个呈样顺序：AB、BA、AA和BB）不同，定向成对比较检验需准备等量的样品组合AB和BA，编号后随机分给每位感官鉴评员，使其从左到右品尝样品并填写记录表。要清楚告知评价员是否允许填写“没有差异”的结论。

要运用规范的统计分析，就应该告知鉴评员评定时必须选择一个样品，然而在某些情况下，鉴评员若察觉不到差异便会得到“无差异”的结论。这时，感官分析员要决定是将得出“无差异”结论的人数平均分配给两样品，还是忽略这些结论。平均分配给两样品的处理方法会增大鉴评员找出样品属性差异的可能性，而忽略处理的方法则会减少这种可能性，因此感官分析人员必须解决这种困难使结果尽可能准确。

3. 鉴评员

由于试验较简单，所以可选择接受培训量最少的鉴评员进行，只要其对所评定的属性熟悉就足够了。若试验特别重要，例如评定市场上某种产品中的异味，那么就需要选择接受过较多培训的鉴评员，并对要评定的属性有特殊的敏感性。

由于此试验猜对的概率有50%，因此需要较多的鉴评员进行试验。附表7表明，在15个人的试验中，如果差异显著性水平在$\alpha=0.01$，则必须有13个人回答正确才能证明有显著差异；若50个人进行试验，则必须有35个人回答正确才能证明有显著差异。

所需鉴评员的数量受以下两方面因素的影响：①检验是单边检验（附表3）还是双边检验（附表8）；②试验灵敏度参数α、β和p_{max}的取值。在成对比较检验中，参数p_{max}代替了第二节中讨论的总体差异方法中的参数p_d。p_{max}是偏离等强度（即鉴评员的意见各占一半），对研究者而言，它代表了有意义的差异。例如，如果研究者认为鉴评员60∶40回答结果的比例分配是一个有意义的大偏离等强度，则$p_{max}=0.6$，研究人员可在相应的附表3或附表8根据α和β的设定值找到对应的鉴评员的数量。根据经验：

（1）$p_{max}<55\%$表示与等强度的偏离很小。

（2）$55\%\leqslant p_{max}\leqslant 65\%$为中等偏离。

（3）$p_{max}>65\%$表示偏离较大。

4. 试验过程

与三点检验一样，尽可能同时提供样品，或者依次提供。准备相同数量的AB和BA组合，随机地呈送给鉴评员。试验记录表如图6-19所示。无论试验是单边还是双边，记录表都是一样的，但必须标明是否允许填写“无差异”的结论。一张记录表上可以安排几次成对比较检验，但不要再添加其他问题，以免对鉴评员造成误导。统计记录表的正确回答数，对于单边检验，与附表2中相应的某显著性水平的数相比较，对于双边检验，则与附表7中相应某显著性水平的数相比较，若大于或等于表中的数，则说明在此显著水平上样品间有显著差异。

【实例13】定向成对比较检验（双边）——结晶混合柠檬汁固体饮料

对柠檬汁的市场调查表明，消费者最感兴趣的是新鲜压榨的柠檬汁。因此公司开发了两种具有压榨柠檬汁风味的固体饮料，开发人员希望了解其中一种是否比另一种更具有鲜榨柠檬的特征。

试验目的是评定两种样品中哪一种样品的风味更类似新鲜压榨的柠檬，找出一种具有新榨柠檬风味的产品。

由于不同的人对新榨的柠檬汁风味的标准不同，因此需要较多的鉴评员，但不一定需要经过很严格的训练。一般将鉴评员设定为40人，α误差为5%（即$\alpha=0.05$）是较合适的。无差异假设H_0为：A的新鲜度=B的新鲜度；备择假设H_a为：A的新鲜度≠B的新鲜度。任意一种试验结果（新鲜度：A > B或A < B）都是我们感兴趣的，因此这个试验是双边的。样品编号分别为“691”和“812”，记录表如图6-19所示。

事先品尝样品以确认两种样品的柠檬味强度相似。

结果分析，26人选择了“812”号样品，认为其压榨柠檬汁的风味更新鲜，4人选择没有差异，因此将人数4平均分给另两种回答，即可得出结论：40人里有28人认为“812”号样品压榨柠檬汁风味更新鲜，根据附表7，这一结论足以证明两个样品间有明显的差异。

从评定结果来看，建议该公司以后使用“812”样品，因为它更具有鲜榨柠檬汁的风味。

【实例14】定向成对比较检验（单边）——啤酒苦味

某啤酒厂的市场调查报告显示，该厂生产的啤酒A不够苦，因此要求评定使用更多的酒花酿造的啤酒B是否比A更苦。

试验目的是评定A和B两种啤酒，并确定B是否比A稍苦，以生产出一种苦味适当的啤酒(比A稍苦)。

由于试验只需判断苦味强度的增加，因此适合选择定向成对比较检验。项目领导者选择了一个较高的α值，即$\alpha=0.01$。试验前要筛选鉴评员，选择能识别微小苦味差异的鉴评员。感官分析人员将样品编号定为“452”和“603”，呈送给选定的30名鉴评员。记录表上提出的问题是“哪种样品更苦?”而不能问“样品603是否比452苦?”因为那样会误导鉴评员。

由6名鉴评员事先品尝样品以确保样品间除苦味外的其他属性的差异很微小。

22人认为样品B更苦。无差异假设H_0为：A的苦味=B的苦味；备择假设H_a为：B的苦味>A的苦味。因此试验是单边的。查附表2可知在$\alpha=0.01$时苦味差异是显著的，因此试酿样品B是成功的。

需要注意的是，判断一个试验是单边还是双边，并不是根据记录表上问题的回答是一个还是两个，而是根据备择假设是单边还是双边判断的。单边试验的试验目的是主要为了证实明确样品之间属性强度的具体差异。表6-6列出了单边和双边试验的一些示例：

表6-6　单边和双边试验示例

单边检验	双边检验
证实某种样品更苦	确定哪种样品更苦
证实某种样品更受欢迎	确定哪种产品更受欢迎

续表

单边检验	双边检验
在训练鉴评员时：哪种样品更具有果味?	其他多数情况：备择假设为两样品间有差异，而不是一个样品比另一个样品强度更大

二、两两分组检验——Tetrad 检验

1. 适用范围

当测试目标是比较两个产品的单一属性（如甜度）时，使用这种方法。研究表明，Tetrad 检验可能比定向成对比较检验更敏感。Tetrad 检验也需要考虑单边和双边应用，基于期望灵敏度水平确定的定向成对比较检验的所需评估次数，同样适用于 Tetrad 检验。

Tetrad 检验基于期望灵敏度水平所需的评估次数必须使用瑟斯顿模型确定，而非采用猜测模型。因为与具有相同猜测概率的三点检验相比，猜测模型不能准确地反映 Tetrad 检验更高水平的灵敏度。

2. 试验原理

向每位鉴评员提供 4 个样本。要求每位鉴评员从 4 个样本中选择两个具有预先指定属性的最高（或最低）强度的样本。计算正确回答的次数，并参考附表 9 分析结果。

3. 鉴评员

选择、培训和指导鉴评员。一般来说，鉴评员数量最小值是 12，若小于 18，则 β 误差很高。如果可以使用 24、30 或更多的鉴评员，差异辨别率会大幅提高。

4. 试验过程

如果可能的话，同时提供样品，或者依次提供样品。准备相同数量的 6 个可能组合（AABB、ABAB、ABBA、BAAB、BABA 和 BBAA），并随机呈送给鉴评员。试验记录表如图 6-20 所示。计分表上可留出空间对多组样本进行评定。但要求在感官疲劳程度最低时使用。在鉴评员对样品做出最初的选择之后，不要询问有关偏爱性、接受度、差异度或者差异类型之类的问题，因为鉴评员对不同的样品做出选择后可能会使他们在回答这些额外的附加问题时产生偏差。统计正确回答的次数和总回答次数，并参考附表 9 分析数据。不要计算“没有差异”的回答；如果鉴评员无法感知到样品的差异，就应该请他们做出推测。

【实例 15】Tetrad 检验——甜味剂的新型填充剂

开发者想要寻找一系列可用于与公司高效甜味剂混合的填充剂。所有候选的填充剂都经过预筛选，使其在溶解于水、茶或咖啡时，味道温和，没有不良的口感。开发者关心的关键特性是最终填充剂和甜味剂混合后的味道能够与公司的金标准产品一样甜。

试验目的是确定在柠檬水、茶和咖啡中使用候选填充剂与使用金标准产品是否存在甜度差异。

使用图 6-20 中的记录表，针对每种饮料类型分别进行 Tetrad 检验。每个测试中有 24 名鉴评员参与。每位鉴评员收到 4 个测试样品，其中两个是使用候选填充剂制成的，另外两个是使

用金标准产品制成的。将所有鉴评员随机分成6组，每组4位鉴评员从4个样品中选出两个最甜的。

Tetrad 检验

姓名：________　　　　日期：________

样品种类：________________________

说 明

1. 从左到右品尝试验样品。
2. 有2组2个相似的样品。
3. 根据相似性将样品分成2组，每组2个。

托盘上的样品

______　______　______　______

写下第一组的样品编码　______　______

写下第二组的样品编码　______　______

备注：________________________

____

____

如果您希望对您选择的原因或产品特性发表评论，您可以在“备注”下进行评论。

图6-20　Tetrad 检验记录表（实例17　甜味剂的新型填充剂）

3次测试结果如表6-7所示。

表6-7　Tetrad 检验结果

两个候选填充剂		两个金标准产品	
样品	样品更甜	样品更甜	最大值
柠檬水	1	5	5
茶	3	4	4
咖啡	6	4	6

这是一个双边应用，因为甜味强度（更高或更低）的任何差异都将构成候选填充剂不符合金标准。从附表9中可以观察到，被认为更甜的配对的最大数量永远不会超过8对这一5% α-风险临界值。因此，感官分析人员告诉开发人员，在95%的置信水平上，用候选填充剂制成的产品与金标准产品之间的感知甜度没有显著差异。

三、成对排序检验——弗里德曼（Friedman）分析

1. 适用范围

用于几种样品间某一种属性（如甜味、鲜味、喜爱程度等）的比较，尤其适用于技术还不太纯熟的鉴评员评定3~6种样品的试验。这种方法按照某种属性的强度大小对所给样品进行排序，这样就能明显看出几种样品在所评定属性间的差异。

2. 试验原理

每次按随机顺序提供给每位鉴评员一对样品，并提出问题：哪个更甜（鲜、喜欢等）？直到把所有组合的样品对评定完，再用Friedman分析对结果进行处理。

3. 鉴评员

鉴评员的筛选、培训和指导都如三点检验中所讲。至少要选择10名感官鉴评员，如果有20名或更多则能显著减小误差。但要确保鉴评员能识别所评定的属性，这主要通过用已知差异的成对样品对鉴评员进行训练，选择能识别某属性微小差异的鉴评员。

4. 试验过程

试验控制和样品控制见三点检验。尽可能同时呈送样品，至少要连续地呈送，且确保呈送顺序是随机的。随机包括每对样品中两个样品的顺序随机、样品组合随机以及对每位鉴评员的呈送顺序随机。在这种方法中，鉴评员只需回答一个问题："哪种样品更……？"不允许回答"无差别"，若仍然有"无差别"的答案存在，那么就将票数平均分给两个样品。

【实例16】成对排序检验——玉米糖浆的口感

一个混合糖浆的生产厂家想生产一种在某一固形物含量下的低黏度产品，他们提供了A、B、C、D 4种没有调味的玉米糖浆进行评估。

试验目的是通过鉴评员评定4种玉米糖浆在口腔里所感觉到的黏稠度，对其进行排序。

选择用Friedman分析的成对排序试验法的原因有两点：一是由于这种方法成对呈送样品而不易产生感觉疲劳；二是由于这种方法能建立一个各种样品的排列顺序。12位经过测试的鉴评员评定6对样品AB、AC、AD、BC、BD、CD。工作表和记录表分别如图6-21和图6-22所示。

结果如下，行表示认为该样品较稠的人数，列表示认为该样品更稀的人数。例如，样品B和D比较时，分别对应B行D列和D行B列。B行D列的2表示12人中有2人认为B比D稠。同理，D行B列的10则表示12人中有10人认为D比B更稠。

	A	B	C	D
A	—	0	1	0
B	12	—	6	2
C	11	6	—	7
D	12	10	5	—

Friedman分析的第一步是计算每个样品的顺序总和。在这个实例中，将较稠的样品排为1，较稀的样品排为2。所以每种样品的分数总和为：将每个样品所在行的分数和列的分数的2倍相加，如样品B的得分总和为：（12+6+2）+2×（0+6+10）= 52。各样品得分总和如下。

工 作 表												
日　期：________								编　号：78				
每位鉴评员收到6对随机排列的样品组合，并且每个样品随机编号。												
鉴评员	样品的呈送顺序及编号											
	第一对		第二对		第三对		第四对		第五对		第六对	
1	A 119	D 634	B 128	D 824	B 316	C 967	C 242	D 659	A 978	C 643	A 224	B 681
2	B 293	D 781	A 637	D 945	A 661	B 153	A 837	C 131	C 442	D 839	B 659	D 718
3	A 926	C 563	B 873	C 611	C 194	D 228	A 798	B 478	A 184	D 278	B 478	D 924
4	B 455	C 857	C 764	D 452	A 975	C 815	B 523	D 824	A 556	B 982	A 737	D 539
5	C 834	D 245	A 285	B 299	B 782	D 679	A 114	D 966	B 713	C 561	A 393	C 495
6	A 662	B 196	A 516	C 777	A 843	D 581	B 375	C 313	B 327	D 415	C 881	D 242
7	A 341	D 918	B 949	D 188	B 428	C 742	C 486	D 585	A 635	C 154	A 545	B 363
8	A 787	B 479	A 491	C 563	A 259	D 396	B 659	C 797	B 899	D 727	C 112	D 157
9	C 578	D 322	A 352	B 336	B 537	D 434	A 961	D 242	B 261	C 396	A 966	C 876
10	A 814	C 952	B 378	C 381	C 148	D 297	A 848	B 383	A 679	D 165	B 448	D 781
11	B 498	D 383	A 131	D 919	A 466	B 866	A 794	C 898	C 526	D 851	B 721	D 122
12	B 675	C 536	C 495	D 778	A 622	C 159	B 263	D 751	A 953	B 779	B 296	D 956

图6-21　成对排序检验——Friedman分析工作表（实例18　玉米糖浆的口感）

成对排序检验			
姓　名：______		日　期：______	
样品种类：未调味玉米糖浆			
比较差异：黏稠度（口感）			
说　明： 1. 接到样品盘后将样品的编号写在下面正确位置上。 2. 每对样品从左到右品尝，填写哪个样品更稠，并在编号旁边注上×。 3. 连续评定6对样品，并根据需要用水漱口。			
样品对	左边的样品	右边的样品	备注
6	______	______	______
5	______	______	______
4	______	______	______
3	______	______	______
2	______	______	______
1	______	______	______
若感觉两样品间没有差异，请尽量猜测一个答案。选择的理由和样品特性可以写在备注栏中。			

图6-22　成对排序检验——Friedman 分析记录表（实例 18　玉米糖浆的口感）

样品	A	B	C	D
分数总和	71	52	48	45

Friedman 分析中 T 的计算方法如式（6-4）。

$$T=\left(\frac{4}{pt}\right)\sum_{i=1}^{t}R_i^2-9p(t-1)^2=\frac{4}{12\times 4}(71^2+52^2+48^2+45^2)-(9\times 12\times 3^2)=34.17 \quad (6\text{-}4)$$

式中　p——样品对被重复品尝的次数，本试验中 $p=12$；

t——样品数量，本试验中 $t=4$；

R_i——第 i 个样品的分数总和；

$\sum R^2$——各样品分数总和的平方和。

查附表 5，得到 $p=12$、自由度为（$t-1$）即 3 时的 χ^2 临界值，T 临界值近似等于该值。因此，本实例中 T 临界值如下。

α 显著水平	0.10	0.05	0.01
T 临界值	6.25	7.81	11.3

根据分数总和可将样品从稠到稀进行如下排列。

稠—40— — — — 50— — —60— — —70— — —稀

D　C　B　　　　　A

用同一个尺度，可以通过 HSD 比较两个顺序总和。

$$HSD = q_{\alpha, t, \infty}\sqrt{\frac{pt}{4}} = 3.63\sqrt{\frac{12 \times 4}{4}} = 12.6$$

式中　HSD——真实显著性差异检验；

α——显著水平；

p——样品对被重复品尝的次数；

t——样品数量。

查附表10可得到$q_{0.05,4,\infty}$值，为3.63，样品A和样品B之间的差异值大于12.6，因此可知样品A最稀，并且比B、C、D 3种样品更符合要求。

思考题

1. 差别检验分为哪两类？定义分别是什么？
2. 差别检验常用的方法有哪些？分别适用哪些范围？
3. 三点检验与二-三点检验的异同点是什么？
4. 如何判断是单边检验还是双边检验？

附表

CHAPTER 7

第七章 标度及类别检验

学习目标

1. 了解标度理论及标度的分类与方法。
2. 掌握常用的类别检验方法及其应用。

第一节 标度

一、概述

在感官评定学科中，测量方法起到至关重要的作用。为了用描述性与推论性的统计方法对感官评定结果进行分析，利用测量方法将所受刺激的响应进行量化是非常关键的，依此获得的统计数据可为测评人员评定产品提供理论依据。但测量方法的价值与对有效测量标度的需求并不是感官评定所特有的。物理学就是一个通过测量取得成功的典型例证。标度方法使用数字来量化感官体验，这种数字化处理使得感官评定成为基于统计分析、模型及预测的定量科学。

标度的主要进展包括来自 Thurstonian 学派关于比较和分类判断的假说和规程，以及来自史蒂文斯（Stevens）的比率标度法（例如量值估计）。从分类标度试验中获得的数据与从比率标度试验中获得的数据存在差异。然而，“只有比率标度才能有效量化感知”的想法正面临着挑战。艾斯勒（Eisler）指出辨别力是标度分类判断的基础，因为辨别力会随着刺激差异量级的变化而改变，从而可获得分类标度的数据与量值标度间的期望偏差。这两种类型标度得到的结果已被证明具有一定相关性，但不具有线性相关性。马克斯（Marks）认为并不是其中某一种标度来源于另一种标度，分类标度与比率标度都是有效的标度，两者只是类型不同而已。他推测，对于任意一种特定的感官属性来说，都具有两种潜在的标度，一种是关于量值的标度，另一种是关于差异性的标度。

专业鉴评员对于分类标度和比率标度的争论持务实和折中态度。恰当的构造分类标度可以让专业鉴评员确定产品的相似度或者明确特定感官属性（例如颜色、香气）差异的量级。若想用数学公式来表达配料浓度和感知强度之间的关系，那么选择量值估计之类的比率标度较为恰当。但数学公式的价值只有在专业鉴评员实际应用时才能体现。因此，在选用标度方法时一定要基于实际进行考虑。测试人员、测试说明、测量技术、刺激方式以及测试目标的差异都会影响最终结果。

感官评定中有 3 种常用的标度方法。最古老且最广泛使用的标度方法是类项评估，即鉴评员根据特定而有限的反应，对觉察到的感官刺激赋予数值。与此相对的方法是量值估计法，鉴评员可以采用这种方法对人体的感知赋予任何数值来反映其比率。第三种常用方法是线性标度法，该方法是通过鉴评员在一条线上作标记来反映感觉强度或喜爱程度。以上方法存在两方面的差异，首先是鉴评员主观允许的自由度及对刺激反应的限制，开放式标度法不设上限，其优点是允许鉴评员选择任何合适的数值进行标度。不过，这种开放式标度法难以在不同鉴评员之间进行校准，数据编码、分析及翻译过程会复杂化。相反，简单的分类法则易于确定固定值或使参照标准化，便于对鉴评员的反应进行校准，并且数据编码与分析较为直观。标度方法间的另一个差异是允许鉴评员对样品反应的区别程度。有的允许鉴评员根据感官评定需求任意使用多个中间值，有的则被限制只能使用有限的离散选择。而采用合适的标度点数量可以减少这些差异。9 点（或更多）类项标度法、具有精细分级的量值估计法及线性标记法的结果很接近，尤其是当产品差异较小时。

（一）心理物理学模型

标度被广泛用于需要量化感觉、态度或喜好倾向性的各种场合。但是，标度技术的历史基点却是感觉强度的心理物理学模型。即增加物理刺激的能量或增加食品组分的浓度或含量，会导致其在感觉、视觉、嗅觉或味觉等多方面有不同程度的增强。如我们在汤里多加盐，汤尝起来就会更咸。因此，鉴评员可以通过对他们的感官体验赋予具体数值来跟踪这些改变。当鉴评员对实际多种或不同的感觉变化进行数字标度时，会表现出对简单心理物理学模型的偏离。例如标度氧化味、黏滞感或触摸软度时，这些感官特性都是由多种不同的感觉构成的复杂体验。所以，数值标度是以提高水平为目的，结合了感知强度和数量的变化的一种应用技术。这并不是心理物理学创始者们的初始想法，标度的方法表示了对于变得更强或更弱的一维感官特性的数值映像。在心理物理学实验室，这通常是改变单一物理量连续性的统计结果。食品通常相当复杂，其中一种配料或工艺可能有多重感官效应。虽然如此，感官专业人员必须搞清楚强度标度任务是否是一维的，如果不是，就可能要进行多重强度标度的确定。

该方法的另一个因素容易被忽视。感官专业人员必须注意在数据的产生中至少包含两个过程。第一个过程是心理物理学过程，即将某一能量转换成一种感觉、主观体验或者感知反应。这一翻译过程包括感受器活动的生理机制和引起大脑活动产生有意识感知的神经活动。第二个过程同样重要，该过程主要解决感知对象（或者任何其他反应）对于评定样品进行准确赋值的问题。感官科学家通常可以确切控制赋值的形成，我们可以通过标度提供的特点、给参与者的指令、包括在反应标度使用中的任何预先的训练，以及其他可能对判断过程形成参考框架的刺激的前后关系来影响这一过程。第二个过程是将所感知的数值翻译成明显的行为，该过程可能会由于使用不同的表示方法而有差异。哪一种标度方法可以更为准确地将感觉翻译为反映的问题是多年来一直存在的争论。

（二）测量水平

测量理论表明，对于某一事物可以有不同的赋值方式，在现阶段流行的标度方法中，至少存在 4 种对事件的赋值方法。包括名义标度、序级标度、等距标度和比率标度。有观点认为这一从名义到比率水平的标度测量顺序，表示测量方法更为有力或有效。

名义标度中，对于事件的赋值仅仅是作为标记。如性别可以在统计分析中被编码为一个“虚拟变量”，“0”代表男性，“1”代表女性。这些数值并不反映性别的顺序特征，它们仅仅作为方便的标记。又如食品的进餐种类可以按类别用数值编码，“1”代表早餐，“2”代表午餐，“3”代表晚餐，“4”代表点心。尽管这样表示有明显的时间关系，但数值赋值仅仅是用于分析的一个标记、类项或种类。对这类数据的适当分析包括进行频率计算并报告结果。作为名义数据的一类概括统计，这是最常见的反应，对于不同产品或环境的不同反应频率，可通过χ^2分析或其他非参数统计方法进行比较。利用这一标度对各单项进行比较，唯一可靠的是可证明它们是源于同一类别还是不同类别（相等与不相等的结果），而无法得到关于顺序、区别程度、比率或差别大小的结果。

序级标度中，赋值是为了对产品的一些特性、品质或观点（如偏爱）标示进行排序。该方法赋给产品的数值增加表示感官体验的数量或强度的增加。如对葡萄酒的赋值可根据感觉到的甜度排序，或对香气的赋值可根据从最喜爱到最不喜爱的感受进行排序。在这种情况下，数值并不能明确表示产品间的相对差别。排在第四的产品的某种感官强度并不一定就是排在第一的产品的1/4，它与排在第三的产品间的差别也不一定就和排在第三与第二的产品间的差别相同。所以，我们既不能对感知到的差别程度下结论，也不能对差别的比率或数量下结论。类似于人们在钓鱼比赛中的名次排列，结果可以表明谁是第一、第二、第三等，但这种名次并不能说明选手间钓鱼水平的差距或者他们所消耗时间的差异。

排序的方法常见于感官偏爱研究中。许多数值标度法可能只产生序级数据，此结果也存在很大争议，因为选项间的间距在主观上并不是相等的。有一个很好的例子是关于常用的市场研究标度的典型案例，“极好—很好—好——般—差”，这些形容词间的主观间距是不均匀的。被评为好与很好的两个产品间的差别实际比被评为一般和差的产品间的差别要小得多。但是，在分析时我们经常试图将1~5赋值给这些等级并取平均值，就按照这些赋值数据反映相等的间距的原则进行统计。一个合理的从极好到差的5点标度分析仅仅计算各等级中反映者的数目，并进行频率比较。

通常，排序数据分析可以报告反应的中值作为主要趋势的概括，或者报告其他百分数以得到额外的信息，而包含加法和除法的数学运算（例如平均数的计算）并不恰当。当反应标度的主观间距相等时，所赋值的数据可以表示实际的差别程度。那么，这种差别度就是可以比较的，称为等距水平测量。例如物理学中关于温度的摄氏和华氏标度，这些标度有不同的0点，但在数值间有相等的间距。例如20℃（℉）和40℃（℉）间的温度差与40℃（℉）和60℃（℉）间的温度差是相等的。这些标度可以通过摄氏温度=5/9（华氏温度-32），进行相互转换。用于感官科学的标度，几乎没有哪种能够建立并得到等距测量水平的检验，而且该水平经常又是假定的。明确支持这种水平的一种标度方法是用于喜爱厌恶判断的9点类项标度，通常称为9点喜好标度。

另一个常用的水平测量方法是比率标度。在这种方式下0点不是任意的，而且数值反映了相对比例。这就类似于在物理科学中如质量、长度和以热力学温度（Kelvin）标度（可以通过简单线性变换转换成等距温度标度）表示的温度等定量得到的测量水平。确定一种感官标度方法是否可表示不同感觉强度的相对比例赋值是一件很困难的事情。在量值估计中，受试者对反映他们感觉强度的相对比例进行赋值，这样一来，如果某一产品甜度值评定为10，那么两倍甜度的产品就可以赋值为20。该方法假定主观的刺激强度（感觉或知觉）和数值反应间具有线性关系。

二、标度分类、常用的标度方法及技术

食品的感官评定主要是利用人的五官感觉来对食品感官质量特征进行测定，而标度就是通过特定的数值将人的感觉、态度或喜好等主观感受客观地呈现出来的一种方法。这些数值可以是图形，可以是描述的语言，也可以是数字。标度的基础是感觉强度的心理物理学。物理刺激量或食品理化成分的变化会导致鉴评员在味觉、视觉、嗅觉等方面的感觉发生变化，在感官评定检验中要求鉴评员能够掌握各种标度方法来跟踪感觉上的变化，给出标度数值。由于食品感官质量具有复杂性，且改变产品配方或工艺对产品感官质量的影响可能是多方面的，因此产生的感觉变化也是十分复杂的。对这种复杂的感觉变化进行标度很困难或很容易失真，因此需选用合适的方法进行标度。

感官评定标度包括两个基本过程：第一个过程是心理物理学过程，即人的感官接受刺激产生感觉的过程，这一过程实际是感受体产生的生理变化；第二个过程是鉴评员对感官产生的感觉进行数字化的过程，这一过程受标度方法、评定时的指令及鉴评员自身的条件所影响。组织和实施一个测试应遵循以下原则。

（1）清晰易懂。鉴评员必须熟悉问题或标度中使用的词语，这些词语应当易于理解、语义清晰且必须易于与产品及工作相联系，使鉴评员能够了解它们是如何被应用到测试中的。感官评定人员必须为每个词语提供上下文环境，或者在记分卡上提供一组可以应用的词语。

（2）易于执行。在描述工作和响应标度的问题和词语都容易理解且意义明确的基础上，任务和标度必须易于执行。

（3）保持客观测试结果。理想情况下，标度应该是一个“零”工具，对测试结果不会造成任何影响。

（4）标度与测试任务具有相关性，这和标度的有效性有关。也就是说，标度的测量领域（如产品属性、特征、消费者态度等）应和测量目的相关。

（5）对差异敏感，并不是所有的标度在测量差异性时的敏感度都一致。标度长度与标度类别项的数目是影响标度敏感性的主要因素。

（6）利用多种统计分析方法。对响应进行统计分析是确定结果成因源于偶然因素还是各种处理方法的关键。

史蒂文斯（Stevens）假设了4种标度分类。①名义标度：用于分类或命名；②序级标度：用于排序或分级；③等距标度：用于测量量级，假设标度中两点之间的距离是相等的；④比率标度：用于测量量级，假设标度中两点之间的比率是相等的。

（一）标度分类

1. 名义标度

名义标度是用数字对某类产品进行标记的一种方法。它只是一个虚拟的变量，并不能反映其顺序特征，仅仅作为便于记忆或处理的标记。对数字唯一的要求就是它们不能相等，也就是说，需要保证已归类的项目或响应不会被归到其他类别中。在不丢失任何信息或在统计学处理允许改变的范围内，也可以用字母或其他符号来代替数字。在感官评定中，数字经常被用于进行标记和分类。例如，当需要掩饰产品真实身份的时候，可以用三位数字的编码对产品进行标

记与追踪。对于一个由特定编码识别的产品来说不能贴错标签，也不能把其他不同的产品与其分为一组，这是非常重要的。同样重要的是，如果在同一个试验处理中一个编码代表一组样本，那么该组样本中的各个样本之间应当具有一定的一致性。图 7-1 所示为一个应用名义标度的记分卡例子。在这个特定的应用中，并不涉及实际产品，然而，结果却可以用来判定使用空气清新剂最频繁的房间。此信息可以帮助确定适宜香型和选择未来产品研究的定位。

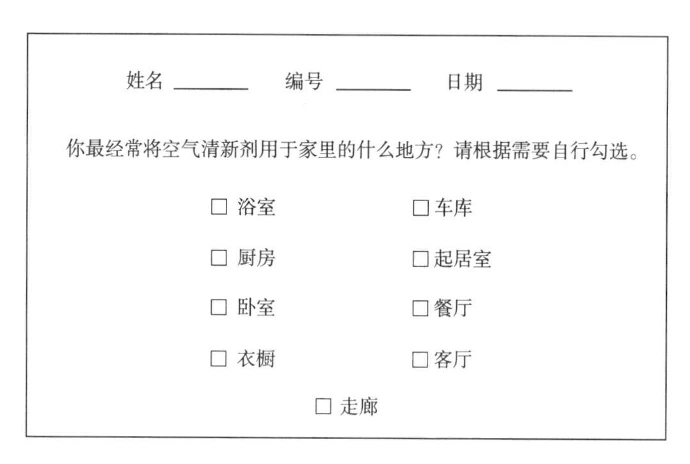
姓名 ______ 编号 ______ 日期 ______

你最经常将空气清新剂用于家里的什么地方？请根据需要自行勾选。

☐ 浴室 ☐ 车库

☐ 厨房 ☐ 起居室

☐ 卧室 ☐ 餐厅

☐ 衣橱 ☐ 客厅

☐ 走廊

图 7-1 收集产品应用特点信息的名义标度记分卡

名义标度还可以用于对受访者的人口统计数据（如年龄、性别和收入）以及对产品的使用行为进行分类。在多种不同的标度类别中，名义标度的另一个特点就是排序的完全独立性。在不改变问题的逻辑或者结果的处理方法时，可以对排序进行更改。

通常，测试人员回答名义标度的问题时极少甚至不会遇到困难（假设他们能够理解问题）。对于具有多项选择答案的问题来说，这具有明显的优点。例如，开发一个能反映产品最常用的准备模式与消费模式的测试程序。或者，想要花费少量时间便从大群受访者中获得信息，应用名义标度是恰当的选择。

名义标度允许使用的数学方法包括频率计数和分布、众数（拥有最多答案数量的类别）、卡方检验（χ^2）与列联系数（Coefficient of contingency）。在这些被允许使用的计算方法中，χ^2 检验是最为有用的。χ^2 检验可以对频率分布进行比较，以确定它们之间是否存在差异，比较数据频率间的差异可以将它们归为两类或者更多的类别，以确定真实响应与期望值之间的差异，或者比较同一系列类别中两组或更多组数据之间频率的差异。列联系数可以被看作是体现含有名义标度信息的不同变量间关联性或相关度的一种类型，它源自 χ^2 计算。当相同的主体被归为两种变量或属性，每种变量或属性又含有两种或更多的类别项的时候，就可以进行 χ^2 计算。

可以通过对频率的排序或百分比对名义标度的数据进行转换。这些数据在转换之后可用统计方法进行分析，而这些方法在有序数据和比例中通常是受限的（例如，处理比例的 t 检验）。因此，在使用这些推理性的分析方法之前，要谨慎考虑是否已经将所有数据转换完成。

2. 序级标度

序级标度是对产品的一些特性、品质或观点标示顺序的一种标度方法。顺序标度使用数字或词语表示包括从“高”到“低”或者从“最多”到“最少”等，以代表一组产品的一些属性。在这种标度中数值表示的是感官感觉的数量或强度，如可以用数字对饮料的甜度、适口性进行排序，或对某种食品的喜好程度进行排序。但使用序级标度得到的数据并不能说明产品间的相对差别，各序列之间的差别也不一定相同，因此不能确定感知的差别程度和差别的大小等，只能确定各样品在某一特性上的名次。在这些标度方法中，各选项间的间距在主观上并不是相等的。如在评定产品的风味时可采用很好、好、一般、差、很差等形容词来进行描述，但这些形容词之间的主观间距是不均匀的。序级数据分析的结果可以判断产品的某种趋势，或者得出不同情况的占比。

排序是序级标度中最为常用的类型。排序是一种操作起来相对简单的方法，研究人员已经制定了一系列关于产品排序的程序步骤。最直接的操作是让鉴评员对一组产品进行排列或分类，每种产品都具有更多（或更少）的特质。例如，将一组产品按甜度从高到低排序，或者按喜爱度从高到低排序。这种程序对易于进行手头操作的产品来说执行起来较为便捷，如一系列的纺织品或一系列的罐装液体。然而，对于那些没有装在密封容器中的产品，特别是对于食品和饮料来说，操作过程中可能会造成产品的遗撒，这种可能发生的风险促使研究人员对测试程序做出调整。例如，让鉴评员列出与排序结果相对应的产品编码是比直接对产品进行排序更可行的步骤。产品直接排序测试案例如图 7-2 所示。

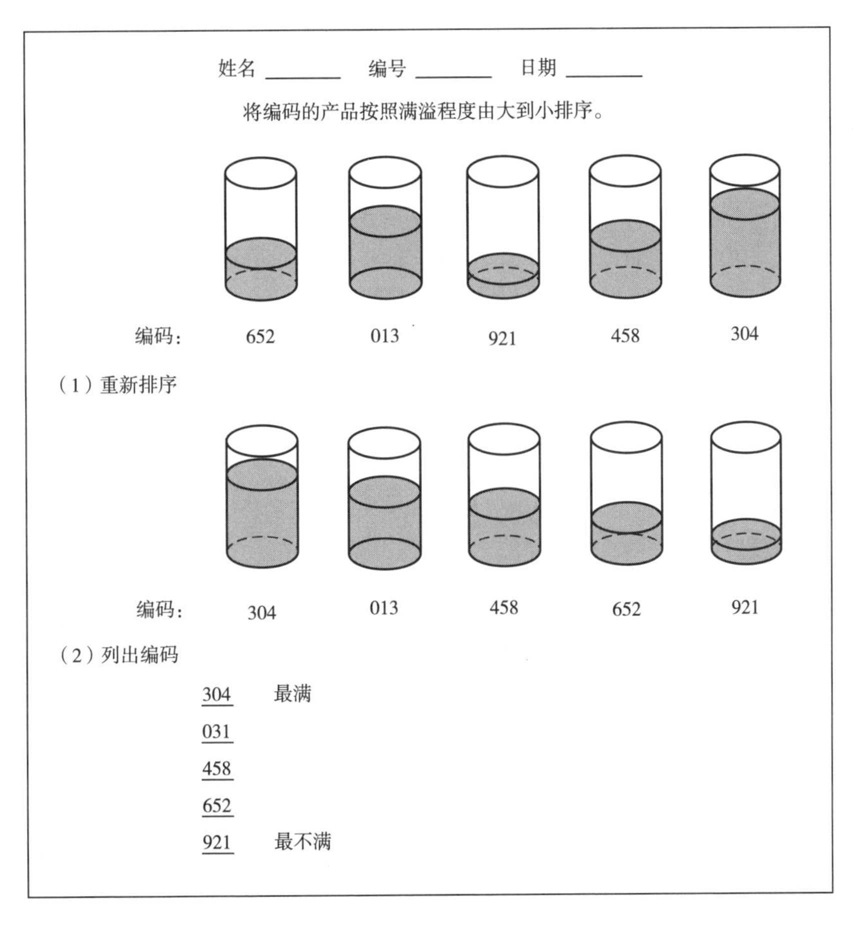

图 7-2 产品直接排序测试案例

（1）对产品重新排序；（2）列出产品排列结果的相应编码。在前者操作中，产品被移动了；在后者操作中，鉴评员只需记录排序结果，无需移动产品。

直接排序测试的局限性包括以下 3 点。

（1）在多产品的排序测试中，对所有产品做出判断之前都需要经过考虑过程。这很容易导致感官疲劳或产生感官的交互作用，尤其在评定后味明显的产品或者产品数量较多时。成对比较检验中，除了第一对的两个产品之外，其他产品的对数增长速率应该以 n 计算。当然，对于视觉测试来说，是不存在感官疲劳问题的。

（2）因为所有的排序测试都具有定向性，所以有必要指出需要排序的特性以及排序的方向。例如，在假定所有鉴评员都熟悉某种特定风味（该特性是判断的依据）的前提下，对一组产品的风味强度从最强到最弱进行排序。如果鉴评员没有就辨别这个特性受过训练或者具备相应的资格，就很难保证他们是根据自己对该特性的真实感知做出的判断。虽然专业鉴评员或者受过训练的鉴评员或许会认为感知特性是一件容易的事情，但对于那些未经过训练的鉴评员（指那些符合人口统计学标准的典型消费者）来说，除非进行演示，否则他们可能无法真正了解该特性。不过，这个问题不是排序测试所特有的，当未经过训练的鉴评员遇到记分卡上有描述性特性的时候也会发生这样的问题。

（3）排序测试的数据无法提供产品在某个特定属性上的整体定位（高或低），也无法测量出产品之间差异性的量级。可能正是由于局限性导致排序测试在感官评定中的应用较少。

当有大批量的产品时，因为时间的限制，使用成对比较或打分规程都不切实际的时候，或需要从 50 个提交意见中寻求一种新的风味的时候，为了避免个人决定的随意和武断，最合理的做法是使用排序测试。采用不完全区组设计，基于恰当的标准排序，让每名鉴评员对一个产品的子集合（例如 16 个产品当中的 8 个）进行评价。通过这种方法，可以对产品进行排序，并可以对符合或超出某特定指标的产品进行进一步评定。排序测试特别适用于缩小大批量产品的集合，筛选出更易于处理的产品子集的情况。在使用不完全区组设计的“循环”规程中，只有分区排序第一的产品才会被挑出来并进入后续的测试阶段。在做实验室筛选时，也会通过一些非正式的排序规程来减少进入感官评定测试阶段的产品数量。可以采用几种不同的方法分析排序测试的数据，包括那些适用于名义标度的方法，特别是非参数性方法。具体适用的方法包括威尔科克逊（Wilcoxon）符号秩检验、曼-惠特尼（Mann-Whitney）U 检验、克鲁斯卡尔-沃利斯（Kruskal-Wallis）检验、弗里德曼（Friedman）双因素方差分析（Two-way Analysis of Variance）、卡方检验（χ^2 检验）以及肯德尔（Kendall）和谐系数。

使用等级标度可以抵消由直接排序法获得信息有限的缺陷。这些标度为测试者提供了一个完整的或者是有序分类的连续系统。作为一种标度类型，等级标度也许是感官评定当中应用最广泛和最古老的一种测量标度。这种耐用性主要归功于其易于制定和实施的特点，并且可采用大量的统计学方法对其结果进行分析检验，且实践证明等级标度是切实有效的。等级标度的分类可以在 5~12 种之间变化，而大部分标度的响应类别项有 8 种或 10 种。有些标度用词语和/或数字来标注每个类别项，而有些标度则仅用词语和/或数字来标注极端的类别项。其中最困难的问题是类别项的数量和用于标注类别项的具体用词。

克洛宁格（Cloninger）等对一系列等级标度的结果运用了多种标准化和转换方法后，得出的结论是 5 点标度比其他具有更多类别项的标度更适用。和上述结论相反的是，大量关于标度的文献和信息理论都认为 9 点标度更为实用且是信息传递的最佳选择。图 7-3 所示为两个有序类型的等级标度案例，都是用词语、数字和/或类别来测量强度的代表性方法。案例（1）是由 5 个词语和 10 个数字组成复合标度的代表类型。其中，一些类别项被赋予了更高的权重（词语

“较强”被赋予了3个数字），而其他类别项则没有（词语“无”仅被赋予了1个数字）。

姓名 ________　编号 ________　日期 ________

评价产品的风味强度，在对应方框内勾选。

风味强度		产品	
		487	924
		风味	风味
无	10		
较淡	9		
	8		
中等	7		
	6		
较强	5		
	4		
	3		
极强	2		
	1		

案例（1）

姓名 ________　编号 ________　日期 ________

对你所评价特性的相对强度进行勾选。

特性 1

亮　　　　　　　　　　　　　　　　　　暗

□　□　□　□　□　□　□　□　□

特性 2

弱　　　　　　　　　　　　　　　　　　强

□　□　□　□　□　□　□　□　□

案例（2）

图7-3　两个有序类型的等级标度的案例

案例（2）是一个不带数值和仅由2个词语组成的并不复杂的标度。减少使用词语是为了使制定标度时的偏见最小化。通过增加标度所包含的类别项可以提升标度的灵敏度。随着类别项的数目从2个增加到10个左右，灵敏度会逐渐增加，并在类别项的数目为9或10的时候达到最佳点，之后灵敏度会随着类别项数目的增加（>10）而逐渐降低。这个倒“U”形的曲线说明了太少或者太多的类别项数目都会导致灵敏度的降低以及产品之间差异性的缺失。

等级标度在选择标度用词上常伴随着很大的随机性，所以可能会导致各种问题的出现，尤其是可能会出现一些误区。应该尽量使用对鉴评员有一定意义且语义清晰的词语来描述相关的特定标度。标度使用的语义不清的词语，如极好与极差、品质好与品质坏以及“曾尝过的最好味道”和“曾尝过的最差味道”等，是通用的品质术语，并不是关于个人偏好的用语，不同的人对于它们的感知含义会有不同的理解，一旦使用这些用语，鉴评员在打分时出现困惑的可能性会急剧增加（同时伴随着灵敏度的降低）。最后要明确的是，测量产品的品质并不等同于区分特定产品的差异性，也就是说，产品之间虽然会在偏爱性上存在感知差异，但两个产品在“品质”标度上面的评分差距可能并不会十分显著。所以很有可能出现产品的消费者偏爱度不同而品质却相同的情况。

顺序标度和等级标度的数据分析方法分为两大类：参数化方法与非参数化方法。参数化方法适用于给定等距间隔的标度数据，并且假设其结果符合正态分布。可以通过多种方法包括检验、方差分析以及相关性分析对参数化数据进行分析，同时也包括平均值与标准差计算等典型的汇总统计方法。在没有对成对比较和等级标度之间的相对灵敏度进行解释之前无法对顺序标度进行讨论，因为成对偏好测试是测量消费者接受度和偏爱度最灵敏的方法。此外，把两个产品同时提供给消费者可以让他们更容易做出选择。然而，对于感官评定来说，即使涉及单一产品的评价，也很少能获得绝对的响应，这是因为在没有提供其他产品的情况下，产品记忆将会发挥重要的作用。因为消费者会在产品间“来回游走”，所以对于那些具有浓郁的香气与风味特征的产品而言，将其同时提供给消费者并无优势。尤其是在产品间本身差异较小的情况下，这种方法可能会导致鉴评员潜在的感官疲劳最大化，并且会缩小产品间的差异性。

3. 等距标度

等距标度反映的是主观间距相等的标度，得到的标度数值表示的是样品实际感官特性的差别程度，且这种差别程度是可以比较的。在所有的感官检验中很少有能完全满足等距标度的方法，通常认为快感标度是等距标度的一种。等距标度的优点是可以采用参数分析法，如方差分析、t 检验法等，对评价结果进行分析解释，通过检验不仅可以判断样品的好坏，而且能比较样品间差异的大小。

等距标度假设两点间的间隔或者距离是相等的，并且标度具有任意零点，从而使得在属性测量中不存在“绝对的”量值。等距标度可以由成对比较、排序或者等级评价法构成，也可以包含等分法、感官等距法以及类别等距法。

月历是一个典型的等距标度的例子，其中任何相邻两天都构成了相等的时间间隔。真实的或合理的零点对月历的有效使用是毫无影响的，无论间隔出现在每月的前期或后期，每天之间的间隔是独立的。例如，月份中第 3 天和第 5 天之间的时间间隔与第 13 天和第 15 天之间的时间间隔是相等的。任意一个 xd（xd 代表每个月中的第 x 天）的间隔都等同于其他任意时间段中 xd 的间隔。

图示评价量表（有时也称为线性标度）主要是利用了一种函数性的测量规程进行的设计。这个规程要求鉴评员在预备阶段就要面对即将进行的测量过程的刺激，然后让他们体验极端的刺激反应，即为他们提供位于标度末端的产品实例。检验这两个步骤得到的线性标度就能够获得具有数学意义的等距响应行为。描述性分析可以证明线性标度是非常有效的方法。对线性标度的数百次结果进行分析证实这种标度的等距特性已十分清晰。劳利斯（Lawless）和马隆（Malone）在使用未经培训的鉴评员进行样品测试时发现，线性标度与其他用于感官评定的标准标度相比几乎是等价的。由于标度的最佳使用条件是需要鉴评员对此标度具备一定的实践经验，有经验的鉴评员可以使标度更灵敏。图 7-4 所示为线性标度应用于图示评价量表的实例。线性标度的一个独特优势是不需要标示与响应相关的任何数值，以及可以使用有限的词语使词语偏见最小化。只要通过测量线段最左端与垂直线之间的距离就能够获得可以用于数学运算的数值。

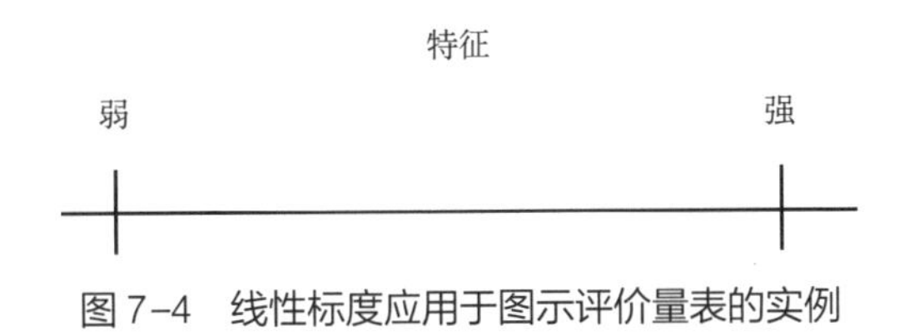

图 7-4　线性标度应用于图示评价量表的实例

等距标度被认为是真正的定量标度，大部分的统计规程都适用于其结果分析，包括平均值、标准偏差、t 检验、方差分析、多重极差检验、积矩相关分析、因子分析和回归分析等。此外，还可以使用标准度从微弱到强烈的连续性把数值化的答案转换成序列。

该方法要求测试者在水平线上将能反映性状强度的垂直线画在相应位置上。两条垂直的参比表明了性状强度从微弱到强烈的连续性。

4. 比率标度

比率标度是一类采用相对的比例对感官感觉到的强度进行标度的方法。比率标度数据所呈现的特性和等距标度数据类似。此外，比率标度两点之间保持恒定的比率并且具有绝对零点。这种方法假设主观的刺激（感觉）强度和数值之间存在线性关系，如一种产品的甜度数据是10，则两倍甜度的产品的甜度数值就是 20。在实际应用中由于标度过程中容易产生前后效应和数值使用上的偏见，这种线性关系就会受到很大的影响。通常，比率数值反映了待评样品之间刺激感觉强度的比率。例如，如果给橙汁参比样品 R 的酸度打 20 分，鉴评员感觉到编号 375 的橙汁酸度是样品 R 的 3 倍，则给该橙汁样品打 60 分；若编号 658 的橙汁酸度仅仅是样品 R 酸度的 1/5，则给该橙汁样品打 4 分。

史蒂文斯（Stevens）描述了具备比率特性的心理物理学标度制定过程的 4 种操作规程，分别是：量值估计、量值产生、比率估计与比率产生。其中，量值估计最常用于比率标度数据的开发。这主要是因为组织实施方面的因素，即无需制定详尽的记分卡，使得试验人员组织测试变得相对容易。此外，与量值产生和比率产生相比，量值估计需要的产品量是最小的。在量值估计实验中，鉴评员需要为每个刺激分配一个数值（这个数值既不能小于零也不能是分数）。这个数值代表着对刺激或某些特性的感知强度（例如响度、亮度、甜度和臭味强度等）。研究人员发现，当将一系列不同强度的刺激呈现给鉴评员时，采用上述任何一种比率标度规程并配合相应的响应处理方法，相等的刺激比率都会产生相等的响应比率。Stevens 把这种规律称为“心理物理定律”（Psychophysical law），其数学表达式如式（7-1）。

$$\psi = ks^n \tag{7-1}$$

式中　ψ——刺激响应的几何平均值；

k——常数；

s——刺激强度；

n——指数，等同于曲线的斜率。

恩金（Engen）等把这个公式称为幂次定律（Powder law）或者史氏幂次定律（Stevens' powder law）。当把比率标度的试验数据标注在双对数坐标系中时，刺激强度与感知强度之间便会呈现线性关系。传统的比率标度数据分析包括指数或者直线斜率的计算，以刺激强度的递增函数来代表感官强度的增加。

数据分析的第一步是将所获得的响应标准化，以消除测试员之间和测试员本身的变异。最常用的标准化方法是将原始的刺激与响应数值转换为对数（lg）形式，使得每个鉴评员对每个样品的对数平均值就等于几何平均值。转换成对数形式缩小了数据的数值范围，却会得出极端的正偏态（Positive skewness）数据。对量值估计的整个试验数据矩阵进行转换与标准化之后进行曲线拟合，最佳拟合曲线可以通过最小二乘法来确定。由此产生的方程式形式如式（7-2）。

$$\lg 响应 = \lg 截距 + (斜率 \times \lg 刺激) \tag{7-2}$$

式中 斜率——前文公式中 $\psi = ks^n$ 中的指数 n。

然后把数据绘制在双对数坐标系中：纵坐标为平均响应的对数值，横坐标为刺激的对数值。

在名义、顺序和等距标度中的方差分析（Analysis of variance，ANOVA）或其他统计方法也可以应用于比率标度数据的处理中。然而，在使用方差分析等方法确定估计响应数据的统计意义时会遇到一些实际问题。原始响应值通常具有正偏差，随着平均强度分数的增加而变化为较大的方差。较大的标准偏差可能与较高的平均值一起导致较大的误差项。

格林（Green）等所描述的标签等级标度（Labeled magnitude scale）是一种混合形式，其兼具标签类别标度和比率标度的特性。标签类别的间隔并不会被自动设置为等距，它与传统类别标度的构建基础完全相反。每个类别都会被标记，而每个单独的类别是由前面收集的比率标度的数据所决定的。标度的参比端点使用诸如“可想象得到的最强”和“完全没觉察到”等极端的表述。

（二）常用的标度方法

在食品感官评定领域，常用的标度方法包括类项标度、线性标度和量值估计。类项标度是最古老也是最常用的标度方法，鉴评员根据特定而有限的反应，将觉察到的感官刺激用数值表示出来；量值估计法中，鉴评员可针对感觉用任何数值来反映其比率；线性标度法中，鉴评员在一条线上做标记来评价感觉强度或喜好程度。

1. 类项标度

类项标度是提供一组不连续的反应选项来表示感官强度的升高或偏爱程度的增加，鉴评员根据感觉到的强度或对样品的偏爱程度选择相应的选项。这种标度方法与线性标度的差别在于鉴评员的选择受到很大的限制。在实际应用中，典型的类项标度一般提供7~15个选项，选项的数量取决于感官评定试验的需要和鉴评员的训练程度及经验，随着评定经验的累积或训练程度的提高，鉴评员对强度水平感知差别的分辨能力会得到提高，感官选项的数量也可适当增加，这样有利于提高试验的准确性。常见的类项标度有整数标度、语言类标度、端点标示的15点方格标度、相对于参照的类项标度、整体差异类项标度和快感标度等。

（1）整数标度　用1到9的整数来表示感觉强度。如：

强度　　1　2　3　4　5　6　7　8　9
　　　　弱　　　　　　　　　　　　强

（2）语言类标度　用特定的语言来表示产品中异味、氧化味、腐败味等感官质量的强度。如产品异味可用这些语言类标度表示：无感觉、痕量、极微量、微量、少量、中等、一定量、强、很强。

（3）端点标示的15点方格标度　用15个方格来标度产品感官强度，鉴评员评定样品后根据感觉到的强度在相应的位置进行标度，如饮料的甜味可用下列标度进行标示。

甜味：□ □ □ □ □ □ □ □ □ □ □ □ □ □ □

不甜　　　　　　　　　　　　　　　　　　　　　　很甜

（4）相对于参照的类项标度　在方格标度的基础上，中间用参照样品的感官强度进行标记。

甜味：□ □ □ □ □ □ □ □ □ □ □ □ □ □ □

弱　　　　　　　　　　　参照　　　　　　　　　　　强

（5）整体差异类项标度　即先评价参照样品，然后再评价其他样品，并比较其感官强度与参照样品之间的差异大小。例如，与参照的差别：无差别、差别极小、差别很小、差别中等、差别较大、差别极大。

（6）快感标度　在情感检验中通常要评价消费者对产品的喜好程度或者比较不同样品风味的好坏，通常会采用9点快感标度（图7-5、表7-1）。从9点标度中去掉“非常不喜欢”和“非常喜欢”就变为7点快感标度；在此基础上再去掉“不太喜欢”和“稍喜欢”就变为5点快感标度。

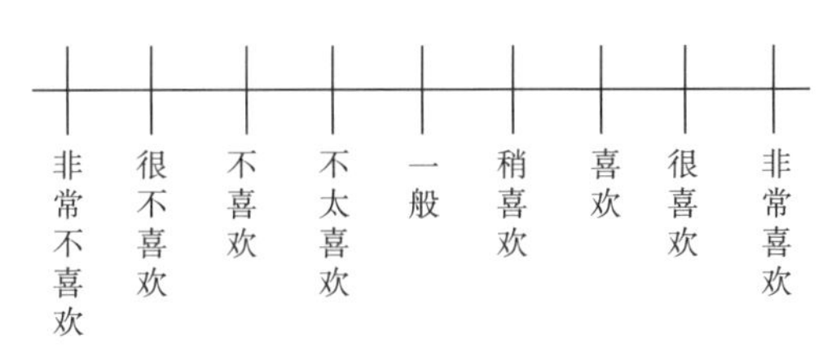

图7-5　9点快感标度

表7-1　　　9点快感标度

用于评定风味的9点快感标度	用于评定喜好厌恶的9点快感标度	
	例一	例二
9 极令人愉快的	-4 非常喜爱	1 非常不喜欢
8 很令人愉快的	-3 很喜爱	2 很不喜欢
7 令人愉快的	-2 一般喜爱	3 不喜欢
6 有点令人愉快的	-1 轻微喜爱	4 不太喜欢
5 不令人愉快也不令人讨厌的	0 无好恶	5 一般
4 有点令人讨厌的	1 轻微厌恶	6 稍喜欢
3 令人讨厌的	2 一般厌恶	7 喜欢
2 很令人讨厌的	3 很厌恶	8 很喜欢
1 极令人讨厌的	4 非常厌恶	9 非常喜欢

由于儿童很难用语言来表达感觉强度的大小，对其他的标度方法理解也很困难，因此研究人员就发明了利用儿童各种面部表情作为标度的方法（图 7-6）。

图 7-6 儿童快感标度图示

2. 线性标度

线性标度是让鉴评员在一条线段上做标记以表示感官特性的强度或数量的方法。这种标度方法有多种形式（图 7-7），大多数情况下只有在线的两端进行标示［图 7-7（1）］；但考虑到很多鉴评员不愿意使用标度的端点，通常在线的两端缩进一点进行标记以避免末端效应［图 7-7（2）］；另一种常见形式是在线的中间标示出中间标准样品的感官值或标度值，所需评价的产品根据此参考点进行标度［图 7-7（3）、图 7-7（4）］；线性标度也可用于情感检验中的快感标度，两端分别标示喜欢或不喜欢，中间标示为一般［图 7-7（5）］。

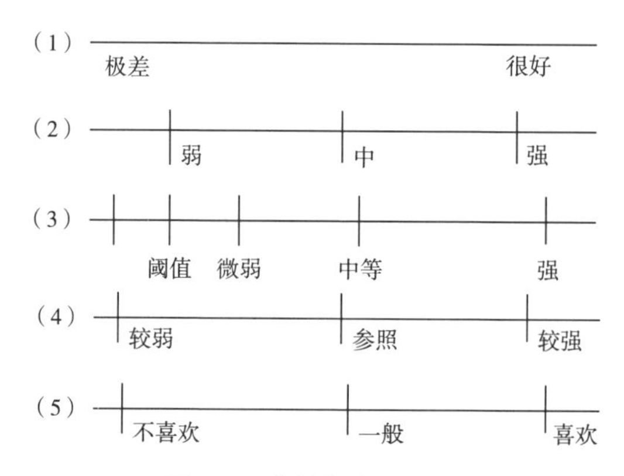

图 7-7 线性标度的类型

（1）端点标示 （2）端点缩进 （3）美国材料与试验学会（ASTM）附加点标示
（4）利用直线的相对参考点标度 （5）利用直线的快感标度

线性标度在描述性分析和情感检验中应用很广泛，应用时鉴评员要进行必要的培训以了解标度的含义，从而使不同的鉴评员对标度判断标准达到一致。

3. 量值估计

量值估计法是一种较流行的标度技术，该法应用数字来表示感觉的比率，且通常不受限制。在此过程中，鉴评员允许使用任意正数并按指令给出感觉定值，因此，数值间的比率反映了感觉强度大小的比率。如某种产品的甜度是 20，而另一种产品的甜度是它的 2 倍，那么后一种产品的甜度应该是 40。

量值估计有两种基本形式。一种形式是给鉴评员一个标准样品作为参照或基准，先给参照样品一个固定值，其他样品与参照样品相比而得到评价值。其评价指令为“请评价第一个样品的甜度，这是一个参照样品，其甜度值为“10”。请根据该参照样品来评价所有样品，并与参照样品的甜度进行比较，给出每个样品的甜度与参照样品甜度的比率。如某个样品的甜度是参照样品的1.5倍，则该样品的甜度为“15”；如果样品的甜度是参照样品的2倍，则该样品的甜度值为“20”；如果样品的甜度是参照样品的1/2，则该样品的甜度值为“5”，可以使用任意正数，包括分数和小数。”

另一种评定形式是不给标准样品，鉴评员可以选择任意数值来标度第一个样品，然后将所有样品与第一个样品的强度进行比较而得到标示。评定指令为：“请评定第一个样品的甜度，请根据该样品来评价其他样品，并与第一个样品的甜度进行比较，给出每个样品的甜度与第一个样品甜度的比率。如某个样品的甜度是第一个样品的1.5倍，则该样品的甜度值为第一个样品的1.5倍；如果样品的甜度是第一个样品的2倍，则样品的甜度为第一个样品的2倍；如果样品的甜度是第一个样品的一半，则样品的甜度值为第一个样品的1/2。可以使用任意正数，包括分数和小数。”

量值估计可应用于有经验、经过培训的评定小组，也可应用于普通消费者和儿童。与其他的标度方法相比，量值估计的数据变化范围大，尤其是鉴评员没有经过培训时的评价。如果在试验过程中允许鉴评员选择数字范围，则在对数据进行统计分析前有必要进行再标度，使每位鉴评员的数据落在正常的范围内。

再标度的方法：①计算每位鉴评员全部数据的几何平均值；②计算所有鉴评员的总几何平均值；③计算总平均值与每位鉴评员平均值比率，由此得到鉴评员的再标度因子；④将每位鉴评员的数据乘以各自的再标度因子，得到再标度后的数据，然后进行统计分析，量值估计的数据通常要转化为对数后进行分析。

（三）常用的标度技术

1. 喜好标度

由于9点喜好标度（9-Point hedonic scale）在测量产品接受度与偏爱度方面具有普遍适用性，因此在所有标度和测试方法中占据着独特的地位。如图7-8所示，喜好标度的描述非常简单，并且实践证明其同样易于使用。这使得喜好标度在世界范围内被广泛应用于评定各种食品、饮料、化妆品和纸制品等产品的可接受度。

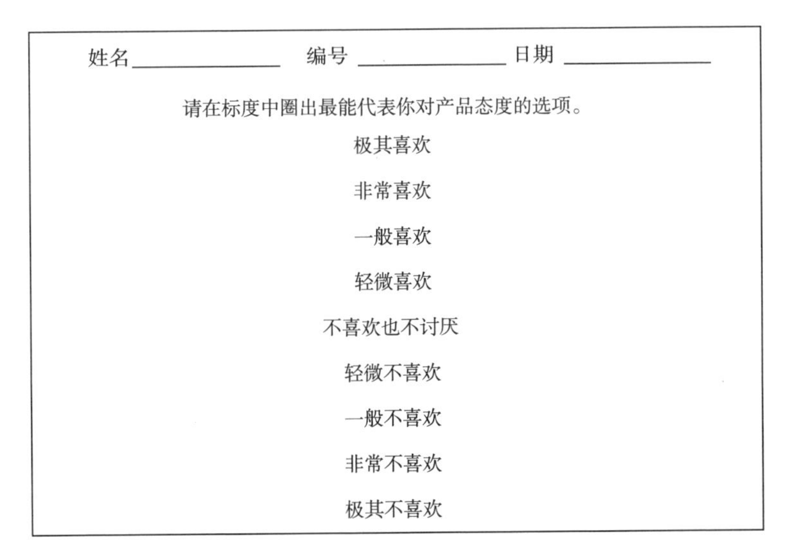
姓名＿＿＿＿＿＿ 编号＿＿＿＿＿＿ 日期＿＿＿＿＿＿

请在标度中圈出最能代表你对产品态度的选项。

极其喜欢

非常喜欢

一般喜欢

轻微喜欢

不喜欢也不讨厌

轻微不喜欢

一般不喜欢

非常不喜欢

极其不喜欢

图7-8　9点喜好标度实例

鉴评员的任务是在标度中圈出最能代表其对产品态度的选项，也可以在邻近选项的地方绘制上标注用的方框。响应经过计算转换为数值：极其喜欢等于 9，极其不喜欢等于 1。

喜好标度是为了评估几百种食品的可接受度而制定的，此后，该法在对军需食品的进一步研究中得到了再一次的验证。这些研究证实喜好标度的可信度和效率已达到了令人满意的水平。其中特别有价值的发现是喜好标度的响应具有稳定性，以及这些数据可以作为任意一个特定产品类别的感官基准。一个产品的喜好得分平均值可能是 6.47±1.20，一系列竞争产品的测试通常会得到产品的排序，若平均值在这个范围内，那么结果就是稳定的。也就是说，该结果与评定小组的规模和所在区域无关。除此之外，如果了解到某个产品的平均得分为 6.02 ± 1.50，就能以此为参考范围判断哪些得分是具有可能性的。如果管理者期望产品的得分大于 7.5 或者营销方针要求产品获得一定的分数（例如得分为 7.0）以推进项目进行时，此参考框架会表现出较高价值。对 9 点喜好标度的数据进行诸如方差分析的参数性统计分析会提供关于产品差异性的实用信息，并且该标度获得的数据不应违背正态假设。图 7-9 所示为 222 名消费者采用 9 点喜好标度法对 12 个产品接受度进行评价的结果。图中 S 型的曲线表明得分呈正态分布趋势。许多其他涉及成千上万消费者的测试已证实，9 点喜好标度在提供产品偏爱度的排序方面具有有效性，并且该标度方法与等距标度的结果非常接近。

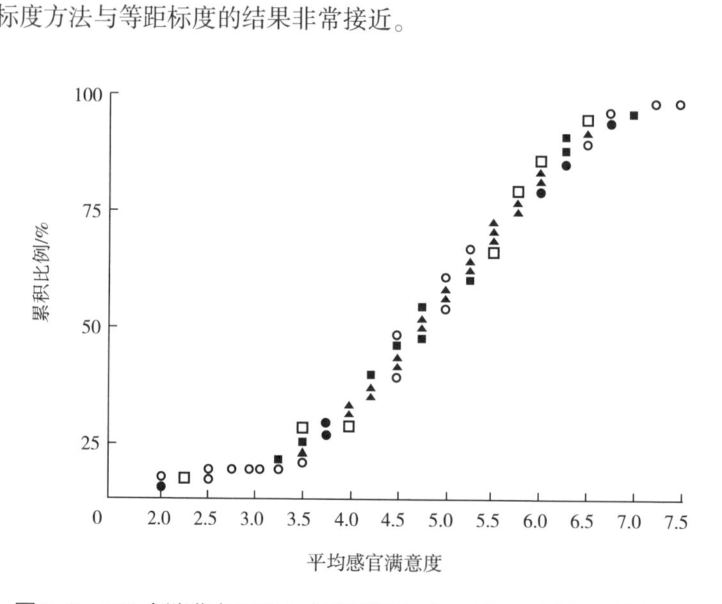

图 7-9　222 名消费者采用 9 点喜好标度对 12 种产品进行评价的结果

把喜好标度的数据转换为排序或者成对偏爱测试数据比较容易实现。只需在喜好标度结果中统计出给某种产品的打分高出另一种产品的测试者的数目，就可以采用 $p = 1/2$ 或二项分布对结果进行分析，获得关于两种产品偏爱度的结果。

有学者试图证明量值估计在测量产品接受度与偏爱度方面是更有效的标度方法，但并未取得成功。早期莫斯科维茨（Moskowitz）和赛德尔（Sidel）进行对比研究后得出量值估计并不是一种优越的测试方法，可能并不适用于标度喜好性。而麦克丹尼尔（McDaniel）和索耶（Sawyer）则得出了完全相反的结论，不过由于他们的研究存在设计缺陷，所以针对这个问题很难得出结论。总之，9 点喜好标度是一种独特的标度方法，可以提供可靠有效的结果。试图对这种标度进行置换或改良的努力至今都没有获得成功，因此可以继续使用 9 点喜好标度。

2. 脸谱标度

脸谱标度主要提供给儿童和具有阅读理解技能障碍的人群使用。图 7-10 所示是两个脸谱标度的例子。它们可以被描述为一系列从微笑到皱眉排序的面部表情的线形图，或者被绘制成一个受欢迎的卡通人物。面部表情可以相应配上具有 5 个、7 个或者 9 个类别的描述性短语。为了便于计算，与其他标度一样，需要将每种面部表情一对一地转换成相对应的数值。埃利斯（Ellis）制定的感官评定测试指导中有一个类似于图 7-10 的脸谱标度范例。脸谱标度是一种常用的标度类型，其具有显著的优点。然而，该标度类型带来的问题远比能解决的问题要多。年龄很小（6 岁及以下）的儿童会因图片而分心，甚至会被皱眉表情的含义所干扰。该标度会给测试带来不良的影响，并且可能引发复杂的视觉以及概念变量。对于一个孩子来说，将产品与代表测试员态度的脸谱相匹配是一项复杂的认知任务，并且可能比其他的典型标度规程更为复杂。例如，在一项用于儿童用药香精的研究中，可以观察到儿童倾向于使用标度中快乐微笑表情的部分，因为他们认为在服用药物后应当感觉更好。这些信息来源于测试后对缺乏差异性的产品进行的访谈，以及研究者对改变产品配方的想法。结果是，并没有必要改变产品配方，而是需要重新制定不会让孩子们误解的标度。

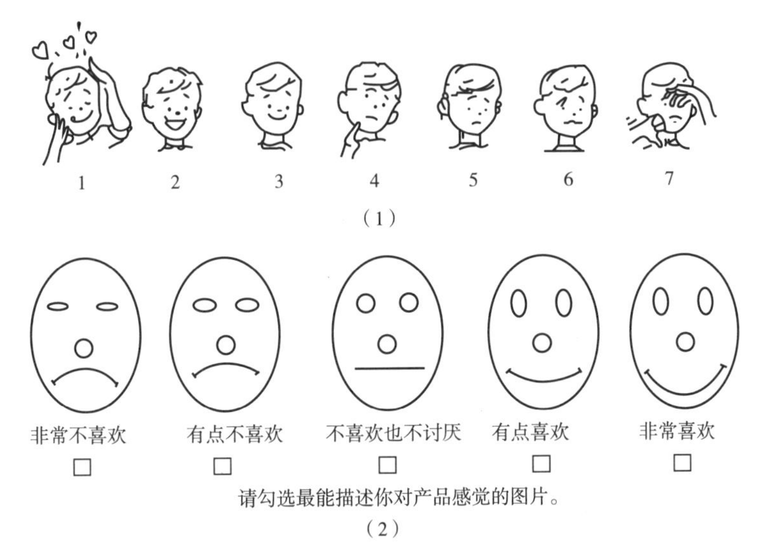

图 7-10　两个脸谱标度例子

组织儿童进行测试是一项具有挑战性的工作。即使是同龄的儿童，他们对测试说明的阅读和理解能力也参差不齐。但这并不意味着不能使用脸谱标度，而是建议对测试方案进行一些修改，尤其是在测试时加入一些口头指引。

3. 情感等级标识标度

情感等级标识标度（Labeled affective magnitude scale，LAM）是研究后期新制定的标度之一，其可以有效测量消费者对产品的喜爱度或者产品的刺激度。这是一种分类尺度，但却具有比例尺度的属性，例如根据比例关系将描述喜爱度的形容词标注在直线的相应处。量值估计被运用在了该类尺度的制定过程中。情感等级标识标度需要对标度中的分类点及其相对应的标注进行精确的定位。图 7-5 所示是一个呈现给消费者进行评价的情感等级标识标度的实例。需要注意的是，该标度中没有任何数值点，因为在标度上标注的数值点与表述词语之间比例关系不能一一对应。为达到分析的目的，常通过转换标度的方法将能想象到的最不喜爱的程度作为0，将能想象到的最喜爱的程度作为100进行转换。与9点喜好标度类似，可以使用诸如方差分析的参数统计分析方法对该标度方法进行分析。尽管基准或历史数据在表述数据分析中很重要，但这并不阻碍情感等级标识标度在目前或未来的实际测试中的运用。例如，如果某个公司的历史数据是基于9点喜好标度的，则可以将情感等级标识标度的结果在与其含义相对的1~9的数字中进行转换。此外，与计算9点喜好标度各类别响应频率的常用方法类似，情感等级标识标度各类别的响应频率也适合采用这种方法进行统计输出（表7-2）。

表7-2　　用于计算情感等级标识标度响应频率的分布

	上限	标度	下限	范围
最喜欢	—	100	94	7
极其喜欢	93	87	83	11
非常喜欢	82	78	73	10
一般喜欢	72	68	62	11
轻微喜欢	61	56	53	9
不喜欢也不讨厌	52	50	48	5
轻微不喜欢	47	45	40	8
一般不喜欢	39	34	28	12
非常不喜欢	27	22	17	11
极其不喜欢	16	12	6	11
最不喜欢	5	0	—	6

注：共有101个值可供消费者选择。值为94~100时，结果归类于“最喜欢”。值为83~93时，结果归类于“极其喜欢”，以此类推。

4. 恰好标度

恰好标度（Just-about-right scale，简称JAR）是大规模的消费者测试中最常用的标度方法。如图7-11所示，这类双极标度（一种在两端有相反描述的标度）具有3个或5个类别，通常采用“太多”“太少”或者“恰当”这样的表述标注每种产品属性。

在感官评定测试中并不推荐使用此类标度。恰好标度可以作为一种诊断工具运用于消费者测试，但却不能替代试验设计或者良好的感官描述性数据。通常只有在资源有限或（和）对感官描述方法了解有限的情况下才会依赖此类标度。恰好标度把特性强度和偏爱度整合到一个响应中。因为需要测量的属性已被命名，所以它们在解释上的误差和（或）语义上的误差敏感度较高。尽管这一风险对于任何需要词语注释的标度来说都具有普遍性，但对于消费者来说却尤为明显。当消费者没有完全理解特定的描述性用语的含义时，也依然会提供响应。这使得位于标度中间位置的类别判断选项的数量占据了优势。基于此，一些研究者把此类标度的类别项定为5项甚至7项。但在为每个类别项进行标注的时候，留下空白通常会导致消费者忽视未被标

姓名 ________　编号 ________　日期 ________

选择代表你对产品反应的选项。

香气	甜度
□ 太强烈	□ 过于强烈
□ 适中	□ 强烈
□ 太微弱	□ 适中
	□ 微弱
	□ 过于微弱

图 7-11　恰好标度的两个案例

图中两种类型的标度不能放置在同一个记分卡上，这里把它们放在一起是为了举例。

注的类别项。此类标度的数据分析方法也存在很多问题。通常情况下，标度中每个类别项的响应都是以百分数形式表示的，但没有任何规则可以用来确定这些百分数之间的差异多大才是显著的。

5. 其他常用的标度技术

除前文讨论的标度技术外，感官分析人员还会对其他体系的一些标度产生兴趣，特别是语义差异法（Semantic differential）、恰当性测量（Appropriateness measures）以及利克特标度（Likert）或总结性标度（Summative scales）。这些标度主要用于市场研究中消费者行为的测量过程，因为其与产品形象、社会问题、消费者情绪、理念与态度紧密相关。当测量结果被用来指导产品配方的制定或者被用来和感官测试的结果相比较的时候，就会对感官评定产生一定的影响。如果这些测量结果能与感官分析数据适当结合，那么这两种不同类型信息之间的关系会给公司带来很大的益处。专业鉴评员应当熟悉这些标度及它们与感官测试之间的关系，它们不是感官数据的替代品，而是对信息库进行了扩展，使得商业决策更明智。

语义差异标度可以被描述为一系列的双极标度，它可以包含多达 30 个带有极端语义的成对反义词组注释的标度。由于得分可以跨标度求和，因此通常认为语义差异标度具有总结性。图 7-12 所示为具有不同格式的语义差异标度的例子，可以看出其形式可以有很多种变化。制定

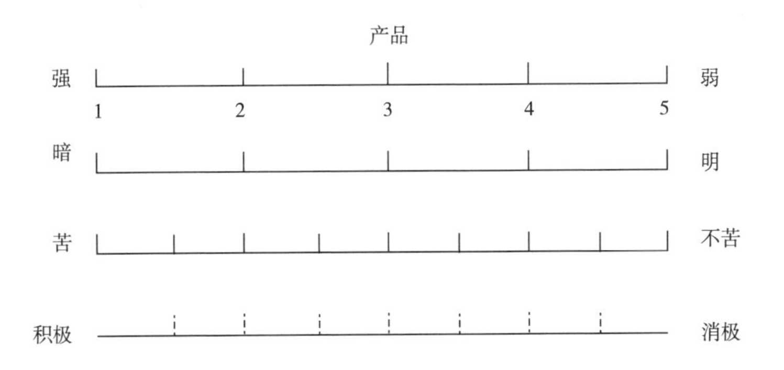

图 7-12　具有不同格式的语义差异标度

其中，词组对的选择和所使用的标度类型均由试验人员决定。

语义差异标度的过程需要解决 5 个基本问题：平衡或不平衡的类别、类别的形式（数字型、列表型和文字型）、类别的数目、强迫性或非强迫性选择和成对词组的选择。在每个实例中，试验人员可以选择建立具体标度时所用到的模式。尽管这种做法具有一定优势，但也会给试验人员带来一定的问题。例如，当使用了不恰当的词语对或词组对被鉴评员或试验人员误解时，就会在解释结果时产生问题。

利克特（Likert）标度是市场研究中经常用到的标度类型，其和语义差异标度一样具有多种形式。该标度测量的就是同意或者不同意的特定陈述，如图 7-13 所示。重要性评价（Importance ratings）也经常用于市场研究，其被设计用于消费者购买的决策过程中以评估不同产品特性或优点的权重或价值。

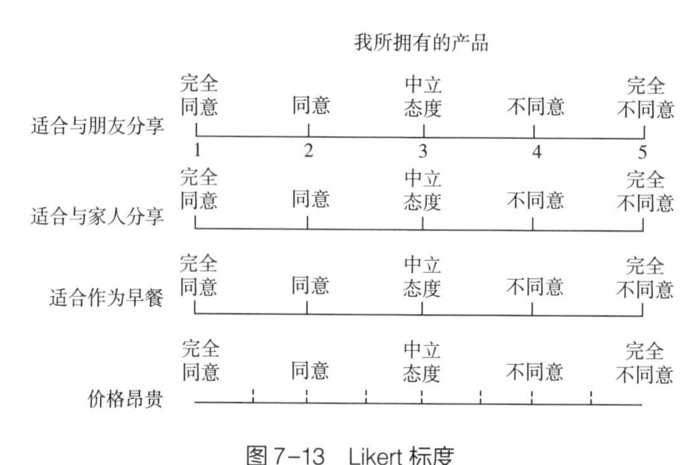

图 7-13　Likert 标度

鉴评员的任务是在能反映自己同意程度的标度点上做标记。

累计净到达率和频次分析（Total unduplicated reach and frequency，TURF）是一种与购买意图和名义标度相关的双极标度分析方法，它可帮助预测消费者购买行为的意图，是专业市场研究中的一种常见做法。该方法是从媒体研究中发展而来，主要目标是基于风味或颜色等优化线上的产品。表 7-3 列举了一个典型的产品风味线的 TURF 分析。

表 7-3　　典型的产品风味线的 TURF 分析

项目	覆盖率/%	累积率/%
当前市场已有的风味	73	73
爆发感①	15	88
起泡性①	4	92
冰凉感①	3	95
独特性①	1	96

注：①附加的风味。

无论是在产品概念的形成阶段，还是在评估广告的潜在影响以及将产品形象和感官信息相关联的时候，这些标度都能为产品设计及销售提供很多有用的信息。

三、标度比较及选择准则

（一）标度比较的理论依据

相关研究成果着重于说明哪种标度方法更为可靠、有效或者比其他方法在某些方面更好。在这一争论中，史蒂文斯（Stevens）和加兰特（Galanter）于1957年进行了一次关键的比较，结果证实，类项标度和量值标度都可用于感知结果的连续统计，而且发现数据通常是曲线相关的。证实类项标度可产生一个关于刺激强度的对数函数，而量值估计产生一个幂函数。类项数据在半对数图上看起来通常像是一条直线，而量值估计（不包括一些阈值附近的末端效应）在双对数图上形成一条直线。

随后，安德森（Anderson）和其他学者提出批判：这两种标度方法得到的结果是非线性相关的，因而可靠性和有益性较低。其中只有一种可能是由于对感知到的感觉进行了线性翻译。而对于其他方法，一定有某种非线性的翻译过程。它们不可能都包括线性的反应-输出函数，因为它们本身在数据中就是非线性相关的，仅仅是换了一种表现形式。如刺激→感觉→反应。

第一个箭头表示所受刺激在生理学和心理学上被翻译成一种感官体验。第二个箭头表示另一个过程，即感官评定检验中的鉴评员必须选择如何以适当的反应标度（一种反应输出函数）来量化他们的感觉。第二个过程必须区分为两种标度技术，因为第一个过程不可能被反应标度的选择所影响。所以结果上的差别一定是产生在反应与感觉的匹配上。

Stevens认为，量值估计的有效性是由数据与幂法则的拟合而确定的，并不涉及第二个箭头的过程。如果有合理的试验方法，可以得到对于给定感官模式较为可靠的幂函数，而这构成了一致的理论体系，验证了比率-指令法的有效性。对于这一思想有两种挑战：第一种指出幂法则的验证似乎依赖于标度技术的可靠性，因此，这一验证在逻辑上是循环的；第二种挑战是数据并不总是符合幂定律。例如，麦克布赖德（McBride）展示了许多表示味觉强度的数据组，在线性图上并不能显著符合幂定律，但使用得到的许多数据在双对数坐标上作图往往能够符合幂函数的特征规律。然而，也有一些其他事实来支持另外一些心理物理学函数，如伯德罗（Beidler）味觉方程，它在单对数图上会形成一个尖顶拱或S型曲线。所以，通过幂函数定律的“证实”有许多弱点，只是在Stevens之后其他研究者才引入一些其他标准来评估量值估计的有效性，例如通过响应度的累加进行研究。

Anderson对函数测量理论的框架进行研究以明确对不同刺激元感知的综合结果，例如通过因素试验中常用的混合设计。利用上面描述的输入-输出双重过程关系的框架作为这类研究的延伸，也能得出关于不同标度方法是否具有有效性的结论。在试验中，两个变量结合在一个因素设计中，而所得数据则考验其结果函数的平行性，这等同于在数学的方差分析中表明没有交互影响。例如，受试者可以判断两个音调的平均响度或是两个物体质量的平均值，将反应值作为单变量的函数进行作图，另一个变量形成一个函数族，就可以检验这一因素图的平行性，如图7-14所示。该逻辑的关键点为：由于这是一个混合的或者组合的试验，包含3个过程，这些过程是由物理刺激转变为感觉的心理物理翻译过程，证实这些感觉可以通过怎样的结合规律进行组合，阐明这一组合的感知将如何按标度评估的反应输出函数。如果数据在图上形成了一组平行线，则下面两个推论一定成立：第一，组合规律一定是加成的；第二，反应输出函数一定是线性的。如果这两个推论中有一项不成立，那么就不会得到平行图形，而且在方差分析中会表现出显著的交互作用。Anderson 研究表明，简单类项标度或者线性标度在许多感知组合试验中产生这样的平行图形。因此，量值估计一定是非线性的。但是，函数测量法也存在自身的相关问题，而且对其的争论仍在继续。因素图检验是有效的，但该法可能忽略了简单而显然的感官交互作用的情况，例如味觉混合抑制。一些标度理论家甚至已经提出两种反应“模式”，一种根据感知的不同，另一种根据比率的不同。

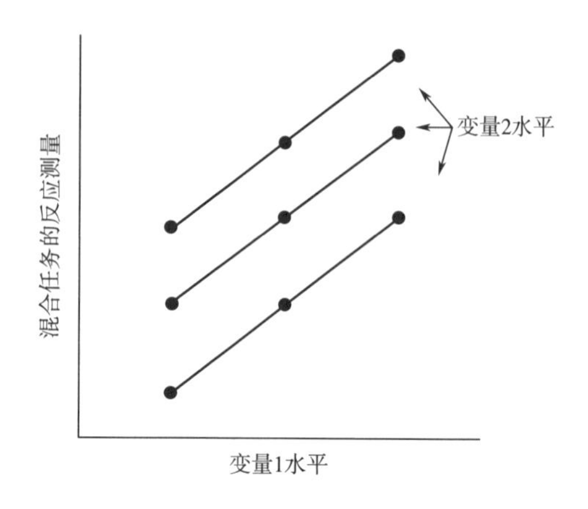

图 7-14　函数测量因素图

因素图中的平行性在方差分析中没有交互影响，是作为附加的综合过程和所用标度方法的线性反应输出函数的一个证据。

（二）标度的选择准则

感官从业者并不会就标度有效性的理论方面进行争论，以上提出的争论是心理学领域中正在进行的一个简单争论。更为重要的一个角度是考虑不同标度方法对实际测量是否有效。大量研究已经利用不同标度方法得出了相关结果并作出比较，由于标度数据大多用于明确产品间的差别，这就为衡量一种标度方法可能有多大作用提供了一个重要的实践标准。一个相关的标准是误差、方差或相似度，例如标准差或变异系数的大小。结果表明，个体间可变性较低的标度方法会得到更为敏感的检验结果、更为显著的差别以及较低的误差风险。其中一个重要问题是方法的可靠性，即在重复试验中应得到相似的测试结果。

测试过程中对于其他实际情况的考虑也很重要，即任务对于所有参与者应是友好的且易于理解的。理想情况下，可靠的方法应可应用于范围很宽的产品和问题中，以确保鉴评员不会因过长的问卷或反应类型的变化而困惑。如果鉴评员已熟悉一种标度类型而且可有效地使用，那么在试图引入一种新的或者不熟悉的方法时，可能就有一定的阻碍。有些方法如类项标度、线性标度和量值估计可以用于强度和快感（喜欢-不喜欢）反应，但也应当考虑编码、制表和处理信息要求的时间，这取决于试验的计算机化和所用到的资源。

利用产品的合理间隔和对所期望范围的熟悉度，鉴评员会在可利用的标度范围内进行判断，并适当地利用标度来区别产品。对于比较标度类型的经验性文献，可以简单概括为它们对于区别产品表现出大致相等的结果，提供了少量且明智的预防措施。

第二节　类别检验

一、排序检验法

比较数个样品，并通过其某种品质程度（如某特性的强度或嗜好程度等）大小进行排序的方法，称为排序检验法。该法只对样品进行排序，表明样品之间的相对大小、强弱、好坏等，属于程度上的差异，而不评定样品间的差异大小。此法的优点是可利用同一样品，对其各类特征进行检验，排出优劣，且方法较简单，结果可靠。即使样品间差别很小，只要鉴评员态度认真或者具有一定的检验能力，都能做出精准排序。当试验目的是就某一项性质（如甜度、新鲜程度等）对多个产品进行比较时，排序检验是最简单的方法，相比于其他方法更节省时间。该方法常被用于几个方面：确定由于不同原料、加工、处理、包装和贮存等各环节造成的产品感官特性差异；样品需要为下一步的试验进行预筛或预分类，即对样品进行更精细的感官分析之前；对消费者或市场经营者订购的产品进行可接受性调查；企业产品的精选过程；鉴评员的选择和培训。

（一）排序检验法特点

试验原则是以均衡随机的顺序将样品呈送给鉴评员，要求鉴评员就指定指标将样品进行排序并计算序列和，然后对数据进行统计分析。

当样品数量较大（如>20 个）时，且不是比较样品间的差别大小时，选用此法也具有一定优势。此法可不设对照样，直接将两组结果进行对比。进行检验前，应由组织者对检验者提出具体的规定，检验者对被评定的指标和准则要有一定的理解。如对哪些特性进行排列；排列的顺序是从强到弱还是从弱到强；检验时操作要求如何；评定气味时是否需要摇晃等。

排序检验只能按照一种特性进行，如要求对不同的特性进行排序，则按不同的特性排出不同的顺序。

在检验过程中，每名鉴评员以事先确定的顺序检验编码的样品，并排出一个初步顺序，然后进一步整理调整，最后确定整个系列的强弱顺序，如果实在无法区别两种样品，则应在问卷中注明。

（二）组织设计

鉴评员同时接受 3 份或 3 份以上随机排列的样品，按照具体的评定准则，如样品的某种特性，特性中的某种特征，或者整体强度（即对样品的整体印象），对被检验样品进行排序。然后将排序的结果进行汇总和统计分析。例如对 2 个样品进行排序时，通常采用成对比较法。

（三）检验条件及鉴评员

根据检验目的召集鉴评员。尽可能采用完全区组设计，将全部样品随机提供给鉴评员。但若样品的数量和状态使其不能被全部提供，也可采用平衡不完全区组设计。将样品以特定子集随机提供给鉴评员。鉴评员对提供的被检样品，依检验的特性排成一定顺序，给出每个样品的秩次。统计评定小组确定每个样品的秩次之和，根据检验目的选择检验参数（表 7-4）。

1. 排序检验法检验的一般条件

检验时对样品、实验室和检验用具的具体要求参照 ISO 6658 和 ISO 8589 等相关标准。准备被检样品时，应注意以下 3 个方面。

（1）被检样品的制备、编码和提供。

（2）被检样品的数量。被检样品的数量根据被检样品的性质（如饱和敏感度效应）和所选的试验设计方法来确定，并根据样品所归属的产品种类或采用的评定准则进行调整。如专业鉴评员或专家一次最多只能评定 15 个风味较淡的样品，而消费者最多只能评定 3 个涩味的、辛辣的或者高脂肪的样品。甜味的饱和度较苦味的饱和度偏低，甜味样品单次评定的数量可比苦味样品的数量多。

（3）充分准备被检样品的说明。

2. 鉴评员

（1）鉴评员的基本条件和要求　检验的目的不同对鉴评员的要求也不完全相同，基本条件有：①身体健康，无任何感觉方面的缺陷；②各鉴评员之间及鉴评员本人要有一致和正常的敏感性；③具有从事感官评定的兴趣；④个人卫生条件较好，无明显个人气味；⑤具有所检验产品相关的专业知识并对所检验的产品无偏见。

为了保证评定质量，要求鉴评员在感官评定期间具有正常的生理状态。为此对鉴评员有相应的要求，例如要求鉴评员不能饥饿或过饱，在检验前 1h 内不能抽烟，不吃东西，但可以喝水。鉴评员不能使用有气味的化妆品，身体不适时不能参加检验。

（2）根据检验目的确定鉴评员应具备的条件及人数（表 7-4）。

（3）检验前的统一认识，检验前应向鉴评员说明检验的目的。必要时，可在检验前演示整个排序法的操作程序，确保所有鉴评员对检验的准则有统一的理解。检验前的统一认识不应影响鉴评员的下一步评定。

表 7-4　　检验参数选择

检验对象	检验目的	鉴评员水平	鉴评员人数	统计方法		
				已知顺序比较（鉴评员表现评估）	产品顺序未知（产品比较）	
					两个产品	两个以上产品
评估评价员表现	个人表现评估	优选鉴评员或专家鉴评员	无限制	斯皮尔曼（Spearman）检验	—	—
	小组表现评估	优选鉴评员或专家鉴评员	无限制	—	—	—
评估产品	描述性检验	优选鉴评员或专家鉴评员	12~15 为宜	Page 检验	符号检验	Friedman 检验
	偏好性检验	消费者	每组至少挑选 60 位消费者作为鉴评员	—	—	—

（四）检验的物理条件

1. 专门的检验室

应给鉴评员创造一个安静的不受干扰的环境。检验室应与样品制备室分开。室内应保持舒适的温度并保持通风状态，避免无关气体污染检验环境。检验室空间环境不宜太小，以避免给鉴评员带来压抑的感觉，座位应舒适，应限制音响、特别是尽量避免使鉴评员分心的谈话及其他干扰。应控制光的色彩和强度。

2. 器具与用水

与样品接触的容器应适合所盛样品。容器表面无吸收性并对检验结果无影响。应尽量使用依规定的标准化容器。应保证供水质量，为某些特殊目的，可使用蒸馏水、矿泉水、过滤水、凉开水等。

（五）检验步骤

1. 基本流程

检验前，应由评定主持者对检验提出具体的规定（如对哪些特征属性进行排序，特性强度是按照从强到弱还是从弱到强进行排序等）和要求（如在评定气味之前是否要先摇晃样品等），此外，只能按一种特性进行排序。如果要求对不同的特性进行排序，则应在评价不同样品的间隙安排饮用水、淡茶或无味面包等，以恢复原先的感觉能力。

2. 样品提供

样品的制备方法应根据样品本身的情况以及试验目的来制定。例如，对于正常情况是热吃的食品就应按通常方法制备并趁热检验。片状产品检验时应将其均匀化，应尽可能使分给每个鉴评员的同种产品具有一致性。

提供样品时，不能让鉴评员从样品提供的方式中对样品的性质做出结论，避免鉴评员看到样品准备的过程。按同样的方式准备样品，如采用相同的仪器或容器、同等数量的样品、同一温度和同样的分发方式等。应尽量消除样品间与检验不相关的差别，减少对排序检验结果的影响。盛放样品的容器用三位阿拉伯数字随机编码，同一次检验中每份样品编码不同（鉴评员之间也不相同更好）。提供样品时还应考虑检验时所采用的设计方案，尽量采用完全区组设计，将全部样品随机分发给鉴评员。如果样品的数量和状态使其不能被全部分发，可采用平衡不完全区组设计的方法，以特定子集将样品随机分发给鉴评员完成各自的检验任务，不遗漏任何样品。

还应根据检验目的确定下列内容：①排序的样品数，排序的样品数应视检验的困难程度而定，一般不超过 8 个；②样品制备的方法和分发的方式；③样品的量，送交每个鉴评员检验的样品量应相等，并足以完成所要求的检验次数；④样品的温度，同一次检验中所有样品的温度都应一致；⑤对某些特性的掩蔽，例如使用彩色灯除去颜色效应等；⑥样品容器的编码，每次检验的编码不应相同，推荐使用三位数的随机编码；⑦容器的选择，应使用相同的容器。

3. 参比样品

检验中可使用参比样品，参比样放入系列样品中不单独标示。

4. 检验技术

鉴评员应在相同的检验条件下，对随机提供的被检样品依检验的特性进行排序。鉴评员应避免将不同样品排在同一秩次，若无法区别两个或两个以上的样品，鉴评员可将这两个样品排在同一秩次，并在问卷中注明。如不存在感官适应性的问题，且样品比较稳定时，鉴评员可将样品进行初步排序，再进一步检验调整。每次检验只能按一种特性进行排序，如要求对不同特性进行排序，则应该按不同的特性安排不同的检验。

5. 问卷

为防止样品编号影响鉴评员对样品排序的结果，样品编号不应出现在空白问卷中，鉴评员应将每个样品的秩次都记录在问卷中。排序检验法问卷的一般形式如图 7-15 和图 7-16 所示，可根据被检样品和检验目的对其做适当调整。

姓名：__________　　日期：________　　编号：________

请按从左至右顺序品尝每个样品：

请在下面表格中以甜味增强的顺序写出样品编码：

编码	最不甜			最甜
________				

注释 ____________________________

图 7-15　排序检验问卷-示例 1

姓名：__________　　日期：__________

从左到右依次品尝样品A、B、C、D。
品尝之后，就指定的特性方面进行排序。

试验结果

鉴评员	依次			
	1	2	3	4
1				
2				
3				
4				
5				
6				

图 7-16　排序检验问卷-示例 2

（六）结果分析

在试验中，尽量同时提供样品。鉴评员同时接收到以均衡、随机顺序排列的样品，其任务就是将样品进行排序。同一组样品还可以以不同的编号被呈送一次或数次，如果每组样品被评定的次数大于 2，那么试验的准确性会大幅提高。在倾向性试验中，告诉鉴评员，最喜欢的样品排在第一位，第二喜欢的样品排在第二位，以此类推，不要将顺序颠倒。如果相邻两个样品的顺序无法确定，鼓励鉴评员猜测。如果实在猜不出，可以取中间值，如 4 个样品中，对中间两个的顺序无法确定时，就将它们都排为 $(2+3)/2=2.5$。如果需要排序的感官指标多于一个，则对样品分别进行编号，以免相互影响。排出初步顺序后，若发现不妥之处可以重新核查并调整顺序，确定各样品在尺度线上的相应位置。

检验报告应包括以下内容：

（1）检验目的。

（2）确认样品所必须包括的信息　①样品数；②是否使用参比样。

（3）采用的检验参数　①鉴评员人数及其资格水平；②检验环境；③有关样品的情况说明。

（4）检验结果及其统计解释。

（5）检验标准。

（6）如果有与本标准不同的做法应予以说明。

（7）检验负责人的姓名。

（8）检验的日期和时间。

二、分类检验法

鉴评员品评样品后，划出样品应属于的预先定义的类别，这种评价检验的方法称为分类检验法。它是先由专家根据某样品的一个或多个特征，确定出样品的质量或其他特征类别，再将样品归纳到相应类别或等级的办法。此法是将样品按照已有的类别划分，可在任何一种检验方法的基础上进行。

（一）方法特点

此法是以先前积累的已知结果为根据，在归纳的基础上，进行产品分类；当对样品进行打分有困难时，可用分类法评价出样品的好坏差异，得出样品的级别、好坏，也可以鉴定样品的缺陷等。

（二）问卷的设计与做法

将样品以随机的顺序出示给鉴评员，要求鉴评员按顺序鉴评样品后，根据鉴评表中规定的分类方法对样品进行分类（图 7-17 和图 7-18）。

姓名________　日期________　样品类型________

从左到右依次品尝样品。
品尝后把样品划入你认为应属的预先定义的类别。

试验结果

样品	一级	二级	三级	合计
A				
B				
C				
D				
合计				

图 7-17　分类检验法问卷-示例 1

姓名________　日期________　样品类型__________

评定你面前的4个样品后，请按规定的级别定义。把它们分为3个级别，并在适当的级别处填上适当的样品编码。
级别1：
级别2：
级别3：

试验结果

____________样品应为1级

____________样品应为2级

____________样品应为3级

图 7-18　分类检验法问卷-示例 2

（三）结果分析

统计每一种产品分属每一类别的频数，然后用χ^2 检验比较两种或多种产品落入不同类别的分布情况，从而得出每一种产品应属于的级别。

三、分级检验法

分级检验是以某个级数值来描述食品的属性。在排序检验中，两个样品之间必须存在先后顺序，而在分级检验中，两个样品可能属于同一级数，也可能属于不同级数，而且它们之间的级数差别可大可小。排序检验和分级检验各有特点和针对性。

级数定义具有较强灵活度，没有严格规定。对于食品的咸度、酸度、硬度、脆性、黏性、喜欢程度或者其他指标的级数值也可以用分数、数值范围或图解来进行描述。例如，对于茶叶进行综合评判的分数范围为：外形（20 分）、香气与滋味（60 分）、水色（10 分）、叶底（10 分），总分 100 分。总分>90 分为 1 级茶；81~90 分为 2 级茶；71~80 分为 3 级茶；61~70 分为 4 级茶。

在分级检验中，由于每组鉴评员的习惯、爱好及分辨能力各不相同，不同人的检验数据可能不同。因此可以规定标准样的级数，使各鉴评员基准相同，这样有利于统一所有鉴评员的检验结果。

（一）评分法

1. 评分法特点

评分法是指按预先设定的评价基准对试样的特性和嗜好程度以数字标度进行评定，然后换算成得分的一种评价方法。在评分法中，所有的数字标度为等距或比率标度，如-3~3 级（7 级）等数值尺度。该方法不同于其他方法是由于所谓的绝对性判断，即根据鉴评员各自的鉴评基准进行判断。它出现的粗糙评分现象也可通过增加鉴评员人数的方法来克服。

由于此方法可同时评定一种或多种产品的一个或多个指标的强度及其差异，应用较为广泛，尤其适用于新产品的评定。

2. 问卷设计

设计问卷前，首先要确定所使用的标度类型。在检验前，要使鉴评员对每一个评分点所代表的意义有共同的认识，样品的出示顺序可利用拉丁阵法进行随机排列。问卷的设计应和产品的特性及检验的目的相结合，尽量简洁明了，如图 7-19 所示。

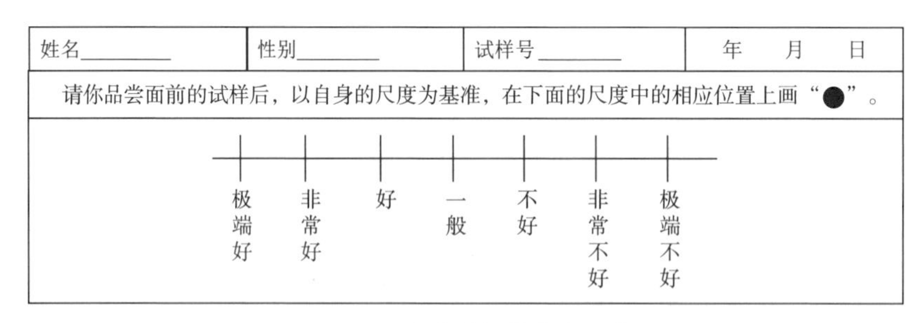

姓名________	性别________	试样号________	年 月 日
请你品尝面前的试样后，以自身的尺度为基准，在下面的尺度中的相应位置上画“●”。			

极端好	非常好	好	一般	不好	非常不好	极端不好

图 7-19 评分法问卷参考形式

3. 结果分析与判断

在进行结果分析与判断前，首先要将问卷的评价结果按选定的标度类型转换成相应的数值。以上述问卷的评价结果为例，可按-3~3（7 级）尺度转换成相应的数值。其中，极端好=

3，非常好=2，好=1，一般=0，不好=-1，非常不好=-2，极端不好=-3。当然，也可以用十分制或百分制等其他尺度。然后通过相应的统计分析和检验方法来判断样品间的差异性，当只有两个样品时，可以采用简单的 t 检验；当超过两个样品时，要进行方差分析并最终根据 F 检验结果来判别样品间的差异性。

（二）成对比较法

1. 成对比较法的特点

当试样数 n 很大时，对所有的样品同时进行比较是困难的。此时，一般采用将 n 个试样以2个为一组加以比较，然后对整体进行综合性的相对评价，判断整体试样的优劣，从而得出数个样品的相对结果，这种评定方法称为成对比较法。本方法可以解决在顺序法中出现的样品制备及试验实施难度大等问题，并且进行长达数日试验也无妨。因此，本法是应用最广泛的方法之一。如舍菲（Scheffe）成对比较法，其特点是不仅回答了两个试样中"喜欢哪个"，即排列两个试样的顺序，而且还要按设定的评定基准回答"喜欢到何种程度"，即评定试样之间的差别程度（相对差）。

成对比较法可分为定向成对比较法和差别成对比较法（简单差别检验或异同检验）。二者在适用条件及样品呈送顺序等方面都存在一定差别。

2. 问卷设计

设计问卷时，首先应根据检验目的和样品特性确定是采用定向成对比较法还是差别成对比较法。由于该方法主要是在对样品进行两两比较时用于评定两个样品是否存在差异，因此问卷应便于鉴评员表述样品间的差异，最好能将差异的程度尽可能准确、简洁明了地表达出来，如图7-20所示。

姓名________	性别________	试样号____________	年　　月　　日
请你品尝面前两种试样的质地并回答下列问题。			
1. 两种试样的质地有无区别？ 有　　　　无			
2. 按下面的要求选择两种试样质地差别的程度，请在相应的位置上画"√"。			
先品尝的比后品尝的 差很多 差较多 差一点 无差别 好一点 好较多 好很多			
3. 请评价试样的质地（在相应的位置上画"○"） 编号21　好　一般　不好 编号13　好　一般　不好			
意见：			

图7-20　成对比较法问卷参考形式

定向成对比较法用于确定两个样品在某一特定方面是否存在差异，如甜度、色彩等。对试验人员的要求有：①将两个样品同时呈送给鉴评员，要求鉴评员识别出在这一感官属性指标上程度较高的样品；②样品有两种可能的呈送顺序（AB、BA），此顺序应在鉴评员间随机处理，鉴评员先收到样品 A 或样品 B 的概率应相等；③必须保证两个样品只在所指定的单一感官方面有所不同。此点应特别注意，一个参数的改变会影响产品的许多其他感官特性。例如，在蛋糕生产中将糖的含量改变后，不只影响甜度，也影响蛋糕的质地和颜色。

鉴评员必须准确理解专业鉴评员所指的特定属性的含义，应在识别指定的感官属性方面受过训练。

差别成对比较法使用条件是：没有指定可能存在差异的方面，试验者需要确定两种样品的不同。该方法类似于三点检验或二-三点检验，但却不经常使用。当产品有一个延迟效应或是供应不足或者 3 个样品同时呈送不可行时，最好采用差别成对比较法来代替三点检验或二-三点检验。

对实施人员的要求：同时被呈送 2 个样品，要求回答样品是相同还是不同。差别成对比较法有 4 种可能的样品呈送顺序（AA、AB、BA、BB）。这些顺序应在鉴评员中进行交叉随机处理，使得每种顺序出现的次数相同。对鉴评员的要求是只需比较 2 个样品，判断它们是相似还是不同。

3. 结果分析与判断

和评分法相似。成对比较法在进行结果分析与判断前，首先要将问答票的评定结果按选定的标度类型转换成相应的数值。以上述问答票的评定结果为例，可按-3~3（7 级）等值尺度转换成相应的数值。其中，非常好=3，很好=2，好=1，无差别=0，不好=-1，很不好=-2，非常不好=-3。当然，也可以用十分制或百分制等其他尺度进行评定。然后通过相应的统计分析和检验方法来判断样品间的差异性。

（三）加权评分法

1. 加权评分法的特点

前文所介绍的各评分法，没有考虑食品各项指标的重要程度，从而会使产品总体评定结果产生一定程度的偏差。事实上，对同一种食品，由于各项指标对其质量的影响程度不同，它们之间不完全是平等的，因此，需要考虑各指标的权重。所谓加权评分法是考虑各项指标对质量的权重后求平均分数或总分的方法，一般以 10 分或 100 分为满分进行评价。运用加权评分法可以对产品的质量做出更加准确的评价结果，比评分法更加客观、公正。

2. 权重的确定

所谓权重是指一个因素在所有被评价因素中的影响和所处的地位。权重的确定关系到加权评分法能否顺利实施以及能否得到客观准确的评价结果。权重的确定一般是邀请业内人士根据被评定因素对总体评价结果影响的重要程度，采用德尔菲法进行赋权打分，经统计获得由各评定因素权重构成的权重集。

通常，要求权重集所有因素 a_i 的总和为 1，这称为归一化原则。设权重集 $A=\{a_1, a_2, \cdots a_n\}=\{a_i\}$ $(i=1, 2, \cdots n)$，则 $\sum_{i=1}^{n} a_i = 1$。工程技术行业采用常用的“0~4 评判法”确定每个因素的权重。一般步骤为：首先请若干名（一般 8~10 人）业内人士对每个因素进行两两比较以确认其重要性。根据相对重要性打分：很重要~很不重要，打分 4~0；较重要~不很重要，打分 3~1；同样重要，打分 2。据此得到每位评委对各个因素所打分数表。然后统计所有人的打分，得到每个因素得分。再除以所有指标总分之和，便得到各因素的权重因子。

例如，为获得番茄的颜色、风味、口感、质地这4项指标对保藏后番茄感官质量影响的权重，邀请10位业内人士对上述4个因素按0~10评判法进行权重打分。统计10张表格中各项因素的得分列于表7-5。

表7-5 权重打分统计

项目	评委										总分
	A	B	C	D	E	F	G	H	I	J	
颜色	10	9	3	9	2	6	12	9	2	9	71
风味	5	4	10	5	10	6	5	6	9	8	68
口感	7	6	9	7	10	6	5	6	8	4	68
质地	2	5	2	3	2	6	2	3	5	3	33
合计	24	24	24	24	24	24	24	24	24	24	240

将各项因素所得总分除以全部因素总分之和便得权重系数：$A=[0.296, 0.283, 0.283, 0.138]$。

3. 结果分析与判断

该方法的分析及判断比较简单，就是对各评价指标的评分进行加权处理后，求平均得分或求总分，最后根据得分情况来判断产品质量的优劣。加权处理及得分计算可按式（7-3）进行。

$$P = \sum_{i=1}^{n} a_i x_i / f \qquad (7-3)$$

式中 P——总得分；

n——评价指标数目；

a_i——各指标的权重；

x_i——评价指标得分；

f——评价指标的满分值。

如采用百分制，则$f=100$；如采用十分制，则$f=10$；如采用五分制，则$f=5$。有一评定茶叶的质量即探究茶叶感官品质差异的具体案例，将鉴评员分组进行试验探究，挑选如今茶饮市场风靡的茶饮种类，以外形权重（20分）、香气与滋味权重（60分）、水色权重（10分）、叶底权重（10分）作为评定的指标。评定标准为：一级（91~100分）、二级（81~90分）、三级（71~80分）、四级（61~70分）、五级（51~60分）。由20位经过培训和筛选的鉴评员对茶汤的各个因子进行评分。挑选市场现有的最受欢迎的一类花茶，经鉴评员评审后各项指标的得分数分别为：外形83分、香气与滋味81分、水色82分、叶底80分，则该类花茶的总分为：$[(83\times20)+(81\times60)+(82\times10)+(80\times10)]/100=81.4$（分）。

依据花茶等级评价标准，该批花茶为二级茶。

（四）模糊数学法

在加权评分法中，仅用一个平均数很难确切地表示某一指标应得的分数，结果可能存在误差。如果评定的样品是两个或两个以上，最后的加权平均数出现相同而又需要对各项进行排序时，现行的加权评分法就不适用。如果采用模糊数学法来处理评定的结果，以上问题不仅可以得到解决，而且可以获得综合且较客观的结果。模糊数学法是在加权评分法的基础上，应用模糊数学中的模糊关系对食品感官评定的结果进行综合评判的方法。

模糊综合评判的数学模型是建立在模糊数学基础上的一种定量评定模式，它是应用模糊数学的有关理论（如隶属度与隶属函数理论）、对食品感官质量中多因素的制约关系进行数学化的抽象以建立一个反映其本质特征和动态过程的理想化评价模式。由于我们的评判对象相对简单，评价指标也比较少，食品感官质量的模糊评判常采用一级模型。模糊评判所应用的模糊数学的基础知识，主要包括以下内容。

（1）建立评判对象的因素集 $U=\{u_1, u_2, u_3, \cdots u_n\}$。

评定因素就是对象的各种属性或性能。例如评定蔬菜的感官质量，就可以选择蔬菜的颜色风味、口感、质地作为考虑的因素。因此，评判因素可设 u_1=颜色，u_2=风味，u_3=口感，u_4=质地，组成评判因素集是：$U=\{u_1, u_2, u_3, u_4\}$。

（2）给出评语集 $V=\{v_1, v_2, v_3, \cdots v_n\}$。

评语集由若干个最能反映该食品质量的指标组成，可以用文字表示，也可用数值或等级表示。如保藏后蔬菜样品的感官质量划分为4个等级，可设：v_1=优，v_2=良，v_3=中，v_4=差，则 $V=\{v_1, v_2, v_3, v_4\}$。

（3）建立权重集确定各评判因素的权重集 X，所谓权重是指一个因素在被评价因素中的影响和所处的地位。其确定方法与前面加权评分法中介绍的方法相同。

（4）建立单因素评判。对每一个被评价的因素建立一个从 U 到 V 的模糊关系 R，从而得出单因素的评价集；矩阵 R 可以通过对单因素的评判获得，即从 U_i 着眼而得到单因素评判，构成R中的第 i 行。

$$R=\begin{bmatrix} r_{11} & \cdots & r_{1n} \\ \vdots & \ddots & \vdots \\ r_{n1} & \cdots & r_{nn} \end{bmatrix}$$

即，$R=(r_{ij})$，$i=1, 2, \cdots n$；$j=1, 2, \cdots m$。这里的元素 r_{ij} 表示从因素 u_i 到该因素的评判结果 v_j 的隶属程度。

（5）综合评判求出 R 与 X 后，进行模糊变换：$B=X\cdot R=\{b_1, b_2, \cdots b_m\}$。$X\cdot R$ 为矩阵合成，矩阵合成运算按照最大隶属度原则。再对 B 进行归一化处理得到 B'。$B'=\{b'_1, b'_2, \cdots b'_m\}$。$B'$便是该组鉴评员对高感官质量食品的评语集。最后，再由最大隶属原则确定该种食品感官质量的所属评语。

根据模糊数学的基本理论，模糊评判的实施主要由因素集、评语集、权重、模糊矩阵、模糊变换、模糊评价等部分组成。

（五）阈值试验

1. 阈值和主观等价值的概念

阈值一般分为绝对阈值、识别阈值、差别阈值、极限阈值，相关概念在第三章中有所介绍。对某些感官特性而言，有时两个刺激可以产生相同的感觉效果，称之等价刺激。主观上感觉到与标准具有相同感觉的刺激强度称为主观等价值（DSE）。例如，当以浓度为100g/L的葡萄糖为标准刺激时，蔗糖的主观等价值浓度为63g/L，主观等价值与鉴评员的敏感度关系不大。

2. 阈值的影响因素

（1）年龄和性别　随着年龄的增长，人们的感觉器官逐渐衰退，对味觉的敏感度降低，但相对而言，对酸度的敏感度降低相对最小。在青壮年时期，生理器官发育成熟并且也积累了相当的经验，处于感觉敏感期。此外，女性在甜味和咸味方面比男性更加敏感，而男性在酸味方面比女性较为敏感，在苦味方面基本上不存在性别的差异。男女在食感要素的各种特性构成，即调动的味蕾数百分比上均存在一定的差异（表7-6）。

表7-6　构成食感要素的各种特性差异（调动的味蕾数百分比）

特性	男性	女性	特性	男性	女性
质构	27.20%	38.20%	外形	21.40%	16.60%
口感香味	28.80%	26.50%	嗅感香味	2.10%	1.80%
色泽	17.50%	13.10%	其他	3.00%	3.80%

（2）吸烟　有人认为吸烟对甜、酸、咸的味觉影响不大，吸烟者对这些味道的味阈值与不吸烟者比较无明显差别，但对苦味的味阈值的差异却很明显。这种现象可能是由于吸烟者长期接触有苦味的尼古丁而形成了耐受性，从而使得对苦味敏感度下降。

（3）饮食时间和睡眠　饮食时间的不同会对味阈值产生影响。饭后1h所进行的品尝试验结果表明，鉴评员对甜、酸、苦、咸的敏感度均明显下降，其降低程度与膳食的热量摄入量有关，这是由于味觉细胞经过了紧张的工作后处于一种“休眠”状态，所以其敏感度下降。而饭前的品尝试验结果表明鉴评员对4种基本味觉的敏感度都会提高。为了使试验结果稳定可靠，一般将品尝试验安排在饭后2~3h内进行。睡眠状态对咸味和甜味的感觉影响不大，但是睡眠不足会使酸味的味阈值明显提高。

（4）疾病　疾病常是影响味觉的一个重要因素。很多病人的味觉敏感度会发生明显变化，表现为降低、提高、失去甚至改变感觉。例如，即使食品中无糖的成分也会被糖尿病人说成是甜味感觉；肾上腺功能不全的病人会对甜、酸、苦、咸味较为敏感；对于黄疸病人，清水也会被说成有苦味。因此在试验之前，应该了解鉴评员的健康状态，避免试验产生严重失误。

（5）温度　温度对酸、苦、咸味也有影响。甘油的甜味味阈值可由17℃的0.25mol/L（23g/L）降至37℃的0.028mol/L（2.5g/L），有近10倍之差。温度对味觉的影响较为显著，其中苦味的味阈值在较高温度时增加较快。在食品感官检验中，除了按需对某些食品进行热处理外，应尽可能保持同类型的试验在相同温度下进行。

3. 阈值的测定

阈值的测定方法很多，其中食品感官检验中常用方法为最小变化法（极限法）。

将刺激强度按大小顺序一点点增加直到受试者有感觉为止。这时刺激物刺激量的大小就是“出现阈限”。反之，从较大的刺激量开始按顺序逐渐减小刺激物的刺激强度直到受试者感觉消失为止，此时的刺激量为“消失阈限”。绝对阈值=（出现阈限+消失阈限）/2

思考题

1. 什么是标度？
2. 标度有哪些类型？分别具有什么特征？
3. 分类检验的方法有哪些？分别适用于什么感官评定场景？

第八章 描述性分析

学习目标

1. 掌握风味剖面、质地剖面、定量描述性分析、Spectrum 法、时间强度法等描述性分析方法的基本原理和步骤。

2. 熟悉描述性分析在食品中的具体应用。

第一节 概述

一、描述性分析的概念

描述性分析是感官分析人员常使用的工具。根据这一方法，感官分析人员可以获得关于产品完整的感官描述，从而帮助他们鉴定产品基本成分和生产过程的变化，以及决定哪些感官特征比较重要或可以接受。

当要获得一个产品的详细感官特征说明，或者要对产品进行比较时，描述性分析通常是非常有用的。人们在对同类竞争商品进行解析时，经常使用这些技术准确表征感官属性范围内竞争商品与自己产品存在的差别。用这一技术来检验保质期也非常理想，尤其当鉴评员受过良好训练时，随时间推移仍能保持较高的试验一致性。

大多数描述方法可以用来明确感官-仪器之间的相互关系。描述性分析技术不能选用消费者作为感官鉴评员，因为在所有的描述性分析方法中，鉴评员应该经过训练，并能得到较高一致性和重复性的结果。

通常情况下，描述性分析技术根据能感知到的感官特征，形成对产品的客观描述。根据所使用各技术的具体特点，感官分析原则和方法不同，描述的客观性也有所不同。

所有的描述性分析方法都包括评定小组对产品的识别和定性、定量描述。通常评定小组需要 5~100 名经过训练的鉴评员，对于一般的小吃食品只需 5~10 名鉴评员即可，而对于啤酒或软饮料这类产品则需要更多鉴评员，因为在这类产品中微小的差异也非常重要。

评定小组必须能够感知并且描述所识别样品的感官属性，把这些定性的描述结合起来定义产品，并且能反映出产品和其他样品在外观、香气、滋味、质地和声音等属性上的差异。除此之外，评定小组还必须能够区分出样品间强度或量上的差异，并且定义出每种属性数量上的大小程度。两种样品可能具有完全一样的定性描述，但在定量描述上却相去甚远，因而导致两种样品间感官特征轮廓（剖面）具有很大程度的不同或非常容易区分。例如，表 8-1 所示两种样品就具有相同的定性描述，但在每一个感官属性的定量分析上却有显著不同。所采用的评分尺度为 0~15，其中 0 表示不能识别，15 表示强度最大。

表 8-1　　市场上出售的土豆片

特征	编号		特征	编号	
	385	408		385	408
炸土豆味	7.5	4.8	盐度	6.2	13.5
生土豆味	1.1	3.7	甜度	2.2	1.0
植物油味	3.6	1.1			

尽管这两种样品具有相同的属性描述，但在每种风味的强度上却有极大不同。可以看出，样品 385 具有明显的炸土豆味，而样品 408 具有明显的盐味。

在进行食品的描述性感官分析时，需要首先对鉴评员进行培训，通过“共识培训”或“投票训练”，产生一些用于描述产品之间差异的描述词和参考标准，并且达成共识。这要求感官评定小组具有较强的团队协作意识与能力，相互尊重的人际关系、有效的沟通、积极并有序的讨论有利于感官评定小组迅速形成目标产品的感官描述词与参考标准。在现代社会中，团队协作已成为各个领域中不可或缺的一环。团队协作可以激发创造力、提高工作效率、增强凝聚力，使个人才能得以充分发挥。而对于团队成员而言，合作也是一个互相学习、成长和建立联系的机会。通过建立和发展团队协作精神，我们能够更好地面对各种挑战和问题，取得更大的成就。

二、描述性分析的应用范围

通过描述性分析可以获得对食品和饮料的香气、滋味和口感、纺织品和纸类产品的手感，以及任何产品的外观和声音的详细描述。这些感官描述被广泛应用于研究和生产中。具体应用范围如下。

（1）在新产品的开发中用于定义目标产品的感官属性。

（2）质量管理/质量控制（QA/QC）或研发部门用于定义质量控制标准或规范。

（3）在消费者试验前用于评定产品属性，有助于消费者问卷调查中属性的选择和调查结果的解释。

（4）有助于观察产品的感官属性随时间而发生的变化（如保质期、包装等）。

（5）可以与仪器、化学、物理属性联系起来描述产品的感官属性。

三、描述性分析的构成

（一）特征（定性方面）

定义产品的感官参数主要涉及属性、特征、描述词等各类术语。定性因子主要包括定义产品的感官剖面、形态和个性特征等。感官属性的选择和相应的属性定义应该与所识别产品的化学和物理属性联系起来。对产品物理性质和化学性质的理解可使我们更容易解释描述性分析结果，并做出正确的决定。

对不同样品的定性描述如下。

（1）外观特征　①颜色：色调、浓度、均匀度、深度；②表面质地：光泽、光滑度/粗糙度；③大小和形状：尺寸和几何特征；④颗粒间相互作用：黏性、结块、松散。

（2）鼻嗅感知特征　①嗅觉：香草、果味、花香味、臭味；②鼻腔感觉：清凉、辛辣。

（3）口腔感知特征　①嗅觉：香草味、果味、花香味、巧克力味、腐臭味；②味觉：咸、甜、酸、苦；③口腔感觉：热、凉、辣、涩。

（4）口感物性特征　①机械参数，产品对压力的反应：硬度、黏度、变形/破裂；②几何属性，即大小、形状和产品中颗粒的位置：沙砾的、粒状的、薄片的、纤维的；③脂肪/湿润属性，即脂肪、油或水的存在、释放和吸收：油滑的、多脂的、多汁的、潮湿的。

（5）肤感特征　①机械参数，产品对压力的反应：厚度、弹性、光滑度、稠密度；②几何参数，即大小、形状和产品中或使用后皮肤上颗粒的位置：沙砾的、泡沫的、薄片的；③脂肪/湿润参数，即脂肪、油或水的存在、释放和吸收：油滑的、多脂的、干燥的、潮湿的；④外观参数，产品使用过程中外观发生的变化：变光泽、变白。

（6）质地/手感　①机械参数，产品对压力的反应：硬度、强迫压缩或拉伸、有弹性；②几何属性，即大小、形状和产品中颗粒的位置：沙砾的、不平的、粒状的、有棱纹的、绒毛的；③湿润属性，即水的存在和吸收：干燥的、湿润的、油滑的、可吸收的。

描述性分析试验有效性和可靠性的关键如下。

（1）描述性分析采用的术语是基于对产品风味、质地和外观的技术和生理原理的完全理解。

（2）所有鉴评员需经过完整的训练以便用统一的方式理解和应用术语。

（二）强度（定量方面）

描述性分析的定量表达了每种特征的程度，它是通过按一定的尺度对样品评分来表述的。和术语的有效性和可靠性一样，定量分析的有效性和可靠性很大程度上依赖两个方面。

（1）评分尺度的选择特别重要，它应当足够宽，能包括参数强度的所有范围，同时又应当有足够的离散点以便描述样品间强度的微小差异。

（2）所有鉴评员需经过完整的训练以便在整个试验中对所有样品以统一的方式使用评分尺度。

描述性分析中最常使用的 3 种评分标度为分类标度、线性标度和量值估计标度。

（1）分类标度　用有限的系列文字、数字来表示，各类别间具有相同的间隔。在描述性分析中常用 0~9 的分类标度，当然如果采用一个更长的尺度范围也是可以的。一种比较好的经验方法就是预先估计评定小组可能会采用的等级数量，然后再用双倍的等级数作为评分尺度。有时使用 100 个点的尺度也是合理的，例如在视觉和听觉研究中。

（2）线性标度　采用一条长为 15cm 的直线，鉴评员根据识别情况在直线上做出标记。线性标度同分类标度一样也很普遍。线性标度的优点是在定量分析时更为准确，但主要的缺点是鉴评员对样品的分析很难达成一致，因为点在线上的位置并不像数字那样容易被记住。

（3）量值估计（ME）标度　对试验中第一个样品首先估计一个数值，随后的样品都以第一个数值为基础按一定的比例来估值。这种方法主要用于学术研究中。

（三）表现顺序（时间方面）

除了考虑样品的属性（定性）和属性的强度（定量）外，鉴评员通常还需要感知样品间某些感官属性表现出来的顺序。物理参数的表现顺序与口腔、皮肤和产品质地有关，常常是由处理产品的方式（如对产品施加压力）决定的。通过控制操作过程（如一次咀嚼、一次手动挤压），鉴评员就可以在某时刻促使有限数量的感官属性（坚硬、稠密、变形）表现出来。

然而，对于化学感觉（香气和滋味），样品的化学组成和某些物理属性（温度、体积、浓度）可能会改变某些感官属性检测出来的顺序。在这样一些产品（如饮料）中，感官属性的出现顺序也是产品感官轮廓（剖面）的特征之一，正如产品的芳香、风味以及各自的强度属性一样。

感官属性的表现顺序还应当包括那些在样品使用或摄入以后所识别出来的与原来不同的属性（余味或后感）。一个完整的产品感官特征形态应包括产品在使用后被识别出的所有特征及其强度。对产品余味的描述并不是暗示产品可能存在缺点，例如，可乐饮料的金属感余味可能表明其存在包装污染或特殊甜味剂，但漱口水或薄荷口香糖的清凉感余味则是必要和期望的感官属性。

（四）总体印象（综合方面）

除了以上 3 方面外，评定小组通常还会对产品属性的总体印象进行综合评估。常用的评估方式主要包括以下 4 种。

（1）芳香或风味的总强度　对所有芳香和风味成分总体感觉的评价，包括对风味物质在嗅觉、味觉和触觉上的感知。这种评估对于测定产品中有多少芳香和风味传递给了消费者是非常重要的。产品质地的组成通常更为分散，所以“总质地”是一个无法测定的属性。

（2）平衡/混合（振幅）　振幅是指风味平衡和混合的程度。一个训练有素的评定小组常常需要评估产品中各种不同风味物质以怎样的比例或程度配比后更适合产品需求，这主要靠经验或直觉。即使经过高度训练的鉴评员也很难进行振幅的评估（即后文提到的风味剖面方法），因此在此试验中不应该使用未经训练或没有经验的鉴评员。而且，在平衡或混合中，数据的使用也应当非常小心。在某些产品中，消费者不一定喜欢平衡后的产品组成。因此，在测定或使用数据以前，了解消费者对产品平衡或混合后的相对重要性是非常重要的。

（3）总体差异　在某些产品的感官评定中，关键因素包括确定样品与标样或对照之间的相对差异。尽管样品之间各属性的差异可以用多种描述性分析技术进行统计分析，但是项目主管通常很关注样品或原型与标样间到底存在怎样的差异，确定样品与标样的总体差异后，项目主管就可以结合具体的属性差异做出决定。

（4）嗜好等级　在描述性分析完成以后，就可以尝试让鉴评员按照对产品的接受程度进行产品分级。在很多情况下，这种尝试是不允许的。因为鉴评员在经过训练以后，个人的喜好程度会发生变化，而且与消费者不同，他们已经习惯性地关注产品的各个属性及其强度，因此不能代表整个消费群体。

第二节　食品风味分析

一、食品风味分析的概念

风味分析（Flavor profile analysis，FPA）技术是20世纪40年代末和50年代初，在阿瑟·D. 特利尔（Arthur D. Little）公司由洛伦·索斯特伦（Loren Sjostrom）、斯坦利·凯恩克罗斯（Stanley Cairncross）和琼·科尔（Jean Caul）等发展建立起来的。剖面分析是由4~6个经过训练的鉴评员对产品的芳香和风味特征、强度、感知顺序和余味进行分析，上文提出的振幅也是剖面分析的一部分。

风味分析是一种一致性技术，用于描述产品属性和产品本身，可以通过评定小组成员达成一致意见后获得。风味分析考虑了一个食品系统中所有的风味，以及其中个人可检测到的风味成分。该技术提供一张表格，表格中有感知到的风味、强度、感知顺序、余味以及整体印象（振幅）。如果对评定小组成员的训练非常好，这张表格的重现性就会非常好。

评定小组成员需要通过味觉区分、味觉差异区分、嗅觉区分和描述等生理学试验来选择。在准备、呈现、评价等过程中使用标准化技术，2~3周的时间内对4~6名鉴评员进行训练，让他们能对产品的风味进行精确的定义。对食品样品进行品尝后，把所有能感知到的特征，按芳香、风味、口感和余味，分别进行记录。展示结束后，评定小组成员对使用过的描述术语进行复习和改进。在训练阶段产生每个描述术语的参比标准和定义。使用合适的参比标准，可以提高一致性描述的精确度。在训练的完成阶段，评定小组成员已经为表达所用的描述术语强度定义了一个参比系。

在评定小组成员单独完成对样品感官属性、强度、感知顺序、余味的评价后，评定小组领导者可以根据评定小组的反应，组织大家讨论，最终获得一致性的结论。在一项真实的风味分析中，这不是一个平均分的过程，一致性是通过评定小组成员和评定小组领导对产品进行讨论和重新评价之后而获得的。产品的最终描述由一系列符号表示，即数字与其他符号的组合，评定小组成员将它们组合成具有潜在的、有意义的模式。

当需要评定许多不同的产品时可以应用这种方法。风味分析的主要优点同时也是主要的限制性是它最多只能选择5~8名鉴评员。通过对鉴评员额外的训练可以将一致性和重现性上的缺陷克服到一定程度。但反对者认为，获得的一致性可能实际上是评定小组中占支配地位的人，或者是评定小组中具有权威的成员的观点，这个具有权威的人通常是指评定小组领导者。风味分析的另一缺点是筛选方法中不能区分特殊的芳香或风味差异，而这种差异在特定的产品中往往是很重要的。但支持这种技术的人则认为，正确的训练就是个关键，评定小组领导者可以避免这种情况的发生，一个训练后的风味分析评定小组能够迅速地得出结论。

随着数值标度的引入，风味剖面被重新命名为剖面特征分析（PAA）。由剖面特征分析得到的数据可用来进行统计分析，但是也有可能获得风味分析类型的一致性描述。数值标度的使用便于研究者用统计技术进行数据的解释。当然，剖面特征分析比风味分析定量的程度更高。夏利夫（Syarief）等将来自一致意见的风味剖面结果与通过计算平均数而得到的风味剖面结果进行了比较。平均数的结果比一致性结论有更小的变化系数，而且平均数中的主成分分析（PCA）占变化中的比例要比一致性结果中的主成分分析更高。因此，使用平均得分比一致性分数具有更好的结果。尽管有这些结果，一些工作者仍然使用风味分析和剖面特征分析作为一种一致性技术。

二、食品风味分析评定小组成员的选择

应对风味特征鉴评员进行筛选，以确保其长期可用。培训一个专家小组需要时间、精力和金钱，如果可能的话，专家小组成员应该承诺可以服务多年。风味分析评定小组成员在同一小组服务超过 10 年的情况并不少见。潜在的小组成员应该对产品类别有浓厚的兴趣，如果他们具备一些产品类型背景知识，那将很有帮助。应该对这些小组成员进行筛选，使其具有正常的嗅觉和味觉。使用溶液和纯稀释气味对正常敏锐度小组成员进行筛选（见第二章）。他们应该口齿伶俐、真诚，可以保持适当的个性（不胆小或过于咄咄逼人）。评定小组组长也应该有极大的耐心和社交敏感度，因为他/她将负责让评定小组对产品进行一致的描述。

第三节 食品质构分析

一、食品质构分析的概念

类比风味分析原理，质构分析（Texture profile analysis，TPA）在 20 世纪 60 年代创建，随后由布兰特（Brandt）和什琴斯尼亚克（Szczesniak）等感官专家进行修改并发展起来，西维尔（Civille）和 Szczesniak 等将该方法进一步拓展，定义了包括半固体食品、饮料、纺织品和纸类产品在内的特殊产品的特殊属性描述词。Civille 和利斯卡（Liska）将质构分析定义为：根据食品的机械、几何、脂肪和水分特征表现的程度以及从第一口咬切到咀嚼完成的全过程中这些感官属性表现的动态变化情况，对食品综合质构进行分析的感官评定方法。

根据产品的物理和感官属性，质构分析使用特定产品术语描述产品的特征。这些术语是从描述特定产品质构的标准术语中挑选出来的。与质构术语具有相关性的评估标度也都是经过了标准化的。在每个标度中，特定参数的范围是由具有特定特征的、作为主要组成的产品确定的。参比标度固定了每个术语的范围和概念，例如，硬度标度（表 8-2）测定了臼齿之间对产品的压力。需要注意的是，在质构分析的硬度标度中，作为参比点的不同食品（干酪、烹调过的蛋清、橄榄、花生、生胡萝卜、杏仁和硬糖果），从干酪到糖果的强度是逐渐增加的，当增加压力时，这些产品就会折断、压碎或压缩。因此，如果使用硬度参比标度，不同硬度的样品不会按照同一个方式对某一个施加的压力作出相同的反应。

表 8-2 质构分析硬度①标度的例子

标度值	产品	样品尺寸	温度	组成
1.0	冰淇淋干酪	1.27cm^2	40~45℃	费城冰淇淋干酪

续表

标度值	产品	样品尺寸	温度	组成
2.5	鸡蛋白	0.635cm^2	室温	5min 短煮鸡蛋
4.5	美国干酪	1.27cm^2	40~45℃	黄色、巴氏灭菌的干酪
6.0	橄榄	1片	室温	红色西班牙橄榄
7.0	法兰克福香肠②	1.27cm^2 薄片	室温	法兰克福小牛肉，沸水中煮 5min
9.5	花生	1片	室温	在真空罐中的鸡尾酒花生
11.0	柠檬	1片	室温	去皮柠檬［纳贝斯克（Nabisco）］
14.5	硬糖果	1块	室温	救生员糖果［纳贝斯克（Nabisco）］

注：①硬度：样品放置在臼齿之间，需要完全咬碎的力量。

②用臼齿压缩的面与切向是平行的。

选择鉴评员要以区分特殊产品（固体食品、半固体食品、饮料等）间已知质地差异的能力为基础。所有鉴评员的参比系应该都是相同的，才能保证质构分析的成功。所有鉴评员必须接受相同的质构原理和质构分析过程的训练，同时还应当按照标准的方式，进行咬、咀嚼和吞咽的训练。

评定小组训练期间，鉴评员首先应该了解所评定产品内在的质构原理，掌握应力和产品可能发生的应变等概念。训练期间还能使鉴评员明确使用的术语、参比标度和步骤，进而在评定时选用最专业、最合适的术语描述评价产品，以避免冗长的术语和讨论，减少描述性分析的变异。

以前的质构分析方法多是借用拓展的含 13 个点的风味剖面分类标度，后来，质构分析评定小组已经开始广泛地使用分类标度、线性标度和量值估计标度等不同标度。使用标度的种类不同，数据的处理方法也不一样，最终的数据可通过表格或图形的形式表示。

人们已在许多特定的产品类项中使用了质构分析技术，其中包括早餐谷类食品、大米、小甜饼、肉类、快餐食品和许多其他产品。

二、食品质构分析的方法

许多质构属性可以使用标准的感官技术来测量，如差别检验、排序检验和描述性技术。两个样品之间的质构差异可以用强制选择测试来确定。鉴评员应经过培训，以根据指定的质构属性区分样品。例如，鉴评员可以接受培训，以评估黏度为“用勺子从舌头上抽出液体所需的力”，然后可以被要求确定两种蜂糖浆样品的感知黏度是否不同。

也可以使用序数或间隔尺度来量化质构属性。例如“对……进行排名或评分……”特别是视觉质构，适合于简单的强度或顺序尺度，如表面的表面粗糙度、表面凹痕的大小或数量以及液体产品容器中沉积物的密度或数量。这些简单而具体的属性大多不需要训练，并且可以很容易地应用到产品的描述性概要文件中。当然，与任何其他描述或缩放技术一样，如果显示出低范围和高范围以提供确定刻度表的参考框架，刻度表就会校准得更好，评定小组成员之间更能达成一致。

Szczesniak 等要求消费者使用通用食品质构分析开发的术语来评估食品，他们发现消费者可以使用刻度，进行基本的和模糊的质构分析。Szczesniak 开发了一种质构分类系统，以填补消费者质地用语和产品流变性能之间的空白（表 8-3）。她将产品被感知的质构特征分为 3 组：机械特征、几何特征和其他特征（主要指食物的脂肪含量和含水量）。这种分类形成了质构分析方法的基础，可以描述产品从咬合第一口到完全咀嚼的机械、几何和其他质构的感觉。因此，该技术借用了风味分析的“外观顺序”原则，可以说这是一种时间依存法。时间顺序是：“第一口”或初始阶段，“咀嚼”或咀嚼的第二阶段，接着是剩余阶段或第三阶段。质构感觉由经过广泛训练的小组成员使用标准评分量表进行评定。最初的标准评级量表是由 Szczesniak 等开发的，涵盖了食物中发现的强度感觉范围。他们使用特定的食品来固定每个刻度点。

表 8-3　　质构分类和一些描述质构的消费者用语

特征属性	主要术语	次要术语	消费者用语
机械特征	黏性	—	黏糊糊的
	内聚力	脆性	易碎的
		嚼劲	柔嫩、耐嚼、坚韧
		黏性	短的、粉状、糊状、黏的
	弹性	—	塑料的、弹性
	硬度	—	软、硬
	黏度	—	薄、厚
几何特征	颗粒形状和纤维状	—	细胞状、晶体状、纤维状等
	颗粒大小和形状	—	粗糙的、颗粒状、粗沙砾状等
其他特征	脂肪含量	油腻	油腻
		油性	油腻
	水分含量	—	干的、潮湿的、多水的

最早的标准化质构标度是为了黏着性、脆性、咀嚼性、黏性、硬度和黏度开发的。这些研究人员通过将鉴评员获得的结果与黏度计和质构仪获得的仪器结果相关联来验证量表的有效性。

质构分析在通用食品公司被广泛使用，标准化评分量表的数量也随着时间的推移而扩大，例如，勃兰特（Brandt）等（1963）增加了弹性，后来弹性又被 Szczesniak 改为弹力（1975），Szczesniak 和博尔内（Bourne）（1969）增加了硬度，后来脆性被西维尔（Civille）和 Szczesniak 重新命名为可碎性（1973）。最初的质构分析使用不同长度的标度，例如，咀嚼度有 7 点，黏性有 5 点，硬度有 9 点。Civille 和 Szczesniak（1973）的文章使用了 14 点强度标度，穆尔奥斯（Muñoz）（1986）的论文描述了 15cm 线标度，强度锚定在标度上。

Civille 和 Szczesniak（1973）简洁地描述了如何选择和训练质构鉴评员。他们建议培训大约 10 名鉴评员，目标是至少有 6 人随时待命。鉴评员应进行生理筛选，以排除有假牙和无法区分结构差异的潜在鉴评员。鉴评员也会接受面试，以评估他们的兴趣、可用性、态度和沟通技巧。

在小组培训期间，鉴评员将接触到与风味和质构感知相关的基本概念以及质构分析的基本原则。他们还被训练以相同的方式使用标准评分量表。该小组将在一系列食品上练习使用评级量表。这种做法可能相当广泛，需持续几个月。鉴评员之间的任何不一致都将被讨论和解决。

一旦小组接受了培训，在某些情况下，这可能意味着每天 2~3h 的培训，持续 2 周，然后是 6 个月，每周 4~5 次，每次 1h，小组才可以开始评估测试产品。一个训练有素的评定小组应该通过测试盲标样本的重现性和定期审查他们的结果来维持。在审查会议期间，应消除鉴评员之间的任何不一致。此外，评定小组负责人应努力保持评定小组对刺激的敏感性。

质构分析描述方法标准的文件创建后，在必要的时候可以修改、细化与更新。例如包括修改一些用于固定标准强度量表的食品，在评估的初始阶段增加对产品表面特性的评估，以及增加评估液体和半固体的标准量表。此外，质量标准尺度的内聚性被发展为弹力或弹性标度。

Muñoz（1986）发表了一篇论文，描述了选择新产品来锚定标准尺度上的强度点，修改并充实了一些量表定义。表 8-4 和表 8-5 是 Muñoz（1986）对质构分析评价方法标准的改进方案。其他人修改了标准量表以更好地满足他们的需求，例如，肖万（Chauvin）等（2008）为干湿食物属性创建了新的量表：酥脆度、爆裂性、松脆度。在这种情况下，作者使用声学参数和鉴评员来确定在标准尺度上的合适产品。

表 8-4 质构属性定义

情景	质构属性	定义
非口服	手工黏合度	将标准杯中的所有东西放在盘子上后，用勺背将粘在一起的碎片分开所需要的力
	黏性	用勺子搅拌时的阻力程度，样品沿倾斜容器一侧流下的速率
初始唇接触	唇部粘连	产品黏附在嘴唇上的程度。样品放在嘴唇之间，稍微压缩一次，然后释放，以评估对嘴唇的黏附性
	湿润度	当与上唇接触时，产品表面可感知的水分量
初次入口	粗糙度	产品表面的磨蚀程度，由舌头感知
	自身黏合度	当样品放入口中时，用舌头分开单个碎片所需的力
	弹性	试样在舌头和上颚之间经过部分压缩（没有失败）后恢复其原始大小/形状的力
最初的咬合	内聚力	当用磨牙完全咬穿试样时，材料在破裂前所经历的变形量
	对上颚的黏附性	在舌头和上颚之间压缩样品后，用舌头将产品完全从上颚中移除所需要的力量
	密集程度	用磨牙完全咬透试样后，试样横截面的致密性
	脆性	当样品被放在臼齿之间并被快速咬断时所产生的破裂力
	硬度	通过放在臼齿之间的样品完全咬入所需的力

续表

情景	质构属性	定义
咀嚼后	牙齿黏附性	咀嚼产品后附着在牙齿上的产品量
	质量的内聚性	咀嚼后物质结合在一起的程度
	吸湿性	咀嚼产品后被样品吸收的唾液量

表 8-5 质构属性强度标准示例

质构属性	水平	产品
黏度	低	氢化植物油
	中	棉花糖
	高	花生酱
唇部黏附度	低	番茄
	中	长棍面包
	高	大米麦片
牙齿黏附度	低	蛤
	中	全麦饼干
	高	果胶软糖
凝聚性	低	玉米松饼
	中	果干
	高	嚼口香糖
团块凝聚性	低	甘草团
	中	烟熏香肠
	高	生面团
稠密度	低	搅打奶油
	中	麦乳精球
	高	水果果冻
脆性	低	玉米松饼
	中	姜脆片（内部）
	高	硬糖

续表

质构属性	水平	产品
硬度	低	奶油芝士
	中	熏猪牛肉香肠
	高	硬糖
手感黏附度	低	棉花糖
	中	生面团
	高	牛轧糖
吸湿性	低	甘草汁
	中	土豆片
	高	饼干
粗糙度	低	明胶甜点
	中	土豆片
	高	薄面包片
自黏附度	低	明胶软糖
	中	美式干酪
	高	黄油奶糖
弹性	低	奶油芝士
	中	棉花糖
	高	明胶甜点
湿润度	低	饼干
	中	火腿
	高	薄脆饼

Cardello 等使用自由模量量级估算的方法，对黏着性、咀嚼性、断裂性、硬度、胶性和黏度的标准质构分析尺度进行重新标定。他们发现，传统质构分析的类别尺度在与量级估计尺度绘制时是向下凹的。这表明，对于这些属性，鉴评员在较低的强度水平上表现出更大的个体差异。这是一个与韦伯定律一致的模式。韦伯定律预测在低强度水平下差异阈值更小。数据还表明，类别量表和震级估计量表的结果不同但具有相似性。

感官分析人员不需要对评定小组使用感官质构分析技术进行训练。使用通用的感官描述性分析来描述产品质构的差异是完全可能的。例如，韦纳（Weenen）等使用共识训练来训练一个评定小组评估蛋黄酱、沙拉酱、蛋奶冻和热酱汁。他们发现，研究小组将这些半固体食物的感官质构分为6组：与黏性-弹性相关属性、与表面感觉相关属性、与批量同质性相关的属性、与附着力/内聚力相关的属性、与湿/干相关的属性、与脂肪相关的属性，随后使用通用描述性分析小组在不同条件下评估了广泛的半固体食物。其他人也使用通用描述性分析来描述熟土豆、番茄酱、燕麦面包、奶油食品、脆干食品（表8-6）、添加硫酸钡的芒果泥和蛋黄酱的质构。

表8-6 脆干食品的脆度及其标准量表

脆度	参考	制造商	样本量	脆度	参考	制造商	样本量
2	米花糖	家乐氏，巴特尔克里克市，密歇根州（Kellogg's，Battle Creek，MI）	1/6条	2	俱乐部饼干	奇宝，巴特尔克里克市，密歇根州（Keebler，Battle Creek，MI）	1/2片
5	纤维黑麦面包	瓦萨，班诺克本，伊利诺伊州（Wasa，Bannockburn，IL）	1/3片	7	杂粮迷你年糕	蜜果圈，桂格芝加哥，伊利诺伊州（Honey Graham，Quaker，Chicago，IL）	1/2块
8	杂粮迷你年糕	蜜果圈，桂格，芝加哥，伊利诺伊州（Honey Graham，Quaker，Chicago，IL）	1块	9	LPB茶饼干	露怡，巴塞罗那，西班牙（Lu，Barcelona Spain）	1/8m^2
10	一口大小的Tostitos玉米片	百事食品公司，达拉斯，得克萨斯州（Frito Lay，Dallas，TX）	1片	12	全麦纤维脆饼（Triscuit）	纳贝斯克/卡夫食品，芝加哥，伊利诺伊州（Nabisco/Kraft Foods，Chicago，IL）	1/4用谷物打碎
15	水壶芯片	百事食品公司，达拉斯，得克萨斯州（Frito Lay，Dallas，TX）	1片	15	生姜饼	Archway，巴特克里市，密歇根州（Battle Creek，MI）	1/2片

第四节 食品定量描述性分析

定量描述性分析（Quantitative descriptive analysis，QDA）是在20世纪70年代发展起来的，目的是纠正与风味特征分析相关的一些感知问题。与风味分析和剖面特征分析（PAA）不同，数据不是通过一致性讨论产生的，评定小组负责人不是参与者，同时使用非线性结构量表描述评估属性的强度。斯通（Stone）等选择了线性图形标尺，这是一条延伸到固定语言终点之外的线，因为他们发现，这种标尺可能会减少鉴评员只使用标尺中心部分的倾向，从而避免得分很高或很低的现象出现。他们的决定在一定程度上是基于安德森（Aderson）对心理判断中的功能测量的研究。

在定量描述性分析培训期间，为了形成准确的概念，10~12 名鉴评员将接触到很多类型的产品。样本范围的选择由研究的目的决定，与风味分析类似，鉴评员形成一套用于描述产品差异的术语。然后，通过协商一致，鉴评员制定了一个标准化的词汇来描述样本之间的感官差异。鉴评员还负责确定应用于描述性术语的参考标准和/或口头定义。此外，在培训期间，评定小组需对每个属性的评定顺序进行确定。在训练的后期，进行一系列试验评定。这使评定小组组长能够根据整个评定小组的结果统计分析来评价个别鉴评员。在研究的评定阶段，也可以对专家小组成员的表现进行评定。

鉴评员从生成一致的词汇开始训练。在这些早期训练中，小组组长仅作为协调人，负责指导讨论并提供小组要求的参考标准和产品样品等材料。小组组长不参与最终的产品评估。

与风味分析不同，定量描述性分析样品可能不会完全按照消费者所见提供。例如，风味剖面的评定小组要评估馅饼皮，他们将收到填充有标准馅饼馅料的馅饼皮样本。而定量描述性分析理念指出：馅饼馅的差别可能会影响鉴评员对外皮样品的辨别力。但是，也可能会出现这样一种情况，即不带馅料烘烤的外皮与带馅料烘烤的外皮的性质可能不同。根据这种情况，定量描述性分析鉴评员可能会收到两种不同的馅饼皮样品，一种是无馅烘烤的，另一种是带馅烘烤的，后者在鉴评员收到馅饼样品之前已去除馅料。

实际的产品评估由每个鉴评员单独进行，通常是坐在单独的隔间里。评估阶段使用标准的感官实践，如编码样品、隔间照明和在不同样品测试之间的漱口等。图 8-1 所示是使用评定小组提供的固定词语所表示的定量描述性分析图形线性标度。

图 8-1　定量描述性分析图形线性标度示例

鉴评员所做的标记可通过从线左端开始的度量转换为数值。

可以使用方差分析和多变量统计技术对所得数据进行统计分析。鉴评员需要重复他们的判断，在某些情况下最多重复 6 次，从而使感官分析人员对个别小组成员和整个小组的一致性进行检验。

结果的重复性还允许鉴评员在不同产品上的差异进行单向的方差分析。这使感官专家能够确定鉴评员是否能够辨别或需要更多的培训。重复评定的数量在某种程度上取决于产品，且应在研究开始前决定。对于没有进行重复评定的研究，应极其谨慎地看待。

定量描述性分析可以用于完整地描述与产品相关的感官感觉，从最初的视觉评估到余味评估，或者鉴评员可能被指示专注于一个狭窄的属性范围，如对质地等进行评估。然而，限制评估属性的范围可能会导致“倾销”效应。当一个显著的感官属性在各个样本中有所不同时，这种效应尤其重要。当这种情况发生时，鉴评员可能会下意识地通过调整研究中使用的一些量表的得分，从而避免这种情况发生。出于这个原因，对于限制描述性分析研究中使用的描述词的类型和数量，感官分析人员应该非常小心。有时，简单地添加一个标记为“其他”的量表可以防止这种影响，同时，如果允许鉴评员描述“其他”特征，还可以获得一些有价值的信息。

尽管在这种方法中使用了大量的训练，大多数研究人员认为鉴评员会使用量表的不同部分来做出决定。因此，绝对的标度值并不重要。正是产品之间的相对差异提供了有价值的信息。例如，鉴评员 A 给薯片样品 1 的脆度打了 8 分，但鉴评员 B 给相同的样品打了 5 分；这并不意味着两位鉴评员没有以相同的方式测量同一属性，但可能意味着他们使用的是量表的不同部分（图 8-2）。这两位鉴评员对第二个不同样本（分别是 6 和 3）的相对反应表明，这两位鉴评员是根据样本之间的相对差异进行校准的。统计程序是明智选择，如依赖 t 检验和方差分析，允许研究人员删除不同部分的量表的影响。

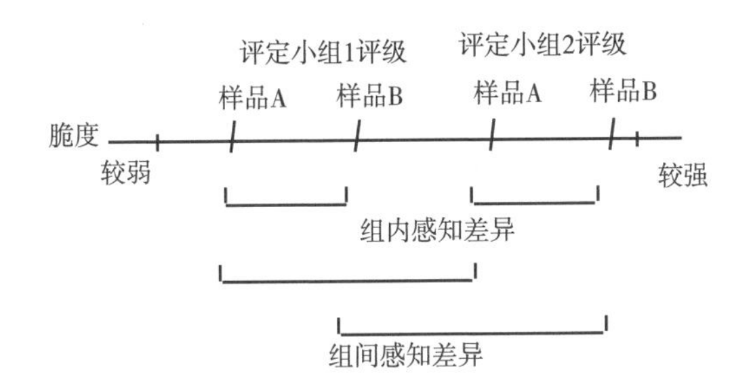

图 8-2 经过相对校准的鉴评员对线尺的不同用法

定量描述性分析数据很容易通过单变量和多变量统计技术进行分析。多变量方差分析、主成分分析、因子分析、聚类分析等统计程序已在定量描述性分析类型程序生成的数据分析中得到应用，数据结果的表达形式通常采用“蛛网”图（极坐标图，又称雷达图，图 8-3）。关于数据集正态分布的假设存在一些争论，因此使用了参数统计，如方差分析和 t 检验。

这些数据来自对长相思葡萄酒的香气特征描述性分析，作为原产国（法国或新西兰）和次产地（法国：圣布里斯、桑塞尔、卢瓦尔河；新西兰：阿瓦特雷、布兰科特、拉帕拉）的函数。对于每个感官属性，感知的平均强度从中心点向外增加。子区域意味着在菲舍尔（Fisher）的最小显著性差异（LSD）多重比较测试中差异超过该属性的 LSD 值。

使用定量描述性分析可以轻而易举地进行数据分析，这点可能是该技术实际该考虑的问题之一。将量表作为属性的绝对度量，而不是作为查看样本之间相对差异的工具的倾向是非常普遍的。回到薯片的例子，市场人员可能会做出一个决定，在脆度量表上得分低于 5 分的样品不可以出售。正如我们所看到的，鉴评员 B 作出的脆度强度为 5 的结论，与鉴评员 A 作出的脆度强度为 5 的结论有很大的不同。通过扩展，我们可以看到，如果整个评定小组都使用刻度的上端，那么没有样本会被认为是不可接受的。如果另一个评定小组在分析相同的样本时，只使用较低的刻度，则没有样本是可接受的。定量描述性分析数据必须被视为相对值，而不是绝对值。定量描述性分析研究应尽可能多地包括一个以上的样品和/或基准产品，或标准产品。

定量描述性分析倡导者引用的优点包括：小组成员进行独立判断，以及结果不是一致得出的。此外，数据可以很容易地进行统计分析和图形化表示。评定小组语言的形成不受评定小组组长的影响，且通常是以消费者语言描述为基础。定量描述性分析与风味剖面有着相同的缺点，

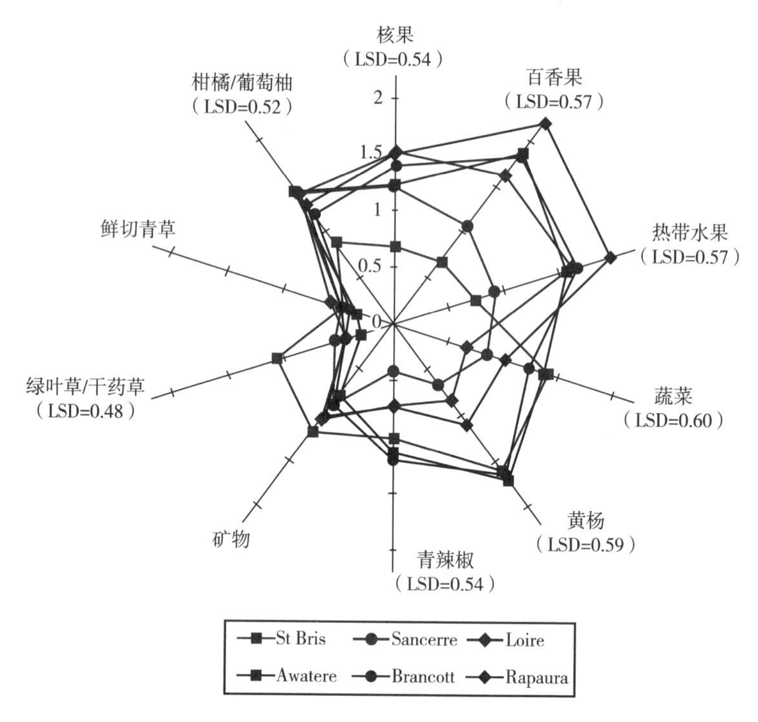

图8-3 描述性分析数据的“蛛网”图（雷达图）示例

因为在这两种情况下，评定小组都必须针对特定的产品类别进行培训。许多美国食品公司为其许多产品类别保留了单独的评定小组。这是非常昂贵的，可能会限制小公司使用这项技术。与风味剖面不同，定量描述性分析结果不一定表示感觉的感知顺序。然而，如果研究目标需要的话，可以指示小组按照出现的顺序在选票上列出描述词。此外，如上所述，由于鉴评员可能使用不同的标度范围，因此，结果是相对的，而不是绝对的。

第五节 食品感官广谱分析

20世纪70年代，盖尔·西维尔（Gail Civille）在通用（General）食品公司工作时基于质构分析的成果建立了感官广谱（Sensory spectrum）技术。感官广谱分析是描述性分析技术的进一步扩展。广谱法的独特之处在于，鉴评员不会生成评定小组所特有的词汇来描述产品的感官属性，而是使用标准化的词汇。用于描述特定产品的语言是按照经验选择的，并且随着时间的推移，对于一个类别中的所有产品都保持不变。此外，标度是标准化的，并使用多个参考点进行固定。鉴评员被训练使用相同的标度。正因为如此，广谱方法的支持者表示，该方法得到的数据值是绝对的。这意味着可以设计只包括一个样本的试验，并将该样本的数据与不同研究中得出的数据进行比较。这一理念表明，由于每个评定小组都是一个独特的群体，允许评定小组产生自己的共识术语，因此当试图将研究结果应用于一般人群时可能会产生误导性结果。此外，用于广谱方法的描述词比定量描述性分析描述词更具技术性。根据感官广谱用户的说法，定量描述性分析术语是由鉴评员自己生成的，它们更有可能与消费者语言有关。

广谱法的鉴评员培训比定量描述性分析培训要广泛得多，评定小组组长比定量描述性分析发挥更直接的作用。与定量描述性分析一样，鉴评员接触到特定产品类别中的多种产品。同时，与“质构分析评价方法标准”一样，评定小组组长需要提供有关产品成分的大量信息。鉴评员需探讨潜在的化学、流变和视觉原理，并考虑这些原理与产品感官之间的关系。与质构分析类似，需要给鉴评员提供可用于描述的和产品相关联的感知词汇列表（感官光谱中称为词库）。最终目标是在给定领域建立一个“专家小组”，以证明它可以在理解产品属性之间潜在技术差异的基础上，使用一个具体的描述词列表。此外，还为鉴评员提供了参考标准，对于属性，提供了特定的参考以及与其他一些属性相结合的标准，例如牛乳或奶油中的香草味。

鉴评员使用数字化的强度标度，通常为绝对数 15 点标度（表 8-7）。Civille 指出，标度是为了在各个量表之间具有相等的强度而创建的。换言之，甜味等级上的“5”在强度上等于咸味等级上的“5”，甚至与果味标度上的“5”强度相等（表 8-8）。Civille 表示，这一目标在香味、香气和风味标度上已经实现，但在质构标度上还未成功。由于没有公布数据支撑，研究人员对这种等强度的说法有些怀疑。然而，跨模态匹配的概念可能使上述对光线和色调、味觉（甜度和酸度）的主张是合理的，但对硬度或果味度和咀嚼度可能是不合理的。

表 8-7 用于广谱标度的芳香族参考样品的例子

描述词	标度	参考样品
收敛性	6.5	茶包浸泡 1h
	6.5	葡萄汁［淳果篮（Welch's）］
焦糖	3.0	棕边饼干［纳贝斯克（Nabisco）］
	4.0	糖饼［克罗格（Kroger）］
	4.0	社交茶饼［纳贝斯克（Nabisco）］
	7.0	波尔多饼干［非凡农庄（Pepperidge Farm）］
蛋	5.0	蛋黄酱［好乐门（Hellmann's）］
蛋味	13.5	煮熟的鸡蛋
橙子	6.5	冷冻浓缩橙汁［美汁源（Minute Maid）］
	7.5	鲜榨橙汁
	9.5	浓缩橙［果珍（Tang）］
烧烤	7.0	咖啡［麦斯威尔（Maxwell House）］
	14.0	浓缩咖啡［金牌（Medaglia d'Oro）］
香草	7.0	糖曲奇饼

注：以上所有的标度范围均为 0~15。

表 8-8　　用于分配给各种产品中 4 种基本口味的广谱标度的强度值

描述词	标度	参考样品
甜味	2.0	20g/L 的糖水溶液
	4.0	里兹饼干［纳贝斯克（Nabisco）］
	7.0	柠檬水（Country Time）
	9.0	经典可口可乐
	12.5	波尔多饼［非凡农庄（Pepperidge Farm）］
酸味	2.0	0.05%柠檬酸-水溶液
	4.0	天然苹果酱（Motts）
	5.0	重组冷冻橙汁［美汁源（Minute Maid）］
	8.0	甜泡菜［维纳斯（Vlasic）］
	10.0	犹太莳萝泡菜［维纳斯（Vlasic）］
	15.0	2g/L 柠檬酸水溶液
咸味	2.0	2g/L 氯化钠水溶液
	5.0	盐苏打饼干［谱乐蜜（Premium）］
	7.0	美国干酪卡夫（Kraft）
	8.0	蛋黄酱［好乐门（Hellman's）］
	9.5	咸味薯片［菲多利-百事（Frito-Lay）］
	15.0	15g/L 氯化钠水溶液
苦味	2.0	瓶装西柚汁［卡夫（Kraft）］
	4.0	巧克力棒［好时（Hershey）］
	5.0	0.8g/L 咖啡因水溶液
	7.0	生菊苣
	9.0	芹菜籽
	10.0	1.5g/L 咖啡因水溶液
	15.0	2g/L 咖啡因水溶液

注：以上所有的标度范围均为 0~15。

此外，绝对尺度的稳定性尚不清楚。奥拉（Olabi）和劳利斯（Lawless）发现，即使经过广泛的训练，15 分量表也会发生变化。与质构分析一样，比例由一系列参考点固定标度组成。在这个方案中，至少推荐 2 个参考点，最好是 3~5 个。选择参考点来表示尺度连续体上的不同强度。与 pH 缓冲液校准 pH 计相同，参考点用于精确校准鉴评员。鉴评员被“调整”成真正的鉴评员。经过培训后，所有鉴评员必须以相同的方式使用量表。因此，他们都应该以相同的强度为特定样品的特定属性打分。测试在隔离间内进行，采用典型的感官评定方法。

在对定量描述性分析程序进行讨论后，广谱法的主要优势应该是显而易见的。在定量描述性分析中，鉴评员经常以特殊但一致的方式使用所提供的量表。与定量描述性分析相反，广谱法训练所有鉴评员以相同的方式使用描述性标度。因此，该评分应该具有绝对意义。这意味着平均分可以用来确定一个具有特定属性强度的样本是否符合可接受标准，而不考虑鉴评员的位置、背景或其他变量的不同。这对于希望在常规质量保证操作中或在多个地点和设施中使用描述性技术的组织来说，具有明显的优势。

该程序的缺点是与评定小组开发和维护的困难有关。培训广谱小组通常是非常耗时的。鉴评员必须接触到样品，并理解所选择的描述产品的词汇。他们被要求掌握产品的基本技术细节，并被期望对感官生理学和心理学有基本了解。除此之外，他们还必须广泛地相互“调整”，以确保所有鉴评员都以相同的方式使用量表。我们不确定在现实中是否能达到这种校准水平。在实践中，与生理差异有关的鉴评员之间的个体差异，如特定的厌食症、对成分的敏感度差异，会导致鉴评员之间不完全一致。从理论上讲，如果专家鉴评员完全一致，那么任何特定产品-属性组合的标准偏差将接近于零。然而，大多数广谱研究都有标准偏差不为零的特征，表明评定小组没有绝对校准。Civille 表示，绝对校准对大多数属性来说是可行的，但对苦味、辛辣味和某些气味的感觉来说则不可行。

广谱技术的数据以类似于定量描述性分析数据的方式进行分析。感官分析人员对特定属性的平均值的偏差有明确的兴趣，因为这些值可以直接与小组的“调整”或精度有关。

第六节　描述性分析的程序与数据统计

一、鉴评员培训

鉴评员培训有两种方法：第一种是为鉴评员提供特定类别中的各种产品，这要求鉴评员在培训过程中，产生一些用于描述产品之间差异的描述词和参考标准，通常要达成一些共识，我们将其称为“共识培训”。第二种方法是向鉴评员提供该类别中的各种产品，以及一个可用于描述产品的可能描述词和参考语的清单，我们将其称为“投票训练”。

在实践中，共识法和票选法都有应用。然而，经常使用的是一种组合法。在组合法中，鉴评员通过共识自行得出一些描述词，其他描述词则通过评定小组组长的建议或从单词列表中添加。组长也可以减少多余的术语。共识法通常被用于调查研究，但肉类调查研究除外。对于肉类，我们倾向于使用票选法，主要是因为只有有限的描述词可以适用于肉类研究。一些美国食品和消费品公司倾向于使用组合法进行评价，因为客户公司往往有一些自认为重要的术语。如果鉴评员没有自发地使用这些术语，那么这些术语将由组长提出。

一个典型的“共识培训”过程如下。

首先，鉴评员接触到整个系列的产品。他们被要求评定样品之间的感官差异，并写下描述这些差异的描述词。可以时不时地进行相互交流。当所有鉴评员完成这部分任务时，组长要求每个鉴评员列出用于描述每个样品的词语。在培训的这一阶段，极为重要的是，组长必须谨慎，不要引导或判断任何鉴评员的任何描述词。然而，如果需要，组长可以要求解释。通常情况下，当鉴评员看到列出的所有描述词后，他们自己会开始走向初步共识。

随后，组长应根据最初的共识尝试提供潜在的参考标准。这些参考标准是化学品、香料、成分或产品，可用于帮助鉴评员识别和记忆在被评估样品中发现的感官属性。一般来说，组长应尽量使用实际的有形物质作为参考标准，但在某些情况下，可以使用精确的书面描述来代替实物。用于香气和味道评价的参考标准的组成如表 8-9 所示，在下一次会议上，鉴评员将再次接触样品，并被要求决定潜在的参考标准。如果参考标准不可行，也可以要求鉴评员口头定义具体描述词。这种对描述词、参考标准和定义的共识清单的完善，一直持续到鉴评员对他们拥有最佳清单以及每个人都完全理解每个术语为止。

表 8-9　　用于香气和味道评价的参考标准的组成

香气/味道	属性	参考标准
香气	烟熏味	用打火机点燃 50.8cm 长的捆扎绳，让其燃烧，然后吹灭，闻烟味
	杏仁味	15mL 1.25%（体积分数）的味好美（McCormick）纯杏仁提取物溶液［味好美公司，猎人谷，马里兰州（McCormick & Co., Inc, Hunt Valley, MD）］
	咖啡酒味	15mL 1.25%（体积分数）原产于墨西哥的 Kahlua 咖啡酒［Kahlua S. A.，墨西哥城，墨西哥（Rio San Joaquin, Mexico）］
	药味	15mL 20%（体积分数）的思必乐（Cepacol）漱口水溶液［麦德制药，辛辛那提，俄亥俄州（Merrell Dow Pharmaceuticals, Inc, Cincinnati, OH）］
	黄油味	一块 LifeSavers 黄油朗姆糖果［纳贝斯克食品公司，温斯顿塞勒姆，北卡罗来纳州（Nabisco Foods, Inc., Winston-Salem, NC）］
	奶油苏打水味	15mL 2%（体积分数）沙斯塔奶油苏打水［沙斯塔公司，海沃德市，加州（Shasta Beverages Inc., Hayward, CA）］
	果味	15mL 30%（5∶1，体积比）淳果篮（Welch's Orchard）苹果葡萄樱桃果汁鸡尾酒冷冻浓缩液和淳果篮（Welch's R）100%白葡萄汁浓缩液（不加糖）［淳果篮，康科德，新罕布什贝州（Welch's, Concord, MA）
	西梅干味	阳光牌（Sunsweet）中型西梅［阳光种植公司，斯托克顿，加利福尼亚州（Sunsweet Growers, Stockton, CA）］

续表

香气/味道	属性	参考标准
香气	烟草味	大号 Beech-nut Softer & Moister 咀嚼烟草［国家烟草公司，路易维尔，肯塔基州（Louisville，KY）］
	土味	19g 密苏里黑土
	霉味	类似潮湿地下室的味道
	坚果味	2~3 个 Kroner 盐渍开心果（去壳切成块）［Kroner Co.，辛辛那提，俄亥俄州（Cincinnati，OH）］
味道	意大利苦杏酒味	15mL 5%（体积分数）的原苦杏仁酒溶液［意乐瓦，萨龙诺，意大利（Illva Saronno，Saronno，Italy）］
	甜味	没有提供参考，但在训练期间给予 20g/L 和 60g/L 的糖水溶液来固定标度
	果味	15mL 淳果篮（Welch's Orchard）苹果葡萄樱桃果汁冷冻浓缩液和淳果篮（Welch's）100%白葡萄汁浓缩液（不加糖）5%（5：1，体积比）溶液
	土味	1 份金宝汤公司新鲜包装的蘑菇丁［肯顿，新泽西州（Camden，NJ）］

在最后的培训课程中，鉴评员制作评分表。可以让他们决定使用哪种量表，不过通常使用非线性标度或 15 分无标记方框量表（图 8-4）。

甜味强度

□ □ □ □ □ □ □ □ □ □ □ □ □ □ □

弱 强

图 8-4 15 分无标记方框量表

鉴评员被要求决定固定刻度所需的词，如“无”到“极端”或“轻微”到“非常强烈”。此外还经常允许鉴评员确定他们想要评估属性的顺序，例如，首先是视觉属性（除非这些是在颜色评定室中单独执行的），然后是香气，其次是味觉和口感，最后在吐出或吞咽后是回味。对于某些评定小组，这个顺序可能会改变，例如，他们可能会选择在香气之前进行味觉、风味和口感方面的评定。同样，小组组长要确保鉴评员熟悉所使用的所有参照术语和定义。在此基础上，组长开始对鉴评员的重复性进行评价。

典型的“投票培训”流程如下：最初，鉴评员接触到所有产品。他们被要求评定样本之间的感官差异。这个过程不相互交流。当所有鉴评员完成任务的这一部分后，组长会给每位鉴评员一份产品的词汇表（或样本评分表）。词汇表包含词汇、定义，通常组长有参考标准来确定描述词。有许多已出版的单词列表（词汇表）可用于各种食品和个人护理产品。然后，鉴评员被要求通过协商一致的方式来表明在具体研究中应该使用哪些词语、参考标准和定义，以及增加或删除术语。他们还被要求对选票上的描述词进行排序。

接下来，鉴评员再次接触样本，并被要求查看他们之前创建的评分表。然后，他们必须决定是否真的想要使用这些产品的评分表。评分表、参考标准和定义的改进将继续进行直到鉴评员满意为止。

二、培训过程中鉴评员评定结果重复性的确定

培训阶段结束后，鉴评员立即被告知开始研究的评估阶段。然而，在现实中，前2~3个阶段是用来进行鉴评员重现性的测定。将用于实际研究的样本子集一式三份提供给鉴评员，并分析这些数据；感官分析人员研究与鉴评员相关的交互效应的显著性水平。在一个训练有素的评定小组中，这些影响在鉴评员之间不会有显著差异。如果存在与鉴评员相关的显著交互效应，感官分析人员将确定哪些鉴评员应该在使用哪些描述词方面接受进一步培训。如果所有的评定都是不可重复的，那么他们都需要回到训练阶段。然而，结果通常表明，只有一位或两位鉴评员对一个或两个描述词有问题。这些问题通常可以在几次一对一的训练中解决。克利夫（Cliff）等表明，随着训练的进行，16个属性中，有10个属性的标准偏差下降。在某些情况下，这种下降幅度很大（氧化香气和风味在10cm线尺度上下降幅度为0.90），而在其他情况下则幅度较小（绿色和酸味在10cm线尺度上下降幅度<0.05）。他们的小组成员发现，当选择的参考标准明确时，训练效果最好。

最近，一些关于反馈校准对感官评定训练的影响的工作已有报道。研究发现，在训练过程中，对感官隔间表现的即时图形化计算机反馈导致了训练时间的减少以及出色的评价表现。麦克唐奈（McDonell）等还发现，在每次描述性分析后，以主成分分析图的形式向评定小组展示方差分析的反馈加快了训练过程，并使评定小组更加一致。诺盖拉·特罗内斯（Nogueira-Terrones）等在互联网上训练了一个描述性小组来评估香肠。他们的培训过程包括对每次会议的表现的反馈。与接受常规培训的鉴评员相比，增加培训时间可以提高互联网鉴评员的表现。然而，马尔基萨诺（Marchisano）等发现，增加培训时间对于识别测试的反馈是积极的，对差别检验（三点检验）却没有影响，并且可能对缩放测试有负面影响。感官界一直在讨论鉴评员应该从公司内部还是外部招聘，换句话说，是否应该期望公司员工自愿承担评定小组任务，作为他们其他职责的一部分，或者鉴评员是否应该只被雇用到感官评定小组。这方面很少有研究。为数不多的研究之一是伦德（Lund）等调查了新西兰、澳大利亚、西班牙和美国的鉴评员，发现激励人们加入评定小组的主要因素是对食物的普遍兴趣和额外的收入。此外，外部鉴评员（那些没有被公司雇佣的人）比内部鉴评员（那些被公司雇佣的人）更具有内在动力。鉴评员的经历也提高了他们的内在动力。

三、描述性分析结果统计学评价

在研究的评估阶段，应采用标准的感官实践，例如样本编码、随机呈现顺序、单独隔间的使用等。样品制备和呈现过程也应标准化。鉴评员进行测试时，所有样品至少一式两份，但最好一式三份。样品通常以单次方式提供，并且在提供下一个样品之前评估特定样本的所有属性。然而，当样品单独或同时提供时（所有样品一起提供并且跨样品一次评定一个属性），结果之间没有显著差异。在理想条件下，所有样品将在一个时间同时提供，不同时间作为重复。如果不可能这样做，则应遵循适当的实验方案，例如拉丁方、平衡不完全区组。通常通过方差分析

来分析数据。然而，通过一种或多种适当的多元统计技术进行分析，可能会获得更多的信息。

感官分析人员通常会让鉴评员重复评定一部分产品，然后分析这些数据以确定是否需要进一步培训。然而，人们也可能对监测鉴评员在小组有效期内的表现感兴趣。当一个小组在若干项目或若干年内被长期聘用时，即当拥有一个“永久性小组”时，通常会这样做。例如，堪萨斯州立大学感官分析中心的一些鉴评员自1982年以来一直在该小组。当一个人有一个“临时小组”，即为一个特定项目培训然后解散的小组，做持续的鉴评员绩效监测是比较困难的。当新培训的小组成员被并入一个正在进行的小组时，人们也可能对鉴评员的绩效监测感兴趣，这种情况在许多商业环境中经常发生。

无论人们是在培训结束前还是出于上述其他原因对小组进行监测，用于监测小组表现的技术都是类似的。感官科学家需要的关键信息有：①个人鉴评员的鉴别能力；②个人鉴评员的重复性；③个人鉴评员与整个小组的一致性；④小组的鉴别能力；⑤小组的重复性。为了简化对小组表现监测的讨论，我们假设评定小组的每个成员都对整套产品进行了一式三份的评定。

（一）单变量技术

以产品作为每个鉴评员和每个属性的主效应的单因素分析，允许感官分析人员评估各个鉴评员的辨别能力以及他们的可重复性。假设对某一特定属性具有出色辨别能力的鉴评员会有大的 F 值和小的概率（p），具有良好重复性的鉴评员将倾向于具有较小的均方误差（MSE）。通过 MSE 绘制 p，感官分析人员可以同时评估鉴别性和重复性。

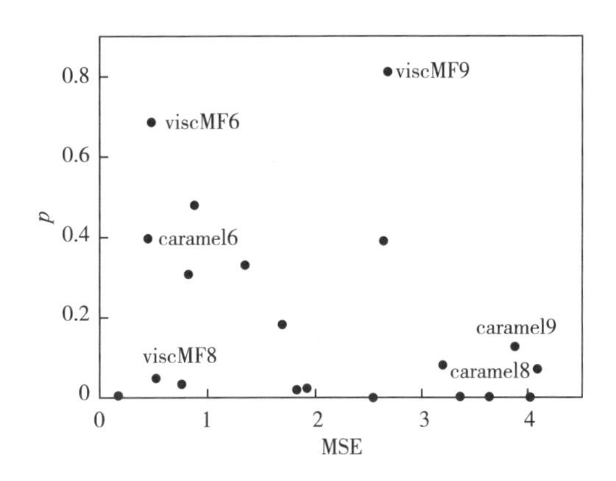

图 8-5 所有鉴评员对焦糖香气（caramel）和黏稠口感（viscMF）评价结果的 p 与 MSE 的关系示例

图 8-5 所示为所有鉴评员（只有一些鉴评员被命名）对焦糖的香气和黏稠口感评价结果的 p 与 MSE 的关系示例，可以通过具有主效应（产品、鉴评员和重复）和交互效应（鉴评员与产品、鉴评员与重复、产品与重复）的三向方差分析得到。专家组成员 8 在黏稠口感方面表现出优异的鉴别能力（低 p）以及出色的重复性（低 MSE）。对于焦糖香气，尽管有重复性问题，但该鉴评员对其仍有很好的鉴别能力（低 p）。专家组成员 9 在这两个属性方面都存在重复性问题，而且在黏稠口感的辨别性上也存在问题，不过在焦糖香气的辨别上存在问题程度较小。感官科学家应注意具有明显的鉴评员与产品相互作用的属性。这些表明至少有一位鉴评员没有对这些属性进行类似的评分。一位鉴评员的结果减少（增加），而鉴评员的平均值增加（减少），则称之为交叉互动，这是一个问题。如果一位鉴评员的结果减少（增加），而鉴评员的平均值

减少（增加），但速率不同，那么这种互动就不是什么问题。

鉴评员相对于整个小组的每个属性的表现也可以用蛋壳图直观地显示出来。在这种情况下，鉴评员对每个属性的得分被转化为等级。然后，通过找到每个产品的鉴评员的平均排名，并对这些平均值进行排名，就可以为每个属性建立一个共识排名。然后，每位鉴评员的累积分数相对于共识排名绘制出来。结果图看起来类似于蛋壳，目的是在每个属性的蛋壳上尽可能少地出现“裂缝”（图 8-6）。

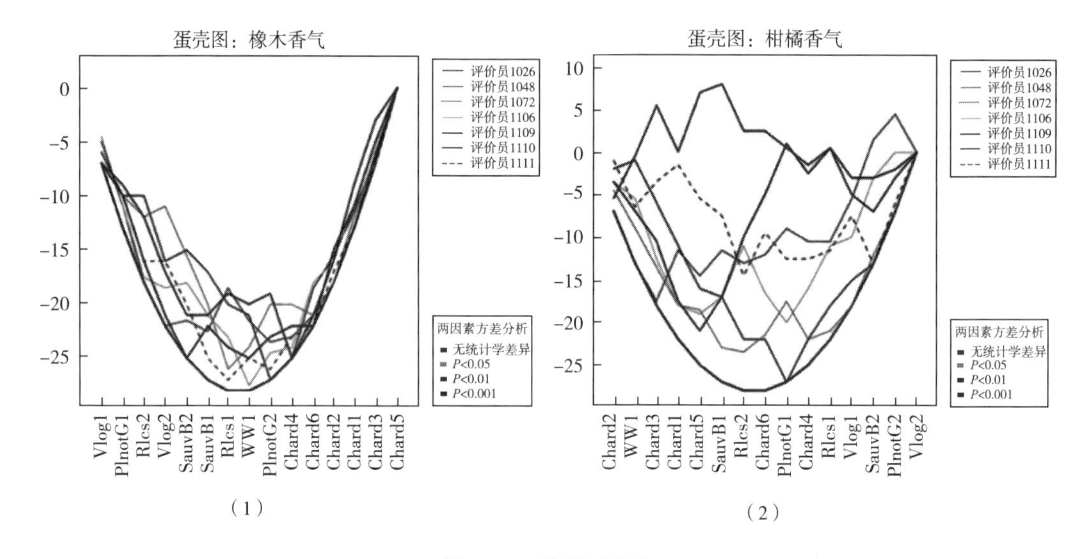

图 8-6　蛋壳图示例

图底部的平滑线是特定属性的一致排名。从图中可以明显看出，鉴评员对橡木香气属性（1）的意见比对柑橘香气属性（2）的意见更一致。横坐标为各种属性。

（二）多元技术

所有鉴评员的每个属性的主成分分析（PCA）表明鉴评员之间对该属性的一致性。在这种情况下，指定属性的每个产品的鉴评员分数用作分析中的变量（列）。如果鉴评员之间有实质性的一致，那么大部分差异应该由第一个维度来解释。换句话说，如果鉴评员类似地使用特定属性，则 PCA 应该趋于一维。通常，对于训练有素的评定小组，在第一个维度上解释的方差量范围为 50%~70%（图 8-7）。

沃尔希（Worch）等发现，对于未经培训的消费者，这些值往往要低得多，范围为 15%~24%。感官分析人员还可以根据 PCA 结果计算每个属性的谐和分数（C）。狄克斯特霍伊斯（Dijksterhuis）将 C 定义为解释方差的比率剩余方差总和的第一个维度。较大的 C 表明鉴评员在特定术语的使用上达成一致，因为这些术语的向量将“指向”同一方向。感官分析人员必须小心，不要盲目地计算 C，因为当第一个维度上有大的负载荷和大的正载荷时，可能会出现很大的 C。因此，在计算 C 之前，应该始终绘制每个属性的 PCA。德拉吉奥（Dellaglio）等报道了评定意大利干腌香肠的小组的 C 范围为 0.4~2.3。Carbonell 等发现评定西班牙柑橘汁的小组的 C 范围为 0.46~4.6。

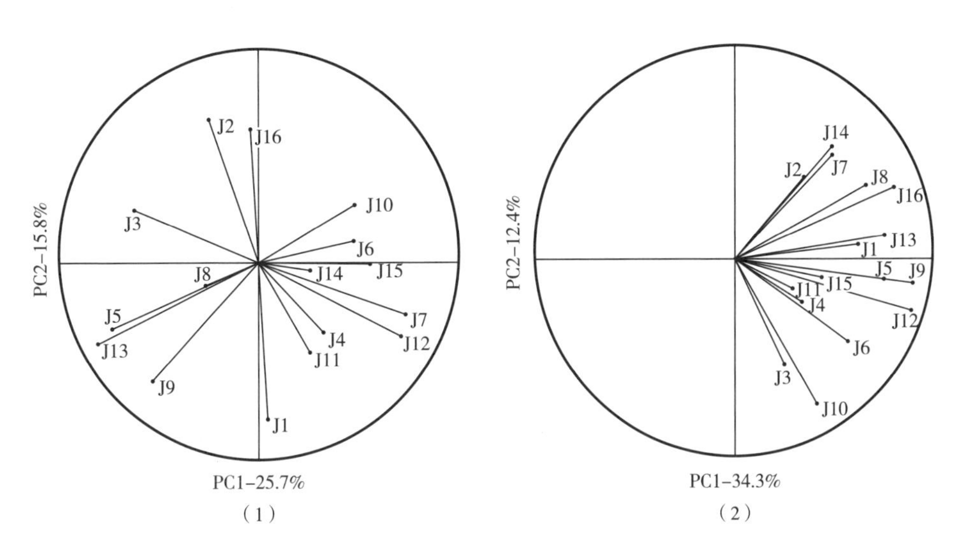

图 8-7　两个 PCA 鉴评员一致性图示

在图（1）中，鉴评员对特定术语的使用存在分歧。在图（2）中，鉴评员就术语的使用达成了更多共识。

第七节　时间-强度描述性分析

一、时间-强度描述性分析技术的概念与发展

对食物的香气、味道、风味和质地的感知是动态的；换句话说，感官属性的感知强度每时每刻都在变化。食物感官的动态性质是由于咀嚼、呼吸、唾液分泌、舌头运动和吞咽过程而引起的。例如，在全质构分析中，食物分解的不同阶段在开始时被识别出来，并通过其特征分为第一口、咀嚼和残留阶段等几个独立部分。品酒师经常讨论葡萄酒如何“在玻璃杯中打开”，因为他们认识到在打开瓶子并将葡萄酒暴露在空气中后，味道会随着时间的变化而变化。人们普遍认为，消费者对不同强度甜味剂的接受程度取决于它们与蔗糖的时间分布的相似性。在口腔中停留时间过长的高浓度甜味剂对消费者来说可能难以接受。相反，味道持久的口香糖或“回味悠长”的葡萄酒则是人们所希望的。这些例子阐明了食物或饮料的时间-强度（Time-Intensity，TI）曲线是其感官吸引力的重要方面。

常见的感官评分方法要求鉴评员通过给出单一的（单点）评分来评估感知强度。而时间-强度法要求鉴评员必须“时间平均”或整合连续时间的感觉，或仅估计峰值强度，以提供所需的单一强度值。但这样的单个值可能会遗漏一些重要的信息。例如，两种产品可能具有相同或相似的时间平均曲线或描述性规格，但不同风味出现的顺序或达到峰值强度的时间不同。

时间-强度方法为鉴评员提供了随时间推移来平衡他们感知感觉的机会。当对多种属性进行跟踪时，复杂的食品风味或质地的特征可能会显示出产品之间的差异，这些差异在产品首次品尝、闻到或感受到后随着时间的推移而变化。对于大多数感官，感知的强度会先增加后减少，但对于某些感官，如感知肉的韧性，感知强度可能会随着时间的推移而减少。对于感知融化，

这种感觉可能只会增加，直到达到完全融化的状态。

在进行时间-强度研究时，感官专家可以获得丰富详细的信息，例如，感知的最大强度、达到最大强度的时间、强度增加到最大点的速率和趋势、强度下降到一半最大强度和到消失点的速率和趋势，以及感知的总持续时间。图 8-8 所示为一些常见的时间-强度曲线示例。其他参数有：DUR，总持续时间=T_{end}-T_{start}；AUC，曲线下面积。在研究甜味剂、口香糖或洗手液等具有独特时间-强度特征的产品时，可以从时间-强度方法中获得有效的信息。

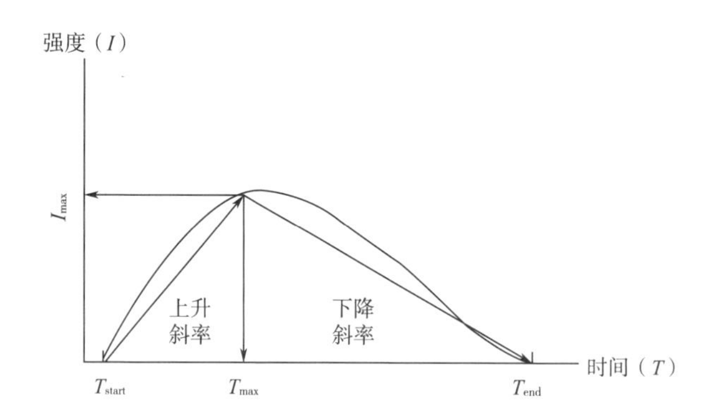

图 8-8　从记录中提取的时间-强度曲线示例和常用曲线参数

霍尔韦（Holway）和赫维奇（Hurvich）发表了一份关于跟踪味觉强度与时间关系的报告。他们让受试者通过画出一条曲线，来表示将 1 滴 0.5mol/L 或 1.0 mol/L NaCl 溶液滴在舌头前表面 10s 后的感觉。他们指出了几个在后来的其他研究中被证实为普遍趋势的效应。浓度越高，峰值强度越高，但峰值出现的时间越晚，尽管上升坡度更陡。重要的是，他们注意到味觉强度并不是严格意义上的浓度函数：“当滴至舌上的溶液浓度固定时，强度在不同的时刻会有一定的变化。咸味的强度取决于时间和浓度。”

索斯特罗姆（Sjostrom）和杰利内克（Jellinek）也尝试量化感知/感官强度的时间反应。试验者要求鉴评员在打分表上以 1s 的间隔标出他们感知到的啤酒苦味，并使用时钟来表示时间。然后，他们通过在图表纸上绘制 x-y 坐标（x 轴上 * 时间，y 轴上为感知强度）来构建时间-强度曲线。一旦鉴评员熟悉了该方法，就可以要求他们以 1s 的间隔同时标记两种不同属性的感知强度。尼尔森（Neilson）为了使时间-强度曲线的产生更容易，要求鉴评员以 2s 的时间间隔直接在图表纸上指出感觉到的苦味。由于时钟可能会分散鉴评员的注意力，因此迈泽尔曼（Meiselman）通过研究味觉适应，麦克纳尔蒂（McNulty）和莫斯科维茨（Moskowitz）通过评估水包油乳液，并去除时钟的使用改进了时间-强度方法。这些研究人员使用声音提示来告诉鉴评员何时在打分表中输入感知强度，即将计时要求放在试验者而不是参与者身上。

拉尔森·鲍尔斯（Larson-Powers）和潘伯恩（Pangborn）在另一次尝试中消除了时钟或声音提示的干扰，使用了一个装有脚踏板的移动条形图记录器来启动和停止图表的移动。鉴评员通过沿着条形图记录器的切割杆移动笔，记录他们对用蔗糖或合成甜味剂增甜的饮料和明胶中甜度的感知反应。切刀杆标有非结构化的线刻度。试验时在移动的图表纸上放置一个纸板盖，以防止鉴评员看到曲线趋势，从而防止他们使用任何视觉线索来偏置反应。1977 年，通用食品技术中心独立开发并使用了类似的装置来跟踪甜度。在该装置中，受试者抓住图表记录器的实际笔架，使其无需定位记录笔；同时，移动的图表也被连接在笔架上的指针的线标所遮挡。同一时期，伯奇（Birch）和芒顿（Munton）开发了“SMURF”（“记录通量的感觉测量单位”的缩写）版本的时间-强度评价仪器。在SMURF仪器中，受试者转动一个从1到10的旋钮，这个电位器将一个可变信号输入鉴评员视线之外的条形图记录器。条形图记录器的使用提供了第一个连续的时间-强度数据收集方法，并使鉴评员摆脱了时钟或听觉信号造成的干扰。然而，这些方法需要参与者相当程度的专注度和身体协调能力。例如，在Larson-Powers设置中，条形图记录器要求鉴评员使用脚踏板来运行记录纸记录器，将样品放在嘴里，并移动标记笔来表示感知的强度。并非所有的鉴评员都具有高专注度和好的身体协调能力，有些人无法进行评定。尽管条形图记录器使得对感知强度的连续评定成为可能，但是时间-强度曲线必须手动数字化，这非常耗时。

使用计算机对模拟电压信号进行时间采样的同时会对在线数据进行收集，从而避免了手动测量时间-强度曲线的问题。第一个计算机化的系统是1979年在美国陆军纳蒂克食品实验室开发的，用来测量苦味适应程度。它使用了一个电子传感器，放置于受试者舌头正上方的喷口中，以确定刺激到达的实际开始时间。刺激物中加入了亚阈值的NaCl，因此当水流冲洗到管内的刺激物界面时，产生了电导率的变化。开发者设计了一个特殊的电路来检测电导变化，并将响应旋钮连接到可视线标尺。就像SMURF仪器一样，受试者调节旋钮来控制可变电阻器。电压计移动指针输出在线性标度上作为视觉反馈，同时一个平行的模拟信号被送到一个模数转换器，然后送到计算机上。编程是在当时一台常用的实验室计算机上用公式翻译器（FORTRAN）子程序完成的。整个系统如图8-9所示。

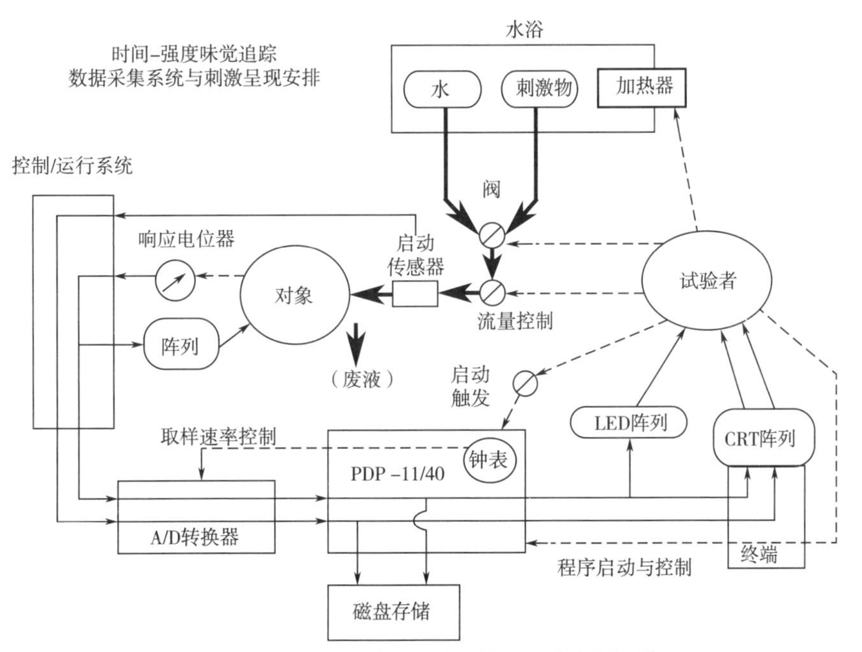

图8-9 早期的计算机化的时间-强度比例系统

该系统用于跟踪刺激舌前部的流动系统中的苦味适应。粗线表示刺激溶液的流动，实线表示信息的流动，虚线表示实验者驱动的过程控制。到达舌头的刺激由安装在受试者舌头正上方玻璃管中的电导率传感器监测。受试者的反应在线标尺上变化，试验者可以在计算机显示屏上查看电导率和反应电压输出，这些数据同时被输出到一个数据文件。该系统采用公式翻译器（Fortran）子程序编程，控制时钟采样率和模数转换（A/D）程序。LED，发光二极管；CRT，阴级射线管；PDP-11/40，计算机。

台式计算机的出现使得时间-强度方法的使用在20世纪80年代和90年代风靡一时。加州大学戴维斯分校的一些论文研究项目为该方法提供了有用的证明。几位科学家利用各种硬件和软件产品开发了计算机化的时间-强度系统。计算机化的时间-强度系统现在可以作为数据收集软件组合的一部分在市场上销售，大幅增强了时间-强度数据收集和数据处理的便利性和可用性。

二、时间-强度描述性分析方法

1. 离散或不连续取样

感官科学家有几种选择来收集与时间相关的感官数据。与时间相关的评价方法可以分为4组。最古老的方法是简单地要求鉴评员在食用食物的不同阶段对感知的强度进行评级。这特别适用于质地，可以在初始咬合、第一次咀嚼、咀嚼和残留等阶段进行评估。表8-10所示为焙烤产品质地评估过程中的时间划分。

表8-10　焙烤产品质地评估过程中的时间划分

阶段	属性	用词转换
外观	粗糙度	光滑-粗糙
	颗粒数	无-多
	干湿度	油-干
初始咬合	脆性	酥-脆
	硬度	软-硬
	颗粒大小	小-大
第一次咀嚼	浓厚度	清爽-浓厚
	咀嚼均匀性	均匀-不均匀
咀嚼	吸水性	无-强
	黏度	无-高
	硬度	无-大
残留	油腻度	干-油
	颗粒数	无-多
	沙状	无-沙沙的

当使用描述性分析时，在几个小的隔间内对残留的味道或口感进行评定可能是有用的，例如，每30s一次，持续2min，或在品尝后立即进行，然后在漱口后再次进行。然后，每个测量值都被视为一个独立的描述性属性，并作为一个独立的变量进行分析，很少或根本没有试图重建一个像图8-10所示的时间-强度曲线那样的与时间相关的记录。对于研究人员感兴趣的一些简单方面，如“苦涩余味的强度”，这种方法就足够了。

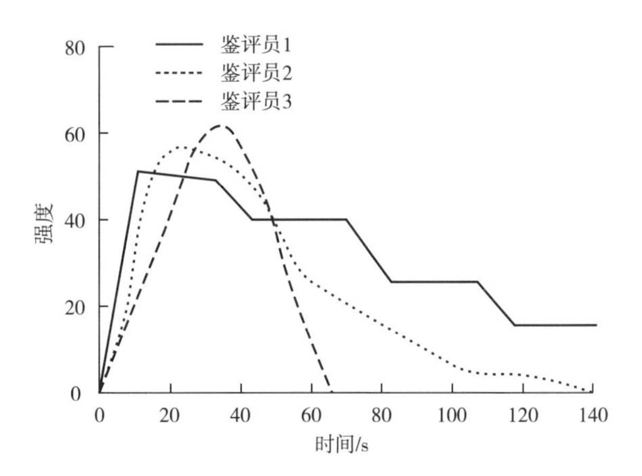

图 8-10 显示特征信号或形状的时间-强度记录示例

鉴评员 1 显示了一条具有多个平稳段的曲线，这是常见现象。鉴评员 2 显示了一条平滑和连续的曲线。鉴评员 3 显示了一条急剧上升和下降的曲线。

另一个相关的方法是要求在重复的较短的时间间隔内对单一或少数属性进行重复评分，通常由评定小组组长或试验者给出提示。然后将这些评分连接起来，并绘制在时间轴上。这是一个简单的程序，可用于跟踪风味或质地属性的强度变化，除了秒表或其他计时装置外，不需要其他特殊设备。鉴评员被训练成能按时间提示（可以口头或在计算机屏幕上给出提示）来对他们的感觉进行评级，并在属性列表中快速移动。以这种方式可以对多少属性进行评级尚未定论，但随着时间提示的加快和间隔的缩短，可评估的属性减少。这种方法需要对预设的假设有一定的信心，即属性的评定接近于给出提示的实际时间。鉴评员是否能够准确做到这点还有待商榷，但考虑到在任何感知判断中存在反应时间延迟，程序中一定存在一些固有的误差或延迟偏差。在对甜味剂混合物和涩味的研究中，可以发现有语言提示和多重属性的重复、离散时间间隔方法的例子。在统计分析中，时间记录被视为一个相连的序列，时间被作为一个因素（即一个自变量）进行分析。

2. “连续”跟踪

第三种广泛使用的时间-强度评价方法是使用模拟响应装置（如杠杆、旋钮、操纵杆或计算机鼠标）连续跟踪味道或质地。响应装置可以改变可变电阻，并且产生的电流通过模数转换装置定时反馈。信号以记录设备中设定的任何速率进行时间采样。如上所述，连续记录也可以通过使用图表记录器来产生，但是将记录数字化可能相当费力。连续跟踪的优势在于记录中能捕捉到的风味或质地体验的细节。由于许多味觉和气味的呈现非常迅速，因此很难用语言或离散点方法来捕捉风味的上升阶段。尽管记录是连续的，但是这些记录参差不齐的性质表明鉴评员没有以连续的方式移动反应装置。

二维反应任务已经发展到可以同时追踪两种属性。在一项关于口香糖甜味和薄荷味的试验中，鉴评员有可能同时跟踪这两种味道的感觉。鉴评员接受了斜向移动鼠标的训练，视觉标尺包括水平和垂直标尺上的指针，代表各个属性的强度。对于像口香糖这样变化缓慢的产品，取样时间不要太频繁（在这种情况下，每 9~15s 一次），这项技术在人类观察者的能力范围内，可以迅速转移他们的注意力或使他们对组合口味的整体模式作出反应。

然而，当前使用的大多数时间-强度跟踪方法必须重复评估，以便跟踪附加属性。理想情况下，这可能导致产品中所有动态风味和质地属性以及它们在不同时期的变化。罗维拉（De Rovira）提出了这种方法，他展示了如何将多属性的描述性分析蛛网图扩展到时间维度，以生成一组时间-强度曲线，从而表征整个剖面。

3. 时间优势技术

收集时间相关变化的第四种方法是将报告的轮廓限制在关键感觉的子集，称为感觉的时间优势（TDS）方法。这种方法仍在发展，对程序和分析的描述也有所不同。基本思想是在计算机屏幕上呈现一组预先确定的属性，供鉴评员选择，并对每个属性的强度进行评分。重要的是选择主导的品质属性，因此该方法与哈尔彭（Halpern）的味道质量追踪技术相关。在品尝样品并点击开始按钮后，鉴评员被指示在任何时候只注意并选择“主导”感觉。“主导”被描述为“最引人注目的感觉”“最强烈的感觉”“吸引注意力的感觉”，或在特定时间“突然出现的新感觉”（不一定是最强烈的感觉）。

在啜饮或吞咽样品后，指示专门的鉴评员点击开始按钮，并立即选择屏幕上的哪个属性是主导属性，并对其强度进行评级，通常以 10 点或 10cm 线上评分。计算机持续记录这种强度，直到有东西改变，此时一个新的主导属性会被选中。在这种方法的一个版本中，可以在不同的时间间隔对多个变化的属性进行评分，直到所有的感觉都按照时间顺序被评分。其他报道似乎暗示在任何给定时间只有一个主导属性被记录。

这种技术产生了详细的按时间、按鉴评员、按属性、按强度的记录。然后可以通过对鉴评员进行求和并对曲线进行平滑处理来构建每个属性的曲线。拉韦（Labbe）等描述了通过平均强度乘以每个选择的持续时间，再除以持续时间的总和（即加权）得出总时间优势分数。这产生了一个类似于曲线下区域时间-强度得分或 SMURF 方法（强度乘以持久性）记录的综合值。注意，使用了时间信息，但是在分数中丢失了时间信息，即不能从这些导出的分数中构建曲线。在一系列的调味凝胶中，这些总体分数被发现与传统的剖析分数有很好的相关性。第二个衍生的统计指标是在任何给定时间报告给定属性为主导的鉴评员的比例。其忽略了强度信息，但产生了一个简单的百分比度量，可以随着时间的推移绘制出每个属性的（平滑的）曲线。相对于 $1/k$ 的基线比例，使用简单的单尾二项式统计来评估属性比例相对于概率的“显著性”，其中 k 是属性的数量。所需的显著性水平可以在优势曲线图上绘制为一条水平线，以显示哪些属性是显著的“优势”，任何两个产品都可以使用简单的二项式检验来比较两个比例的差异。该程序提供的其他信息是计算出成对产品的差异分数，当随着时间的推移，该分数提供了关于每个属性的优势差异和模式变化的潜在有用信息。

据称这种方法的优点是：①比一次性的时间-强度跟踪方法更省时，成本更低，因为每次试验都对多个属性进行评级；②简单易做，只需要很少或不需要训练；③提供了相对于时间-强度记录的增强差异的图像。因为鉴评员被要求一次只对一个属性做出反应，所以时间特征的差异可能会被强调。然而，目前似乎还没有达成一致的标准程序。这项技术需要专门的软件来收集信息，但至少有一个主要的感官软件系统已经实现了时间优势选项。属性在成为主导之前被假定为零分，并且一些属性可能永远不会被评分。这似乎必然会导致记录不完整。不同的鉴评员在不同的时间对不同的属性做出贡献，因此使用原始数据集来比较产品之间的差异的统计方法是困难的。然而可以使用简化的总分（按时间衡量的强度之和，但失去了时间信息）或通过比较应答者的比例（丢失强度信息）对产品进行统计比较。可以通过检查曲线进行定性比较，例如这个产品最初是甜的，然后变得更涩，相比之下，产品 X 最初是酸的，然后是果味。

时间优势和传统时间-强度跟踪方法提供的信息是否不同？一项研究发现，两种方法构建的时间-强度曲线非常相似，为一些属性提供了几乎冗余的信息。在另一项研究中，时间-强度参数的相关性在强度最大值与支配比例最大值方面很高。由于时间优势中收集的信息不同，而且一次对一个属性的关注有限，因此与其他时间-强度相关参数［如最大到达时间（T_{max}）和持续时间测量］的相关性较低。

三、时间-强度描述性分析程序

进行时间-强度研究的步骤类似于建立描述性分析程序的步骤（表 8-11）。重要的问题是确定时间-强度方法是否适合于试验目标。这是一种只有一个或几个关键属性的产品吗？这些属性可能会随着时间的推移以某种重要的方式发生变化吗？这种差异可能会影响消费者对产品的接受程度吗？这些关键属性是什么？接下来，应该与评定小组一起确定产品测试集，这将影响试验设计。感官分析人员此时应该知道数据集将会是什么样子，以及可以从时间-强度记录中提取什么参数用于统计比较，例如强度最大值、达到最大值的时间、曲线下面积和总持续时间。许多时间-强度曲线参数通常是相关的，因此没有必要分析超过 10 个参数。实践总是必不可少的，但坐在测试间的人未必知道如何使用时间-强度系统并且熟悉鼠标或其他响应设备。佩鲁（Peyvieux）和 Dijksterhuis 概述了培训时间-强度鉴评员的协议，该协议或类似版本已被广泛采用。明智的做法是进行某种小组检查，以确保鉴评员提供可靠的数据，并检查他们的数据记录的合理性。此时，研究人员和统计人员还应该决定如何处理缺失的数据或可能有人工痕迹或不完整的记录。在感官研究中，完备的计划可以省去很多麻烦和问题，对于时间-强度方法来说，计划尤其如此。

表 8-11　进行时间-强度研究的步骤

序号	内容	序号	内容
1	确定试验目标：时间-强度是正确的方法吗？		①要比较哪些参数？
2	确定要评级的关键属性。		②是否需要进行多变量比较？
3	建立用于客户/研究人员的产品。	6	招募鉴评员。
4	选择收集数据的系统和/或时间-强度方法。	7	举办培训课程。
	①反应任务是什么？	8	检查鉴评员的表现。
	②向鉴评员提供什么视觉反馈？	9	进行研究。
5	建立统计分析和试验设计。	10	分析数据和报告。

如果只需评估几个属性，连续跟踪方法是合适的选择，其可以提供大量信息。这通常需要使用计算机辅助数据收集。许多用于感官评定数据收集的商业软件包具有时间-强度模块。通常可以指定开始和停止命令、采样率和试验间隔。鼠标移动通常会产生一些视觉反馈，例如光标或线条指示器沿简单线条标尺的运动。显示器通常看起来像一个垂直或水平的温度计，光标位置由上升和下降的条或线状物明确指示。计算机记录可以被视为原始数据，用于在鉴评员之间进行平均。一种简单的方法是从每个记录中提取特征曲线参数，用于统计比较，如强度最大

值、达到最大值的时间和曲线下面积。通过这些有时被称为“支架参数”，因为它们代表了时间记录的基本结构。通过这些参数的统计比较可以清楚地了解不同产品在感觉的开始、上升和下降感觉的时间过程、总持续时间以及产品的风味或质地的总感觉影响是如何被感知的。如果没有计算机辅助的软件包，或者不能进行编程，研究人员总是可以选择使用提示/不连续命令（例如，使用秒表和口头命令）。这可能适用于为了全面了解情况而必须对多个属性进行评级的产品。然而，鉴于商业感官数据收集系统在主要食品和消费品公司中的广泛可用性，感官分析人员可能会有机会获得连续跟踪选项。

光标在可见刻度或电脑屏幕上的起始位置应该被仔细考虑。对于大多数强度评级，从低端开始是有意义的，但对于喜好量化（喜欢/不喜欢），光标应该从中性点开始。对于肉类嫩化或产品融化，轨迹通常是单向的，因此光标应该从肉类的“不嫩”或“硬”开始，从融化的产品的“未融化”开始。如果光标在单向跟踪情况的错误端开始，由于初始移动，可能获得错误的双向记录。

在进行时间-强度描述性分析试验时，应首先向鉴评员介绍时间-强度分析方法，然后在几个会议中给他们基本味觉的练习。基本味觉被认为比复杂产品更简单，更适合最初的实践。检查鉴评员的一致性，如果鉴评员能够对相同的味觉刺激产生3个时间-强度记录中的两个，并且相差不超过40%，则认为他们是可靠的。实验中使用了垂直线刻度，并且一个重要的规范是何时将光标移回零（当没有味道时或者当样品因多汁性的质地属性而被吞咽时）。注意到的问题有：①非传统的曲线形状，如不归零；②一些鉴评员的重复性差；③由于缺乏地标，如没有 I_{max}，曲线不可用。在时间-强度评估之前，还应进行传统的概况（即描述性分析）研究，以确保鉴评员正确选择和理解属性。如果已经从现有的描述性专家组中选择了时间-强度专家组成员，则可能不需要此步骤。进行几项统计分析可以检查属性使用的一致性，寻找一些鉴评员在曲线形状上的奇怪之处，并检查单个重复。注意到一致性以及学习和实践证据方面的改进。

比较产品最简单的方法是从每个记录中提取曲线参数，如 I_{max}、T_{max}、AUC 和总持续时间。一些感官软件系统会自动生成这些测量值。那么这些曲线参数可以像任何感官评定中的任何数据点一样被处理，并进行统计比较。对于3个或3个以上的产品，将采用方差分析，然后计划比较平均数。对于每个曲线属性和产品，差异的平均值和显著性可以在图表中报告。如果需要强度曲线的时间，可以通过选择特定时间间隔的点在时间方向上对曲线进行平均。这种平均方法并非没有缺陷，因此有一些替代方法。在梯形法的案例研究中给出了如何产生简化平均曲线的例子。

四、时间-强度描述性分析数据统计

1. 一般方法

两种常见的统计方法被用来对时间-强度数据进行假设检验。最显著的检验是简单地把在任何时间间隔采样的原始数据当作方差分析（ANOVA）的输入数据。这种方法产生一个非常大的方差，至少有3个因素——时间、鉴评员和相关的处理。时间和鉴评员的影响可能不是最重要的，但由于存在个体差异和感觉随时间的变化，因此总是会显示出大的 F 值。另一个常见的模式是时间-处理相互作用，因为所有曲线在较晚的时间间隔趋向于接近基线。这也是意料之中的。事实上，数据中的细微模式可能在其他交互作用效应或其他处理时间交互作用的原因中被捕获。然而，很难判断这种交互作用是由于基线的最终收敛还是由于一些更有趣的效应产生，如更快的开始时间或交叉的衰减曲线。

研究人员经常从时间-强度曲线中选择感兴趣的参数进行分析和比较。曲线上的标志包括感知的最大强度、达到最大强度所需的时间和返回到基线强度的持续时间。利用计算机辅助数据收集，可以容易地获得更多的参数，例如曲线下面积、感知最大强度之前和之后的曲线下面积，以及从开始到最大的增加速率和从最大到终点的衰减速率。其他参数包括感知最大强度的平稳时间、反应开始前的滞后时间以及达到一半感知最大强度所需的时间。从时间-强度曲线中提取的参数如表 8-12 所示。

表 8-12　　从时间-强度曲线中提取的参数

参数	别称	定义
峰强度	I_{max},I_{peak}	时间-强度记录上最高点的高度
总持续时间	DUR,Dtotal	从开始到回到基线的时间
曲线下的面积	AUC,Atotal	—
感知最大强度的平稳期	D_{peak}	达到最大值和开始下降之间的时间差
平稳期后	A_{peak}	—
下降阶段的面积	P_{total}	由下降开始和达到基线所限定的面积
上升斜率	R_i	增加率(线性拟合)或从开始到峰值强度的直线斜率
下降斜率	R_t	减少率(线性拟合)或从初始下降点到基线的直线斜率
消失	—	曲线终止于基线的时间
顶峰时间	T_{max},T_{peak}	达到峰值的时间,达到强度峰值的时间
半峰时间	半衰期	衰减部分达到一半最大值的时间

注:基于曲线下等效面积的半圆,并将半圆分为上升和下降相位段。

第二种常见的方法是提取每个单独记录的曲线参数,然后对时间-强度曲线的每个方面进行 ANOVA 或其他统计比较。这种方法的一个优点是它能捕捉到时间记录模式中的一些(但可能不是全部)个体差异。鉴评员的模式在个体中是独一无二的,并且是可复制的,这种效应有时被描述为个体“特征”。个体特征的例子如图 8-10 所示。这些个体特征的原因尚不清楚,但可能归因于解剖学、生理学的差异如唾液因素、不同类型的口腔操作或咀嚼效率,以及个人的评定习惯。当只分析提取的参数时,一些信息可能会丢失。

第三种方法是将一些数学模型或方程组拟合到每个记录中,然后使用模型中的常数作为不同产品比较的数据。鉴于感官计量学领域的活动和独创性日益增加,这种模型很可能会继续发展。

2. 构建平均曲线的方法

对时间-强度记录的分析引起了感官计量学家的持续兴趣和响应,他们提出了许多曲线拟合和总结个人和群体平均时间-强度记录的方案。曲线拟合技术包括样条方法拟合和各种指数逻辑或多项式方程。对于任何试图用一个方程或一组方程来模拟时间-强度行为的人来说,一个重要的问题是它能在多大程度上考虑到鉴评员的个体“特征”。对一个专门鉴评员的平滑时间-强度记录来说,似乎是一个很好的近似,但对于似乎显示具有多个平台的阶跃函数的专门鉴评员来说,可能不是一个很好的模型。目前还不知道这些方案中有多少已经在工业中得到应用,也不知道它们是否仍然是一种学术研究。它们在主流感官实践中的渗透可能取决于它们是否被整合到商业感官评估软件数据收集系统中。

平均化最常见的形式是把每条曲线在特定时间间隔上的高度当做原始数据使用。通过对给定时间的强度值进行平均并连接平均值来计算汇总曲线。这具有分析简单化的优点,并保留一个固定的时间基础作为信息的一部分。然而,用这种方法可能检测不到非典型反应。鉴评员将具有特征曲线形状,在他们的反应中形成一致的风格或特征,但在形状上不同于其他鉴评员,有的涨跌剧烈。一些形成平滑的圆形曲线,而另一些可能会显示一个平台。简单的平均可能会丢失一些关于这些个体趋势的信息,特别是来自异常值或少数模式的信息。此外,两条不同曲线的平均,可能会产生一条新的曲线,这条曲线的形状与任一输入曲线都不对应。图 8-11 所示为一个极端(假设的)例子,其中两个不同的峰值强度时间导致一条具有两个最大值的平均曲线。这种双峰曲线在起作用的原始数据中不存在。

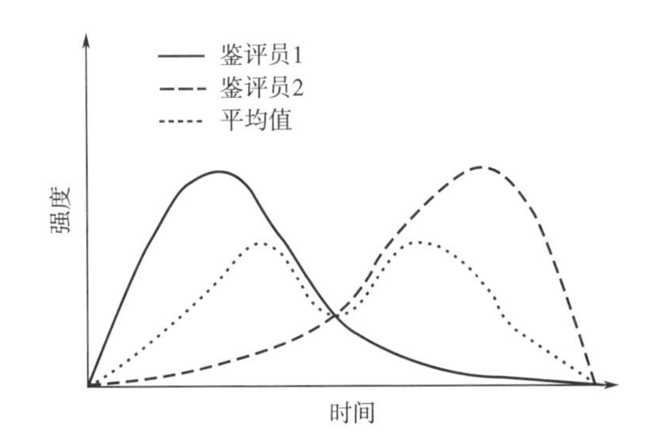

图 8-11　具有不同峰值时间的两条时间-强度曲线及其双峰平均值曲线

为了避免这些问题，研究人员提出了其他的平均方案。这些方法可以更好地解释不同鉴评员所展示的不同曲线形状。为了避免不规则的曲线形状，可能有必要或希望在平均之前将具有相似反应的鉴评员分组。通过简单的目测曲线或聚类分析或其他统计方法，根据“反应风格”对鉴评员进行分组。然后可以对这些子组进行单独分析。分析可以使用简单的曲线高度的固定时间平均法或下文描述的其他方法之一进行。

另一种方法是在强度和时间方向上进行平均，通过将每个人的平均时间的最大值设置为所有曲线的最大值，然后在每个曲线的上升和下降阶段找到最大值的固定百分比的平均时间。这种方法最初是由奥弗博什（Overbosch）等发表的，随后刘（Liu）和麦克菲（MacFie）提出了一些修改意见，程序中的步骤如图 8-12 所示。主要步骤为：在第一步中，找到强度最大值的几何平均值。单独的曲线被相乘缩放以具有该 I_{max} 值。第二步，计算到达 I_{max} 的几何平均时间。在接下来的步骤中，为每条曲线的固定百分比“切片”，即 I_{max} 的固定百分比，计算几何平均时间。例如，上升和下降阶段在 I_{max} 的 95%和 I_{max} 的 90%处被“切片”，并且找到达到这些高度的几何平均时间。

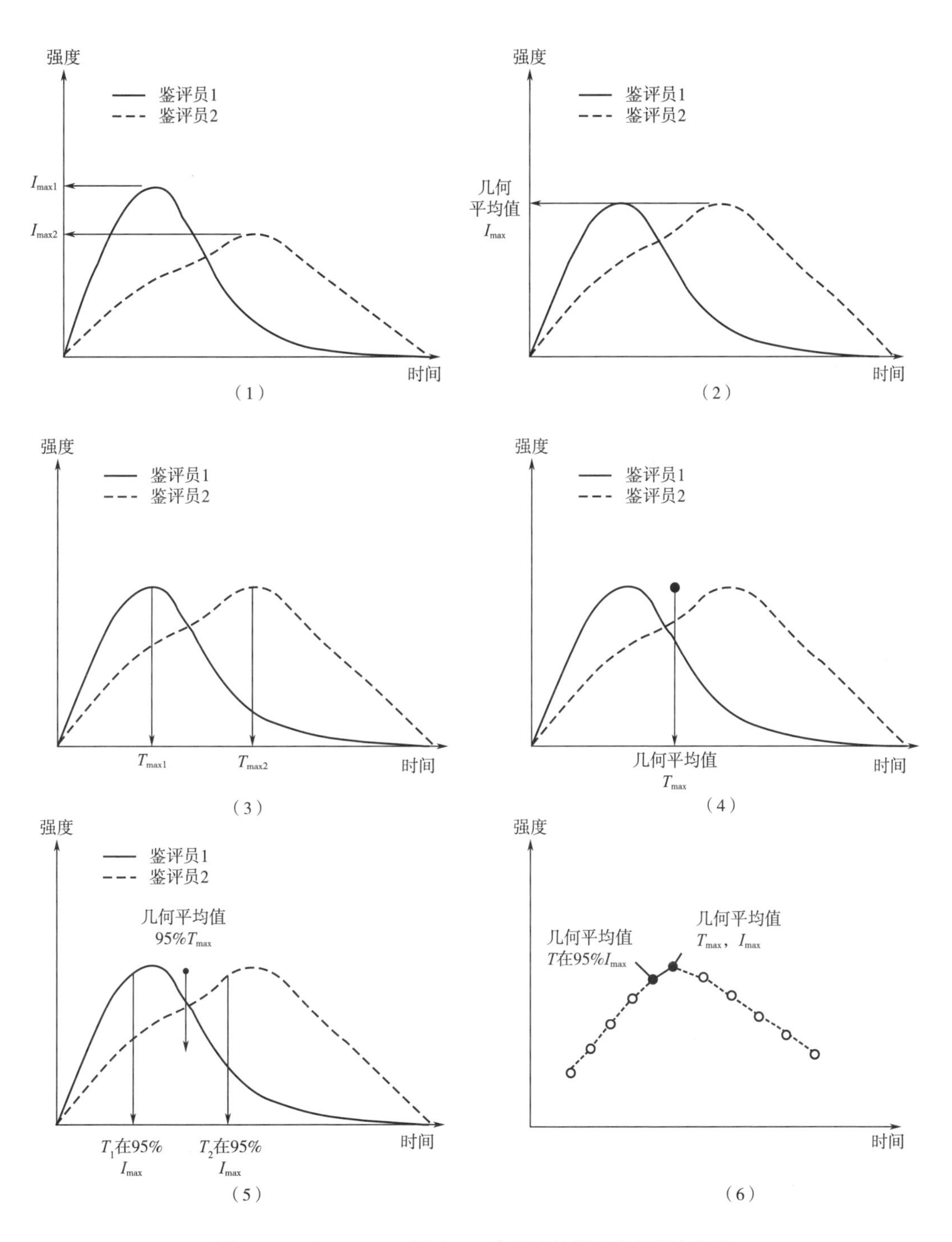

图 8-12　Overbosch 等（1986）提出的数据分析程序步骤

（1）两个鉴评员的两个假设时间-强度记录，显示不同时间的不同强度最大值。（2）找到强度最大值的几何平均值。然后，可以对各个曲线进行乘法缩放，以获得该 I_{max}。（3）两个 T_{max}。（4）计算几何平均最大值时间（T_{max}）。（5）计算每条曲线的固定百分比"切片"的几何平均值时间，即 I_{max} 的固定百分比。上升阶段在 I_{max} 的 95%处"切片"，并确定时间值。对于下降阶段在最大值的 95%处确定类似的值。（6）绘制每个最大值百分比的几何平均值时间，以生成合成曲线。

这个过程避免了由两个明显不同的曲线形状的简单平均而产生的那种双峰曲线（图 8-11）。该方法具有几个理想的特性，这些特性在固定时间的简单平均中不一定出现。首先，平均曲线的 I_{max} 是各条曲线的 I_{max} 的几何平均值。第二，平均曲线的 T_{max} 是各条曲线的 T_{max} 的几何平均值。第三，端点是所有端点时间的几何平均值。第四，所有鉴评员对曲线的所有部分都有贡献。对于固定时间的简单平均，曲线的尾部可能有许多判断归 0，因此平均值是一些小数值，不能很好地代表这些点的数据。在统计学上，这些后期时间间隔的反应分布是正偏斜的，并且是左删减的（以零点为界）。解决这个问题的一个方法是使用简单的中位数作为集中趋势的衡量标准。在这种情况下，当超过一半的裁判为 0 时，总结曲线归 0。第二种方法是使用统计技术，用于估计左删正偏数据的中心趋势和标准差。

如果所有个体曲线都平稳上升和下降，没有平台或多个波峰和波谷，并且所有数据都在零点开始和结束，则 Overbosch 的方法效果很好。实际上，这些数据并没有那么有规律。有些鉴评员可能会在第一个峰值后开始下跌，然后再次上升到第二个峰值。由于各种常见的错误，数据可能不在零点开始和结束，例如，在允许的采样时间内，记录有可能会被截断。为了解决这些问题，刘（Liu）和麦克菲（MacFie）对上述方法进行了改进。在其分析过程中，I_{max} 和 4 个“时间标志”被平均，即开始时间、达到最大值的时间、曲线从 I_{max} 开始下降的时间和结束时间，每条曲线的上升和下降阶段被分成约 20 个时间间隔片段。在每个时间间隔，计算平均 I。这种方法允许曲线具有多个上升和下降阶段以及一个最大强度的平台，这在一些鉴评员的记录中很常见。

3. 简单几何描述

拉勒德曼（Lallemand）等提出了一种通过几何近似比较曲线和提取参数的简单高效的方法，采用这种方法和经过训练的食品物性评定小组来评估不同的冰淇淋配方。时间-强度研究的劳动密集型本质体现这样一个事实：在 3 个试验中，12 个产品根据 8 个不同的属性进行评定，每位鉴评员需要大约 300 条时间-强度曲线。每位鉴评员接受了 20 多节训练，尽管只有少数最后一节专门用来练习时间-强度程序。显然，这种研究项目需要投入大量的时间和资源。

数据通过计算机辅助评分程序收集，其中鼠标移动与 10cm 10 分制刻度上的光标位置相关联。研究者指出，由于“鼠标伪影”或其他问题，数据记录存在许多问题。这些问题包括感知结束后鼠标的突然意外移动导致错误的峰值或评级，鼠标堵塞导致不可用的记录，以及鉴评员偶尔不准确的定位导致数据不能反映他们的实际感受。这种工效学困难在时间-强度研究中并不少见，尽管它们很少被报道或讨论。即使是经过高度训练的小组，也有 1%~3%的记录由于伪影或不准确而需要被丢弃或人工纠正。感官专业人士不应该仅仅因为他们有一个计算机辅助的时间-强度系统，就认为鼠标和机器交互中的人为因素会一直顺利地按计划进行。图 8-13 所示为时间-强度记录中的响应伪影。

Lallemand 等注意到，时间-强度曲线通常是在一段时间内，感觉上升到接近峰值强度的平台，在此期间强度等级变化很小，然后下降到基线。他们推断，梯形的简单几何可以近似提取曲线参数并找到曲线下面积（与微积分中用于积分的梯形近似方法相似）。原则上，可以定义描述该曲线的 4 个点：开始时间、强度最大值或平台期开始时间、平台期结束时间和下降期开始的时间以及感觉停止的时间。这些标志最初是由 Liu 和 MacFie 提出的。在实践中，这些点比预期的更难估计，所以做出了一些妥协。例如，一些记录会在“平稳”期间和斜率下降更快的阶段出现之前显示逐渐下降的记录。但多大程度的下降可以证明下降阶段是合理的，或者相反，

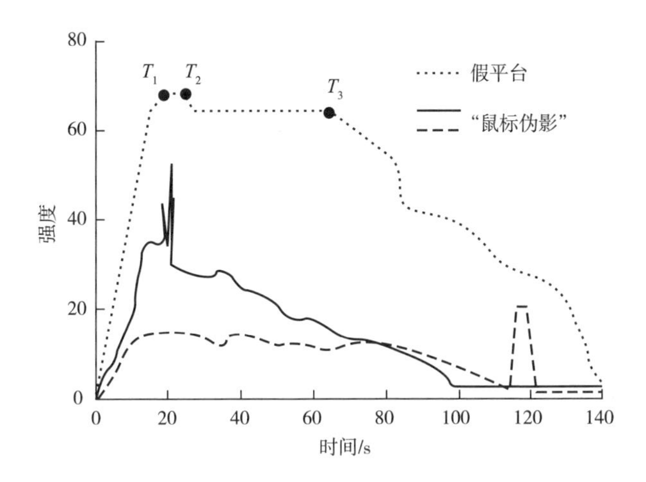

图 8-13 时间-强度记录中的响应伪影

实线显示在峰值强度附近有一些也许是无意的鼠标运动（肌肉痉挛）。虚线表现出感觉停止后出现波动信号再归零的趋势。虚线显示出了在确定强度平台期在哪一点结束时的问题。T_1 和 T_2 之间的短段可能只是突然上升后的鼠标调整，当时鉴评员觉得他们超过了标记。平台期的实际结束时间可能更合理地被认为是 T_3。

多大程度的下降将被认为仍然是平稳期的一部分（图 8-14），没有明确界定。此外，如果鉴评员没有回到零感觉或在达到零感觉后无意中撞了鼠标，应该怎么办？为了解决这些问题，在曲线的内部选择 4 个点，即梯形起点和终点的强度最大值的 5%处的时间，以及平台起点和终点的强度最大值的 90%处的时间。

这种近似法相当有效，它在假设记录中的应用如图 8-14 所示。考虑到这项研究中有近 3000 条时间-强度曲线，所以梯形点不是用手或眼睛绘制的，而是编写了一个特殊的程序来提取这些点。然而，对于较小的试验来说，"手工"对任何一组图表记录进行分析应该是完全可行的。现在，4 个梯形顶点的建立允许提取用于统计分析的 6 个基本时间-强度曲线参数（最大强度值的 5%和 90%，以及在这些点上的 4 个时间），以及来自原始记录的强度最大值，和衍生（次要）参数，例如上升和下降斜率以及曲线下的总面积。请注意，总面积变成了两个三角形和由平台描述的矩形之和［图 8-14（2）］。从这些平均点可以画出一个复合梯形。

该方法的实用性和有效性在一个复合记录样本中得到了说明，显示了两种脂肪含量不同的冰淇淋的果味强度。与风味释放原理的预期相一致，脂肪含量较高的样品达到峰值（稳定期）的速率较慢且延迟更长，但持续时间较长。如果较高的脂肪水平能够更好地隔离亲脂性或非极性风味化合物，从而延迟风味释放，则可以预测这一点。研究人员还检查了与传统质地描述性分析的相关性，发现单个时间-强度参数与质地特征平均分的相关性非常低。如果时间-强度参数提供了独特的信息，或者如果质地剖析仪在得出单点强度估计值的过程中整合了大量时间相关事件，这是可以预料的。与后一个概念相一致，通过几个时间-强度参数的组合可以更好地模拟剖析分数。这种简单有效的分析方法应该在工业环境中广泛应用。

4. 主成分分析

另一种分析是使用主成分分析。简而言之，主成分分析是一种统计方法，它"捆绑"相关测量值组，并用一个新变量（一个因子或主成分）代替原始变量，从而简化图像。在研究不同品牌的拉格啤酒苦味时间-强度曲线时，研究人员注意到，个体再次产生了他们自己特有"风

强度

A，D=最大强度值5%的点
B，C=最大强度值90%的点

B C A D O 时间

（1）

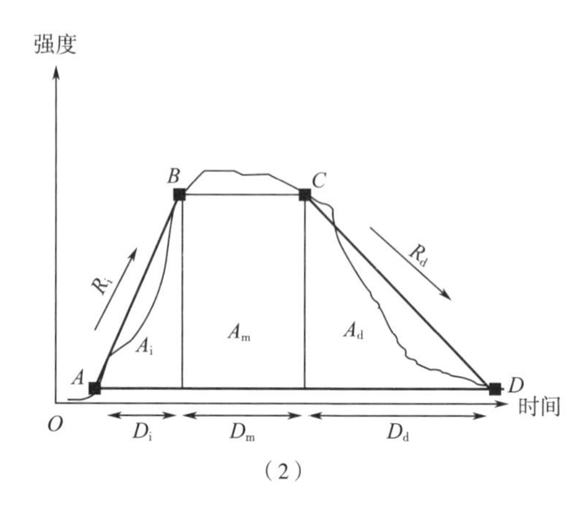

（2）

（1）时间-强度曲线的梯形近似拟合　（2）导出参数

图 8-14　Lallemand 等评估时间-强度记录曲线参数的梯形方法

（1）中，当 I_{max} 的最初 5%出现时，当在上升段首次达到 I_{max} 的 90%时，当在下降阶段在 I_{max} 的 90%处达到平稳状态时，以及在下降阶段在 I_{max} 的 5%处接近终点时，找到 4 个点。（2）显示了导出的参数，即初始上升阶段的速率（斜率）、面积和持续时间的 R_i、A_i 和 D_i；A_m 和 D_m 代表中部高原部分的面积和持续时间；R_d、A_d 和 D_d 表示下降阶段的速率（斜率）、面积和持续时间。总持续时间可以从 D_i、D_m 和 D_d 的总和中得到。总面积由 A 参数之和或梯形面积公式得出：总面积=（I_{90}-I_5）（$2D_m$+D_i+D_d）/2，即高度乘以两条平行线段的总和，然后除以 2。

格”的曲线形状。大多数人表现出经典的时间-强度曲线形状，但一些受试者表现出具有延迟峰的“滞后启动”，还有一些受试者表现出回不到基线的趋势。向主成分分析提交数据允许提取一条“主曲线”，该曲线捕捉了主要趋势。其表现为一条描述了一个峰值的时间-强度曲线，并逐渐返回到基线。第二条主曲线描述了少数趋势的形状，如缓慢开始，一个宽的峰值和没有达到基线的缓慢下降。因此，主曲线能够表明判断趋势，并提供组合数据的主要形状的清晰视图。虽然主成分分析程序可以提取许多主成分，但并非所有主成分都有实际意义，研究者应该了解每个主成分所蕴含的意义。且合理的问题是，相对于简单的时间-强度曲线参数，该成分是否反映了一些重要的东西，以及它是否显示了与鉴评员之间的个体差异相关的任何模式。

思考题

1. 描述性分析的方法有哪些？程序如何？
2. 如何对描述性分析数据进行统计学分析？
3. 时间-强度描述性分析方法的特点与优势是什么？

第九章

食品消费者调查

学习目标

1. 了解消费者调查在食品领域中的应用及其主要方法。
2. 了解并掌握偏好检验，接受性检验中调查问卷的设计方法。

消费者购买行为由多种因素共同决定，表现为在同类商品中的选择倾向。在首次购买商品时，消费者会考虑质量、价格、品牌、口味特征等。对于食品，在质量方面，消费者主要考虑卫生、营养、含量；在价格方面，消费者关注单位购买价格、性价比。现在食品市场逐步在产品标识上表现产品的口味特征，这一点也借助于消费者的感官体验。

对于商品生产者，消费者行为中的二次购买被赋予更多的关注，在质量、价格与同类产品无显著性差别的情况下，口味特征表现得更重要。这就体现出食品感官评定工作的重要性，且必须能反映消费者的感受。前面章节讲述的食品感官评定原理与技术都是基于实验室控制条件下进行的，与消费者消费产品的条件并不完全一致。因此，有必要对消费者进行调查研究。

第一节　消费者调查的概念与感官检验的应用

一、消费者调查的概念

消费品获得认可并在激烈的市场竞争中得以保持市场份额的一个策略就是通过消费者调查，即感官检验的测试，确定消费者对产品特性的感受。这种做法不仅可以使公司的产品优于竞争者，而且可以使产品具有更高的创造性。在隐含商标（盲标）的条件下，通过消费者感官检验技术确定消费者对产品实际特性的感知，在此基础上，生产商才能洞察消费者的行为，建立品牌信用，保证消费者能够再次购买该产品。

进行盲标的消费者感官检验有如下作用：正常情况下，在感官检验的基础上即可确定消费者的接受能力水平。而在进行投入较高的市场研究检验之前，消费者感官检验可以促进对消费者问题的调查，避免错误，并且可以从中发现在实验室检验或更严格控制的集中场所检验中没有发现的问题。因此，消费者感官检验最好安排在进行市场研究领域检验或者产品投放市场之前。在盲标的基础上筛选鉴评员，由目标消费者进行检验，获得的数据可以用于公司宣传，在市场竞争中具有十分重要的作用。

消费者感官检验与产品概念检验看起来有很大一部分内容相似，但这两者中的一些重要区别，其中一部分内容列于表 9-1 中。

表 9-1　　感官检验与产品概念检验

检验性质	感官检验	产品概念检验
指导部门	感官评定部门	市场研究部门
信息的主要最终使用者	研发部门	市场
产品商标	概念中隐含程度最小	全概念的提出
参与者的选择	产品类项的使用者	对概念的积极反应者

市场研究的“产品概念”检验按以下的步骤进行：首先，市场销售人员以口述或录像带等方式向参与者展示产品的概念（内容常与初期的广告策划意见有些类似）。然后向参与者询问他们的感受，参与者在产品概念展示的基础上，会期待产品的出现（这对于市场销售人员来说是重要的策略信息）。最后，销售人员会要求对产品感觉并不好的参与者将产品带回家，在其使用后再对产品的感官性质和吸引力做出评定。

而在定向消费者感官检验中，会把概念信息维持在最低水平。操作中只给出足够的信息以确保产品的合理使用，以及与适当的产品类项相关的评价。确保信息中无明显特征的概念介绍。例如，简单以“冷冻比萨”标记的产品可能比那些印有大量无明显特征的概念介绍要好得多，如“新研究的、低脂肪、高纤维、便宜、可微波处理、全小麦、有填料、硬壳的比萨”。

除此之外，在检验方式上两种检验也有重要区别。

第一个区别是消费者感官检验就像一个科学试验。从广告宣传中独立进行感官特征和吸引力的检验，不受产品任何概念的影响。消费者把产品看作一个整体，他们并不擅长对预期的感官性质进行独立的评定，而是把预期值建立为概念表达与产品想法的一个函数。消费者对特征的评定意见及对产品的接受能力受到其他因素的影响。所以，感官检验试图在去除其他因素影响的同时确定消费者对于感官性质的洞察力。

其他因素影响的作用可能很强，如在保密检验的基础上，品牌认同的介绍和其他信息并没有产生差别，但在产品的可接受度中却产生了明显的差异。消除这些影响因素的原则就是确定在同一时间下平行地对一个论述的试验性操作进行评定。例如，没有混乱变量或任何论述地进行试验。通常，科学研究中的实践是研究如何除去、控制或测定变化或其他潜在的影响。只有在这样隔离的条件下，才能根据兴趣的变化而确定结论，并得到其他方面的解释。

第二个区别是关于参与者的选择问题。在市场研究“产品概念”中，进行实际产品检验的人一般只包括那些对产品概念表示有兴趣或反应积极的消费者。由于这些参与者显示出一种最初的正面偏爱，导致产品在检验中获得高分。而消费者感官检验很少去考察那些参与者的可靠性，他们是各种产品的使用者（有时是偏爱者）。仅对感官的吸引力以及其对产品表现出的理解力感兴趣，参与者的反应与概念并不相关。

感官检验的反对者认为，商品是不能脱离概念而存在的，实际的商业行为会带有品牌概念，而不是感官检验中不含实际意义的三位阿拉伯数字。如果某产品在商业行为中失利，在考查问题时如果只有产品概念检验，则不能明确。具体原因可能是产品没有良好的感官特性，也可能是市场没有对预期概念作出应有的反应，总之无法提供改进产品的指导方向。产生问题的第一个原因可能是产品品质差，也可能是产品概念较差，但这正是感官检验有助于确定产品的问题所在。进行消费者感官检验的第二个重要原因在于：进行研究与开发的人员需要知道他们在感官研发以及执行目标上所做的努力是成功的。如果在正确进行消费者感官检验的基础上出现产品的失败，管理人员应认识到责任不在研究本身。

两种检验的结果对产品的意见可能并不相同。两种检验提供了不同类型的信息，观察了消费者意见的不同领域的内容，并进行了不同的回答。由于消费者已经对概念表现出积极的反应，因此产品概念检验能容易地表示出较高的总体分数或更受人喜爱的产品兴趣。大量的证据表明，消费者对产品的感知可能只是一种与他们预期值相似的偏爱。这两种类型的检验都是相当“正确”的，都基于自身原理，只是运用不同的技术，来寻找不同类型的信息。管理人员进行决策时，应该运用这两种类型的信息，为优化产品寻找更进一步的调整方案。

二、消费者感官检验的应用

消费者感官检验应用在如下情况：①一种新产品进入市场；②再次明确表述产品，即主要性质中的成分、工艺过程或包装情况的变化；③第一次参加产品竞争的种类；④有目的地监督，主要评定一个产品的可接受性，是否优于其他一些产品。

感官检验的主要目的是评定当前消费者或潜在消费者对一种产品或一种产品的某种特征的感受，其中包括偏爱性和接受程度。在偏爱检验中，消费者评定小组需要从一对产品或一组产品中选出最喜爱的一种产品，或对产品的喜爱程度进行排序；在接受性检验中，消费者评定小组对单一产品就可进行检验，并不需要与另外一个产品进行比较。通常在多项产品的感官检验中将两种检验结合起来最有效，消费者评定小组按接受程度对产品打分，根据得分的多少可以间接地测定他们对产品的偏爱程度。

第二节　调查问卷

开发新产品或产品生产周期结束时，经常需要进行消费者感官检验。消费者感官检验的主要目的是评定当前消费者或潜在消费者对一种产品或一种产品的某特征的感受，对产品进行消费者检验有利于产品质量的保持、产品质量的改进、新产品的开发及市场潜力的评估。其中消费者调查问卷是了解消费者是否喜欢某个产品的一种非常有效的途径。

而研究手段的确切形式和性质要依赖于检验的目标、资金或时间和其他资源的限制情况以及调查形式的合适与否。调查可以发生在个人身上，即进行自我管理，或通过电话会谈进行。每种方法都有利有弊。很明显，自我管理的费用不是很昂贵，但无助于探明自由回答的问题，并不适合那些需要解释的复杂主题。没人能保证测试者在回答问题前没有读过类似的问题，或者甚至浏览了全部问卷，或是否按照打印问题的顺序回答。自我管理的合作与完成效率都是比较差的。

电话会谈是一个合理的折中方法，但是复杂的多项问题一定要问得简短、直接。回答者可能要在较短时间内完成问卷调查，对自由回答的问题可能只有较短的答案。电话会谈持续的时间一般短于面对面的时间，回答者面对面访谈最具灵活性，因为面试者与问卷都真实地存在着，问卷可以设计得很复杂，甚至包括标度的变化，如果面试者把问卷读给回答者，也可以采用视觉教具来举例说明标度和标度选择。该方法的优点在于可以用高成本补偿消费者花费的时间精力。

设计问卷时，包括主题的流程图的设计是很有意义的。流程图要非常详细，包括所有的模型，或者按顺序完全列出主要的问题。问卷的基本规律是从一般到特殊。在大部分情况下应按照以下的流程询问问题：①能证明回答者的筛选性问题；②总体可接受度；③喜欢或不喜欢的可自由回答的问题；④特殊性质的问题；⑤要求、意见和问题；⑥是否是多样品测试和/或通过满意度或其他标度的偏爱检验；⑦敏感人群统计问题。

在构造问题和设置问卷时，需要记住一些一般原则，如表 9-2 所示。该基本原则可以在调查中避免一般性的错误，有助于确定答案是否反映了问卷想要说明的问题。

表 9-2　　调查问卷构建的 10 条原则

序号	问题	序号	问题
1	简洁	6	不要引导回答者
2	使用通俗易懂的语言	7	避免模棱两可和双重的问题
3	不要询问他们不知道的事	8	措辞要谨慎，同时提出两种选择
4	问题要详细且明确	9	避免光环效应和喇叭效应
5	多项选择题应该是相互排斥和详尽的	10	预测试问卷

（1）简洁　在产品检验之后，消费者调查范围的良好准则是控制问卷时间，因为大部分人的注意力集中的时间范围在 15~20min。调查结果的可靠性不在于问题的数量而在于时间的保证。简洁也适用于整个问卷。良好的视觉布局加上大量的“空白”可以帮助避免注意力不集中问题的发生。在态度调查中，较为流行的是用“重要性”量表列出问题或意见陈述。其思想是，在随后的分析和建模中，态度应按重要性进行加权。如果太多的产品在太多的尺度上进行评级，也会产生单调的格式。如果需要被调查者填写一份表格，这看起来会特别乏味。矩阵格式可以为重复的问题节省空间，但也可能导致被调查者无反应和问卷不完整。

（2）使用通俗易懂的语言　为支持新产品开发或工艺优化而设计的消费者测试的一个常见问题是，研究人员知道一种技术语言，并配有缩写词［例如超高温瞬时灭菌（UHT）牛乳］。定性调查和预测试应表明消费者是否理解该技术主题和术语。如果没有，即使一些问题会被放弃，也应最好避免专业术语的使用。

（3）不要询问他们不知道的事　只能询问有关他们记忆中有用的和/或可接受的信息，干扰事件会产生事实的“欺骗”性。被调查者会根据不同的因素进行有选择性的回忆，并不是所有的记忆都以相同的速率在衰退。最初的感知行为本身是有选择性的（人们通常会注意到他们期望看到的东西)。由于记忆和感知对调查过程的有效性提出了挑战，所以不要对被调查者提出不合理的要求来使事情变得更糟。

(4) 问题要详细而明确　问题和选项应该明确、清晰，避免使用模糊或含糊不清的语言。例如，你上次吃比萨是什么时候？这是否包括冷藏比萨、冷冻比萨、热送比萨以及在餐馆消费的比萨？提供一份有选择性的清单有助于了解情况，特别是留下一份其他种类空白的单子，你可以列上你可能遗忘的方面。关于“通常”习惯的问题也可能含糊不清。例如，“你买什么牌子的冰淇淋？”这个问题的答案是模糊的。更详细而明确的问题是“你自己最近常买的冰淇淋是什么牌子的？”

(5) 多项选择题应该是相互排斥和详尽的　人群统计问题和筛选项目（如婚姻状况或教育水平）中很容易犯错误。如关于年龄和收入水平的问题可能有重叠选项可以通过仔细的预测试和审查问卷草稿来避免。记住要考虑到“不知道”或“没有答案”的类别，特别是在人群统计和态度问题上。如果有多种备选方案，请确保列出所有选项，或者使用带有“选中所有使用选项”的核对表。

(6) 不要引导回答者　“我们是应该提高价格来维持干酪的质量，还是保持原状？”这种问题暗示了面试官想要的答案，是一个有主观引导性的问题。不平衡的价值问题可能会产生主导影响，例如，“你有多喜欢这个产品？”而“你有多喜欢或多不喜欢这个产品？”“你对这个产品的总体看法如何？”是一种更加中性的措辞。

(7) 避免模棱两可和双重的问题　一个常见的问题是，动词通常有多种含义，我们经常根据上下文来确定哪个含义是合适的。对于产品开发人员来说，为相互关联的感官特性提出双向问题是件很容易的事情。例如，小甜饼是软的且不易嚼碎，但贮存以后会变得坚硬和易碎，这就有一个很强的诱导性，易把这些形容词结合到一个单一的问题或一个单一的标度中，但是忽略了一点可能性，有一天产品可能会变得又硬又不易咀嚼。

(8) 措辞要谨慎，同时提出两种选择　在对有诱导性提问的前提下，只用积极或消极的术语措辞会影响受访者。关于调查的文献表明，根据两种选择是否被提到的这两种情况分成两个问题，会得出不同的答案。如果只有一个选择在问题中被提到，则根据问题中提到的选择，会发现不同顺序的回答。受教育较少的受访者更倾向于赞同片面的同意/不同意陈述。在征求意见时，尽量给出所有明确的选择。例如，“你打算以后再买一台微波炉，还是不买？”如果可能的话，平衡备选方案的顺序，使他们在全部的问卷中没有优先与否。

(9) 避免光环效应和喇叭效应　光环效应是一种偏差，这包含了一个非常重要的特性对其他性质的影响，在逻辑上与性质无关。有些人可能会喜欢产品的外观，因此在味道或质地上也会认为它更有吸引力。只问一些关于好的品质的问题可以使整体评定向积极的方向倾斜。相反，只询问坏的问题会使意见偏向否定的方向。像上面所论述的，最好在进行更具体详尽的主题前得到整体的评定意见，否则，被想起的主题比所发生的更有分量。

(10) 预测试问卷　预先测试问卷是必要的。至少，应该有几位同事对潜在解释的问题草稿进行回顾。如果问卷由一组调查人员管理，他们也应该检查草稿，考察在流程、跳跃模式或解释中是否有潜在的难题。如果可能的话，应该让一小群有代表性的消费者来测试这些产品，即使这是一个没有实际使用产品的“模拟”测试。由消费者进行的预检验也应提供机会来观察项目条款和主题，实际上是否可应用于所有潜在的回答者。例如，对于那些带着小孩度假、吃了大量方便食品的人来说，关于上个月饮食习惯的筛选问题可能不合适。

根据上述原则，列出一些项目及出现的问题如表 9-3 所示。

表 9-3　一些有问题的项目及出现的问题

项目	出现的问题
你有多喜欢这个产品？	“喜欢”不是一个中性的问题。“你的总体意见是什么？”更中性一些
绿色食品的生产禁止使用农药吗？	“禁止”是一个很情绪化的词，会引导回答者
你使用个人电脑进行图表应用了吗？	你是指你的事业、你的兄弟、你的部门？什么是图表应用？不明确
速溶咖啡或冻干食品，哪一种更方便、更经济？	含糊的双重问题
去年你购买了多少升牛乳？	>10L？不要问记忆中没有准备的事情

图 9-1、图 9-2 为两个调查问卷范例。

牛乳样品筛选问卷

检验代码

代理商 ______________________　日期 ______________________

地　点 ______________________

你好，我是代理商名称的 名字 。我们正在进行一项调查，并想问你一些问题。

1. 你是家中的户主吗？（勾选以下1个选项）

是　□ 继续

否　□ 终止

2a. 当你去超市购物时，你会说？

你为你的家庭购买了全部或大部分的食品杂货　□ 跳过问题2b

你和其他家人平等地分担责任　□ 跳过问题2b

你家里的其他人完成了大部分的购物　□ 回答问题2b

你家里的其他人完成了所有的购物　□ 回答问题2b

2b. 下列哪一种说法最能描述你？

虽然我家里的其他人购买了大部分的食品杂货，但我要求他们购买一些特定的产品和品牌　□ 继续

虽然我要求购买特定的产品，但通常由负责购买食品杂货最多的人决定购买产品的品牌　□ 终止

几乎全部由家里负责购买食品杂货的人决定购买哪些产品和品牌　□ 终止

3. 以下哪一组与你的年龄相符？年龄：________

低于21岁　□ 终止

21~29岁　□

30~39岁　□

40~49岁　□

50~65岁　□

66岁以上　□ 终止

拒绝回答　□ 终止

4. 在过去的3个月里，你是否参与过有关食物/饮品的调查/研究？如有，终止。

____

5a. 请告诉我你是否有以下情况？（如有，终止）

任何与医疗相关的饮食限制	□	终止
不知道	□	终止

5b. 你对任何食物/食物配料过敏吗？（不要阅读列表）

有	□	终止
没有	□	继续
不知道	□	终止

6. 在过去的一个月里，你曾购买及食用下列哪项产品？（阅读列表）

蔬菜	□	
水果	□	
肉类/鸡肉	□	
牛乳	□	
调味料	□	必须问，若没有，终止

7. 你说过你会买牛乳喝。在过去一个月里，你曾亲自购买和喝过下列哪一品牌的牛乳？（阅读列表）

伊利	□
蒙牛	□
光明	□
安佳	□
旺仔	□

（如果无，终止）

8. 你多久会亲自购买一次牛乳？

每周三次或以上	□ 有资格成为用户1
每周至少一次	□ 有资格成为用户1
每两到三周一次	□ 有资格成为用户2
每月少于一次	□ 有资格成为用户2
少于一个月一次	□ 终止

9. 为了我们的研究，我们需要调研不同区域的人。请选择自己所在区域。

华北地区	□
东北地区	□
华中地区	□
华南地区	□
华东地区	□
西南地区	□
西北地区	□

非常感谢！我们正在进行一项试验。测试将在________上进行，并将采取 ________。您的报酬是 ______ 元。您有兴趣吗？

否 □ 终止
是 □ 继续

由于您将参与一项关于食品的研究，因此您必须遵循以下指导原则：

携带带有照片的身份证件，以验证您的姓名和年龄。

测试前不要吃得太多。

测试前至少30min不要吸烟或喝咖啡。

测试当天不要喷任何香水。喷香水来的人会被要求离开，没有任何报酬。

至少在预定时间前10~15min到达，以便办理登记手续。

迟到者不能保证入场或有报酬。

如果您阅读需要眼镜，请戴上眼镜，因为您需要阅读和回答问卷。

为了消除干扰，也因为我们无法提供监督，12岁以下的儿童不得单独在这里等候。

您对这些以上指导有什么问题吗？

图 9-1 牛乳样品筛选问卷

牛乳使用调查问卷

部分 ____________________

代理商 ____________________ 日期 ____________________

调查者 ____________________ 子群 ____________________

城市：北京—1 上海—2 深圳—3

济南—4 无锡—5 哈尔滨—6

在你品尝每一种样品之前，喝一口水以去除嘴里残留的余味。

你可以尽你喜欢地多喝，但必须喝至少一半所提供的样品（牛乳）。

休息5min，然后您继续下一个样品。

第二个产品将遵循相同的程序。

圈出你正在品尝的食物上的数字。（画圈）

387 426

请品尝样品并回答以下问题。

1. 拆开包装后闻一下样品香气，以下哪项符合你感觉到的此时该香气的强度？（1分为最弱，5分为最强，请选择您觉得合适的分值，勾选以下1个选项）

5分 □
4分 □
3分 □
2分 □
1分 □

2．对于这种香气，您的喜好程度是怎样的？（勾选以下1个选项）

非常喜欢	□
很喜欢	□
比较喜欢	□
有点喜欢	□
既没有喜欢也没有不喜欢	□
有点不喜欢	□
不喜欢	□
很不喜欢	□
非常不喜欢	□

3．请品尝样品，以下对样品整体风味强度的描述最符合您感觉的一项是？（1分为最弱，5分为最强，请选择您觉得合适的分值，勾选以下1个选项）

5分	□
4分	□
3分	□
2分	□
1分	□

4．您有多喜欢或不喜欢这个牛乳的整体风味？（勾选以下1个选项）

非常喜欢	□
很喜欢	□
比较喜欢	□
有点喜欢	□
既没有喜欢也没有不喜欢	□
有点不喜欢	□
不喜欢	□
很不喜欢	□
非常不喜欢	□

5．咽下样品后，你认为这款牛乳是否有回味性？（勾选以下1个选项）

是	□ 继续作答
否	□ 终止

6．对于这种回味，您的喜好程度是怎样的？（勾选以下1个选项）

非常喜欢	□
很喜欢	□
比较喜欢	□
有点喜欢	□
既没有喜欢也没有不喜欢	□
有点不喜欢	□
不喜欢	□
很不喜欢	□
非常不喜欢	□

请举手示意您已完成评估。

休息5min，遵照相同程序完成第二个样品测试。

牛乳偏好调查

1. 既然你已经试过了这两个样品，你更喜欢哪个？你第一次品尝的样品还是第二次品尝的样品？（勾选以下1个选项）

喜欢第一次品尝的样品	□
喜欢第二次品尝的样品	□
都不喜欢/两个一样喜欢	□ 跳过问题2

2. 你为什么更喜欢那个样品？（原因写在下面）

____

____

____

图 9-2　牛乳使用后调查问卷

第三节　焦点小组研究

一、概述

在消费者研究中，存在特定的研究问题，要探究特殊群体中个人对某一现象的观点与行为，借以提供解决问题的思路。除了采用问卷方式和大量样品统计的调查模式以外，还可以利用大量的技巧来探查消费者对新产品的反应的定性研究方法。

定性研究方法中最普通的方式就是群体深度面试或焦点小组讨论，一般情况下，它们通常被简单地认为是“焦点小组”，典型的情形就是让 10 位消费者围坐在一张桌子旁，针对专业主持人提出的问题一起讨论产品或某个想法。面试集中于一些列入讨论内容的问题，所以，这一讨论不是完全无方向的，而是集中在某个产品、广告、概念或所推销的材料上。该研究方法已经被社会科学研究者、政府的政策制定人和商业决策人广泛使用了 50 多年。

1987 年，马洛（Marlow）指出许多工业的感官评定群体已经将这些方法应用于新产品开发，同时，专业组织如美国材料与试验协会（ASTM）也对这些方法产生了兴趣。这种兴趣源于这样一种认识，即可以在新产品开发的早期，利用这些方法来洞悉和指明感官评定中的问题。这种行为主要是为产品研发部门服务，就像市场研究部门会探查消费者对产品概念及为市场进行的广告或推销的反应一样。这两种方法的主要区别在于消费者感官评定着重于产品性质、功能性需求以及对产品行为的感知，而以概念研究为主的市场研究则提出更多的关于新产品的基本想法，这两种方法通常在试验的基础上包含消费者对产品种类态度的探查。

定性方法最适用于问题和消费者看法的鉴别、机会的确认以及想法和假说的产生。例如，近来有关消费者对受射线辐射家禽的态度的定性研究，明确了应对消费者进行宣传教育以及精心设计商标的指导思想。这个方法很适用于新产品的研究，以及对其他工作中出现的问题的探查。群体研究也能确认在实验室中产品的概念化和意识是否忽视了对消费者来说极其重要的东西。有时，高涨的热情可能会跟随着产品研究中技术的突破而上涨，但消费者的反应可能恰恰与之相反。利用一些消费者群体进行新产品开发的研究，可能会提供一个相对冷静的客观现实的检验。定性研究倾向于假说的产生，但很少能够独立验证任何事物。它不怎么适合于需要最终结果的商业决定，尽管如此，这一技术却能很好地用于探查消费者对产品种类的意见、检查标准、研究新产品的机会、设计问卷以及检测关于产品的诱因和态度等的研究。

由于定性研究是建立在少量消费者反应的基础上，他们与产品的相互干扰会被限制，因而需要很谨慎地向群众推广这一发现。即使是在定期使用这一产品种类的人群中挑选的回答者，也不可能在所有的相关的人群统计变化中确信其一定具有代表性。除此之外，领导者的态度和方法的表达对结论的产品可能具有一定的威慑作用。在对面试和结论的解释这两方面都包括了部分领导者和分析家的一些主观意见。表 9-4 所示为定性和定量消费者研究的区别。钱伯斯（Chambers）和史密斯（Smith）指出，定性研究有可能优于或逊于定量研究，但是，如果人们把这两种研究方法结合起来进行某个问题的研究时，这两种类型的研究方法都很有效。

表 9-4　定性和定量消费者研究的区别

定性研究	定量研究
回答者的数量少（$N<12$ 人/组人群）	大量有计划的取样（$N>100$ 人/组人群）
每组成员之间有干扰	独立进行判断
灵活的面试方式，可做修正的内容	固定的、首尾一致的问题
很适合产生想法和探查问题	很不适合产生想法和探查问题
很不适合数字分析，很难评定可靠性	非常适合数字分析，很容易评定可靠性
分析带有主观性，无统计意义	统计分析很正确

定性研究有很多特点。第一个特点是可能与有相互影响的会议主持人进行有深度的探查，诸如会提出问题、探查态度、揭示基本的动机和情感等。相对而言，在更加具有结构性和导向性的问卷研究中，消费者不容易表达出这些想法。由于主持人在面试现场（通常委托人不露面），且面试的过程通常是十分灵活的，因而一些不能预知的问题能在问题点上做深入的探讨。第二个特点是参与者之间可能会有相互作用。一个人的评论可能会把一个论点带给另一个人，而后者很可能不会在问卷研究或一对一的面试中认真思考这个问题。通常，一个群体会自己掌握讨论的方向，参与者讨论相反的意见，甚至争论产品的问题、性质和产品试验等。

二、焦点小组研究

一个典型的焦点小组研究步骤为：首先，有 8~12 个人围坐在桌子旁，面试组织者提出要讨论的问题。焦点小组面试的房间设置如图 9-3 所示。提问的一般方式是自由回答，它避免了简单的以“是”或“不是”回答的可能性。例如，主持人不太可能问“这很容易准备吗?”而是会问“你在烹调这个产品时的感觉如何?”另一个有用的提问方式是在用产品种类探查以前的经验时采用回想问题的方法。可以用举例、澄清或简单承认你所不知道的内容来进行调查。总之，在焦点小组中可见的行为与有结构的面试中自由回答的问题相似，但允许作更深的探查及对回答中值得深思的相互作用作进一步的调研。

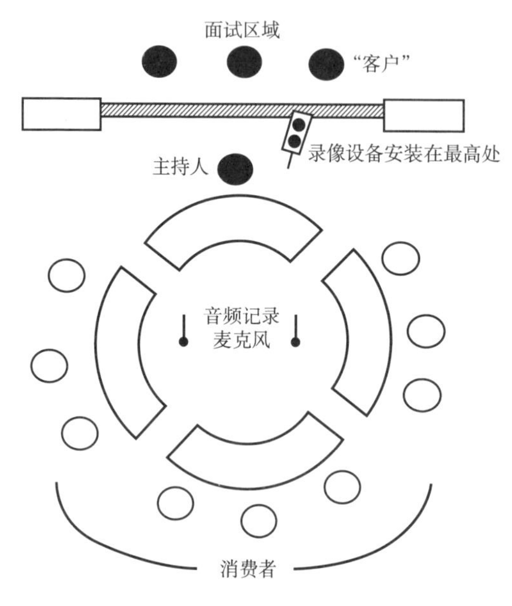

图 9-3　焦点小组面试的房间设置

一个普遍的经验法则是至少有 3 个小组。万一其中两个群体发生冲突，可以了解哪个群体的意见可能更不寻常。然而，由于方法并非基于定量预测的需要，因此该规则的实用性值得怀疑。不同意见的发现本身就是一个重要的和可报告的结果。它可能会对细分市场或需要为不同消费者群体设计不同的产品，有一定的提示作用。大型营销研究项目通常需要多个城市的多个小组，以确保取样时具有地理上的多样性。产品原型开发的调查项目或由感官部门指导的语言调查通常不会那么广泛。然而，如果试验设计中存在非常重要的内容（如年龄、种族、性别、用户与非用户），则可能有必要对每个内容进行 3 个群体的检验。

进行焦点小组研究的步骤与其他消费者研究类似，如表 9-5 所示。焦点小组研究在设置和程序细节的许多方面类似于固定场地的消费者测试，但明显的不同是需要主持人或训练有素的采访者，而且活动需要被记录。项目团队必须确保所有记录设备都经过预先测试并正常运行，并且在录音完成后将其发送给转录员完成口头记录的转录。

表 9-5　进行焦点小组研究的步骤

序号	内容	序号	内容
1	与客户、研究团队会面：确定项目目的和目标	12	进行小组访谈
2	确定实现目标的最佳工具	12a	在每组之后进行汇报
3	确定、联系和雇用主持人	12b	每组后写总结
4	为参与者制定筛选标准	13	如果有，安排转录
5	制定问题、讨论指南和顺序	14	出现新信息时修改讨论指南
6	安排房间、设施、录音设备	15	分析信息
7	筛选和招募参与者，发送方位/地图	15a	审查摘要
8	向参与者发送提醒、时间/地点/方位/停车位	15b	阅读访谈记录或查看音频或录像带
9	确定并简要介绍助理主持人（如果有）	15c	选择主题，找到逐字引述来说明
10	安排报酬、茶点	15d	与另一名团队成员商议以检查主题和结论
11	测试前录音设备	16	撰写报告并展示结果

三、关键要求——开发好的问题

焦点小组的问题和探究不同于定量问卷中的结构化问题。克鲁格（Krueger）和凯西（Casey）列出了小组访谈中好问题的属性：①用通用语言（不是技术语言）表达；②简短且易于说/读；③开放式的（不是“是/否”），而且是具体的，并不是双重问题（“你认为冰淇淋和冷冻酸乳健康和营养吗?”是双重的问题）；④即使在阶梯式探索（寻找潜在的利益、情感、价值观）中，焦点小组主持人也倾向于避免简单的问题，因为它可能被视为批评或挑战。该问题可以改为“是什么促使您购买X?”或“产品的哪些方面促使您购买X?”；⑤主持人应避免给出任何答案示例，因为这往往会告诉参与者如何回答并让小组陷入僵局；⑥如果指向一个动作，则该方向是详细和具体的，例如“拿起这些杂志，剪下与这个概念相关的任何图像。把它们堆成一堆放在你面前的桌子上。”

制定问题和讨论指南（顺序）不是一项单独的活动，应该与客户（要求研究的人）进行讨论，包括任何细节、产品原型的使用、其他可能用作“道具”的感官刺激、概念，并审查总体目标。制定问题时，应该集思广益寻求适当的措辞（例如，开放式、“回想一下”）；然后对问题或主题进行排序。排序的一般规则包括：①从一般主题进入更具体的问题；②探索积极方面通常应该先于消极方面；③研究人员应该估计每个主题或问题领域的时间，并可以起草问题指南或讨论流程指南，然后与员工和客户一起对其进行审查。此时，客户或研究经理可能会想到要包含的各种其他问题。这可能会导致时间延长。研究人员必须提醒这是一个90min的访谈，而关键的测试是区分什么是期望知道的以及什么是真正需要知道的。

四、讨论指南和小组访谈的各个阶段

小组访谈通常有5个不同的阶段，这些阶段将在讨论指南中进行组织。当出现新的或意想不到的潜在有用的见解并要求进行探索时，主持人可以灵活地处理指南。

首先是准备阶段。参与者轮流或按照一定的顺序走到桌子旁并进行自我介绍。有时也会被要求说一些有关于那天要讨论的总类项中他们所使用的产品的情况。准备阶段的目的是使每位参与者参加，并使其思维过程与说话行为联系起来。这对于很多人来说是非常有必要的，否则会有一种强烈的倾向，即在没有真正参与的情况下思考所提出的问题。准备阶段也有助于群体中每个个体更加放松，让整个群体彼此了解，而非完全陌生。准备阶段应尽量避免状态暗示。例如，最好让他们谈论爱好，而不是谈论他们拥有什么或在哪里工作。

接下来是引言，参与者可能会被要求说一些关于当天要讨论的一般类别中使用的产品。一种常见的方法是让他们“回想一下”，即告诉试验人员最近使用该产品的经历。此时可以提出一些问题，例如，“当你听到……关于这种产品时，你会想到什么?”访谈问题通常是从一般到具体，并且在谈话中很自然地发生，此为“漏斗”方法。

第三阶段是向关键问题迈进的过渡阶段。

第四阶段触及关键问题的实质。大部分访谈发生在这一阶段，必须留出大量时间来探究问题并进行讨论。在此阶段会提出具体问题，尤其是产品开发人员感兴趣的方面，例如，在可微波加热的冷冻比萨饼中你喜欢的性质（颜色、营养、方便或保质期）是什么?通常情况下，在自然谈话的过程中出现具体的关键问题。但主持人有一个讨论指南以指导谈话的方向以确保涉及了需要探查的所有主题。讨论指南应在与项目中的关键人员进行讨论后制定，以涵盖所有潜在问题。然后主持人可以起草讨论指南并将其提交以供进一步修改。表 9-6 为讨论指南样本。

表 9-6 讨论指南样本：高纤维微波比萨

序号	内容
1	介绍自己，注意程序，陈述磁带录音
2	准备：沿桌子走，并说出你购买比萨的名称和类型（简要地）
3	讨论比萨种类。哪个不属于那个种类？哪个最普通？过去 5 年中你的比萨食用习惯有什么变化吗？
4	在家烹调比萨时，你使用哪一种方式（冰冻、冷冻、焙烤、微波等）？还有其他有关的产品吗？
	探查主题：方便、费用、变化、家庭的喜欢与不喜欢
	探查主题：任何营养关系
5	讨论现在的概念。全麦和麸皮、高膳食纤维中有较好的营养成分；高度的便利是由于微波性；有竞争性的价格；一些较好的风味
	探查：高纤维是否是消费者选择该产品的原因？
	探查：微波制备对消费者有吸引力吗？消费者是否关心产品发生褐变、浸水或易碎？
6	品尝并讨论有代表性的样品。正面和反面讨论，探查重要的感官性质，喜欢或不喜欢的理由
7	回顾概念和主题。征求有关新产品的建议或主题的变化，并最后一次征求意见
8	如果由客户进行进一步的讨论或探查，需要整理思路重新开始讨论
9	结束，感谢

这里的关键词是“指南”，但需要灵活性，尤其是当出现意想不到但可能很重要的问题时。主持人可以暂时忽略讨论指南并改变谈话方向。或者，该小组可以稍后返回到该问题，但主持人必须注意这一点。总体而言，主持人的任务是使讨论始终围绕手中任务进行。起到部分指导作用。

五、参与者要求、时间安排、记录

在大多数消费者测试中，参与者是产品类别的频繁用户，并且经过仔细的预筛选。但当目标是探寻弃权者时是一个例外。例如，当探寻何种产品、类项或品牌取代原有类项时便是如此。在开展研究时，项目负责人应考虑目标消费者的人群统计学性质，以性别、年龄、家庭类型和居住地变化等为基础，建立筛选机制。通常参与者不会相互认识。群体的关键不一定是同质性，而是兼容性。背景和意见的一些差异会促进讨论。通常建议超额招募参与者以防出现缺席。通过在组团前一天发送地图、方向和后续提醒，可以最大限度地减少缺席的情况。

需要告知参与者小组访谈时间大约为 90min，会提供茶点和一定的报酬。可以筛选非常喜欢参与该活动的人，使其成为不同测试服务补充人员库中的专业参与者。同时有时需要筛选出更善于表达的人。例如，筛选采访可能会问“你喜欢谈论关于……的话题吗？”

讨论都会被记录在录像带和/或录音磁带上。因此，在开始讨论前需要告知参与者讨论过程会被录像。通常，当讨论开始以后，参与者就会忘记这件事，因此，录像一般不会影响讨论。由于录像的影响很小，因而有时候会质疑是否有必要进行录像，但录像的好处在于能捕捉到参与者的面部表情、姿势和身体语言，这是在只用手写进行记录分析时会丢失的信息。这些信息是否有用，则要依赖于人们观察和解析录像的能力。通常会由主持人根据录像信息提交关于参与者态度和意见的总结报告，但有时也由其他观察者承担该任务。可以通过至少两个独立的人观看并解释录像来检查观察者的主观偏爱和相互判断的可靠性。录像带可被转录，以帮助举例说明报告中的观点和结论。通常建议备份录像，以防设备出问题。报告样本如图 9-4 所示。

报告样本

速食方便面计划

重复的群体

摘要

在对速食方便面产品家庭使用的情况进行测试后，通过进行 3 个小组讨论发现：该样本在袋子强度、酱汁配方和使用说明方面需要进一步改进。产品的便利性是吸引消费者的主要因素。

客观性

通过深入的小组访谈来评定消费者对速食方便面产品的反应，以便进一步探讨在正式的家庭测试和定量问卷调查中发现的问题。

方法

（此处描述或添加合适的方法）

结论

1. 消费者认为该产品的主要优点是具有方便性：

“我真的喜欢这个产品，因为只要将其放在沸水里，5min 后取出袋子，配上酱汁即可食用。吃完后也只需要扔掉袋子，很容易清理。”

2. 调料风味存在问题，特别是关于咸度：

“面条好吃而且比较硬，但我认为调料太咸了。我丈夫患有高血压，需要低盐饮食。”

3. 包装袋的强度存在问题：

“我尝试了两种产品，包装袋都破了。如果这种情况再发生一次，我永远不会再购买像这样的产品了。”

4. 使用说明不清楚，特别是关于煮熟的程度：

“它说煮到软。但是，当它在袋中和在沸水中时，如何判断它是软的？”

5. 部分消费者关注该产品的营养成分表：

“我喜欢这个风味，但当我看到营养成分表时，没想到其脂肪和盐含量会那么高。”

结论

（此处写合适的结论）

建议

（此处列出适当的建议）

免责声明

定性研究为阐明存在的理论、创造性的假说提供了丰富的信息，并为进一步研究提供了指导。这项研究是建立在有限的、非随机参与者样本的基础上的。这样的定性研究是不可预测的，并且不能从这些结果中得出具有统计意义的结论。未经定量研究证实，任何结论都是暂时性的。

图 9-4 报告样本

第四节　偏爱检验

一、成对偏爱检验

当一个人对某产品的偏爱程度直接超过第二个产品时，就可以利用成对偏爱检验这种技术。该检验具有相当程度的直觉性，鉴评员能够很容易地理解他们的任务。选择是消费者行为的基本要素，人们能够同时比较两个样品，也能够进行一系列的比较。成对偏爱检验就是强迫鉴评员在两个样品间作出选择，而不允许作出“无偏爱”结论。图 9-5 所示为没有“无偏爱”结论的一张成对偏爱检验的样本问卷。

成对偏爱检验
橘子饮料

名　称 ____________　　日　期 ____________
检验者数量 ____________　　样品编号 ____________

请在开始前用清水漱口
按顺序从左至右品尝两个样品
你可以尽你喜欢地多喝，但必须至少饮用所提供样品的一半
如果你有任何问题，请立即向服务人员提问
圈上你偏爱的样品号码

387　　456

感谢你的参与
请通过窗口把你的问卷交还服务人员

图 9-5　成对偏爱检验的样本问卷

在成对偏爱检验中，鉴评员获得两个被编号的样品。这两个样品同时呈送给鉴评员，并要求其评定后选出喜爱的样品。该检验中有两个可能的样品呈送顺序——AB、BA，这两个顺序应该以相等的数量随机呈送给鉴评员。

该检验中，当基本人群对一个产品的偏爱没有超过其他产品时，鉴评员会给每个产品同样的选择次数。无差异假说即是基本人群对一个产品的偏爱没有超过其他产品，选择样品 A 的概

率 p（A）= 选择样品 B 的概率 p（B）= 1/2。如果基本人群对一个产品的偏爱程度超过另一个产品，那么受偏爱较多的产品被选择的机会要多于另一个产品，即 p（A）$\neq p$（B）。成对偏爱检验可用的数据统计方法分别建立在二项式、χ^2 或正态分布的基础上，所有这些分析都假设鉴评员均作出了选择。

二、成对非必选偏爱检验

该检验与成对偏爱检验相同，均呈送给鉴评员两个编号的样品，要求其选出喜爱的一个样品。但该检验允许“无偏爱”的结论出现，当鉴评员认为对两个样品的喜爱程度无差异时，不需要强迫必须作出选择。因此该检验相对于成对偏爱检验来说具有一定的优势，即鉴评员能够按照自己的喜好作出真实的选择，而且 100 位鉴评员中有多少人选择了“无偏爱”也可以给分析人员提供一个直接的差异性提示。而该检验的缺点在于，建立在二项式、χ^2 或正态分布基础上的常规数据分析方法都假设检验有一个必选项，因此非必须偏爱检验会使数据分析变得复杂，从而降低了检验力，还有可能忽略偏爱中的真正差别。此外，成对非必选偏爱检验也会给鉴评员提供一种“比较容易”的想法，因为他们没有必要必须作出选择，所以他们有时就不会认真作出选择。成对非必选偏爱检验的样本问卷如图 9-6 所示。

成对非必选偏爱检验
橘子饮料

名　称 ____________　　日　期 ____________
检验者数量 ____________　　样品编号 ____________

请在开始前用清水漱口

按顺序从左至右品尝两个样品

你可以尽你喜欢地多喝，但必须至少饮用所提供样品的一半

如果你有任何问题，请立即向服务人员提问

圈上你偏爱样品的号码

或者

如果没有你偏爱的样品，请圈上无偏爱答案

387　　456

无偏爱

感谢你的参与

请通过窗口把你的问卷交还服务人员

图 9-6　带有允许“无偏爱”选项的成对非必选偏爱检验的样本问卷

有 3 种方式处理非必须偏爱检验的数据。第一种，照常分析，即忽略“无偏爱”的结论，只统计作出选择的结论。这样不仅减少了可使用的研究对象数量，还降低了检验力。第二种，

把“无偏爱”的结论分成1：1，平均分给两个样品，进行数据统计。这种方法虽保持了研究对象的数量，但还是降低了检验力，因为选择“无偏爱”的鉴评员很可能是随意作出的回答。第三种，把“无偏爱”的结论按照有偏爱的比例进行分配。有人提出这样一种说法，选择“无偏爱”的人偏爱样品A的程度超过样品B的比例与作出选择的人偏爱样品A的程度超过样品B的比例是相同的。例如，25%的鉴评员选择了“无偏爱”，另外75%的鉴评员中50%选择了样品A，25%选择了样品B，则将25%的“无差异”结论按2：1的比例分配给样品A和样品B，结果可认为66.7%的人选择了样品A，33.3%的人选择了样品B。

三、排序偏爱检验

排序偏爱检验要求鉴评员按照偏下降或上升顺序，对若干样品进行排序。在排序过程中，通常不允许两个样品相等的结论存在，因此该检验其实是多次成对必选偏爱检验。成对偏爱检验可看作是排序偏爱检验的子集。

排序偏爱检验较简单，可迅速使用，但其缺点是不能比较重复产品。视觉和触觉偏爱的排序相对简单一些，若包括对风味的排序，则对多种风味的品尝容易产生疲劳。图9-7所示为果汁酸干酪的排序偏爱检验的样本问卷。

排序偏爱检验
果汁酸干酪

名　称 ______________　　日　期 ______________
检验者数量 ______________　　样品编号 ______________

请在开始前用清水漱口
如果有需要可在检验中的任何时间再次漱口
请按给出的顺序从左至右品尝5个样品
你可以再次品尝样品

使用下列数字，请按最喜爱至最不喜爱的顺序排列样品
1=最喜爱，5=最不喜爱

（如果你有任何问题，请立即向服务人员提问）

样品	排序（1~5）（不允许相等）
387	________
589	________
233	________
694	________
521	________

感谢你的参与
请通过窗口把你的问卷交还服务人员

图9-7　排序检验的样本问卷

排序偏爱检验中，提供给鉴评员编号后的样品，且样品的摆放顺序要以等量的概率出现。要求鉴评员按喜爱程度给样品打分，如“1=最喜爱”、“5=最不喜爱”。该检验可通过弗里德曼（Friedman）检验进行数据分析。

四、 CATA（Check all that apply）

CATA 是一种检验消费者对产品感官特性感知差异简单快速的感官分析方法，其因高效、快捷、灵活和低成本的优势在食品领域得到广泛实践和应用。CATA 问题是一个多功能的多项选择题，向参与者提供一个单词或短语列表，并要求他们选择认为合适的所有选项。这种问题形式可以减少参与者的回答负担，已广泛应用于市场研究。CATA 问题被引入感官和消费者科学，以获取有关消费者对产品感知的信息。该方法会为消费者提供产品和 CATA 问题，并要求其在使用产品后选择合适的术语以描述样品，对可以选择的属性数量没有任何限制。CATA 问题中的词汇或短语列表通常只包括产品的感官特征以及与非感官特征相关的术语（图 9-8）。

（1）请勾选所有最能描述本产品的词。

□ 甜的	□ 苦的
□ 清淡的	□ 干的
□ 酸的	□ 结实的
□ 有嚼劲的	□ 易碎的
□ 多汁的	□ 粉状的
□ 花似的	□ 柔软的
□ 硬的	□ 有异味的

（2）请勾选所有用于描述你刚刚喝过的饮料的词或短语。

□ 营养丰富的	□ 酸的
□ 有效的	□ 令人精力充沛的
□ 橙味	□ 令人愉悦的
□ 适合全家人	□ 非常适合节食
□ 一个健康的选择	□ 热情的
□ 甜的	□ 这是开始早晨最好的方式
□ 和饭一起吃特别好	□ 对提神和补水有好处
□ 让饭菜变得特别	□ 有异味的
□ 平静的	□ 平和的
□ 苦的	□ 运动时喝非常好

图 9-8　CATA 问题示例——感官（1）和非感官（2）术语

目前，CATA 已在消费者研究中用于表征零食、苹果和草莓品种、饼干、薯片和啤酒、冰淇淋、牛乳甜点、橙味固体饮料、全麦面包、柑橘味苏打水等产品。作为收集有关消费者对食品感官特性看法相关信息的快速替代方法，CATA 可以提供与受过培训的鉴评员使用描述性分析所获得的信息类似的信息。耶格（Jaeger）等通过 4 项研究证明消费者对感官产品特征的

CATA 问题具有很高的重复测试可靠性，关于不同产品类别样本之间异同的产品配置和结论在整个测试阶段是稳定的。因此，尽管对参与者来说简单快捷，但 CATA 的响应是可靠的。总的来说，CATA 问题在学术和工业应用中都具有探索消费者认知的巨大潜力。

与如何实施 CATA 相关的几个方法问题可能会对结果产生强烈影响。

1. 问卷设计

（1）术语类型和数量　选择包含在 CATA 问题中的词汇或短语列表是实施该方法的主要挑战之一。CATA 问题中包含的术语应该易于消费者理解，并且最好与用于描述产品的词汇相关。如果研究的目的是获得基于消费者的产品感官特征描述，则术语列表应仅包含感官属性。若术语列表包含感官和非感官属性则可以探索产品的感官特征与消费者的情感或概念联想之间的关系。

在消费者研究中，CATA 问题通常由 10~40 个术语组成。术语列表过短可能导致消费者勾选所有选项，从而降低消费区分样本的能力；术语列表过长则会导致消费者不会仔细考虑产品的感官特征而选择第一个选项。

（2）术语的顺序　在市场营销和调查研究中使用 CATA 问题时，报告的主要缺点之一是受访者会依靠最初印象最大限度地避免深度思考，在回答选项列表中选择容易引起他们注意的术语。例如位于列表开头的术语更易被发现和选中，卡斯图埃拉（Castura）的研究发现，当术语位于第 1 行和第 1 列时，其被选择的频率增加了 10%~20%，说明术语列表的布局在消费者的反应中起着至关重要的作用。此外，CATA 问题中术语的顺序还会影响样品的相似性和差异性。例如，使用两种不同顺序的 CATA 问卷，在“不太甜”“没有草莓味”“多汁”“深红色”和“规则形状”术语上，其中一种问卷结果显示样本间没有显著差异，而另一种问卷结果显示样品间存在显著差异。

为最大限度地减少优先偏差对营销研究中消费者反应的影响，可以对 CATA 问题中术语的出现顺序进行随机化处理。即每位鉴评员收到的 CATA 问题的术语顺序是不同的。然而，当 CATA 问题用于感官特征描述时，鉴评员需要多次回答问题。因此，随着测试的进行，每位鉴评员均会出现优先偏差模式，会更频繁地选择列表中容易引起他们注意的术语。因此，为了最大限度地减少这种偏差，参与者也应进行随机化，即每个鉴评员评估不同样品时，CATA 问题中术语的呈现顺序均不同。目前，威廉姆斯·拉京（Williams Latin）方阵设计可以被用来对 CATA 问题中的术语顺序进行参与者内部随机化处理。然而，这种随机化处理是否会明显增加鉴评员的回答负担，目前尚不清楚。

（3）CATA 问题对快感得分的影响　CATA 问题可以与快感标度同时使用，目的是了解消费者偏爱并确定产品改良的建议。然而，包含有关具体感官特征的问题可能会对快感评分产生偏差。CATA 问题对认知的要求不高，不会要求测试者关注选项列表中的每个术语。因此，当与快感标度一起使用时，CATA 问题的效果可能小于其他基于属性的测试方法（如恰好标度或强度量表）。虽然尚无明确证据证明 CATA 问题放置位置对快感标度有显著影响，但目前通常的做法是将快感问题置于 CATA 问题之前。

（4）理想产品的考虑　新产品开发的主要目标之一是确定驱动消费者偏好的感官属性以及能最大限度地满足消费者喜好的产品特征。理想轮廓法是为确定消费者理想产品而开发的。该方法要求消费者使用非结构化量表，对一组样本和理想产品的属性强度进行评分。但考虑到使用量表对大量属性的理想强度进行评分对消费者来说既困难又不直观，阿雷斯（Ares）等建议让消费者回答一个 CATA 问题，以描述其理想产品的感官特征。利用这种方法，可以确定消费者理想产品在总体水平上的感官特征，以及具有不同偏好模式的消费者群体的感官特征，从而能够完全基于消费者感知确定其喜好的驱动因素。此外，基于消费者对样品和理想产品的感知对比进行惩罚分析，可用于收集有关偏离理想产品对喜好得分的影响的信息。

2. 产品数量

根据研究的具体目的和样本的感官特征，使用 CATA 问题进行感官特征描述的样本数量通常为 1~12。与排序等方法相比，CATA 问题的优点之一是，可以被用来收集有关小样本集的感官特征的信息，或者在不同的时间段评估大样本集。若使用 CATA 问题生成基于消费者的感官空间，用于内部或外部偏好映射，此时消费者需要鉴评至少 6 个样本。样本以三位数随机数字编码的一元序列呈现，采用威廉姆斯拉丁方阵设计，以避免由于呈现顺序带入的偏差。

3. 消费者数量

使用 CATA 问题进行产品感官特征描述的消费者数量为 50~100。Ares 等使用自举法从 13 项消费者研究的原始数据中获得了大量不同数量鉴评员的随机子集。对于每个随机子集，获得样本配置，并通过 RV 系数计算与参考配置（由所有鉴评员获得的配置）的相关性。结果表明，当处理具有显著差异的不同样本时，为获得稳定的样本和描述词配置，60~80 个消费者比较合适。而需要的消费者数量与样品间差异大小有关，若样品差异较小，消费者人数需要增加。由于 CATA 通常包含在喜好测试中，需要考虑获得可靠的总体喜好得分所需的最低消费者人数，因此，当喜好测试和 CATA 问题同时进行时，所需的消费者数量一般为 100~120。

以 60 个消费者为例，对中国市场上的 6 种普通商业酸乳样品（样品 A~F）进行评定。研究中使用的 CATA 问题的评估表如图 9-9 所示，理想产品的消费者人数如表 9-7 所示。

CATA检验
原味酸乳

样品编号________

你有多喜欢这款酸乳? 1 2 3 4 5 6 7 8 9

非常不喜欢 …… 非常喜欢

勾选你认为适合描述这款酸乳的所有术语。

□ 平滑的	□ 坚硬的	□ 不均匀的
□ 黏的	□ 奶油状的	□ 甜的
□ 均匀的	□ 酸的	□ 流动的
□ 液体的	□ 奶油味的	□ 乳味
□ 黏稠的	□ 异味	□ 块状的
□ 凝胶状的	□ 稠度	□ 回味

勾选所有您认为适合描述理想酸乳的术语：

□ 平滑的	□ 坚硬的	□ 不均匀的
□ 黏的	□ 奶油状的	□ 甜的
□ 均匀的	□ 酸的	□ 流动的
□ 液体的	□ 奶油味的	□ 乳味
□ 黏稠的	□ 异味	□ 块状的
□ 凝胶状的	□ 稠度	□ 回味

图 9-9 使用 CATA 评定 6 种酸乳样品感官特性的评估表

表 9-7 使用 CATA 问题术语描述 6 种酸乳样品和理想产品的消费者人数

属性	样品						
	A	B	C	D	E	F	理想产品
平滑的***	35	32	28	26	10	2	40
黏的***	14	10	4	7	2	1	4
均匀的**	14	13	18	18	15	4	29
液体的***	0	6	31	8	37	33	3
黏稠的***	37	16	1	5	0	5	13
凝胶状的ns	6	4	0	3	0	3	3
坚硬的***	22	9	3	7	1	0	6
奶油状的***	26	28	9	25	2	1	41
酸的**	9	11	5	5	15	18	10
奶油味***	25	12	5	11	0	2	18
异味***	6	7	12	14	27	29	1
稠度***	22	10	3	7	0	1	20
不均匀的***	5	8	2	6	2	15	3
甜的***	18	24	17	20	0	1	43
流动的***	0	3	14	5	14	10	3
乳味*	16	20	11	10	9	7	12
块状的*	6	4	1	2	0	6	0
回味**	4	3	11	8	15	13	0

注：***表示样本间差异显著，Cochran's Q 检验 $P \leqslant 0.001$；**表示差异显著，$P \leqslant 0.01$；*表示差异显著，$P \leqslant 0.05$；ns 表示无显著差异（$P>0.05$）；Cochran's Q 检验中不包含理想产品。

图 9-10 显示了使用χ^2-distance 在频率表上执行的成分分析（CA）的前两个坐标中的样本和术语的表示。第一和第二维度共同解释了试验数据 90.7%的方差。与样本相对应的点之间的

距离是它们相似性的度量。因此，可以确定3组具有相似感官特征的样本：位于第一维负值的样品A、样品B和样品D；样品C位于第一维的中间值和第二维的正值；最后是样品E和样品F，位于第一维的正值（图9-10）。虽然成分分析（CA）维度中行和列的相对位置不能直接比较，但可以得出一些关于样本和术语之间一般关联的结论。如图9-10所示，样品E和样品F与术语酸的、异味、回味、液体的和流动的相关；样品A、样品B和样品D主要与术语奶油状的、黏性的、奶油味、坚硬的和稠度有关。

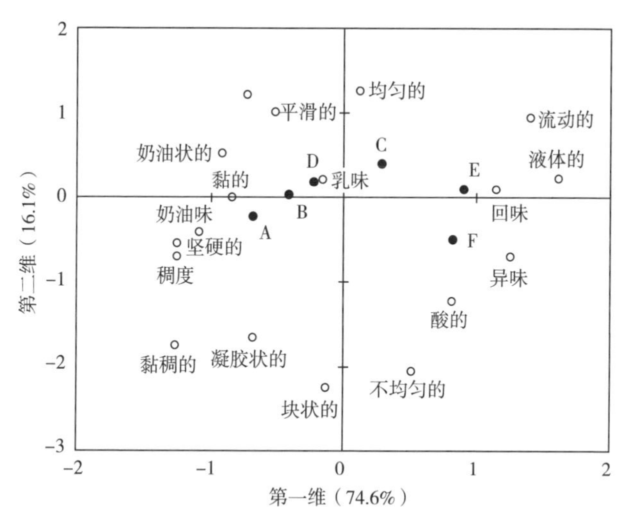

图9-10　评估6种酸乳样品的CATA问题的术语使用频率分析

以样品D为例，图9-11显示了总体喜好分数的平均下降百分比，这是消费者在描述样本D和描述理想酸乳时检查属性的比例的函数。惩罚分析可以确定每个样品的产品改进方向。对于样品D，平均下降和偏离理想值最大的属性是奶油、光滑和甜的。通过表9-7，比较样品D和理想酸乳术语的使用频率，可以得出结论，为了使样品D更接近消费者所认为的理想产品，需要增加奶油状的、稠度、甜度和平滑度。

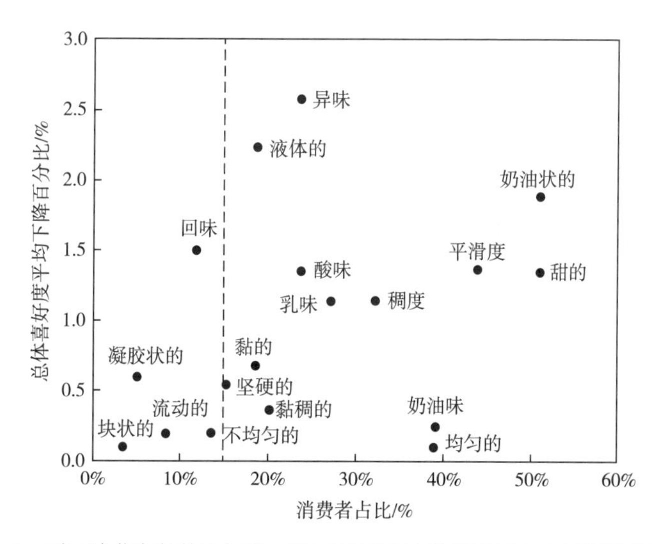

图9-11　利用消费者总体喜好度平均下降百分比检查样品D与理想产品的不同

PLS 回归模型计算了总体喜好度和因变量以及虚拟变量，表明每位消费者是否使用相同的术语来描述样品和他们认为的理想产品作为独立变量。图 9-12 显示了样品 A 的 PLS 模型的回归分析。只有一部分属性偏离理想值时会显著影响总体喜好度。当“黏的”“均匀的”“奶油味”“异味”“不均匀的”“甜的”和“块状的”偏离理想产品状态时，总体喜好分数显著下降。PLS 模型中回归系数最高的属性将是改进产品配方优先需要考虑的。考虑消费者对样品 A 和理想产品的描述（表 9-7），根据消费者认为样品 A 偏离理想的百分比数据，调整配方的首要任务是增加甜味剂浓度，以增加甜味感知。

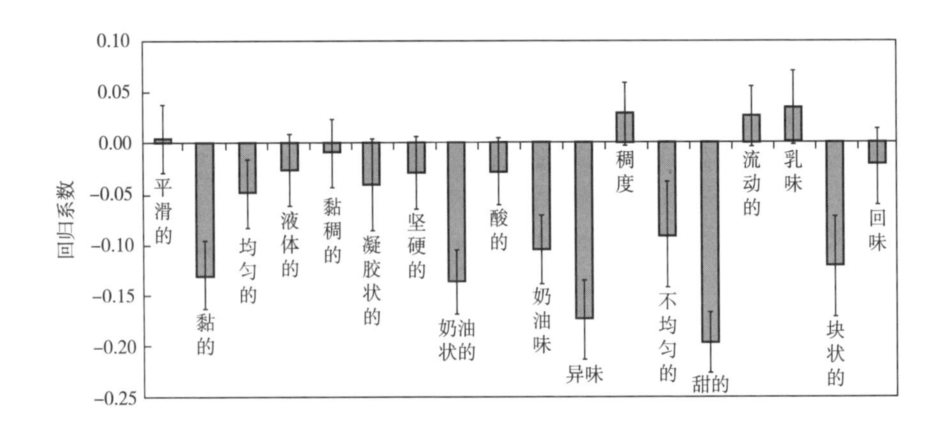

图 9-12 PLS 模型的回归分析（样品 A）

第五节 接受性检验

评定食品对消费者吸引力的另一个方法是使用喜欢或不喜欢程度的评级量表，也称为可接受性量表或验收测试。

一、9 点标度

在接受性检验中有一个概念叫做快感标度，也就是已知的对样品喜爱程度的标度。最普通的快感标度是图 9-13 中的 9 点快感标度。快感标度假设消费者的偏爱存在于一个连续统一体中，而在喜欢和不喜欢的基础上能对偏爱加以分类。样品编号后呈送给鉴评员（一个时间内一个样品），要求鉴评员表明他们对样品的快感标度。

9 点标度的使用非常简单，也非常容易实现。它已被广泛研究，并被证明在食品、饮料和非食用产品的接受性检验中发挥着重要作用。

选取 31 位干酪消费者组成一组鉴评员，要求其评定最近生产的无脂肪“干酪”产品，以及有着相似风味和外观的软质干酪的对照样品。使用图 9-13 中的 9 点快感标度，进行坚硬程度和总体喜爱程度的评定。其中 15 位鉴评员评定对照样品，16 位鉴评员评定新产品，鉴评员的打分表如图 9-14 所示。检验结果如表 9-8 所示。

<table>
<tr><td colspan="2">接受性检验</td></tr>
<tr><td>姓　名 ____________
样品种类 ____________</td><td>日　期 ____________
样品编号 ____________</td></tr>
<tr><td colspan="2">说　明
请在开始前用清水漱口，如果有需要可在检验中的任何时间再漱口。
评定样品并选出对应的快感标度。</td></tr>
<tr><td colspan="2">☐ 极端喜欢
☐ 非常喜欢
☐ 一般喜欢
☐ 稍微喜欢
☐ 既没有喜欢，也没有厌恶
☐ 稍微厌恶
☐ 一般厌恶
☐ 非常厌恶
☐ 极端厌恶</td></tr>
</table>

图 9-13　接受性检验样本计分表(9 点快感标度)

坚硬程度：

1	2	3	4	5	6	7	8	9
软								硬

喜爱程度：

1	2	3	4	5	6	7	8	9
极端厌恶				既没有喜欢，也没有厌恶				极端喜欢

对照干酪		无脂肪“干酪”	
坚硬程度	喜欢程度	坚硬程度	喜欢程度
4	7	8	4
8	8	6	6
7	6	8	5
6	8	6	7
6	8	8	6
3	6	7	3
5	7	7	5
6	7	3	7
7	6	7	5
8	9	8	2
9	8	3	3
7	9	7	3
4	5	6	3
5	3	7	4
6	8	6	6
		7	4

图 9-14　无脂肪“干酪”接受性检验打分表

表 9-8　　　　无脂肪“干酪”接受性检验结果

参数	对照样品的坚硬程度	新产品的坚硬程度	对照样品的喜爱程度	新产品的喜爱程度
m	6.067	6.500	7.000	4.563
$\sum x$	91	104	105	73
$\sum x^2$	591	712	771	369
N	15	16	15	16

注：m，平均值，$m=\sum(x/N)$；x，各鉴评员给样品的打分；N，某样品的评定人数；$\sum x$，某样品所有鉴评员打分的和；$\sum x^2$，某样品所有鉴评员打分的平方和。

t 统计公式：

$$t=\frac{m_1-m_2}{SEM} \tag{9-1}$$

式中　m_1——对照样品的平均值；

m_2——新产品的平均值；

SEM——平均标准误差。

$$SEM=\sqrt{\frac{\sum x_1{}^2-\frac{(\sum x_1)^2}{N_1}+\sum x_2-\frac{(\sum x_2)^2}{N_2}}{(N_1+N_2)-2}(1/N_1+1/N_2)} \tag{9-2}$$

坚硬程度：$t=\dfrac{(6.067-6.500)\sqrt{15\times16\times29/31}}{\sqrt{591-\dfrac{91^2}{15}+712-\dfrac{104^2}{16}}}=-0.433\times14.98/8.656=-0.749$

喜爱程度：$t=\dfrac{(7.0-4.563)\sqrt{15\times16\times29/31}}{\sqrt{771-\dfrac{105^2}{15}+369-\dfrac{73^2}{16}}}=2.437\times14.98/8.48=4.30$

查 t 分布表，在 $\alpha=0.05$ 的显著水平上，自由度为 29 的标准两重性 t 值为 2.45，坚硬程度的$t=-0.749<2.45$，喜爱程度的 $t=4.30>2.45$，因此可得出结论，对照样品与新产品在坚硬程度上无差异，而在喜爱程度上有差异，且对照样品比新产品受喜爱程度高。

二、线性标度

线性标度也称为图表评估标度或视觉相似标度。其基本思想是让鉴评员在一条线段上做标记以表示感官特性的强度或数量。在线性标度中，两点间的间隔或者距离是相等的。此外，标度还具有任意零点，所以在测量属性方面不存在“绝对的”数值。线性标度的组成可以是成对比较、排序或者等级评定，也可以是包含等同感觉程度和等同外观的对分法。

图 9-15 所示是用于可接受性测试的线性标度。线性标度的一个独特优势是在答案中无须标示任何数值，此外，标度的简洁用词也可以减少用语带来的偏差，只要通过测量直线左端点与垂直线之间的距离就可以获得用于数学运算的数值。

线性标度在描述性分析中的应用很广泛，大部分的统计技术都适用于它的结果分析，具体包括平均值、标准偏差、t 检验、方差分析、多重极差检验、因数分析和回归分析等。此外，还可以把数值化的答案转换成序列，然后使用标准秩次统计法来对数据进行分析。

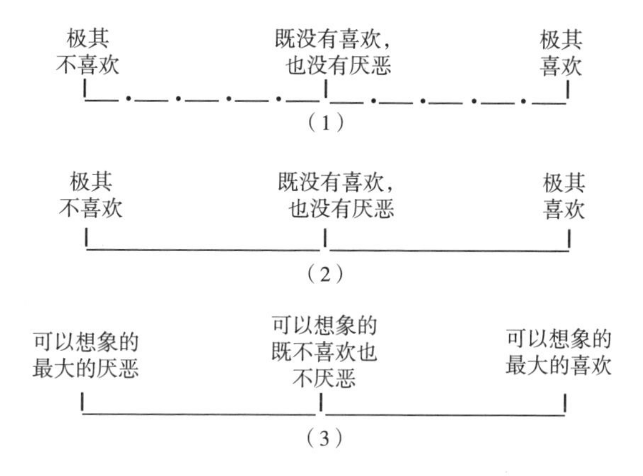

图 9-15　用于可接受性测试的线性标度

（1）带有小位置标记的线性标度　（2）无标记的线性标度　（3）赖特（Wright）简化标记的情感量表

三、带标签的情感强度（LAM）量表

带标签的情感强度（LAM）量表（图 9-16）是由卡德洛（Cardello）和舒茨（Schutz）新制定的标度，可以有效测量消费者对产品的喜爱度或者产品的刺激度。

LAM标度	-100 ~ 100	0 ~ 100
可以想象的最大的喜欢	100.00	100.00
极端喜欢	74.22	87.11
非常喜欢	56.11	78.06
一般喜欢	36.23	68.12
稍微喜欢	11.24	55.62
既没有喜欢，也没有厌恶	0.00	50.00
稍微厌恶	-10.63	44.69
一般厌恶	-31.88	34.06
非常厌恶	-55.50	22.25
极端厌恶	-75.51	12.25
可以想象的最大的厌恶	-100.00	0.00

图 9-16　带标签的情感强度（LAM）量表

标签位置以 100 分和 200 分（-100~100）为基础给出。

与 9 点标度相比，在比较受欢迎的食物，即高于平均水平的食物时，LAM 量表更频繁地使用量表范围的较高端，更有助于区分受欢迎的食物。埃尔·迪内（El Dine）和奥拉比（Olabi）发现，在区分受欢迎的食物方面，LAM 量表与 9 点标度一样好，有时甚至更好。然而，在一项针对多个产品类别的广泛消费者研究中，劳利斯（Lawless）等发现，在某些情况下，LAM 量表优于 9 点标度，在食物的可接受性检验中，尤其是针对比较受欢迎的食物时，LAM 量表可被视为传统 9 点标度的可行替代方案，尤其是在比较受欢迎的食物时。

第六节 恰好标度（JAR 标度）

恰好标度测定了对特殊品质的需求，常用于测定产品品质的最适水平。例如，恰好标度由左边的“不够咸”开始，“恰好”标度在中央，“太咸”标度在右边，谢泼德（Shepherd）等用这一量表来评定汤。在一些国家，人们感觉到部分回答者对于“正好”的选择承担了太强的许诺，所以，中心点通常被定义为“刚刚好”（恰好标度）。

许多感官连续体有一个最佳的或所谓的“幸福点”。布斯（Booth）在对感官品质与它们的理想水平认知偏差的基础上，形成了食品质量的定量理论。使用有规则的快感标度，“幸福点”会作为非单元函数的峰值出现。而恰好标度可以“展开”这一函数，如图 9-17 所示。有时，展开的函数是线性的或至少是单元的，这样就可以形成比较简单的模型。

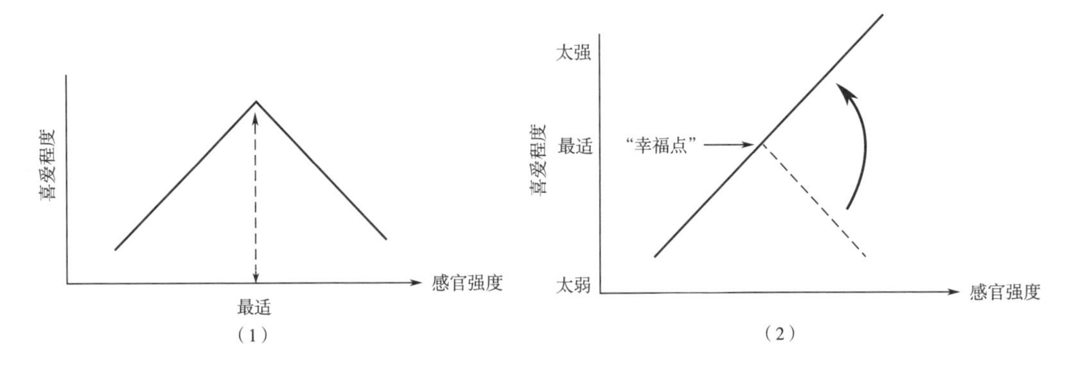

图 9-17 通过恰好标度“展开”有峰值的快感函数

（1）表示最适或“幸福点”的快感功能 （2）快感“三角”的展开

可以得到恰好标度的得分与感官强度或配料浓度之间的线性关系（通常为对数标度），这条线相对于误差的斜率表示消费者对偏离理想水平的容忍度。

恰好标度将强度和快感判断相结合，可以通过只测试单个产品（不需要复杂的试验设计）。作为消费者测试最终现场测试的一部分，恰好标度可以确保产品配方中没有出现严重错误。在产品开发早期，恰好标度可以用于比较不同版本的产品，此外，还可以用于识别喜欢不同级别感官属性的不同消费者群体。

在使用恰好标度时，需要注意以下问题。

（1）评定小组对所讨论属性要有共同的意见或一致的理解，这限制了恰好标度在一些被广泛理解的简单品质（如甜度和咸度）上的使用。在消费者检验中，其他更需要经过训练的技术性的描述性品质并不合适。

（2）恰好标度的量表是双极的，具有相反的终点和一个中心点。端点必须是真正的对立面，如“太薄”和“太厚”“太甜”和“不够甜”，但“太酸”和“太甜”并不是对立的，尽管它们可能在产品中显示出负相关（当一个上升则另一个下降），这些可以使用单独的恰好标度量表。

（3）必须注意在获得恰好标度规模信息后所采取的操作。任何减少或增加属性强度的尝试都可能降低产品在那些认为它“刚刚好”的人心中的接受度。此外，恰好标度并不能表明需要对产品进行多大程度的更改才能获得更好的结果。最后，食品和饮料是复杂的系统，任何一个属性的变化都可能影响到其他属性。例如，由于味道混合的相互作用，很难在不改变产品酸味的情况下改变甜度。

恰好标度对两种不同浓度系列的含糖饮料甜度进行评定的问卷如图 9-18 所示。

恰好标度检验样本问卷

请按给出的顺序从左到右品尝以下几个样品，
定位其甜度水平。

样品 901

□　□　□　□　□　□　□

不够甜　　　甜度正好　　　太甜

样品 482

□　□　□　□　□　□　□

不够甜　　　甜度正好　　　太甜

样品 733

□　□　□　□　□　□　□

不够甜　　　甜度正好　　　太甜

休息3min

继续品尝以下几个样品，定位其甜度水平。

样品 629

□　□　□　□　□　□　□

不够甜　　　甜度正好　　　太甜

样品 494

□　□　□　□　□　□　□

不够甜　　　甜度正好　　　太甜

样品 135

□　□　□　□　□　□　□

不够甜　　　甜度正好　　　太甜

恰好标度检验样本问卷

请按给出的顺序从左到右品尝以下几个样品
定位其甜度水平。

样品 733

☐ ☐ ☐ ☐ ☐ ☐ ☐

不够甜　　甜度正好　　太甜

样品 901

☐ ☐ ☐ ☐ ☐ ☐ ☐

不够甜　　甜度正好　　太甜

样品 482

☐ ☐ ☐ ☐ ☐ ☐ ☐

不够甜　　甜度正好　　太甜

休息3min

继续品尝以下几个样品，定位其甜度水平。

样品 135

☐ ☐ ☐ ☐ ☐ ☐ ☐

不够甜　　甜度正好　　太甜

样品 629

☐ ☐ ☐ ☐ ☐ ☐ ☐

不够甜　　甜度正好　　太甜

样品 494

☐ ☐ ☐ ☐ ☐ ☐ ☐

不够甜　　甜度正好　　太甜

图 9-18　恰好标度检验样本问卷

第七节　消费者喜好洞察新技术——脑电图

了解消费者对食品的生理和情绪反应是食品产品设计和食品服务成功的关键。在食品研究领域，许多传统的感官测量，如名称、偏好、接受、喜欢和享乐价值，已被用于评估消费者的感受和偏好。作为目前最常用的高时间分辨率脑电波测量方法，电生理学方法脑电图（EEG）被用于测量大脑活动，可以通过测量消费图像、声音、气味和味道刺激时头皮的电位变化，将反应转化为可用于解释感知、注意或情感过程的信号，用来评定消费者对与享乐价值相关的食物的偏好。此外，它还提供了对消费者与食品相关的皮层过程的深刻理解，这有助于在食品开发和服务中匹配消费者需求。

基本上，消费者受到食物特性、环境因素和消费者内部因素的刺激，他们对食物的反应有两种方式：一是通过生理反应，如大脑活动、面部表情的变化和自主神经系统的活动；二是通过情感反应，如喜欢/不喜欢、快乐和中性反应。这两种反应都定义了消费者对食物的接受度（图 9-19）。

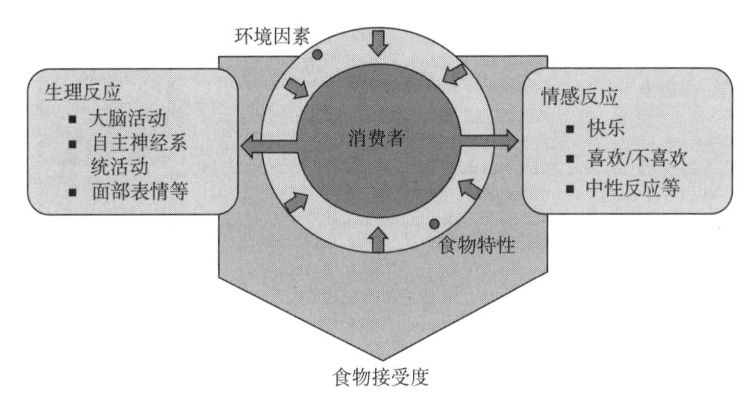

图 9-19 由食物引起的消费者的生理和情感反应

一、脑电图工作原理

脑电图（EEG）是通过接触受试者的头皮和前额，记录多个电极的反应，或连接到几个电极的被动，或主动生物传感器的新技术，可以测量大脑神经元突触区域离子电流产生的电压波动。这些电压波动可以在几毫秒内反映在头皮记录的脑电图中，基本上，脑电图技术可以实现脑电波的实时测量。

脑电图测量装置包括被试主体（参与者）、刺激（食物、图像、声音、环境等）、脑波记录设备（电极）和分析软件。测量程序包括：①当参与者坐在躺椅上做最小的运动时，电极被放置在他们的头皮上；②电极连接到脑电波放大器；③刺激参与者，并时实记录其脑电波（刺激前、刺激中和刺激后）的变化；④测量完成，并通过特定的信号处理方法对得到的脑电波进行分析（图 9-20）。

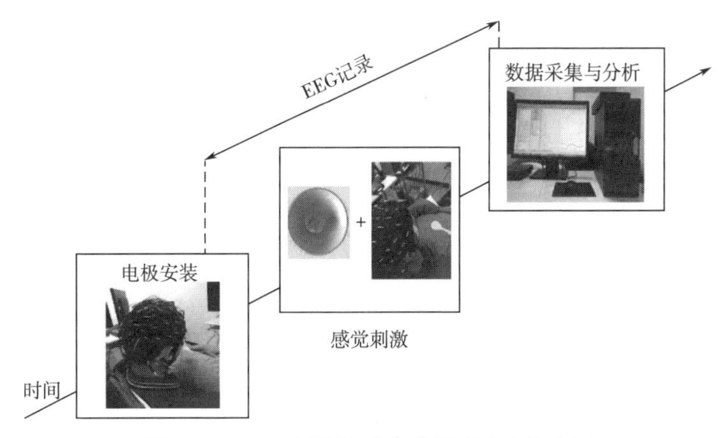

图 9-20 EEG 测量程序在食品研究中的应用

大脑在安静休息和刺激时产生不同的脑电图波形。根据它们的频率、幅度、形状和记录它们在头皮上的位置，对这些波形进行分类（图 9-21）。最常用的分类方法将脑电图信号分为许多波形。β 波的频率为 13~30Hz，可以在顶叶和额叶检测到。α 波的频率为 8~13Hz，可以在清醒的人的枕部区域检测到。θ 波的频率为 4~8Hz。δ 波的频率为 0.5~4Hz。

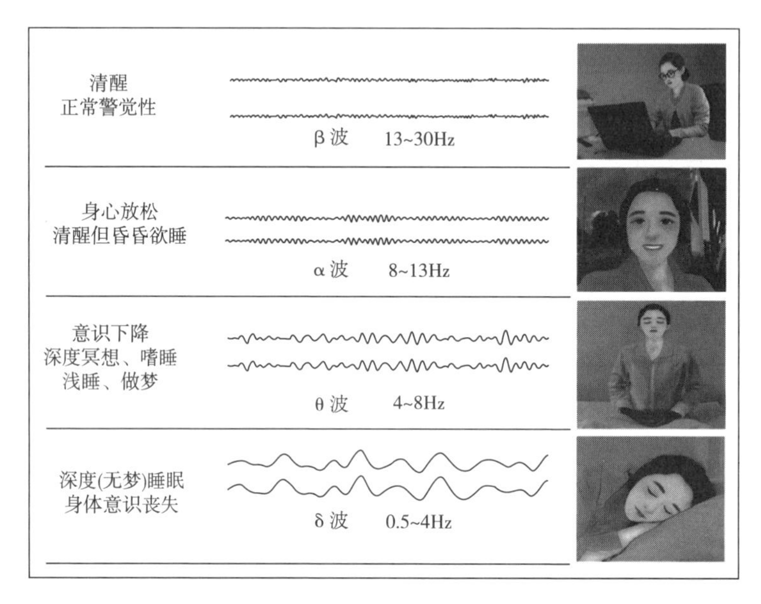

图 9-21 脑电图波形分类及与情绪的关系

二、脑电图波形与人类情绪的关系

一般来说，可以分析每个波形和不同大脑区域的脑电图信号水平，所得数据可用于解释大脑活动，并将其转化为情绪、行为和大脑功能。例如，α 波代表身心放松的状态，β 波代表正常的警觉和意识状态，θ 波代表深度冥想（图 9-21）。

此外，脑电图信号在人脑前部（额叶）或后部（顶叶和枕叶）左右半球之间的不对称性可以用来确定被刺激者对刺激的可接受性（图 9-22）。因此，脑电图被广泛应用于许多领域，特

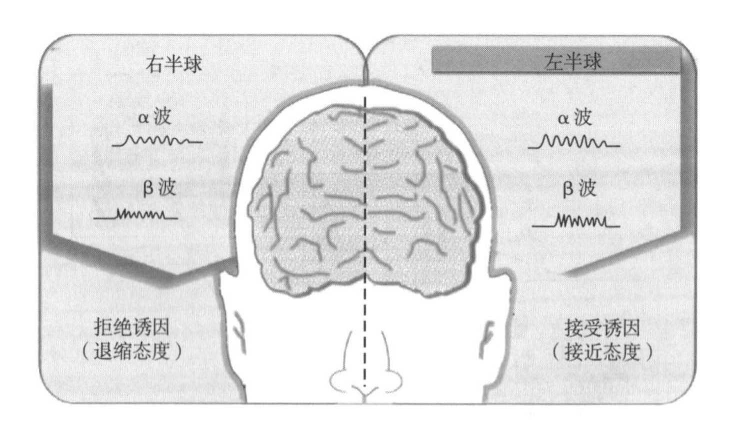

图 9-22 脑电图数据与被刺激者对刺激的可接受度的关系

别是在医学领域用于症状的检测和分类，以及研究医学和心理治疗的效果。有趣的是，该技术最近被更频繁地用于神经营销研究，以研究消费者对产品的反应，可以为解释消费者行为提供非常有用的数据。

三、脑电图与消费者态度的关系

脑电图波形（α、β、θ 等）功率谱的变化可以解释为消费者在食用食物后的感觉或大脑功能。此外，左右脑电信号的不对称性可以解释为动机倾向或食物可接受性。神经生物学证据表明，在主观感受和情绪中存在强烈的侧化模式。左右前脑分别与副交感神经和交感神经活动有关。副交感神经活动与积极情绪、接近行为和群体导向情绪相关，而交感神经活动则显示相反的行为情绪，如负面影响、戒断行为和个人导向的情绪。额叶皮层右半球的激活与退缩动机倾向或远离刺激的倾向有关，而左半球的激活与接近动机倾向或向刺激移动的倾向有关。其他研究表明，额叶皮层的脑电图信号和顶叶、枕叶皮层的脑电图信号的不对称性都可能与食物可接受度有关。这个关于人类大脑活动和对感觉刺激的动机过程关系理论被广泛接受。左半球活动增加表明对刺激的接近态度，而右半球活动增加表明对刺激的退缩态度。

最近的一项关于脑电图数据与消费者态度之间关系的研究证明，脑电图可以用来评估消费者对食物的偏好。结果表明，享乐得分与人脑左右半球的后静息状态 α 波和 β 波不对称性存在相关性。当享乐得分增加时，左右半球之间的 α 波和 β 波的不对称性呈现更大的负值。这表明当消费者对某种食物持更积极的态度时，左半球的激活就会增加。

帕克（Park）等对 34 名健康受试者在不同食物测试过程中每种情绪状态（积极、消极和中性）的左右不对称脑电图数据进行研究，发现只有在消极情绪时，α 波在左侧颞叶显著减少。另一方面，β 波只在恐惧情绪中被观察到。进一步证实了 α 波和 β 波的不对称性与消费者的食物偏好相关。

四、脑电图在食品感官研究中的应用

应用脑电图技术可以观察消费者与食品和饮料有关的情绪和行为，例如，测量对多种食品的外观、香气和味道的情绪反应。脑电图技术在食品感官研究中的应用可分为 3 个目标：①研究食品外观对消费者情绪和行为反应的影响；②研究食品的味道、口感和质地对消费者情绪和行为反应的影响；③研究食品摄入对人脑功能的影响（表 9-9）。

表 9-9　　脑电图在食品感官研究中的应用

目标	产品/刺激因素
研究食品外观对消费者情绪和行为反应的影响	能量和脂肪含量不同的食品图片
	不同餐量
	早餐食品
	不受欢迎的食品外观
研究食品的风味、口感和质地对消费者情绪和行为反应的影响	酸、甜、咸
	绿茶
	酒
	甘露和蜂蜜

续表

目标	产品/刺激因素
研究食物摄入对人脑功能的影响	咖啡因和葡萄糖鼻喷雾剂 口香糖 人工甜味剂

1. 对食品外观的情绪反应

食品外观对于消费者的食品接受度非常重要，因为它是消费者在考虑食品质量时使用的第一标准。许多食品味道鲜美，营养价值也很高，但由于外观不令人满意，消费者一开始并不接受。因此，在食品产品开发中，要充分强调食品外观的重要性。

沃尔什（Walsh）等利用脑电图技术从食品质量和安全的角度研究了不良食品外观对消费者情绪反应的影响。通过视频展示正常食物和异常食物的图片，包括变质的谷物和牛乳、劣质煎饼、因处理人员卫生不当而导致的劣质水果，以及制作不当和有食品安全问题的香肠三明治来观察参与者的情绪反应。用脑电图技术测量大脑活动，并将结果与 CATA 问卷的情绪得分进行比较。结果表明，受试者的大脑活动在对照视频和变质的谷物和牛乳视频中表现出差异（$P \leqslant 0.05$）。在观看了变质的谷物和牛乳视频后，大脑右半球的激活增加（额叶皮层不对称值增加），这意味着退缩动机倾向增加。观看对照视频后，接近动机倾向维持正常活动（额叶皮质不对称值不变）。这些结果与传统的外显情绪测量（通过 CATA 问卷选择情绪术语）的结果相关联，表明大多数参与者在观看了变质的谷物和牛乳的视频后感到厌恶。因此，这一结果说明了脑电图技术可以用来测量消费者的动机倾向，并为传统的外显情绪测量提供数据支持。

然而，对于劣质煎饼、因处理人员卫生不当而导致的劣质水果、制作不当和有安全问题的香肠三明治的视频，脑电图数据与对照组没有差异。这与从 CATA 问题中获得的情绪测量结果有所不同，后者在观看这些刺激视频后显示退缩和厌恶。因此，通过脑电图技术测量消费者动机倾向提供的结果与传统的外显情绪测量结果不相关。沃尔什（Walsh）等的另一项研究提供了类似的结果：当消费者面对早餐外观的微小差异时，脑电图技术无法用于测量消费者的动机倾向。因此，在比较享乐得分差异较小或得分接近中性的食物时，可能不适合使用脑电图来测量消费者的动机倾向。

2. 对食品的风味和味道的情绪反应

食品风味是影响消费者食品可接受度的最重要因素之一，可以在食用过程中和食用后给人带来好心情或坏心情。此外，它还是影响消费者食品记忆的一个重要因素。记忆表现和认知状态的变化将揭示脑电图谱的变化。具有良好风味的食品在现实市场中往往具有较高的接受度和持续性。因此，风味对消费者情绪反应的影响在消费者和感官研究中具有重要意义。许多食品研究人员试图通过脑电图来加深食品风味对消费者情绪反应影响的理解。

莫劳（Morao）等利用脑电图记录消费者闻绿茶时的脑电波，并对其进行情绪分析，研究结果发现：闻到绿茶，尤其是浓白茶时，可以增加额叶和枕叶区域的 α 波和 β 波活动。α 波被认为与语言信息处理和良好的认知表现有关；β 波被认为在注意力或高级认知功能中发挥着重要作用。因此，α 波和 β 波的增加可能预示着抗应激作用和放松的情绪。此外，霍尔斯卡（Horska）等的研究证明了葡萄酒风味对消费者偏好的影响。在品尝葡萄酒样品后，使用脑电图技术记录消费者的脑电波，并将结果与情绪（快乐、悲伤、厌恶、中性情绪、愤怒和惊讶）相关联，结果表明：不同性别和年龄（男性/女性、年轻/年长）的消费者在品尝葡萄酒样品后会产生不同的情绪；男性和女性都对葡萄酒留下了积极的印象。与男性相比，女性对葡萄酒产生的情绪兴奋度更高。年轻消费者比年长消费者对葡萄酒样品的情感反应更强烈。这些因素可能会影响他们的葡萄酒消费和购买行为。

3. 食品摄入对人脑功能的影响

食品的摄入对人的影响以及食品对人的大脑功能和情绪的影响是健康食品开发的重要内容。悲伤、恐惧、快乐和惊讶等情绪在消费者的决策中起着重要的作用。而脑电图数据可以用来表明食品摄入对人脑功能的积极或消极影响。

一些食品的摄入对大脑功能有积极的影响，例如嚼口香糖会引起左额叶和颞叶的脑电图 α 波和 β 波增加，从而提高注意力。达·波夫（De Pauw）等的研究表明，通过鼻腔喷雾剂摄入咖啡因或葡萄糖可以提高认知效率，同时，发现脑岛内的 β 波活性增加。这些结果证实，溶液激活了有益于影响认知表现的前扣带皮层。

食用某些食物对人脑功能有负面影响。例如，金（Kim）等研究调查甜味剂和加工食品的消费对人类大脑功能的影响，以 θ/β 比值表示的脑电图数据被认为是衡量注意力、情绪调节和抗压力恢复能力的指标。结果表明，摄入人造甜味剂和加工食品（如汉堡）与较高的 θ/β 比值相关，而摄入天然食品（如豆类和水果）与较低的 θ/β 比值相关。较高的 θ/β 比值表明，快餐或人工甜味剂可能会降低个体对潜在压力事件的警觉性或恢复力。

尽管脑电图技术提供了非常有用的数据，可以满足消费者在感官研究的许多方面的理解，但它在设备方面有局限性。通过脑电图测量脑电波需要专用的设备、软件和比其他感官测试方法更大的测试空间。设备的成本也很高。因此，良好的可控测试条件和足够数量的鉴评员是非常重要的。此外，它需要一个专家来进行脑电图记录和数据分析。

思考题

1. 消费者调查的作用是什么？
2. 构建调查问卷问题的基本原则是什么？
3. 偏好检验主要包括哪几种方法？
4. 目前用于食品消费者调查的主要有哪些新的技术方法？

CHAPTER 10

第十章 食品品质及其稳定性评价

学习目标

1. 了解感官评定在食品品控中的应用。
2. 了解几种食品品控感官评定方法。
3. 了解食品保质期测试。

食品品质是指食品的食用性能及特征符合有关标准的规定和满足消费者要求的程度，既包括食品本身固有的食用品质，又包括不同食用者对食品的不同要求。大多数感官研究人员将消费者的满意程度作为品质的衡量标准。食品感官和性能体验的可靠性或一致性已被公认为是食品品质的重要特征。感官评定在食品品控中发挥了不可或缺的作用。

近年来，由于新加工方法兴起及新产品增加，确定产品稳定性和保质期变得越来越重要，由不合适的保质期标签导致的经济损失可能非常严重。对于不需要有效期的产品，建立保质期可能由商业竞争所驱动。对于未注明日期的产品，消费者会更加注意感官品质差异随时间发生的变化。随着贮藏时间的推移，食品感官品质的变化幅度即食品感官品质稳定性，技术的改进（如加工工艺和原料）和新包装材料的使用也影响产品的稳定性。

本章主要讨论感官评定在食品品质控制中的应用，并简要概述几种食品品控感官评定方法以及感官品控流程和规范的建立，最后介绍了食品保质期测试为食品品质及其稳定性评价提供指导。

第一节　感官评定在食品品控中的应用

一、感官评定在食品配料中的应用

无论是配料还是成品，只有恰当地对品质进行定义，品控才有意义。由于开发和推出产品的投资非常大，基于少数专业人士的感受来决定生产什么已变得不可取。因此，应根据消费者的期望，特别是目标消费者的期望来定义和验证产品的品质，以消费者为导向开发适应市场所需特定品质的优质产品。

（一）食品配料感官测试的特性

各种感官分析技术可以指导食品配料的开发。从定量角度来看，配料与原料按一定的量混合就可以生产出食品。由于消费者、生产和贮藏等需求不断提高，食品工业中通常使用一些配料达到改善食品特性或延长保质期的目的。因此，配料的感官特性包含于食品产品的感官特性，食品应始终具有合适的感官特性。然而，由于配料会与原料发生相互作用，因此对食品基质之外的配料单独进行感官评定毫无意义，需要对应用配料的最终产品进行测试。消费者或专家评委对使用不同剂量的一种或多种配料的食品特性做出感官反应。处理后的数据是由一种或多种配料单独或相互作用改变食品特性而引起的感官刺激排序的结果。

通过研究人类的偏好性或描述性反应，可以确定特定应用中某一配料的效果。单独考察含有该配料的产品产生的响应没有意义，需要与参考产品进行比较，而参考产品通常是在严格相同的条件下生产出的不含相关配料的相同食品。理想情况下，通过试验测定来揭示几种配料的协同作用，以整合剂量和相互作用的影响。仅仅定义单一配料的有益效果是不够的。因此为了确定所有配料或改良剂的最佳剂量，可以进行描述性感官评定和偏好性评价，这两个步骤通常是连续和互补的。

（二）描述性感官评定

第一阶段是描述人类可以感知的配料的应用效果。一方面，需要验证训练有素的鉴评员是否能够检测到给定剂量的配料导致的食品特性的改变，特别推荐三角测试应用于该情况。另一方面，检查该测试给出的响应的含义很有必要。开发一种配料时，只有在严格的试验条件下才能显现出配料效果，而在正常消费情况下（例如同时食用两种不同的产品）可能无法得到验证。同样明显的是，微小的差异不会使消费者的偏好两极分化。

我们经常使用鉴别测试来评定改性对某些工艺或配方的影响，例如酶、酵母和人造黄油的影响。这些测试是品控程序的一部分，但不属于对所有配料使用的标准化控制流程。

（三）偏好性评价

第二阶段是测定个人和群体对食物特性改变的享乐喜好反应。该测试只有建立在数量相当大的消费者群体之上时才有意义。消费者需要在没有被告知所用配料的情况下品尝食品。只有在这样的条件下，才有可能验证改进剂或不同配料的最佳组合。在该阶段，可以判断标签、声明和包装对食品的感官和认知感知的影响。

【案例 1】 面包的质地

要定义食品配料的质量，重要的是我们要对客户关于特定产品的期望建立一个良好的描述。生产者有责任去发现这些期望，尝试着去理解并实现它们。生产者也有责任告知客户他们的业务发展，因为食品品质不是一个静态的概念，而是一个动态的概念。因此，公司需要一个持续改进的指导方针。要改进产品，必须改进其工艺和配料。

配料水平的一些变化会引起几个产品特性同步变化。其中一些变化难以掩盖，因此往往使感官分析变得困难。质地的表征通常分为两大类：感官和仪器分析方法。以下使用一种特定的方法来更好地理解感官和物理质地测量之间的关系。

1. 用于改善软烘焙产品质地的不同配料

改良剂可以优化面包的各个方面，并具备面包烘焙师在烘焙过程的所有阶段（混合、发酵、烘焙和保质期）操作所需的可行性和灵活性。改良剂还有助于面包师将面包的体积、面包屑、面包皮和新鲜度提高到一个新的水平。酶是一种蛋白质，可以增强面团的功能，如耐受性和吸水性，并改善面包的特性（体积、柔软度、颜色等）。本案例选用的酶溶液是具有最佳协同效应的木聚糖酶、淀粉酶、脂肪酶、葡萄糖氧化酶和蛋白酶的混合物。

专家小组评定了 5 种混合了这些不同配料的面包，以确定这些面包的质地。

2. 软烘焙产品的评价

软烘焙产品具有 3 个重要标准。①风味：香气和口感；②烘焙性能：过程公差、体积和形状、面包皮颜色和外形、面包屑结构和面包屑颜色；③质地性能：柔软度、湿润度、黏性、内聚性、弹性、新鲜度、咬合力和口感。

3. 专家小组对软烘焙产品的感官分析

感官分析包括使用嗅觉、味觉、听觉和触觉。通过触摸（包括使用手指、嘴唇、舌头、上颚和牙齿）来评估食物的质地。感官分析方法有很大的可变性，可以通过使用训练有素的专家小组来减少这种可变性。

选择 8 位专家评委对 5 种软面包进行描述。每位评委同时收到 5 种产品，并生成描述性术语来区分这些面包。然后，每位评委将这 5 种面包按每个描述性术语的升序或降序排列。

如图 10-1 所示，面包质地上的感知差异可以解释为：①产品 1，不含任何额外配料的参照品，被认为是干燥、坚硬和易碎的；②产品 2，加入改良剂后，是一种短的软面包；③产品 3 更软；④产品 4 的特点是潮湿和黏稠，这是添加乳化剂与不同浓度的改良剂组合而造成的；⑤通过添加面筋和改良剂，产品 5 被认为是最耐嚼的产品。

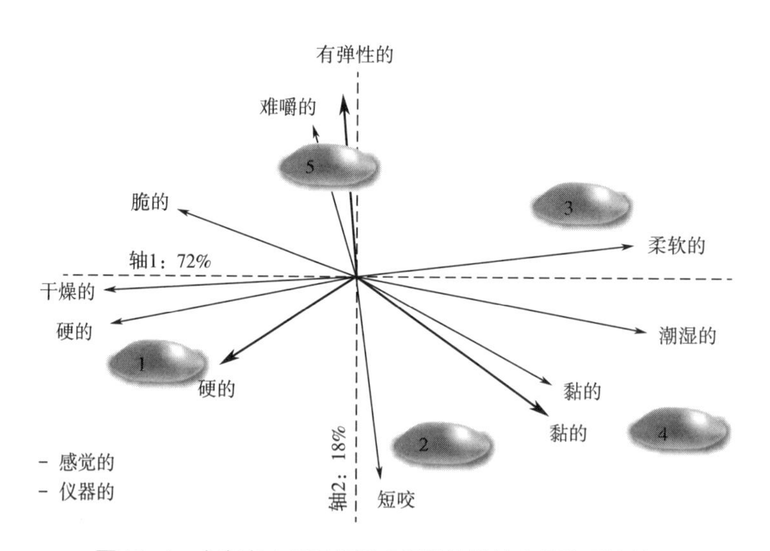

图 10-1　由专家小组和仪器表征的软烘焙产品的质地特征

经过几次分析，专家们就主要的质地属性达成了一致，如软硬度、回弹性、弹性等。对触觉和感觉进行评定，以观察感知是否不同。①软硬度：把面包压在臼齿之间或舌头和上颚之间所需要的力。②回弹性：焙烤产品经过一定变形后恢复原状的速率和程度。③弹性：焙烤产品的面包屑经过一定变形后恢复其原始形状的速率和程度。④湿润-干燥、黏稠的面包屑：与面包屑的新鲜度和变质密切相关的感觉。水分过多会导致黏稠，即面包屑粘在手指上，咀嚼时在上颚上。⑤内聚性：烘烤后的面包屑在摩擦或折叠时粘在一起的程度。⑥易碎性：烘烤后的面包屑易碎成细小颗粒的程度。⑦嚼劲（短）：反映咀嚼到可以吞咽的程度，破碎样品的力量和咀嚼样品的次数。⑧易吞咽（融化）：一粒面包放进嘴里就能被吞下去的容易程度。⑨新鲜度：新鲜烘焙产品的整体感觉。如果是软包装的烘焙食品，是一种柔软湿润的质地和风味的结合。

4. 面包的质构分析（TPA）

质构是影响加工和处理的重要属性，影响产品的保质期和消费者接受度。有时更可取的是使用仪器分析而不是感官分析来评定产品质构，因为仪器分析可以在更严格的定义和控制条件下进行。此外，试验变异性的问题更可能是由样本异质性引起的，而不是由仪器不精确引起的。

使用仪器分析的另一个原因可能是，配料含量的变化经常会引起产品几个特性同时变化。其中一些变化难以掩盖，往往使感官分析变得困难。因此，许多质构研究的主要目标是设计一个或多个力学测试，以取代人类感官评定作为评定质构的工具。

质构分析适用于品质控制，作为一种质构量化手段，成为新产品开发和研究的重要工具。质构仪被广泛应用于测量产品的许多性质，如硬度、脆性、断裂性、黏附性和弹性等。

使用设备和软件分析食品质构为加工者提供了一种客观的测量。用特定的方法来确定面包最重要的特性。这一过程包括压缩、刺穿、拉伸、折弯、挤压、剪切。软烘焙产品的物理标准与人的感官密切相关。

二、感官评定在冷藏和冷冻即食食品、汤和酱中的应用

多组分食品，如即食食品、汤和酱汁，由于本身包含多种成分，因此最终的生产食品的品质，通常会受到这些原材料质量和所涉及的生产过程一致性的影响。关于这些因素，感官评定发挥着关键作用，确保了食品生产运营的每个阶段的产品质量。

（一）配方开发过程

多组分食品生产企业中的配方创建和开发通常是新产品开发部门的职责。由于客户对其新产品的接受程度将反映在企业的总销售额中，因此该部门通常被认为是企业的命脉。客户主要是基于感官因素（例如外观、香气、味道和质构）参与到食品开发中，因此新产品开发部门必须运用广泛的感官技能和技术，以创造出满足最终消费者期望的产品。人们普遍认为，消费者会对食品产生主观反应，并根据他们的“喜欢”和“不喜欢”来描述新产品，而食品制造企业通常会从识别和定义感官属性的客观性中受益。通过将消费者反应与明确定义的感官属性相结合，可以深入了解那些具有消费者会接受的属性和消费者会拒绝的属性的食品。在新产品开发过程中，有许多技术可以用来帮助选择最好的产品/配方。

（1）差异测试　将选定的感官评定小组成员分隔开（以避免相互影响），同时提供一组单独标记的产品样品（通常为3个）。一个样品与其他两个不同（即单个样品可能是建议的新配方版本或当前标准配方），并要求小组成员挑选出哪个样品不同。小组将告知企业当前配方和开发的新配方之间是否存在一致的实际差异。

（2）偏好测试或“消费者测试”　在新产品开发功能的早期阶段使用有限，但一旦开发出产品，衡量消费者对新产品的反应就至关重要。商业感官评定小组成员分别收到当前和开发的新配方样品（未标记），并要求选择他们喜欢的样品。应该注意的是，在选择这种测试方法时，管理者应确保它适用于被评定的产品。例如，被评定的产品可能作为最终产品的配套出售（例

如牛排淋酱），此时，应考虑在产品最终用途的情形下对产品进行评定。

在评定开发的新配方时，重要的是要了解对客户特别重要的产品关键感官点（KSPs）。该方法有助于让新产品开发团队专注于实现客户的具体需求。

（3）消费者小组测试　可用于帮助定义产品 KSPs（例如外观、香气、味道、质构），从而确保所开发产品一经推出就可能获得消费者的认可。消费者小组可以利用感官评定技术，包括接受度/偏好测试、焦点小组、中心位置测试和产品定位，或者简单地要求小组成员品尝产品并说明他们喜欢和不喜欢产品的地方，以及最终他们是否会以预期价格购买该产品。

食品感官分析人员应确保选定的消费者小组成员有定期食用待测试产品类型的经验，以确保他们的评估非常精确地集中在产品 KSPs 上。消费者小组成员至少应该不排斥此类产品，理想情况是他们本身就是当前该产品的用户。

（4）“旧产品改良”　是开发团队对现有产品配方进行特定改进/调整的过程。这些“改进”通常与产品质量或成本有关（例如寻求增加销售利润率），在保护产品销售/营业利润率方面，此类工作是产品生命周期的重要阶段。当企业审查其产品范围以满足客户对健康食品日益增长的要求时，也经常需要旧产品改良，例如，当寻求开发“减脂”或“减盐”之类的营养产品时。

（二）产品开发后放大阶段

感官评定在产品放大阶段发挥着重要作用，因为它对于确保产品在工业规模生产时仍能达到批准开发样品的所有 KSPs（因为这是最终客户同意的，因此将期望作为最终产品交付）至关重要。在新产品的工厂试验过程中，当尝试将工厂产品与客户认可的厨房烹饪样品相匹配时，经常会遇到问题。与厨房烹饪样品相比，以下方面可能影响/导致放大过程中工厂生产产品感官特性的变化。

（1）以工业规模购买的食材质量通常不如厨房烹饪样品购买以及手工准备的食材质量。工业规模供应的肉类/蔬菜颗粒可能含有更多的“边角料”或“细粉”，这会影响最终产品的外观。在准备符合客户的产品样品时，应鼓励开发部门始终使用工厂级成分。例外情况可能是在制作产品外观时使用手工挑选的成分，但在此阶段必须注意不要误导消费者。如果这些没有得到控制，那么企业很可能在产品质量/一致性方面因承诺过多而交付不足。

（2）工厂工业规模的生产要素（如混合/烹饪/保存时间等）通常比在厨房烹饪少量产品所需的时间要长得多。这种情况导致产品质地破裂、颜色恶化和风味变化的可能性增加。监督放大操作的技术人员应选择最佳的工厂方法，以尽可能减少此类问题，建议使用更合适的设备，并在加工时间对产品感官品质有不利影响的情况下限制最大批量。

（3）为保持质地、颜色和风味，厨房烹饪样品可能只经过非常有限的烹调。然而，在整个工业过程中，产品还需要达到特定的保质期要求，这通常需要较高的温度或更长的烹饪时间，以确保充分降低微生物水平。显然，在寻求实现产品安全/保质期的同时，有可能会降低感官质量。由于产品安全是一项不容妥协的产品要求，放大技术人员必须确保选择的工艺和操作时间/温度达到所需的安全性和保质期水平，同时避免因过度加工导致不可接受的产品感官劣化。

（三）产品生产过程

1. 原料供应阶段

保证食品生产运营中正确质量原料的一致供应，可以采取许多步骤来实现。使用“经批准的供应商”（供应商在被授权供应之前接受产品质量、安全和合法性等方面的控制评定）是确保原料供应一致的良好方式。购买预先商定的原料规格是一个重要因素，该规格反映原料的质量性能要求。通过清楚地了解和定义预期的最终产品 KSPs，重点检查确保原料 KSPs 符合最终产品规格。然后检查指定的 KSPs，以确认是否符合交付要求。原料质量的一致供应高度依赖供应商现场的一致工艺和机械，因此，在可能的情况下，供应商审查应考察供应商实现正确原料质量一致供应的能力。

对进厂原料的感官评定应由经过此类检查培训并确认有能力根据其规定的质量标准对每种原料进行分析的工作人员进行。这些检查可能包括生、熟产品测试，以确认原料的外观、香气、味道和质地符合规格/感官描述中定义的要求。

确保从待评定进厂原料中抽取代表性样品很重要。可以对工作人员进行抽样数量和技术方面的培训，以确保覆盖检查覆盖送货的各个环节（包括现有的供应商批次、日期代码范围）。

对需要烹饪之后才可进行感官分析的样品，重要的是要确保操作员始终可以使用适当的评定设备或烹饪设备，否则存在无法进行测试的风险。此外，此类测试可能非常耗时，必须确保操作员接受培训并要专注于测试。

食品生产企业应要求供应商进行原材料出货前的感官评定。原料到达生产现场时，即可收到最近确认其符合所有预期感官标准的测试。该方法能避免对双方的运营造成大量干扰和成本投入。值得注意的是，确保原料的评定标准在发货前（供应商现场）和到达生产现场后应保持一致，最好都使用相同设计/型号的测试设备，以减少由于所采用的测试方法出现差异的可能性。此外还需要规定测试方法/条件，以确保两个现场之间的一致性。例如，产品黏度会受到温度的影响，因此应在预先商定的温度下进行测定，以便于比较。

随时间推移，企业可能希望改变对每种原料的测试频率，评定程度取决于供应商供应一致性的跟踪历史、发生故障时对主要产品/业务的潜在影响以及需要特别关注一些原料在一年中与供应一致性/季节性相关的特定“风险”时间。例如，新鲜加工的小块胡萝卜，由于比表面积大，在某些特定时间更容易变质。这种腐败会产生酸性风味，如果不小心使用了变质的胡萝卜，最终产品就会滞销。因此，生产企业可能会选择在每年特定的“已知问题”时间缩短此类原料的保质期。为这些潜在的供应问题建立目录通常很有用，可以在食品生产企业内用于员工培训和预警。

2. 配方准备阶段

该阶段通常包括将原料从包装中取出，并称量所需的配方质量，以等待进一步加工。因此，这通常是生产过程中的第一个点。此时，每种原料都需要进行全面仔细的审查，这为确保每种原料都能满足所需的感官质量提供了一个关键控制点。

一些入库检查可能被推迟到配方准备阶段，以避免在较早阶段打开包装导致原料变质，或者供应商的原料交付可能包括许多单独批次，为了进一步保证产品质量，所有这些批次都需要在此阶段单独检查。这一阶段的质量检查由工厂准备人员进行，他们应预先接受培训，以确保准备的每种原料始终符合所要求的质量标准。

准备人员应该注意到，原料可能已经在现场储存了很长时间，因此自交付以来可能已经变质。还有，虽然原料可能在入库时通过了检验，但检验员可能只检查了该原料的小部分样品，而在准备阶段，该原料的所有批次都需要检查。因此，员工应该将自己视为在监督产品质量和质疑问题方面发挥重要品控作用的关键操作者。

在生产企业中，由于每天都要处理许多产品配方，生产人员不太可能记住每种特定原料的关键属性，也不太可能有时间对照书面的规范说明来处理每种原料。然而，相关生产人员可以接受培训，了解每种原料组（如肉类、乳制品、蔬菜、水果、草药、香料）的五大感官质量点或关键品质标准。这样的质量检查点可以包括：原料是否与配方上的名称相匹配；外观、颜色和香气是否符合预期。

企业不希望他们的生产人员在加工过程中品尝测试原料。然而，在某些情况下，口味测试将提供一个重要的品质控制点，因此企业应该根据他们的特定业务决定进行口味测试的地点和口味测试数量。这种测试可能会在工厂的指定区域进行，也可以设立一个品鉴台，以进一步向员工强调，原料的品鉴是品质保证的关键部分，只允许在指定的区域和过程的适当阶段进行。

3. 加工阶段——混合和烹饪操作

在混合和烹饪阶段，生产人员有时也应审查和检查生产批次中使用的各种原料。因此，该阶段通过监控每种原料满足所需的感官标准，提供了另一个关键质量控制点。

在此阶段接受过原料感官检查培训的员工将对食品生产操作有很大的优势。确保添加到批次中的每种原料都符合所需的质量标准是食品生产企业品控体系的关键要素。

在培训过程中，应向生产人员介绍具有随时检查原料质量意识的必要性，以及不要仅仅因为原料通过了其他检查点而认为原料质量一定是符合要求的。而且需要强调，如果他们在使用前没有发现原料问题而导致了最终产品质量故障，则可能无法追溯到特定的原材料异常，从而可能怀疑是他们在加工产品的过程中存在失误。

在烹饪混合阶段，会发生许多物理和化学相互作用（如美拉德反应、颗粒的混合或软化、水包油乳状液的形成）。理想情况下，采用相同的烹饪混合参数（时间、温度、混合速率等），会生产出完全相同的最终产品。然而，由于大多数天然原料可能在品种、来源和季节上有所不同，原料的变化往往会导致最终产品的加工性能发生变化。

生产现场具有各种加工设备（如切丁机、切片机、混合器、搅拌机、均质机、蒸煮机、包装机械、冷水机），根据所选设备的不同，最终结果可能会有所不同（如搅拌机、搅拌器和泵对食品的破碎程度不同）。

为了确保最终产品满足所需的感官标准（如外观、香气、味道、质地、黏度），理想情况下，产品感官描述应以一种允许产品批次间有可接受变化范围的方式进行编写和商定。例如，对于汤和酱汁，颜色参照品可能允许理想颜色的某一方面有差异，产品黏度可能允许与标准目标有一定的偏差。对于大多数处理天然原料的加工操作来说，加工团队必须经常在生产流程的关键阶段评定产品，并对加工参数进行调整，以确保达到预期的最终结果。

此类检查和纠正措施通常包括在该阶段完成时和进入下一阶段操作（通常是冷却或包装阶段）之前对产品批次进行感官评定。应从批次中最合适的点抽取足够量的样品（如果已知生产批次在某些点上有所不同，则应评定所有点），然后由生产操作员或指定的品控人员根据适当的产品感官描述评定产品。所选的鉴评员应事先经过培训和筛选，以确认他们有能力进行最终产品的感官分析。

通过感官评定，如果产品满足所有规定的要求，那么它可以被允许进入下一个工艺阶段。但是，如果在此阶段不符合要求，则通常需要采取纠正措施。汤和酱汁中的纠正措施可能包括：如果批料太浓稠，则加水；如果批料颗粒太硬，则需额外烹饪；如果批料质地太粗糙，则进行额外的均质；如果批料要求黏度较大，可加入更多的增稠剂（如淀粉）；如果产品的质地破裂，则添加额外的颗粒。

许多此类纠正措施会对产品配方产生影响，因此，需要事先与相关部门和客户商定适当的、可接受的纠正措施。任何产品调整都应进行记录，以确保完全可追溯。

在评定中间过程阶段的结果时，也可以采用类似的方法，如在加入肉酱汁之前预先油炸碎牛肉，或者在加入汤之前预先混合淀粉浆料混合物。如前所述，这样的评定将需要特定的感官标准。最简单的情况，这些标准可以是放在工艺表上的一行提醒（例如，添加之前需检查浆液混合物是否无结块），或者可以是更复杂的完整感官描述，如对半熟皮劳米的外观、香气、味道和质地进行评定，并在后面的加工阶段完成烹饪。

任何配方或工艺的纠正和调整都应正式反馈给负责制定生产工艺的团队成员（通常是工艺技术人员），因为常规调整特定产品的要求可能表明标准生产工艺需要永久调整或重新试验，以提升第一次成功的概率，并避免每次生产特定产品时都需要耗时的纠正措施。非常重要的是，当操作人员反馈过程中存在需要纠正的问题时，负责调整产品人员应向操作人员告知已采取的纠正措施。这样会让操作人员觉得他们的反馈得到了重视。如果操作人员觉得他们反馈的问题没有被听取，或者总是在这个产品上有问题，那么随时间的推移，他们就会接受不理想的质量标准。

所有批次评定检查都应进行记录，以保证操作中的完全可追溯性，并有助于在出现问题投诉时证明该批次操作是正确的。此外，这些结果的记录和进一步的纠正措施也可以用于对产品的任何常规问题或季节差异进行趋势分析。例如，颜色、风味或质地的变化可能与农产品季节性变化有关。如果这种季节性变化的程度是不可接受的，那么可以选择使用冷冻原料。

在批量生产过程中，同一产品的多个单独批次将按顺序生产，在感官评定中经常使用的方法是在每个新批次生产时保留前一批次的参考样品，以进行审查确保产品性能没有逐渐偏离所要求的标准。

4. 包装阶段

原料交付的包装具有多种功能，包括在保质期内防止物理损坏、微生物引起的腐败和风味变质。需要确保的是，原料交付形式将有助于原料的一系列评定，包括感官评定。如果原料在交付后许多天才使用，如真空包装肉，那么交货后立即打开包装进行评定的成本可能很高，因为打开会使空气进入包装，从而缩短保质期。出于这些原因，生产商可能会推迟到临近使用时再对原料质量进行全面评定，或者安排一个较小的“样品包”与主要的较大交付包一起发货。这样的安排也向供应商发出一个明确的信息，即客户会在原料交付时监控供应质量，因此会使供应商确保完全遵守特定质量标准。

对于生产的最终产品，如果包装质量不合格，即不适合食品接触，或在特定条件下与产品发生反应，最终产品的包装（尤其是直接接触食品的包装）可能会给产品带来污染。如果要在食品接触包装内烹饪或重新加热产品，则企业还应注意加热阶段包装对最终产品的潜在影响。在产品包装的初始批准使用期间，必须对包装内的食品进行全面的感官分析，以反映食品生产过程、储存、分销的最坏情况和时间尺度以及消费者的最终用途。

5. 储存阶段

所有产品原料的储存方式应反映供应商在温、湿度控制和避免物理损坏（例如货物的堆放、压缩）等方面的建议和良好生产规范，这对于产品质量的一致性和安全性至关重要。虽然一些原料（包括冷藏切好的蔬菜）通常会在到达生产现场后几天内使用，但许多保质期较长的原料可能会在使用前储存数周或数月。因此，企业最好在储存阶段监测这些原料的感官性能等因素，提前发现质量恶化问题，从而确保有足够的时间纠正问题，而不中断企业生产计划。

产品储存期间的例行检查还包括检查原料包装的状况，因为包装损坏和密封不良会导致空气进入，从而加速腐败、干燥或氧化反应。现在越来越多的食品通过真空包装或气调包装（MAP）来保证其保质期，一个批次的密封小故障如果不被注意，很快就会导致感官性能的改变，并可能导致食品安全问题。

确保所有原料在适当的储存条件下保存，是其保质期感官性能始终如一的关键。通常情况下，多组分即食食品、汤或酱汁生产企业的冷藏产品货柜运行温度低于4℃，冷冻产品货柜运行温度低于-18℃。对于冷藏和冷冻产品，高气流条件可以显著干燥任何暴露的产品。在冷冻产品中，可通过初级包装内的彻底密封来防止“冷冻灼伤”。高于理想的储存温度会促进微生物的生长繁殖，除食品安全问题外，还会引起产品风味和质地改变。

通过在冷藏和冷冻柜上安装记录和报警系统，以确认始终达到最佳运行条件，可以进一步确保产品感官性能。还可以监测和控制货柜的相对湿度，因为空气中水分过多会导致粉末结块，并可能导致产品腐败程度升高。

三、感官评定在蒸馏酒中的应用

所有酒品公司都使用感官评定作为其品质控制的一部分。在威士忌行业，从个人（如调酒师）的专家意见，到经过培训的感官团队的平均意见，都可以用来评定威士忌不同制作环节的样品。大型酒品公司几乎放弃了前一种方法，因为它有明显的缺点：调酒师可能对某些香气有未知的盲点，或者在必须做出重要感官决定时不在现场。一般来说，酒品公司，尤其是那些通过 ISO 9001 认证的公司，需要一个健全的感官评定体系，可以展示全面的程序、规范、校准记录以及最重要的纠正措施，以反映在出现污染问题时所采取的措施。

以下以麦芽威士忌的生产为例，从感官分析角度来介绍麦芽威士忌酒厂中的典型生产过程。麦芽威士忌酒厂散发着甜美的麦芽香气、果香和草香，以及其他香气，这取决于每个酒厂生产的酒的特点，每个酒厂都有自己独特的香气。一些经营者敏锐地意识到，如果酒厂环境中的香气发生细微变化，则可能是其酒产品特性发生变化的警告信号。

（一）蒸馏过程中的 KSPs

麦芽威士忌的制作过程中使用了 3 种主要成分：大麦麦芽、水和酵母。该过程中的第一个关键阶段是引入大麦麦芽。例如，一批泥煤酚值高于指定水平的大麦麦芽未经检查就入库和加工，可能会对蒸馏过程中酒精风味的产生具有不利影响。因此，酒厂操作员需要在大麦麦芽入库前闻其气味，以确保不存在任何异味。在大麦麦芽成功入库后，将其碾磨成颗粒，加入热水进行糖化。水质非常重要，因此操作员需要检测水是否有异味。糖化之后，将麦芽汁进行渣汁分离，并通过嗅闻判断麦芽汁是否有异味。

蒸馏是下一个关键阶段，蒸馏室的操作员将不断评定蒸馏室环境中的香气。大多数麦芽威士忌酒厂在每个生产车间都有一个感官评定小组，由该生产车间的员工组成。该小组每周至少评定一次新酿酒品，并根据酒厂的参考样品评定该周生产的每批酒。新生产的酒品最好用脱矿质水稀释到酒精度约23%，装在郁金香形的鼻梁玻璃杯中。每位鉴评员先对参考样品进行嗅闻，然后嗅闻每一个新酒样品，接着再嗅闻参考样品，并判断新酒样品与参考样品相同或不同。如果认为新酒样品不同，则说明为什么不同。酒厂还将新酒样品提交给实验室进行化学和感官分析。感官分析由专家嗅闻团队进行，他们评定每个新酒样品并明确其属性特征，而不是酒厂采用的“与对照样差异分析”。这些特征应该与以前使用的属性相匹配，如果连续缺少某项特征或存在额外的不良特征，企业则应展开调查并解决产品质量问题。

（二）酒厂操作员感官培训/校准

国际标准 ISO—2012 为感官评定团队的培训制定了通用操作指南。研究发现，最有效的培训是，与操作员日常工作中所接触的气味类型最相关的培训。

酒厂感官团队每年进行一次感官培训和校准，包括 3 个部分。第一部分集中于大麦麦芽：向操作员提供 3 个麦芽样品，第一个是参考麦芽样品，第二个与参考样品相同，第三个与参考样品不同。邀请操作员盲评每个样品，并说明两个麦芽样品与参考样品是否相同或不同，以及它们不同的原因。同样重要的是，酒厂操作员还需要了解副产品酒渣（这些酒渣将用于动物饲料）中的异味，因此将其中一个样品故意掺入发霉的异味，使酒渣样品变质，然后由操作员评定该样品是否与参考品相同。此外，为了培训操作员检测新酿酒品中的异味，向新酿酒品中加入不同浓度的假酒（汗味），并请操作员按异味强度递增顺序进行排序。

（三）成熟

成熟是麦芽威士忌制作过程中的另一个 KSPs。新酿酒品至少要在小于 700L 的橡木桶中陈放 3 年。这些橡木桶曾经用于陈酿麦芽威士忌、波旁威士忌、雪利酒或麦芽威士忌行业的其他传统酒品类型。再生桶也会被用到，这意味着至少 3 个成熟周期后，酒桶的成熟潜力减弱，需要将桶送到制桶厂。在再生过程中，内部的炭层被刮掉，然后点燃以形成新的炭层。再生并不能使酒桶恢复到最初的质量，但它能为接下来的几个成熟周期提供足够的成熟潜力。由于酒桶经过了一次又一次的加工处理，应用感官分析评定、控制酒品质量就显得至关重要。因此，感官分析不仅仅局限于在舒适的感官室中嗅闻酒品，还需要对木桶进行评定，确保在灌装新酒之前将带有酸味、发霉或臭鸡蛋等异味的酒桶移除。如果将新酿酒装入此类木桶中，那么异味很可能会污染酒品，并继续降低后道加工成熟的酒品质量。

（四）混合和装瓶

产品成熟后，收集所有符合风味特征的酒桶。在此阶段，调酒师可能会对混酿的质量充满信心，因为在成熟过程之前，已对新酿酒品和橡木桶都进行了评定。然而，在成熟过程中有时会出现意想不到的情况，因此对于小批量混合，比较谨慎的做法是调酒师在将成熟酒品倒入大桶之前先闻一下桶中的酒。一个坏酒桶可能会对风味产生破坏性影响。经过混合后，需要抽取样品提交给实验室进行化学和感官分析。调酒师和受过成熟酒评定培训的感官评定小组通过将每个预装瓶和成品样品与每个产品的标准样品进行对比对装瓶前的酒和成品混合酒进行评定。每个样品的得分为 1~10，1 表示与标准相同，10 表示与标准有很大不同。然后对数据进行方差分析（ANOVA），并研究统计上显著不同的样本。

（五）成熟酒品感官团队培训

成熟酒品感官团队是从业务的各个领域招募的，并且每年都会招募和校准一次。三角检验用于校准现有和新的评定小组成员。第一项测试（识别测试）是测试应试者识别和描述气味的能力，其中 10 种气味物质溶解在 23%（体积分数）的新酿谷物酒中，并提供可能的描述符列表，要求小组成员描述每种气味。第二项测试使用参考测试评定候选人检测不同样本的能力；此时，将杜松子酒掺入威士忌，或者将高成熟度的威士忌与成熟度较低的威士忌进行比较。第三项测试（排名测试）确定候选人检测杂味物质浓度的能力，并对杂味物质的浓度进行排名，在这种情况下，增加威士忌中掺有的杜松子酒的浓度。整理完所有数据后，向候选人告知结果，并邀请他们再次检查他们的结果，表明最需要改进的地方。除了每年对酿酒车间和研发实验室的嗅闻团队进行感官分析培训校准外，还有意或无意地为团队在生产样品中设置一些差异样，这有助于评定小组成员感官分析技能的进步。

四、感官评定在生鲜农产品中的应用

感官特征（外观、香气、味道和质地）是消费者购买特定类型水果或蔬菜的主要原因，会影响消费者的购买选择以及消费时的愉悦程度。因此，为消费者提供满足其感官品质要求的水果和蔬菜无疑会促进消费。对于大多数农产品，尤其是水果，感官品质被认为是影响其接受度的关键因素，但其测定和品质控制仍存在一些问题。传统上，水果和蔬菜的感官品质控制通常基于少数评委的意见和专业知识。这些评委主要侧重于检测在颜色、风味或质地方面显示出重要缺陷的品种或基因型。目前，人们普遍认为，任何水果或蔬菜取得市场上的成功不仅仅取决于没有可察觉的缺陷，还取决于消费者需求的满足。

无论在食品品控上采用哪种方法，都遵循一个通用原则：首先，定义规范并选择质量标准；其次，开发和测试可靠的方法以评定产品是否符合先前制定的标准要求。按照该原则，当试图选择对质量影响最大的属性时，感官品控的第一个问题就出现了。一般来说，需要在两种极端选择之间建立折中方案：要么考虑大量的食品属性，产生非常完整的规范，但很难在实践中应用；要么只选择那些对质量影响较大的特征，这样就更容易决定食品是否满足一定程度的质量要求。后者依赖于每种方法以足够的精度测量影响产品质量的每种特性变化的能力。

食品感官品控体系的实施有很多问题，主要是因为感官品质不仅与食品属性或特征有关，还与食品和消费者之间相互作用的结果相关。建立生鲜农产品的组分和特征与人体生理反应之间的关系，以及后者与人们消费时的感觉之间的关系，并非易事。由于基因工程以及收获前、收获中或收获后等不同采收阶段因素的影响，很难预测组分或结构不同的产品之间可能存在的可察觉差异，更难预测消费者的接受程度。分析食品属性的可变性和消费者接受度之间的关系可以告诉我们哪些属性对消费者接受度影响最大。对于水果和蔬菜，需要进行感官分析以揭示组分或结构的变化在多大程度上影响感知的感官品质，以及分析感官感知变化与消费者反应之间关系的可能性。

感官品质是一个看似清晰但难以捉摸的概念，感官分析是获取有关食品品质方面信息不可或缺的工具。建立感官反应与食物带来的愉悦感之间的关系是感官科学对食物研究做出的最重要和最实用的贡献之一。因此，感官分析在食品品控中起着重要作用。根据具体目标，需要使用不同的感官技术和方法来制定标准、建立规范和控制食品品质，以便收集有关符合规范程度的信息。

关于水果和蔬菜的感官品质，很难获得在长时间内具有相同感官特性的一个或一系列产品，以在之后的比较中用作参照品。然而幸运的是，当产品本身因为失去新鲜度或变质而不能用作参照品时，一些属性（如颜色或外观）和质量标准（如标准照片）已被成功应用。对于其他与风味和质地相关的属性，传统上通过制定书面标准（通常包括对主要属性的描述）来解决这个问题。描述性分析方法是品控中最常用的方法之一。在该方法中，由训练有素的评定小组使用描述性分析根据每个属性的强度来评定品质，然后品控负责人员根据先前建立的感官标准给出最终评定意见。该方法的主要优点是评定不存在任何主观性，可以获得较好质量的数据；主要缺点是培训和校准面板所需的时间长和成本高，以及执行测试和分析数据所需的时间长。一般来说，该方法不适合解决某些需要立即决定的问题。在该情况下，可以选择小组评委来评定最重要的属性。

水果和蔬菜的感官分析也可能存在一些问题，特别是在两种情况下：待评定的样品不是由均质材料组成时，或者待评定的样品数量较多时。产品的外观可变性并不总是很明显，因此不能通过视觉分类进行控制。特定基因型的真实变异将使基因型之间的差异更难检测。哈克（Harker）（2005）等在尝试使用三角检验确定两种产品之间是否存在显著差异时，分析了水果和蔬菜的自然异质性所带来的问题。为了克服这个问题，在某些情况下，可以对水果和蔬菜进行研磨或提取等处理以提高样品均匀性后，再对它们的风味进行评定。然而，重要的是要知道，从液体基质中获得的信息在何种程度上（定性和定量）等同于从固体基质的咀嚼和吞咽过程中获得的信息。如果要比较的样本太多，可以通过使用相似性分析等其他感官方法获得信息。鉴评员使用该方法评定每对样品的总体可感知差异。可以在多个维度上同时检测大量样品之间的差异，并获得其相对大小的近似值。

五、感官评定在杂味预防方面的应用

杂味的定义是“不同于产品的味道或气味”，而异味的定义是“通常与变质相关的非典型风味”。这些定义没有明确区分杂味和异味，也没有反映出杂味极度令人不愉快的性质以及如果带有杂味的产品到达消费者手中对生产企业和零售商造成的严重后果。

基于实际原因，研究者制定了更加具体的定义，以帮助企业制定预防程序。①杂味：由产品外部污染源引起的难闻气味或风味；②异味：由内部变质引起的难闻气味或风味。

这些定义的主要价值之一在于解决质量问题，并引导进行正确的调查。这些定义在两个方面区别于字典定义。首先，没有证据表明造成食品杂味的化学物质与任何毒性危害有关；其次，人类感官可以感知食品杂味。使用仪器方法测量到的高浓度外来化学物质不在这些定义范围内，除非它们可以被人类感官感知到。这主要侧重于那些特别是通过气味或风味可以感知的污染物，通常浓度极低，如mg/L、μg/L或ng/L级别。对于杂味问题的确定具有较大的难度。首先，大多数消费者对杂味的描述是不可靠的，部分原因是缺乏描述方法方面的培训，但主要是因为不熟悉造成杂味的化学物质。当然有时消费者也会比较准确地给出感官描述结果，例如对于氯酚污染产生的杂味，英国消费者通常将其描述为防腐剂、三氯苯酚（TCP）或药物，这是因为消费者熟悉具有这些感觉特征的产品。其次，产生杂味的物质浓度极低会给试图确定杂味化学性质的分析人员带来巨大的困难。此外，杂味可能产生于食品生产和供应链的所有阶段，并且在每个阶段都有许多不同的来源。因此，针对杂味和异味，识别消费者投诉原因所需的调查工作可能完全不同。

（一）诊断性杂味测试

尽管食品和相关行业付出了相当多的努力，但杂味问题仍然普遍存在。这些问题经常涉及保险索赔或诉讼，在这种情况下，必须严格遵守正确的感官评定（以及化学分析）程序。

杂味问题出现的第一个迹象通常是消费者对感官质量的投诉。低水平杂味检测的后果是，在一段时间内，投诉可能以较低的频率出现，并且可能不会立即识别出杂味问题。此外，由于可能存在安全问题（包括恶意污染），对单个客户退货引起的感官质量投诉进行调查时需要谨慎，应不仅限于气味检查，如果可行，还应进行化学成分的检测。

对可疑产品批次的检查应作为调查的一种手段，但同样，必须注意防范可能的安全问题。待测试的可疑产品应与投诉材料同批编码，并尽可能通过相同的分销渠道。此外，应提供年份相近的合适对照品。从生产和分销链中获得的保留样品非常宝贵。在生产批次内分布不均匀的情况下，可以按照合适的统计抽样计划进行测试，但这种测试通常非常耗时且比较昂贵。

如果可以确定投诉批次中存在杂味问题，则必须尽快隔离受影响的产品并确定杂味来源。感官测试可用于调查杂味问题是否与单个运输容器、原料批次或包装材料批次有关。但是，如果问题在一段时间内持续存在，则必须检查可能的来源，如新的建筑材料、生产线组件或水源污染。如果怀疑原料（包括供水）是持续的杂味来源，可以制备小批量的产品测试，并与适当的对照进行比较。例如，可以使用杂味转移测试对怀疑为杂味来源的材料进行测试。

由于可能会发生保险索赔或诉讼，因此在收集证据和建立测试程序时必须特别注意。可以委托经验丰富的第三方组织进行测试工作以保证数据的公正性。如果要尽量减少诉讼的时间和成本，在展开这类调查时，可以提出一些建议：①建立文件化系统以快速识别杂味的性质和来源；②隔离受影响的产品批次代码；③使用感官和化学分析来确定杂味的发生；④如果可行，将可疑样品和对照样品储存在适合将来测试的条件下；⑤根据国际标准程序进行感官测试并使用尽可能多的鉴评员（最好是敏感的）；⑥从测试中提取尽可能多的信息，但不要影响测试质量；⑦在双盲的基础上进行测试和解释，尤其是委托第三方机构进行测试时；⑧确保保留鉴评员的姓名和地址，因为在法庭上提交感官数据可能需要个别鉴评员作为证人出席。

（二）杂味预防

1. 杂味转移测试

杂味转移测试是一种功能强大但经常被误用的方法，用于限制新材料的引入和环境条件的变化所引起的问题。这些测试试图在实际可能发生的较高暴露水平下进行，将食品或食品模拟物暴露于潜在的杂味源。通常使用污染安全值 10 倍的暴露水平，对于关键应用可以使用更高的严重系数。然而，严重程度通常会受到与测试设计相关的限制，以及与感官测试相关的安全考虑的限制。杂味转移测试步骤如图 10-2 所示。

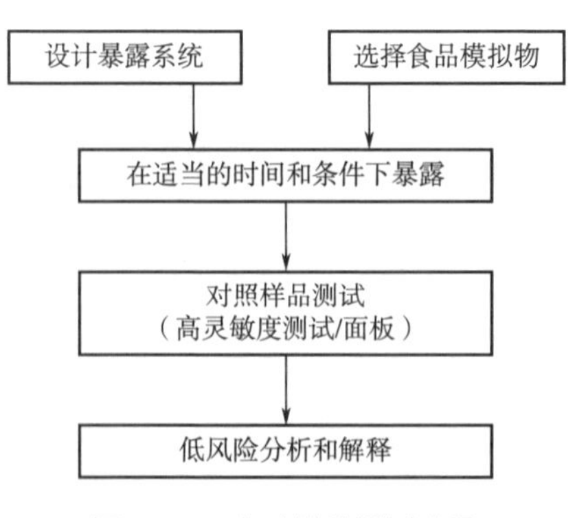

图 10-2　杂味转移测试步骤

暴露系统的设计根据测试的性质不同而有很大差异。例如，农药残留的杂味测试需要进行全面的田间试验，严格规定作物种植、农药施用和作物取样程序。在测试包装系统时，模型系统可能需要模拟直接接触或远程暴露，并且在测试生产线组件时，必须考虑产品停留时间和产品温度等因素。图 10-3 所示为可疑材料杂味转移测试的简单模型系统。

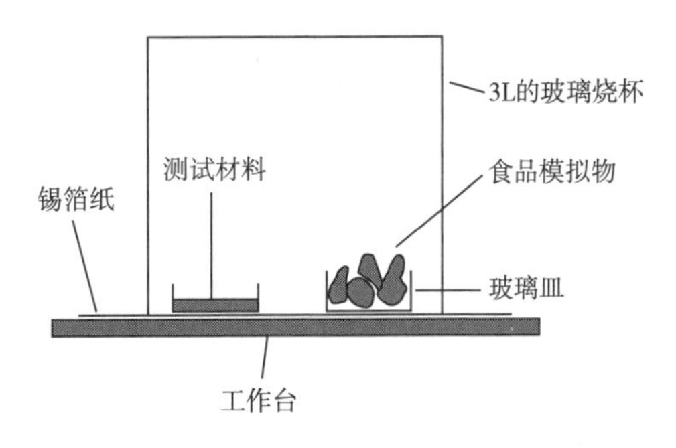

图 10-3　可疑材料杂味转移测试的简单模型系统

在设计用于测试地板、油漆和包装等材料的模型系统时，需要考虑多种因素。具体方案取决于被测材料的性质，以及由此产生的杂味转移风险。以下因素是需要考虑的典型因素：①食品或食品模拟物的类型、结构和成分；②材料体积或表面积与容器体积之比；③材料的体积或表面积与食品/食品模拟物的体积或表面积之比；④暴露阶段（例如，在地板材料固化期间的哪个阶段开始暴露）；⑤暴露时间；⑥暴露期间的温度和湿度；⑦暴露方法（例如，如果产品与测试材料密切接触，则直接接触；如果不可能有密切接触，则采用气相转移）；⑧暴露光照条件（尤其是在可能发生酸败的情况下）；⑨通风或不通风的暴露系统——虽然大多数施工和维修操作应在充分通风的情况下进行，但通常不会遵守这一点；⑩食品/食品模拟物在暴露和测试之间的温度和储存时间；⑪感官测试程序及解释。

选择合适的食品/食品模拟物是一个重要的考虑因素，有两种可能的方法。当已知某一特定原料或产品存在风险，则可将测试重点集中在该原料或产品上。然而，当测试的目的更普遍时，通常会使用简单的食品或食品模拟物。在选择合适的通用模拟物时，溶剂或食品的吸附特性是最重要的物理、化学考虑因素。油和脂肪往往会吸收不溶于水的杂味物质，黄油等材料对杂味转移很敏感。具有亲水特性的高比表面积粉末也被发现对杂味转移敏感，并倾向于吸收水溶性杂味。使用此类材料将模拟大部分溶剂和真实食品的吸附特性。然而，对合适的模拟物的另一个要求是，它们应该相对温和，以便于检测，并且还具有可接受的适口性。然而，这导致一些推荐用于包装迁移测试的模拟物（例如 30g/L 的乙酸），不适用于杂味转移测试。静止的矿泉水可用于模拟含水液体，在水中加入 8%（体积分数）的乙醇可用于模拟酒精饮料。然而，由于乙醇的特有风味会令人不愉快，因此通常使用伏特加酒并将其乙醇稀释至 8%（体积分数）。表 10-1 给出了一些用于杂味转移测试的食品/食品模拟物。

表 10-1　用于杂味转移测试的食品/食品模拟物

类型	食品/食品模拟物	内容
脂肪	无盐黄油	在感官测试前混合
	巧克力	淡味品种（白巧克力或牛乳）
亲水粉末	糖	高比表面积优先（例如糖粉），用 50g/L 溶液进行测试
	玉米粉	作为漂白配方进行测试（但可能会出现纹理变化）

续表

类型	食品/食品模拟物	内容
组合	面包干/脆饼	暴露破碎
	饼干	高脂肪，例如酥饼
	牛乳	全脂，仅用于短期暴露测试，否则可能会出现酸败问题

2. 预防性测试方法的标准化

一些国家已经发布了杂味转移测试的标准程序，主要针对食品包装材料。英国标准（BS标准）和美国标准（ASTM标准）一般处理包装薄膜的杂味转移，而“罗宾逊测试”（OICC标准）专门处理可可和巧克力产品的杂味转移，尽管经常也用于其他产品。德国工业标准（DIN标准）也涉及食品包装，但包含了许多对其他材料进行测试的有用信息。所有早期公布的方法虽然仍在使用，但在感官测试方法方面都有一定的缺陷。目前还没有针对任何其他潜在杂味源的通用标准化方法。

为了保持食品的高品质并将杂味问题的风险降到最低，有学者制定了有关包装薄膜、塑料和涂料使用的操作规范。这些指南强调了包装供应商在发货前和食品生产企业在使用前进行测试的重要性。然而，这一重要原则很少被食品行业普遍认可。食品生产企业经常依赖供应商提供某种通用形式的证明或测试证据，证明材料没有杂味，但很少在其使用条件下进行测试。供应商提供的信息可被视为有用的筛选信息，但用户必须在更现实和严格的使用条件下进行重新测试，以确保安全。

（三）感官评定在杂味预防中的作用

在杂味相关的测试中，采用经过培训的评定小组进行感官测试是一个重要组成部分。鉴评员通常是用于常规感官品控测试的鉴评员，并且该测试将最方便地构成标准品控程序的一部分。此外，还可以考虑使用对关键杂味敏感的标准小组，甚至使用不参与常规品控测试但已知能够识别和检测杂味的个人。

首先必须对鉴评员进行筛选，以确定他们是否适合进行杂味检测。筛选程序将主要取决于杂味的性质，但鉴于卤代苯酚杂味普遍存在，最低要求应是确定对氯酚的敏感性。在英国，使用TCP品牌漱口水可以很方便地实现这一点。还应考虑进一步筛选对卤代苯甲醚的敏感性。但是，在食品生产环境中处理2,4,6-三氯苯甲醚（和其他强效的杂味化学品）等材料时必须非常小心，除非在处理系列化学稀释物方面具有丰富的专业知识，否则应根据气味进行筛选，以避免潜在的伦理问题。

识别一些远超感官测试功能范围以外的活动是生产企业经常遇到的困难，但这些活动确实有可能对食品产品质量产生重大影响。技术职能部门以外的工作人员不一定具备化学和感官知识，因而不能识别可能带来杂味风险的活动。如果是这种情况，那么应该采取两种方法。首先，具有适当化学和感官背景的员工应该被授权监督公司内部（甚至周围环境）可能引入杂味风险的任何操作。其次，来自公司所有相关职能部门的适当人员应参加杂味意识课程培训。

第二节　食品品控感官评定方法

一、描述性分析法

描述性分析法可能是评定产品品质最有力的工具，主要是通过训练有素的评定小组为单一感官属性提供强度评级。重点是单一属性的感知强度，而不是质量或整体差异。单一感官特征的强度评级需要分析样品整体特征，并将注意力集中在将感官体验分解成各个组成部分上。穆尼奥斯（Muñoz）等称其为一种“全面的描述方法”，但同时要求只对小部分关键属性进行打分。

描述性分析法很重要的一点是必须对评定小组进行规范化校准。描述性文件规范必须通过消费者测试和/或管理输入来设置一系列关键属性的允许强度分数。表 10-2 所示为利用描述性规范评定薯片样品。该样品在颜色均匀度方面低于可接受的规格限制，并且纸板味过重，这是脂质氧化问题的一个表现。

表 10-2　　利用描述性规范评定薯片样品

感官	属性	小组平均评分	可接受得分范围
外观	颜色强度	4.7	3.5~6.0
	颜色均匀度	4.8	6.0~12.0
	尺寸均匀度	4.1	4.0~8.5
风味	炸土豆味	3.6	3.0~5.0
	纸板味	5.0	0.0~1.5
	颜料的	0.0	0.0~1.0
	咸的	12.3	8.0~12.5
质构	硬度	7.5	6.0~9.5
	脆度	13.1	10.0~15.0
	密集度	7.4	7.4~10.0

描述性分析需要广泛的小组培训。首先应向鉴评员展示参考标准，以了解关键属性的含义。然后必须向他们展示强度标准，以将其定量评级锚定在强度尺度上。但是，不需要向他们展示标记为“符合规格”或“不符合规格”的示例，因为该决定是基于产品的整体概况，并由感官评定小组负责人或品控管理层完成的。有缺陷的样本可用于培训强度等级，但实际的截止点最好由做出产品处置决策的管理者保密。这可以避免鉴评员倾向于在可接受的范围内进行打分。

描述性分析法的优点：第一是描述性规范的定量性质能很好地与仪器分析等其他测量方法相关联；第二是可以减少鉴评员的认知负担，不需要将各种感官体验整合到一个总分中，而只是报告他们对关键属性的强度感知。最后，由于对特定的特征进行了评定，因此更容易推断缺陷的原因和纠正措施。

该方法的主要缺点是需要大量资源（人力资源、成本和时间）确定产品的重要品质感官属性，并为这些属性设置可接受的强度范围限制。此实施步骤涉及对大量生产样本进行描述性和消费者测试，并进行详尽的数据分析以确定关键属性及其可接受的范围；需要对鉴评员进行广泛而持续的培训，以及维护一系列相关最新参考标准。该方法更适合成品品质评定，对正在进行的生产进行描述性分析比较困难。因此，描述性分析方法往往只用于公司最重要的品牌和产品。

二、内/外（通过/失败）法

食品品控感官评定的第二种方法主要方法是内/外（通过/失败）法。该方法用于区分正常生产的产品与对照或目标产品是否不同或超出规格（“内”或“外”）。这是工厂层面的流行程序。该方法在检测原材料以及中间产品和成品中的严重缺陷时特别有用，尤其适用于仅在少数感官特性上表现出变化的产品，以及与对照偏差较大且易于检测的产品。

鉴评员首先接受培训，以识别定义为“不合格”产品的特征以及被认为“符合规格”的特征范围。这增强了鉴评员之间标准的统一性。偏差和标准设置与实际感官体验一样重要。在品质控制中，盲评对照样本的呈现对于估计误报率（假阳性）很有必要，并且有意引入缺陷样本可用于估计假阴性率（漏检）。

内/外法的主要优点是简单易操作以及可用作决策工具。它需要最少量的小组培训，而且执行感官品控所需的时间也最短。该程序的主要缺点是标准制定问题。此外，该方法很少或根本没有提供有关检测到的任何产品缺陷的特征性质的信息，因此缺乏解决问题的方向。而且也很难将这些数据与其他措施如有关食品质量的微生物控制或仪器分析联系起来。最后，由于鉴评员的评级与产品的处置直接相关，因此对鉴评员需要仔细督导和持续维护。

三、与对照的总体差异评级法

食品品控感官评定的第三个主要方法是使用评级来衡量与标准或对照产品的总体差异程度。如果可以与恒定的“黄金标准”产品进行比较，则此方法非常有效。它非常适合具有单一感官特征或只有少数感官特征的产品。在此程序中，使用一系列参照品进行培训，并确定再现对照样品的性质和条件至关重要。在培训中必须向鉴评员展示代表刻度上的点的样本。这些可以与消费者意见交叉参考或由管理层品尝选择。穆尼奥斯（Muñoz）等评定了片状早餐麦片的几个个体属性与对照的差异，这一过程可以提供有关导致差异属性的更多可操作信息。如果仅使用单个量表，鉴评员在确定总体差异程度时可能会对属性采取不同的权重。

管理层应该选择某种程度的差异作为行动的截止点。量表提供一个可接受的差异范围，产品的普通用户会注意到并反对差异，这应该作为行动标准的基准。如果可能的话，不应该让鉴评员知道决策的断点在量表上的位置（截止点）。如果他们知道管理层在哪里设定了截止点，他们可能会变得过于谨慎，往往给出接近但不会超过截止点的分数。

该方法的一个重要环节是引入盲标样品。在每次测试过程中，应将标准的盲标样品插入测试集，以便与标记版本进行比较。因为两种产品很少被评为相同，这有助于确定量表上的变化基线。奥斯特（Aust）等提到，另一个对照样品是来自同一生产的不同批次的产品。因此，可以根据标准评级内的响应偏差或变异以及批次间的差异来衡量测试产品的变异性。该方法在比较来自不同生产地点的产品时很有用。

与对照的总体差异评级法具有简单性、高度灵活性和易于评定小组培训的优势。但也存在两个主要缺点。第一个缺点是如果仅使用单个量表，虽然可以给出差异的开放式原因，或者为常见问题或表现出常见差异的属性提供其他问题、量表或清单，但不一定能提供关于差异原因的任何诊断信息。第二个缺点是代表对照产品的样品必须始终可用，这意味着对照产品必须易于生产，或者对照产品可以长期储存而其感官特性不会发生明显变化。

四、质量评级法

食品品控感官评定的第四种方法是质量评级法，类似于与对照的总体差异法。这需要鉴评员进行更复杂的判断程序，因为重要的不仅是差异，还有在确定产品质量时如何权衡。

训练有素或专业的评委在使用质量评级法时必须具备 3 个主要能力。专家评委必须对理想产品的感官特征有一个心理标准。其次，评委必须学会预测和识别因成分不良、处理或生产实践不当、微生物问题、储存滥用等原因而出现的常见缺陷。最后，评委需要知道每种缺陷的严重程度，以及它们如何降低整体质量。这通常采取扣分方案的形式，例如，就海鲜而言，由于老化或处理不当而变质会出现一系列风味变化和感官变质特征。感官特征的这些变化可以转化为鱼类质量的量表。

质量评级法的共同特征是：量表直接代表质量判断，而不仅仅是感官差异，并且可以使用差到优秀等词。这种措辞本身是一种激励，可以给鉴评员留下他们直接参与决策的印象。当管理层或行业就什么是好的达成共识时，质量评级效果最好。在某些情况下，除了整体质量外，还可以对产品的某些特性进行评级，例如质地、风味、外观的质量。质量评级法在葡萄酒的品质评定过程中经常用到，将酒品各个属性的质量分数相加得出质量总分。

不好的是，质量评级法容易被滥用。虽然该方法具有明显的时间和成本优势，但也有缺点：鉴评员识别所有缺陷并将其整合到质量分数中的能力可能需要经过漫长的培训；个人的好恶主观性可能会影响评定；对于非技术管理人员来说，很多专业词汇可能显得晦涩难懂；由于评定小组规模较小，此类数据很少应用于统计差异检验。因此该方法主要用于定性分析。

五、混合程序——带有诊断的质量评级法

该程序是一种介于质量评级法和全面描述性分析方法之间的合理折中方案，其核心是整体质量量表。质量量表附带一组针对各个属性的诊断量表。这些属性是已知在生产中变化的关键感官成分。质量量表如图 10-4。

<table>
<tr><td>1</td><td>2</td><td>3</td><td>4</td><td>5</td><td>6</td><td>7</td><td>8</td><td>9</td><td>10</td></tr>
<tr><td colspan="2">拒绝</td><td colspan="3">不可接受</td><td colspan="3">可接受</td><td colspan="2">一致</td></tr>
</table>

图 10-4　质量量表

在该量表中，一个具有明显缺陷需要立即处置的产品会得到1分或2分；不能直接出售但可重做或混合的产品得分为3~5分，如果在加工过程中进行在线评定，这些批次产品将会重新返工或混合；如果样本与标准不同，但在可接受的范围内，则它们的分数为6~8分；而接近或被认为与标准相同的样本将分别得到9分或10分。

该方法的优点是它通过使用总体评级和添加属性量表可以提供产品被拒绝的原因。此外，产品不完全符合黄金标准，也仍然可以发货。与其他程序一样，该方法必须在培训之前进行不合格产品的界定和黄金标准的选择，最好是在消费者研究中进行，至少要有管理层的参与。然后必须向鉴评员展示这些定义好的样本，以建立概念界限。换句话说，必须向评定鉴评员展示公差范围。

六、多重标准差异测试法

该方法是进行强制选择测试，让参与者从几个可供选择的产品中选择一个与其他产品最不同的产品。最简单的方法是有一个测试产品和 k 个标准产品的替代版本。现在选择的这些标准产品不是代表黄金标准的相同版本，而是代表生产变异性的可接受范围。该方法类似于三角检验法，选取包含在可接受标准集里的产品至关重要。如果没有合理地将可接受的变化范围包括在内，那么测试将过于敏感（如果范围很小）或对检测不良样本过于迟钝（如果范围太大）。

如果有大量鉴评员（$N\geqslant25$），z 分数近似于二项分布，可用于假设检验，近似值如式（10-1）所示。

$$z=\frac{\left(P-\frac{1}{k}\right)-\frac{1}{2}N}{\sqrt{\frac{1}{k}\left(1-\frac{1}{k}\right)/N}} \tag{10-1}$$

式中　k——可选产品（测试产品加上可变标准）的总数；

　　P——选择测试产品作为离群值（最不同样本）的比例；

　　N——评委人数。

这与三角测试和其他强制选择过程中的公式相同，k 可以是4或更大，这取决于参照品的数量。

虽然该方法看起来很简单，但在其应用中存在一些问题和潜在的缺陷。首先，在很多品控情况下，采用足够数量的鉴评员进行差异测试以对统计显著性检验进行有意义和敏感的应用可能是不可行的。其次，未获得显著性结果并不一定意味着感觉等效。从统计学角度来看，除非检验的效果非常强大，否则很难对无差异结果产生置信效力。只有在根据合适的替代假设估计 β 风险后，才能获得等价决策的统计置信度。一种方法是使用显著性相似分析，这必然需要更多的鉴评员（$N\approx80$）。最后，已知三角检验程序等具有很高的固有变异性，因此通过多个标准引入更多变异性会很难获得显著差异并拒绝产品。该因素可能导致高水平的 β 风险，即错过真实差异。

佩克雷（Pecore）等和杨（Young）等描述了与多重标准选择测试类似的方法，但使用的是差异程度评级，而不是选择测试。在该方法中，将一个测试批次与两个对照批次中的每一个进行比较，两个对照批次也相互比较。从这3组数据中，可以做3个比较：将测试-对照组的每个平均差值与对照-对照组的平均差值进行比较；还将平均测试-对照组评级与相同的基线进行比较。因此，在比较中要考虑对照内的范围变化，如果发现测试批次有差异，则必须显著超过该对照范围变化。当然，该测试需要足够大规模的评定小组才能获得有意义且具有统计能力的测试。

七、关键属性量表的差异评分法

该方法用总体差异量表代替了质量量表。这避免了鉴评员对“拒绝”等词做出反应并避开它们。图 10-5 所示为差异量表。

1	2	3	4	5	6	7	8	9	10
完全不同		非常不同			有些不同			一致	

图 10-5　差异量表

投票还应包括对关键属性的诊断，这些属性在生产中会有所不同，可能会导致消费者拒绝产品。对于可能太强或太弱的属性，需要使用恰到好处的尺度。

筛选鉴评员的感官敏锐度和良好的培训方案是关键。筛选程序应使用最终将要判断的产品类型，并确保他们可以区分常见的成分水平，如糖或酸含量，以及加热时间或加工温度等过程变量。筛选时应包括许多属性的分析，如果可能的话，还包括不同的任务或测试。可以邀请表现最好的人参加小组培训，而其他得分高的人可以存档，以便在将来评定鉴评员流失时进行替换。理想情况下，筛选志愿者的规模应该是所需小组规模大小的 2~3 倍。

筛选好鉴评员后，根据产品的复杂程度，可能需要 6~10 次培训。培训早期显示较大差异，随着培训进行，差异越来越小。目标是巩固鉴评员的概念结构，以便他们了解质量评级的类别边界和感官属性的预期水平。鉴评员还必须认识到异味、质地差或外观问题如何影响他们的总分。

对于小规模评定小组，没有统计分析，但必须根据经验建立适用的方法。由于个体的感官能力存在差异，只有少数人的不良评分可能表明存在潜在的问题。因此，与高异常值或少数认为产品符合标准的鉴评员相比，评定结果应考虑少数人的负面意见，并更加重视他们。例如，如果两名鉴评员将样品评为 2 分，但其他人评为 6 分、7 分或 8 分，尽管这两名鉴评员发现了潜在的重要问题，但产品的平均分数可能在可接受的范围内。评定小组组长应注意这两个低值，并至少要求重新测试此问题样本。当然，鉴评员之间一致的分歧模式也可能暗示还需要进一步培训。

第三节　感官品控流程及规范

一、定义感官分析规范

对于消费者来说，识别和阐明影响他们对特定食品可接受度的特定感官属性可能很困难。不同的相互作用，即使是简单的味道如甜味和酸味，或颜色以及水果风味，都可以使产品评定和准确特征的识别变得复杂。因此，通常由训练有素的感官小组或产品专家小组开发描述产品香气、外观、风味和质地的术语。衍生的术语应足够具体，以达到产品开发和品控的目的。例如，由于红色分很多种，所以仅仅将番茄酱描述为“红色”并不能提供足够的信息，同样并不能将产品风味识别定义为“典型”风味，还需要更详细的描述。

建立定义明确的产品描述符后，应将其与消费者的产品喜好相关联。这将为消费者的期望创建客观衡量标准，并确定产品开发、质量控制测试所需的关键质量属性，并帮助确定产品保质期。

（一）明确目标产品

在制定感官规范时，应考虑以下因素：①目标产品；②可用的消费者信息；③产品成分；④生产工艺；⑤储存条件；⑥包装；⑦品牌；⑧产品功能；⑨产品质量要求；⑩产品运输；⑪产品营销。制定感官规范的基础是明确目标产品，因为这是由产品开发人员根据消费者的需求建立的。该目标产品应在生产、成本和保质期限制范围内合理可行，生产和销售的食品或饮料应反映该参考产品。

在开发阶段从消费者那里收集的信息也非常有用，可以用来指导消费者的需求。这可能包括从产品头脑风暴和对新开发产品的概念、原型和/或最终版本进行的任何消费产品研究中获得的预期消费者特征。

食品或饮料的生产加工过程对最终目标产品品质形成起着重要作用，因此在制定感官规范时应研究产品（关键）成分、生产过程、包装和储存条件，因为这些过程因素可能会影响最终产品感官特征。理想情况下，在产品感官规范制定过程中，应使用特定关键成分或工艺的最低和最高水平，并在不同的条件下储存样品，从而提供多样的产品样品。

在制定产品规范时，应考虑影响目标产品总体质量的所有因素，其中产品（Product）、价格（Price）、推广（Promotion）和渠道（Place），被称为“营销 4P”。这种组合中的产品处于消费者期望收到的状态。在“营销 4P”中，应考虑的因素有：品牌、功能、质量、包装、安全性、定价决策、储存、运输、市场覆盖、广告和促销策略。

（二）关键消费者属性的识别

用于产品感官规范中的属性应该是消费者接受的关键属性，以确保产品反映消费者的需求，因此，消费者应该参与到产品感官规范的制定中，此外，可以优先考虑产品开发和产品测试过程中产生的数据，这样可以避免花费过多的费用。但应注意，即使是产品、包装、推广或价格的微小变化也可能影响消费者的预期，因此如果早期对不同的产品进行测试，则应获得消费者对目标产品的期望。此外，消费者的喜好是一个不断发展的过程，随着时代变化或者市场上其他产品出现，消费者可能会改变想法，因此建议经常测试消费者意见。

关键消费者属性的识别还包括删除过时的、对消费者不重要的属性。过于广泛的产品感官标准可能会导致过度分析以及时间和资源的浪费。

（三）产品感官规范的制定

产品感官关键质量属性应基于人类感知来定义。通常首先评定视觉属性，然后是香气、味道/风味、质地/口感，以及吞咽后可能会感知到的特定的余味和回味。对于香气变化迅速或香气容易被感知的产品，如咖啡等热饮产品，可以先评定香气，以确保捕捉到所有重要的香气特征。

由经验丰富的产品专家制定产品感官规范并不一定是最佳策略。产品专家可能倾向于结合自己的好恶，从而使结果产生偏差。因此，由经过培训、预先挑选的鉴评员客观地描述产品主要特性，并设定现实可测量的感官标准，可能更适合作为创建属性列表的主要方法。

建议在制定产品感官规范时融合不同的学科，包括但不限于产品开发、原料采购、生产、工艺开发以及销售和营销。同时，来自客户、零售商或食品生产企业的意见也是必不可少的，不同的专家能够识别可能的产品可变性。此外，还应考虑原料可变性。一些原料的变化会改变最终产品质量，这也表明需要合适的原材料/成分品质控制，从而需要原料感官规范。必须设定原材料的品质限制范围，以使成品符合其规范，限制范围应该足够广泛，以便在购买时有一定的灵活性。此外，还应针对保质期和储存期间发生的变化设定合理的品质限制范围。

在评定产品时，应考虑标准产品品质的任意可能偏差，并了解产品感官特性的可变程度。将其包含在感官规范中，并对鉴评员进行可接受性水平的培训。

最终的产品规范应符合客户要求。如果产品未能反映客户要求，那将导致产品被拒收，超出预期的产品可能会损害经济效益或提高消费者的期望，导致消费者在重新购买标准质量的产品时无法得到满足。

总之，生成的产品属性列表将包含对消费者至关重要的关键质量属性和可能变化的属性（由于成分或工艺差异）；并要求鉴评员描述标准列表中未提及的任何感知特征且以合理的顺序书写产品的消费体验。

所有生成的产品属性都应明确定义，确保所有鉴评员都清楚地了解要评定的特征。避免使用新鲜、自然或典型等易被误解的属性。此外，如果没有进一步说明，巧克力样品的硬度等简单属性也可能会被误解，如一些鉴评员可能会认为该属性评定的是产品第一次被咬时的硬度，而其他鉴评员可能会认为硬巧克力是一种即使反复咀嚼也会保持坚硬的巧克力。产品感官属性列表的示例（包括定义）如表10-3所示。

表10-3　感官属性列表——巧克力产品

感官	属性	定义
外观	棕色	棕色巧克力的颜色强度
	光泽	表面光散射
	表面平整度	表面存在凹坑/损坏
	空气	掰开巧克力后存在的空气
香气	整体香气强度	总香气强度
	可可粉的	可可香气
	陈旧的	霉味、纸板香气
	异味	非典型香气，例如橡胶
质构	第一次咬合硬度	第一次咬合时剪切样品所需的力
	光滑度	当舌头触到巧克力时评定初始光滑度
	口腔黏度	口腔黏度
	物体	样品厚度

续表

感官	属性	定义
风味	整体强度	总风味强度
	甜味	蔗糖的基本味道
	苦味	咖啡因的基本味道
	可可	可可粉的可可味
	坚果味	杏仁/坚果皮的坚果味
	陈旧的	霉味、纸板味
	异味	非典型气味，例如橡胶
后效应	甜味	甜味的回味
	苦味	苦味的回味
	可可	可可粉的回味
	陈旧的	霉味、纸板味
	异味	非典型回味，例如橡胶

在制定关键可测量感官属性之后，必须为每个属性建立明确的可接受范围。该范围应在生产和购买限制范围内可行，并反映消费者对产品的期望。

（四）品控在产品规范制定中的作用

品控部门感官测试的主要职责是保持产品质量的一致性、防止污染和评定产品保质期。作为产品感官规范开发的一部分，品控部门应监督进度，并确保列表包含所有关键元素的属性和范围，同时为生产企业制定可行的规范；并且需要可用和可操作的结果，以确保对任何不符合规范的产品进行跟踪；还应观察产品结果并修改规范。

二、参照样品

合适的参照样品有助于了解感官属性和评定范围。参照样品可以作为基线减少评定的可变性。合适的参照样品通常包括工厂获得的样品、不同老化或加标的食品样品和化学品，以说明特定的属性和视觉参考以及产品可变性范围。

视觉参考如色卡或照片有助于外观属性的识别。鉴评员通常很难记住准确的颜色、色调和强度，但利用色卡进行参考就比较容易。随着时间的推移，高质量的图表和图像可以保持不变，一直使用，而不像标准照片/打印品，可能会随着时间的推移而发生改变。

参照样品有助于鉴评员理解可能不太熟悉的属性。最好呈送不同的属性参数强度的参照样品，例如，不同的烹饪时间和不同的成分水平。

（一）金标准

参照样品可能是产品的金标准，鉴评员可以比较样品是否相似，并直接比较差异。如果使用这种金标准方法，品控方面必须确保每次分析所用参照样品保持一致，可以是新鲜制备的产品，也可以是稳定储存的产品，如冷冻产品。

金标准的频繁更新可能会导致产品参照标准变动，在连续批次之间进行一对一比较时，可能察觉不到非常渐进的变化，但随着时间的推移，评定质量可能会发生改变。替代金标准的其他更有力测试方法可以防止这种渐进的变化。

（二）以竞争产品作为参考

当没有金标准时，等效的竞争产品可以与生产样品进行比较。应该注意的是，这种比较虽然通常有帮助，但与竞争产品的一致性有关。与竞争产品比较，可以建立市场上生产产品和竞争产品之间的差异知识，同时可以建立产品开发基准。

（三）以被拒绝或处理的产品作为参考

被拒绝或处理的产品对于说明不同的属性范围可能非常有价值。如果可能，应保留被拒绝或处理的产品，以用于感官评定的培训或参考。这些产品是非理想产品的直接展示，鉴评员会立即了解产品的限制。

为了展示特定的产品范围，特别是为了阐明在制造过程中或原料供应中可能出现的属性范围，被处理的产品可能非常有用。如在产品中添加更小量或更大量的特定成分，可以将产品置于封闭的环境中暴露特定香气，以及可以添加其他成分或以不同方式制备产品。任何产品，包括提供给鉴评员的任何被拒绝或处理的样品，都应该是安全的并符合国家标准。

（四）以日常用品作为参考

描述特定的产品特性，例如某些香气、风味或质地可以参考知名的日常用品。日常用品参考样品不必与评估产品相似。例如，香兰素糖用于说明饼干中的香草香气，肉桂粉用于说明饮料中的辛辣风味特征。

三、感官分析规范的实施

为了最佳使用创建的产品感官规范应使用良好的感官程序来评定产品。对于品控而言，应采用简单可靠的方法测量目标产品特性。当然，在使用最合适的体系来测量产品质量时，应考虑仪器和感官测量的可用性、可行性以及公司实力。

（一）鉴评员

产品感官评定需要从内部或外部招募鉴评员。使用内部鉴评员的优点是他们会在紧急需要评定的情况下出现并且更具成本优势，而缺点则是时间限制和具有主观性。外部招募的鉴评员对测试结果的兴趣会降低，他们会花更多的时间更好地专注于手头的工作。

1. 筛选鉴评员

通常考察能区分外观、香气、味道、风味和质地的微小差异并描述这些差异的能力，据此对感官品控鉴评员进行筛选。一般来说，筛选测试包括基本味觉识别测试，其中会呈现和评定4种或5种基本味道，包括甜味、咸味、酸味、苦味和鲜味。在某些情况下，涩味可以作为额外的感官特征，如巧克力或葡萄酒。并非所有评价员都熟悉所有的基本口味，因此需要事先感知、体会所有成分。

其他常见的筛选测试包括气味的检测和识别，通常评定大约5种不同的成分，鉴评员尝试识别和描述感知到的气味。鉴评员至少能闻到并正确描述产品才能被选中。ISO 8586建议使用苯甲醛等来呈现杏仁/樱桃香气，使用香草醛来呈现香草香气。加入常见的杂味样品如三氯苯甲醚（TCA）和三氯苯酚（TCP）也很常见，因为约70%的杂味是由这两种成分引起的。在感官品控评定过程中应注意杂味问题，因此鉴评员对这些成分敏感非常重要。

其他用于鉴评员筛选的测试取决于鉴评员的角色，可能包括特定的辨别测试，如三角检验或成对比较、记忆测试、识别视力障碍的测试、排序测试等。ISO 8586 提供了有关鉴评员筛选的更多详细信息。

感官分析师应了解鉴评员的个人详细信息，例如过敏信息或强烈的好恶。此外，作为感官评定小组成员的鉴评员都应该是自愿参加，而不是被迫参与。

2. 鉴评员的感官培训

为充分理解测试产品，并完全理解测试方法和程序，需要对鉴评员进行感官分析培训。如果鉴评员在测试之前从未接受过评定方法或产品信息的培训，那么可能会信心不足，不太可能偏离任何标准结果，因此将所有产品都评为可接受。

接触产品有助于对相关产品多样性进行识别。接受过培训的人能识别偏离标准的外观和风味，而未接触多个样品的鉴评员则可能无法发现潜在的变化和问题。

培训包括产品本身的详细信息，例如原料的详细信息，以及发现特定产品特性的来源和接触几种测试产品和变体（包括杂味测试样品）的过程。应解释和实践测试方法，并讨论测试程序。任何客户反馈、案例研究和不可接受的样品都可以分享和讨论，以更好地了解产品质量。在培训期间，评定和讨论可接受范围非常重要，以确保所有鉴评员都完全了解可接受的水平。

将培训结果与已培训小组的结果以及仪器数据进行比较非常有用。由于人类的感知可能受到不同因素的影响，感官数据和仪器数据之间并没有完全直接的相关性。与已培训过的鉴评员以及仪器数据之间的任何相关性或偏差，都将是鉴评员和评定小组负责人之间讨论的有价值的信息。如果培训得当，培训也往往能很好地激励鉴评员。

（二）感官测试方法

为保持产品品质而选择的测试程序应考虑公司限制范围内的可行性。测试应切实可行，并考虑鉴评员的可用性、测试频率和测试设施等因素，以提供有用和可靠的感官数据。

为了根据制定的产品感官标准来评定产品，可以应用不同类型的感官测试方法。

（三）感官测试方案

食品公司必须努力测量和提供具有一致感官质量的产品，而明确定义的测试程序和方案将有助于在评定过程中保持质量一致并减少偏差。评定区域、鉴评员数量、评定频率、产品抽样程序、产品储存、样本量、样品呈现、样品处理、数据分析和行动都应仔细考虑。

首先，应明确定义测试目标，并与所有相关方达成一致。生产、品控、加工、产品开发和销售部门应一致同意所进行测试的目的和目标，然后制定测试方案，以达到既定目标。

对测试方案中感官测试环境、鉴评员和感官评定样品的要求见第四章。

（四）维护和跟进

当产品被认定为不符合规范时，应立即采取措施。因此，在建立质量体系时应制定后续行动。可以重新考虑产品的预期用途：产品可以混合或进一步加工以进行改进。有学者描述了对高过氧化值的油进行再漂白或再精炼的可能性：该过程通过氢化稳定，并在不同熔点的情况下改变油的混合物。然而，在产品不能返工的情况下，就应该直接将其处理掉。

应记录和调查任何形式的偏离规范的情况，以防止再次发生。通常由鉴评员进行进一步的感官评定，以及进一步的分析测试，以确定不符合规范的根本原因。

季节性变化可能是天然产品的一个特征，并成为影响感官评定结果的问题。规范公差可能需要根据季节进行修改。对趋势的分析将有助于识别变化：图 10-4 所示为某种产品分级随时间的变化，其中一年中前几个月的质量容易下降。趋势分析对于质量逐渐下降的识别也很有用。图 10-6 显示了第二年质量下降的迹象。

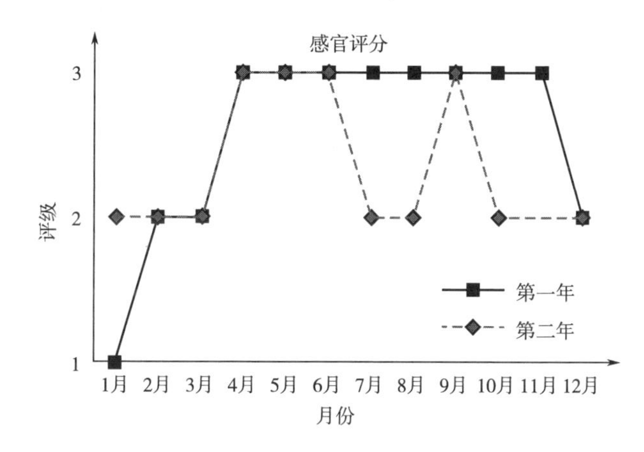

图 10-6　某种产品分级随时间的变化

管理层的支持和承诺对于决策及其实施的持续性至关重要。随着时间的推移，对感官评定数据的跟踪可能会突出早期阶段的潜在问题，并对产品的性能提供良好的描述。

作为防止或减少可能基于缺陷产品的索赔的证据，应保留所有测试和所采取措施的准确详细记录。记录应显示对不符合产品感官规范的产品采取了适当的措施。由于后果可能非常严重，高级管理层应参与相关决策并参与制定合格产品的标准。

第四节　食品保质期测试

一、概述

食品保质期测试是维持食品品质的重要组成部分。它是食品包装研究的基本内容，因为食品包装的主要功能之一是保持食品的结构、化学、微生物和感官特性的完整性。对于许多食品而言，食品的微生物完整性将决定其保质期，这可以通过标准的实验室规范进行评价，而不需要感官数据。食品的感官特性是不易受微生物变化影响的食品（如烘焙食品）保质期的决定性因素。食品的感官测试几乎都是破坏性测试，因此必须储存并提供足够的样品，尤其是在产品可能会变质的期间。

保质期测试可以采用辨别分析、情感分析或描述性分析，感官测试中的任何一种这取决于项目的目标。例如对于评定新包装薄膜效果的设计研究，简单的辨别测试可能适合测试与现有包装的变化。为了注明产品期限，消费者接受度测试（情感测试）将适用于确定产品变得不可接受的时间。如果是新产品，则需要进行描述性分析来建立新鲜产品味道的完整感官规范。如果产品未能通过消费者评定，通常是提交样品进行描述性分析，以尝试了解失败的原因以及哪些方面已经恶化。如果目的是建立适当的稳定性，即失效时间超过消费者的典型分布和使用时间，则采用两种测试的组合可能比较合适，即先对新鲜对照或标准产品进行辨别测试，如果检测到任何差异，则进行消费者接受度测试，这是具有成本效益的。

保质期测试包括以下步骤：①制定目标；②获得代表性样品；③确定测试产品的物理和化学成分；④建立测试设计；⑤选择合适的感官评定方法；⑥选择储存条件；⑦建立对照样品或与储存产品进行比较的产品；⑧进行定期测试；⑨根据结果确定保质期。

对照产品的性质和储存条件很重要。储存条件应模拟配送和商店中的条件，除非需要一些加速储存条件，此时需要将储存条件设定为比较极端、恶劣的水平。如果在不同的时间间隔内有新鲜产品，人们如何知道后续批次的产品在最初产品生产后没有漂移或改变？如果在理想条件下储存新鲜产品，如何知道它没有改变？有时一项研究会涉及多个标准品。对照样品应标明日期、批号、生产地点等，可以制定单独的程序，以确保对照样品的完整性和稳定性。描述性分析可能有助于实现这一目的。参照样品选项包括：当前工厂已通过品控的产品、当前中试产品原型、历史产品和最佳储存产品等。

产品失效主要有两个选择标准，包括关键描述性属性（或一组）的截止点，以及产品因不可接受而被拒绝时的消费者数据。以下对使用方程（如风险函数或生存分析）的统计建模进行讨论。应注意，产品失效是一种全有或全无的现象，感官测量的降低，如可接受度下降或消费者拒绝百分比增加，在本质上更具有连续性。这是其他类型的模型（如针对消费者拒绝百分比的逻辑回归）建立的基础。

二、截止点

截止点的选择有两种含义：第一种含义是，将截止点本身用作执行标准，当产品达到这一点时，我们认为它已经达到了产品使用寿命的终点，产品不可再用于销售，如在产品包装上印刷使用日期。第二种含义是，当设计研究中的产品达到某个截止点时，它就被定义为“失效”，并将用作某种统计模型（如生存分析）中的数据点。

通过以下几种方法可以确定截止点：①在辨别测试中存在显著差异；②在量表属性或总体差异程度量表上与对照产品存在一定程度的差异；③消费者的反应。消费者数据可能涉及与对照组的可接受性评级的显著性差异、可接受性得分的截止点或消费者拒绝百分比（如 50%或 25%）。吉米尼兹（Giminez）等发现，第一个显著差异过于保守，因为在 9 点偏好量表中，可接受分数仍然高于 6 分。两种产品可能不同，但仍然可以接受。另一个选择是使用 9 点偏好量表中小于 6 分的任意值（6=略微喜欢，即略高于中间值）。还有一种选择是使用消费者拒绝（“我不会购买/食用该产品”）。这两种方法不一定等效。对于某些烘焙产品，消费者可能不喜欢该产品，但当被问及是否会购买时，他们会回答“是”。这一发现表明，消费者拒绝可能不够保守，即产品可能在达到拒绝程度之前就已经不受欢迎，甚至引起消费者投诉。逻辑回归分析发现，可接受度分数可能与拒绝百分比有关。逻辑回归是一种有效的通用方法，以 S 型曲线积累比例的形式处理数据，通用形式如式（10-2）。

$$\ln \frac{p}{1-p} = b_0 + b_1 X \tag{10-2}$$

式中 p——被拒绝的比例；

X——预测变量，例如时间，或者在本例中是可接受分数；

b——常数。

三、试验设计

有几种方法可用于样品储存方式和测试时间的保质期测试。最简单的方法是生产一大批产品，在正常条件下储存，然后在不同的时间间隔进行测试。但是，就测试时间而言，这不是非常有效，而且有评定小组偏离其标准的风险。另一种方法是错开生产时间，以便在同一天测试所有不同年份的产品。该方法包括两种测试形式：①将产品储存在基本所有老化过程都停止的条件下（如在非常低的温度下），然后在最佳储存条件下储存不同时间时将产品从中取出，并在常温下老化，但这不可能适用于所有产品（如不能冷冻生菜）；②让产品老化不同的时间，然后将它们置于最佳储存条件下，在测试日期将所有样品同时取出进行分析测试。

四、生存分析和风险函数

关于生存分析的文献非常多，因为许多不同的领域都使用这类统计模型，如保险业的精算学。一些模型类似于化学动力学中使用的模型。当产品具有一个或一组同时发生的过程时，这些函数很有用。然而，有些产品会显示出“浴缸”函数，出现两个阶段的失效。在早期阶段，一些产品失效是由包装不当或加工不当造成的。然后该批次的剩余产品进入产品稳定期。一段时间（X）后，由于劣化，产品再次开始失效。

应用于感官数据的生存分析有两个主要任务，对数据进行风险函数的拟合，以及对用作保质期标准的某些点进行插值（如25%或50%的消费者拒绝百分比）。研究人员已使用各种函数来拟合失效数据随时间的变化（或失效百分比）。存活百分比通常采用衰减指数函数的形式。

模型的一个重要作用是用于拟合失效百分比的分布。对数正态分布（log-normal 分布）和韦布尔分布（Weibull 分布）是常用的数学模型。韦布尔函数（Weibull 函数）很有用，可用于拟合各种数据集。它们包括形状参数和比例参数。当形状参数的值大于2时，分布近似为钟形对称。这些失效等式采用式（10-3）、式（10-4）。

$$F(t) = \phi\left(\frac{\ln t - \mu}{\sigma}\right) \quad \text{（对数正态分布）} \tag{10-3}$$

式中 ϕ——累积正态分布函数；

t——时间；

$F(t)$——t时刻的失效比例；

μ——平均失效时间；

σ——标准差。

$$F(t) = 1 - \exp\left[-\exp\left(\frac{\ln t - \mu}{\sigma}\right)\right] \quad \text{（韦布尔分布）} \tag{10-4}$$

式中 $\exp(x)$——e^x。

如果我们进行两次替换，并确定失效时间的平均值（μ）和标准差（σ），一个简单的模型可以帮助我们从拟合的 Weibull 方程中找到给定失效百分比的时间。设 $\rho = \exp(-\mu)$。那么式

（10-5）适用于任何比例［$F(t)$］：

$$t = \frac{-\ln[1 - F(t)^{\sigma}]}{\rho} \tag{10-5}$$

使用 $F(t)$ 的 log-normal 模型，寻找插值 50%失效水平的简单图解方法为：对于 N 个随时间取样的食品样本，其失效次数为 T_i，失效时间为 i（$i=1\sim N$），对所有批次进行排序，计算中位数排名，即 MR。中位数排名可以在一些统计表中找到，或者如式（10-6）估计。

$$MR = (i - 0.3)/(N + 0.4) \tag{10-6}$$

在对数概率纸上绘制中位数排名与 T_i 的关系，并在 50%点处插值。如果有一条直线拟合数据，则可以根据线性方程估计出 50%水平的点，并从概率纸上估计出标准差。这本质上是 $\lg MR$ 和 z 分数的匹配。当然，还可以插入其他百分比，因为对于许多产品来说，在设置有用限制时，50%失效率可能太高了。

感官试验通常会产生删失数据。也就是说，对于任何失效批次，我们只知道失效的时间是在上次测试和当前测试之间的某个间隔内。同样，对于在最终间隔内没有失效的批次，我们只知道它的失效时间是在最终测试之后的某个时间。因此，数据被删失，可以使用最大似然技术估计生存函数。

五、加速贮运试验

产品开发人员发现，在没有进行长期研究的情况下，鉴评专家无法提供产品的保质期测试。因此，他们可能会要求进行一些加速贮运试验以缩短时间。该测试基于：根据简单的动力学模型，许多化学反应在较高温度下能以可预测的方式进行，因此，可通过在较高温度下进行较短的时间间隔来模拟较长时间间隔的保质期。动力学模型通常基于阿伦尼乌斯方程，可以从不同温度下进行的试验中找到速率常数。

当温度引起的产品变化与正常温度下储存时间引起的产品变化不同时，加速贮运试验就会出问题。显然，试图在较高温度下测定冷冻食品的保质期是没有意义的。有些产品可能不遵循简单的预测模型，因为复杂过程中会出现不同的速率。例如，在较高温度下可能会发生从固体到液体的相变，非晶态的碳水化合物可能会结晶。干燥食品的水分活度可能随温度升高而增加，导致反应速率增加，进而导致对正常温度下的真实保质期进行过高评定。如果具有不同动力学常数的两个反应在不同的温度下以不同的速率变化，则具有较高动力学常数的反应可能会占主导地位。感官评定专家应该熟悉此类测试的逻辑和常用建模方法，并了解其可能出现的问题。

思考题

1. 感官评定有哪些应用领域？
2. 食品品控感官评定方法主要有几种？
3. 食品保质期测试的具体步骤是什么？

第十一章

CHAPTER 11

感官评定在食品科学研究及产品研发中的应用

学习目标

1. 了解主成分分析、多元方差分析、判别/典型变量分析、广义普鲁克分析等多变量统计方法的基本原理，掌握其食品感官评定中的应用范畴与应用方法。

2. 掌握食品产品关键特征鉴定、消费者喜好分析及偏好映射评价的方法。

3. 了解感官评定在食品产品开发与优化中的作用。

第一节　多变量统计方法

描述性感官分析常用来反映原材料、加工和包装变化对产品感官质量的影响，测试得到的喜好结果通常需要与感官和仪器分析结果结合分析，这样更容易把食品感官评定的结果作为数据基础，以给食品科学家与工程师提供有价值的信息，使其能够进一步研究食品感官属性特征与食品化学、食品物性学、食品微生物学、食品加工工艺学、食品心理学甚至食品产品设计等领域之间的相关性，成为食品科学理论与技术的拓展及创新过程中的重要环节。

在食品科学研究及产品研发中，很多情况下需要对单个样本的多个属性进行评估，因此需要借助多变量统计分析工具来完成。过去几十年的时间里，由于计算机和统计分析技术的飞速发展，多变量统计分析技术的使用领域和使用效率大幅提高。相较于简单的单变量分析，多变量分析技术还需要额外的统计假设，这就有可能带来潜在的问题与难度。当单变量分析结果包含其他信息时，最好根据多变量统计结果来推导结论。

多变量统计分析一般用于从复杂的产品属性中提取信息，并将信息转化为简单易懂的形式。与单变量分析相比，这种技术的最大优势在于，可以让感官评定专家更清晰地看到产品的品质指标、理化指标与感官属性之间的多种交互联系。多变量分析技术种类繁多，感官专家需根据实际情况选择分析方法。目前食品感官评定研究中常用的多变量统计分析包括主成分分析（Principal component analysis）、多元方差分析（Multivariate analysis of variance）、判别/典型变量分析（Discriminant/canonical variate analysis）、广义普鲁克分析（Generalized Procrustes analysis）、偏好映射分析（Preference mapping analyses）、偏最小二乘回归分析（Partial least-squares regression analysis)、聚类分析、多因素分析等，这些分析属于感官测量学的范畴。此外，多维标度（MDS）有时也被归类为多元技术，但它不使用多个相关量作为输入项，而仅使用与总体相似的一些变量。

一、主成分分析

主成分分析（PCA）是一种常用的多元统计方法，它简化并描述了多个因变量（测量数据中的测量变量）和对象（在测量信息中，往往是产品）之间的相互关系。进行 PCA 的数据应采用多次感官评定试验结果的平均值。如果想将 PCA 与原始数据一起使用，则需要使用带置信椭圆（Confidence ellipses）的 PCA。PCA 将原始因变量转换为新的不相关维度的综合变量，简化了数据结构，有助于数据的解释。

PCA 的结果通常用变量和对象之间交互关系形成的图解表示。在感官描述数据中经常会出现多个因变量呈线性关系，即相互关联的情况，此时 PCA 可以将其清楚地展示出来。在方差分析中可能会发现样品的许多描述变量之间有明显的显著性差异，但这几个描述变量却可能是在描述产品的同一特性。例如，在描述性研究中，专家组成员经常评估产品的风味属性，并测量相同的潜在特征，但很可能香气和味道属性是冗余变量。PCA 将原始数据投影到主成分空间中，用一组新的变量，即主成分（PC），来表征原始数据中的有效信息以及冗余信息；冗余或高度相关的样本（产品）在主成分空间中的投影会彼此靠近。主成分所表示的产品信息与原始数据中所蕴含的产品信息一一对应。主成分有时称为因子得分，用于在投影空间中描述产品的主要特征。

主成分是由样本集中方差最大化的因变量线性组合获得的。第一主成分阐释了样本之间的最大可能方差量。后续的主成分在数据集的总方差中所占的比例逐渐变小，并且与先前的主成分不相关（正交）。如果样本比变量多（理想情况），那么从数据集中提取的主成分总数等于因变量的数量。主成分的线性组合可以基于数据相关矩阵（数据是标准化的）或数据协方差矩阵（数据不是标准化的），变量在差异显著的量表上测量时，应该使用相关矩阵，因为量表范围会极大地影响最终结果。由于感官描述性分析数据通常是在同一尺度上测量（例如 15cm 的非结构化线标），所以感官科学家通常使用协方差矩阵分析。

如果所有的主成分都被保留下来，那么 PCA 就可以作为一种不损失信息的数据转换方法，类似于将温度从华氏度转换为摄氏度。然而，PCA 的目的是简化和描述交互关系，当所有主成分都被保留下来时，会出现占数据集中大部分方差的前几个主成分被保留下来用于下一步分析的情况。因此，一旦进行了 PCA，分析人员必须决定应该保留多少个主成分，一般来说主成分应符合下列标准。

（1）凯泽（Kaiser）标准指出，应该保留并解释特征值[1)]大于等于 1 的主成分。该标准的基础假设是：保留的主成分应该比单一因变量解释更多的方差，而特征值等于 1 的主成分解释的方差与单一因变量是相同的。Kaiser 标准可能过于宽松，保留了太多的主成分，但当原始数据集有超过 20 个较高共同度（Communality）因变量时，准确度较好。每个变量的共同度是指与该变量相关的、被保留的主成分所占的方差量。如果保留了所有的主成分，那么所有因变量的共同度将是 100%；如果保留的主成分较少，那么每个因变量的共性就取决于保留的主成分对原

1）特征值与主因素（PC）所收集的方差量成正比。大于 1 的特征值比一个原始变量（描述符）解释的方差更大。

始数据的反映程度。

（2）碎石检验（Scree test）是一种图解法，将每个与主成分相关的特征值绘制在散点图上（图11-1）。在碎石检验中，散点图中数据拐点之前的主成分被保留，而出现在拐点之后的主成分被舍弃。碎石检验的名称来源于垂直悬崖底部的碎石，该检验保留的主成分较少，但对于有超过250个观测值且平均共性超过0.60的数据集，该检验的准确度较高。

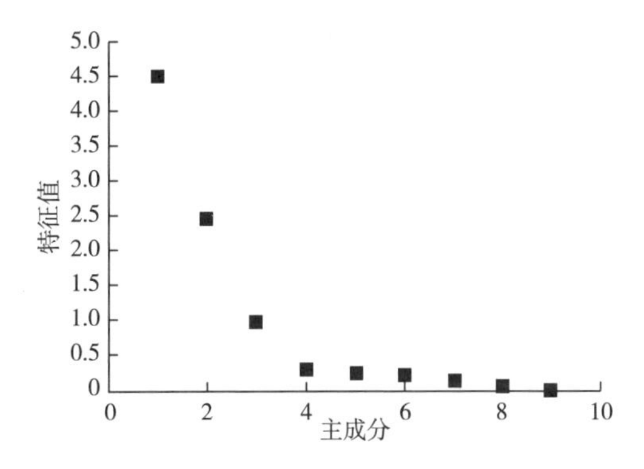

图11-1 含9个描述词的PCA特征值的碎石图

（3）通常情况下，分析人员会保留预先在数据集中指定的方差比例的主成分数量，方差的数量通常预先指定为70%、80%或85%。

（4）最后的标准是符合常识和可解释性，即保留那些对调查对象有意义的主成分。可解释性是基于：①在一个给定维度上加载的变量有共同的含义；②在不同维度上加载的变量应测量不同的含义；③因子模式应显示一个简单的结构。

PCA的结果是一个非旋转的因子模式矩阵，难以解释非旋转的模式，可以对该因素模式进行旋转（Rotate），旋转的目的是导出具有简单结构的PCA。在简单结构的PCA中，变量在单个主成分上的负荷较高，二维PCA与高维度的PCA不同，其能手动旋转轴。例如，图11-2（1）所示为假设数据的非旋转二维PCA图，沿着箭头的方向旋转两个主成分将形成结构更为简单的图11-2（2）。当人们选择保留两个以上的主成分时，必须进行数学旋转，在数学旋转过程中，主成分载荷的转换要么保留正交性（通常使用），要么不保留正交性（很少使用）。正交旋转如最大方差法（Varimax）和四次方最大正交旋转法（Quartimax）保留了主成分的正交性（不相关的方面），而斜交旋转如追近最大方差法（Promax）和斜交法（Orthoblique）则不保留正交性。

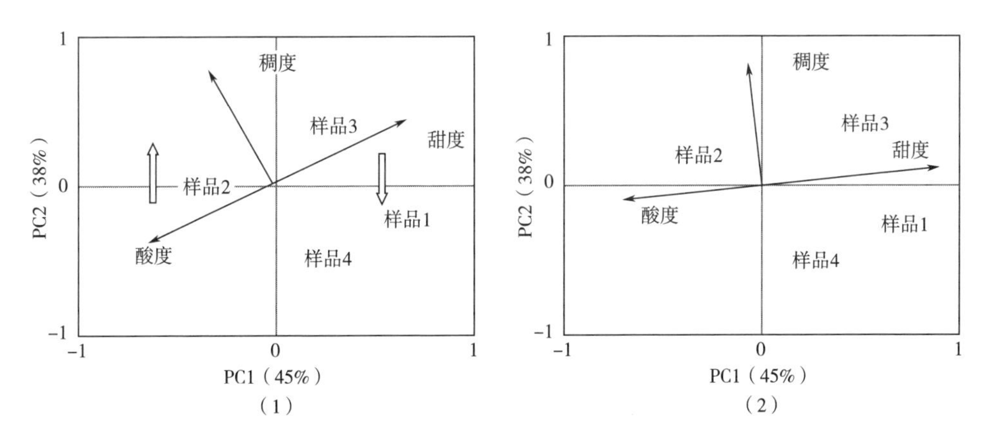

图11-2 假设数据的非旋转二维PCA图（空心箭头表示旋转的方向）（1）和手动旋转后的PCA图（2）

PC1解释了数据集中45%的方差，它主要是甜味和酸味的对比；PC2解释了另外38%的变异，它主要是稠度的函数。样品1是甜的，稠度小于样品3；样品4在酸和甜之间取得平衡，稠度小于其他样品；样品2比样品1和样品4稠，但不如样品3稠，也比其他样品酸；样品3的酸度和甜度与样品4有些相似，但较黏稠。

一旦得到一个简单结构，主成分就需要被解释，可以通过描述依存变量（描述者）之间的关系或依存变量与保留主成分之间的关系来解释。因变量在某一特定主成分上的载荷（无论是正向还是负向）用于解释该维度的贡献。哈彻（Hatcher）和斯捷潘斯基（Stepanski）认为载荷（权重）较大的含义是这些属性的负载率绝对值大于 0.40，而史蒂文斯（Stevens）则认为载荷（权重）较大的含义是特定样本大小的负载率绝对值是显著相关系数的 2 倍。分析人员可以选择一个自认为合适的负载率绝对值（通常是 0.75 左右），然后只使用这些载荷（权重）来描述每个主成分。

最后，样本（对象或产品）被绘制成由保留下来的 PCA 空间描述的主成分，通过计算每个样本的分数以确定其在保留的主成分上的位置，在主成分图上相距较远的样本比相距较近的样本在感知上大有不同。赫森（Husson）与蒙泰莱奥内（Monteleone）等提出了 PCA 空间中样本特征均值附近 95%置信区间作为指导感知差异水平的指导值（图 11-3）。

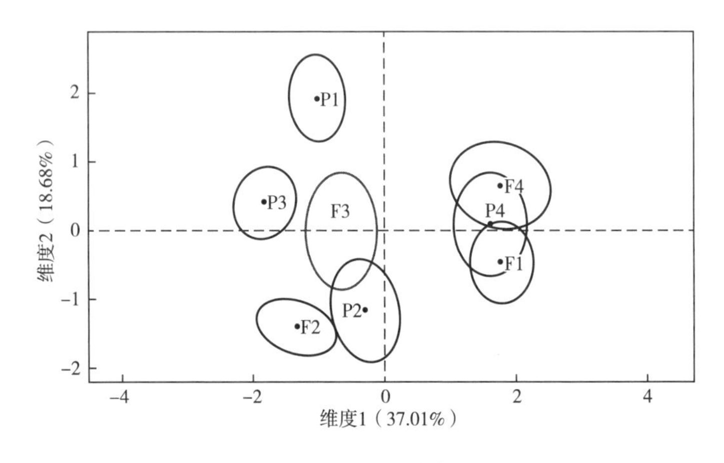

图 11-3　PCA 图及均值点置信椭圆

95%置信度椭圆是由自举法产生的。重叠的圆圈在 95%置信度的水平上彼此没有显著差异。P1~P4、F1~F4 为不同样品的编号

二、多元方差分析

多元方差分析（MANOVA）是一种比较因变量之间是否存在显著差异的方法。与单变量方差分析（ANOVA）类似，MANOVA 检验两种或多种处理之间的差异，但与一次评估一个因变量的 ANOVA 相反，MANOVA 中所有因变量同时评估。

在感官描述性分析中，常用多个描述词描述和评价样品特征。例如，在对冰淇淋的描述性分析中，鉴评员可能会同时评定 6 种冰淇淋的冰度、光滑度、硬度和融化速率，通常每个属性（因变量）由 ANOVA 分析，需要对数据进行 4 次 ANOVA 分析（即每个属性一次），而理论分析表明，若对同一数据集进行大量的 ANOVA 分析，可能会严重累积第一类错误。例如，假设一个小组通过使用 8 个描述符对两种酸乳进行描述性分析评定，然后使用 t 检验对数据进行分析，每个描述符进行一次 t 检验，其中，双样本 ANOVA 的 F 值等于 t 检验值的平方，α 设为 0.05（第一类错误），假设 8 个测试都是独立的（这并不完全正确，因为每个酸乳都是由相同的鉴评员评定的，并且一些变量可能是相互关联的），那么没有第一类错误的总体概率为 0.95^8

≈0.66，那么至少有一个错误拒绝的概率（鉴于所有的无效假设都是真的）为1-0.66=0.34。从这个简单的例子可以得出，当进行多次测试时，整体的第一类错误概率迅速增大。当然，准确地估计第一类错误的大小增加较为困难，理想情况下应该在进行单个ANOVA之前用MANOVA分析数据，可以有效防止这种情况的发生。但也有少部分统计学家认为多个ANOVA未必会更好地控制第一类错误。MANOVA提供了基于威尔克斯统计量（λ）的单个F值统计量，该统计量可以同时评估所有描述词的影响。一方面，显著的MANOVA F值统计量表明，样本在不同的因变量上有显著差异，基于这一点，应该对每个因变量进行方差分析，以确定哪些因变量在样本之间有明显的区别；另一方面，不显著的MANOVA F值统计量表明，样本在因变量上没有差异，不需要单独的ANOVA。

MANOVA还可避免多个ANOVA引起的另一个问题，单个的ANOVA不能解释一条非常重要的信息，即描述性变量之间的共线性（相关性）。MANOVA将共线性（通过协方差矩阵）纳入检验统计量，在分析中考虑了因变量之间相关性的影响。此外，还存在一种可能性，即样本在任何一个变量上都不存在差异，但样本间某些变量组合存在显著差异，MANOVA为此类感官评定数据分析提供了可能，而单个ANOVA分析则达不到这个目标。而当单个变量不能区分样本时，确定变量组合区分样本是防止第二类错误的重要措施，即防止遗漏真正的差异。感官分析人员在发布一种产品为某种产品的等效产品但实际上是不同的产品时，应使用这一方法，避免由于数据分析的不当对产品市场或社会产生不利影响。

三、判别分析（典型变量分析）

判别分析有两个功能——分类和分离，通常用判别分析（DA）这个名字来表示分类功能，用典型变量分析（CVA）来表示分离功能。DA很少用于纯粹的感官科学研究，但经常用于基于化学和仪器分析的样品分类；CVA经常用于感官分析，与PCA类似，它以二维或三维图形表示产品内部和产品之间的关系（图11-4），非常适合研究人员使用原始数据获取产品间到产品内变化的一些信息。

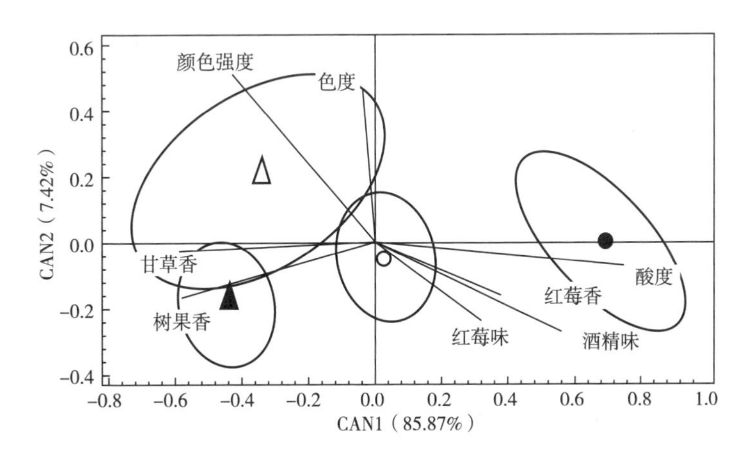

图11-4　葡萄酒重要参数的感官数据典型变量分析：属性负荷（线条）和因子得分（圆圈）

○—Tempranillo葡萄酿造的碳酸浸渍葡萄酒；●—Tempranillo和Viura葡萄酿造的葡萄酒；△—Tempranillo葡萄酿造；▲—Tempranillo和Viura葡萄酿造的去皮葡萄酒。CAN为典型变量。重叠的置信椭圆在90%显著性水平上无差异。

典型变量分析（CVA）与ANOVA在应用特点方面有很大不同。ANOVA表明哪些主效应或交互效应是显著的，然而如果样本平均效应是显著的，ANOVA便不再表明哪些样本彼此存在差异。为了确定这样的差异，必须应用一种均值分离技术对数据进行处理，如费希尔（Fisher）提出的保护最小显著差数法（Protected least significant difference，PLSD）、真实显著差异（Honestly significant difference，HSD）、邓尼特（Dunnett）检验、邓肯（Duncan）检验。

CVA也是MANOVA的多维均值分离技术。如果特定的主效应或交互作用在MANOVA中是显著的，那么可以使用CVA来获得样本均值分离图（图11-4），该技术在感官评定中得到了广泛的应用。比较CVA和PCA的应用特点可知，描述性感官评定原始数据矩阵的CVA根系能够给出更好的结果；CVA比PCA更适合于描述性感官评定的数据分析，因为它能够解释原始数据中的不确定性和误差相关性。

四、广义普鲁克分析

广义普鲁克分析（Generalized Procrustes analysis，GPA）是一种比较两组或多组数据一致性的统计技术。它要求所有这些数据集必须涉及同一产品。这项技术是以希腊神话中单床旅馆的旅馆老板、公路强盗普洛克路斯忒斯（Procrustes）命名的。无论适合与否，Procrustes都让顾客躺在床上，把他们拉长到合适的位置或砍掉他们的四肢以适应床的长度。简单来说，GPA在某种意义上强制将各个数据集纳入一个单一的共识空间。在GPA中，多维空间中两个或多个点的配置通过平移（使原点相等，即居中）、比例变化（拉伸或缩小）、旋转或反射进行匹配，分析通过一个迭代过程进行，使普鲁克统计量s^{**}的数值最小化。普鲁克统计量是在GPA完成时各个配置与共识配置之间的残差距离，也就是说，它是对拟合度差的一种衡量。

当GPA与感官评定数据一起使用时，各个数据集可以以鉴评员个体来划分，也可以以不同的数据收集方法来划分。例如，当GPA被用于自由选择分析数据时，各数据集是来自每位鉴评员的数据。同样也可以通过GPA分析描述性感官评定数据，将每位鉴评员的数据作为单独的数据集，用于得出共识配置。此外，也可以使用GPA来整合不同方法得出的数据，例如可以使用GPA来比较喜好性和描述性感官评定数据，或者比较由不同小组和方法得出的描述性感官评定数据，或者将仪器收集的数据与通过感官方法收集的数据进行比较。

当GPA用于各感官评定鉴评员评定数据分析时，转译阶段通过以他们的原点为中心对每位鉴评员的分数进行标准化，这类似于ANOVA模型从样本的主效应中去除鉴评员的主效应。在标度变化阶段，GPA会根据不同鉴评员区别化使用标度的影响进行调整。这一阶段特征是GPA适合用于分析自由选择分析数据的原因，因为该分析考虑了鉴评员可能会使用不同的术语来描述相同的感觉。在分析描述性分析数据时，当感官专家不确定所有鉴评员是否一致使用术语来描述他们的感觉时，GPA也具有统计效力。在这种情况下，假设鉴评员的分数代表不同的固有配置，可以进行普鲁克方差分析（Procrustes ANOVA），以确定上述转换中哪些是形成共识配置的最重要因素。

与PCA一样，GPA也提供了一种基于变量间相关性模式的简化配置。GPA提供了一个二维或三维空间的数据一致性谱图，还可以形成超过三个维度的GPA分析结果，但这些结果通常较难解释。GPA一致性配置结果的解释方法与PCA图类似（图11-5），此外，可以绘制各个鉴评员的数据空间，并对不同鉴评员的数据结果相互比较（图11-6）。按维度解释的鉴评员方差图（图11-7）可帮助感官分析人员确定哪些维度对哪些鉴评员更为重要，还可以将各鉴评员使用的描述词绘制在一致性空间中（图 11-8），这些描述词的解释方式与 PCA 图上的描述词解释方式相同。

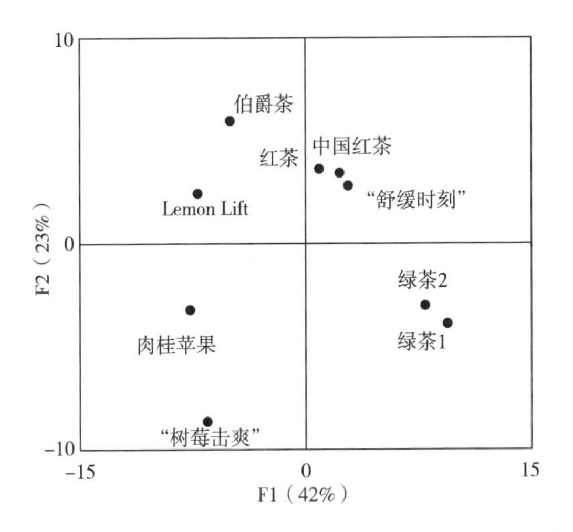

图 11-5　广义普鲁克一致性分析图

维度 1（F1）占方差的 42%，维度 2（F2）占方差的 23%；F1 的正值象限是绿茶，负值象限是香味较浓郁的茶品；F2 的正值象限是红茶，负值象限主要是"树莓击爽"。两种绿茶在感官特征上彼此相似；中国红茶和红茶也非常相似，它们类似于"舒缓时刻"（Soothing moments）。

为了清楚起见，只绘制了两位鉴评员（鉴评员 1 和鉴评员 4）的数据结果；椭圆表示这两位鉴评员样本在一致性空间中的位置，较大椭圆中的样本一致性较弱（图 11-6）。

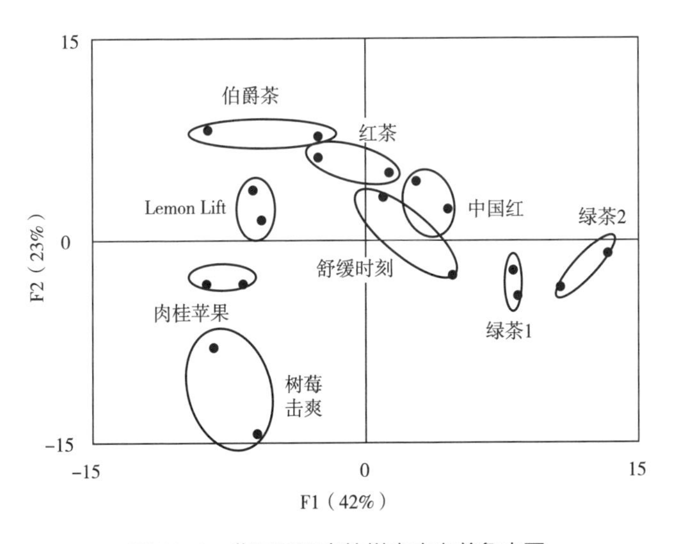

图 11-6　鉴评员评定的样本广义普鲁克图

为了清楚起见，只绘制了与两名鉴评员（鉴评员 1 和鉴评员 4）相关的方差。鉴评员 4 在维度 1 中解释的方差比鉴评员 1 大得多。对于维度 2 到维度 5，鉴评员 1 比鉴评员 4 解释的方差大（图 11-7）。

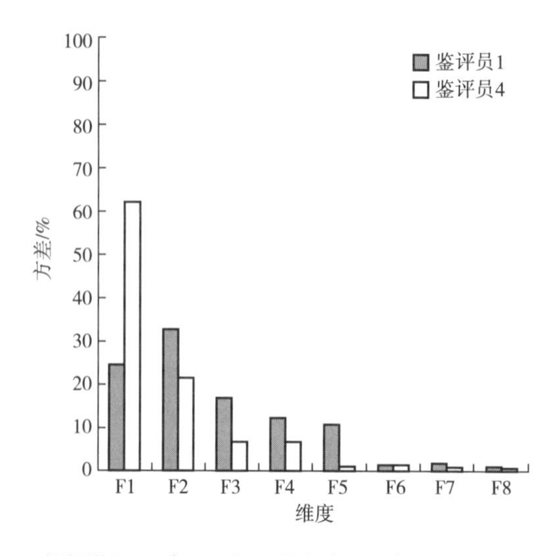

图 11-7　根据鉴评员（配置）和维度（因子）的广义普鲁克方差图

鉴评员 4 使用的描述词为空心点，这两位鉴评员在样品属性特征使用方面一致性较低（图 11-8）。

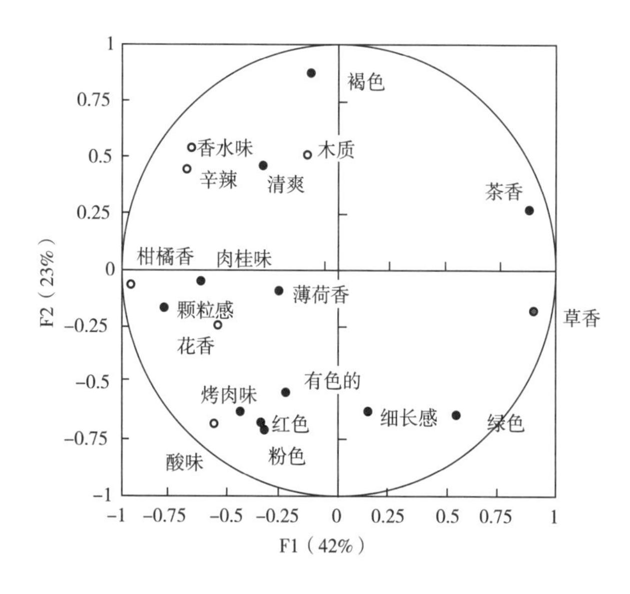

图 11-8　描述词在一致性空间中的位置

第二节　食品感官指标与其理化性质指标映射关系的建立

一、食品感官指标与其理化性质指标映射关系建立的意义

人们经常需要在一个或多个感官测量方法和一个或多个物理和化学测量方法之间建立关

系。人们可以根据这些理化指标量度与消费者偏好之间的因果关系，来减少对某些产品的小组测试的依赖，或者在测试具有重复性的情况下，确定已被证明对偏好产生负面影响的感官测量的强度。常规的评价可包括以评估原材料和/或成品为目的的生产设施方面的应用。为了降低对感官评定小组的依赖，使用仪器或其他物理测量方法，特别是那些仿真类仪器，的确能够提高对产品评估中感官过程的认识。食品感知学学者诺布尔（Noble）对“仿真类”的定义是：通过模仿人类感知感官属性的方式来评估。此处建议使用一个更具体的定义：通过一种与人类对某一属性反应方式相关的设备来评估该属性的方式。例如，对食物机械特性的广泛研究，如咀嚼性，促进了分析仪器的发展，使其更准确地记录类似咀嚼的各种动作，并为这些动作规律提供数学解释。尽管实际应用仍然有限，但随着用户越来越善于识别这些作用关系并简化测试流程，越来越多的问题得以解决。

大量文献报道了人们对在特定物理化学方法与产品品质之间建立直接因果关系等问题的看法，显示出人们对此问题的高度关注。但迄今为止的证据表明，这些信息要么很难转化到应用实践中，要么成本太高。电子鼻和电子舌的发展在此激发了人们对该问题的兴趣。除了改进产品质量测定和相关的产品规格之外，了解感官和物理化学测量方法之间的关系将产生重大的经济影响。在许多情况下，使用仪器或仪器系统具有决定性优势，例如，在评估辣椒油的辣度或是类似的棘手问题时；或者在人力有限导致评定工作无法维持下去的时候。然而，在目前的实践应用中，仪器系统在某个范围内完全或部分替代评定小组，或者评定小组完全取代仪器的情况都是极个别的现象。这不仅仅是因为仪器-感官关系只具有学术价值，很难在工业化生产环境内应用，更重要的是人们缺乏对所使用的各种测量方法、测量的内容、它如何适应现有运营的理解，以及对管理层来说最重要的一点——成本。在许多类型的物理和化学测量方法中，确定哪些是基于因果关系的，并将这些测量与特定的产品感官特征直接联系起来是重要的第一步。如果目标是将结果纳入对原材料的持续评定或作为评价流程的一部分，那么管理层的参与和承诺就变得至关重要。

另一个可能存在的问题是认为仪器测量将产生一个直接等同于偏好的数值。将特定仪器或特定感官测量与喜好联系起来会偏离实际的客观规律。喜好响应可以用抛物线函数表示，而其他度量可以是线性、曲线或S型的。如图11-9所示，产品偏好可能会因成分、工艺和包装变化的组合而改变。然而，这种变化不太可能用单一的物理、化学或感官测量来解释。当产品出现

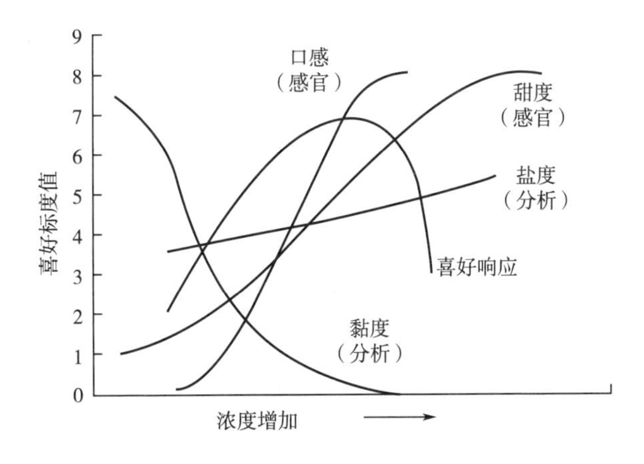

图11-9　产品感官/分析手段与喜好反应模式之间的倒“U”关系

某种次要的变化时，对产品的偏好可能不会改变，但分析结果会指出所发生的变化。这并不意味着物理和化学测量不能与特定的感官评定方法相结合，或者物理、化学和感官测量的某种组合不能用于预测产品的接受度。只是需要考虑问题的复杂性，依靠单一的衡量标准来确定一个产品是否会受到欢迎会引起不当的商业决策。还应注意，许多与市场相关的其他因素对产品偏爱度的影响要比产品本身大得多。

二、基于因子载荷分析的食品感官-理化性质映射关系构建

举一个简单的例子来说明啤酒中感知的苦味和异葎草酮（Isohumulone，啤酒花中的一种成分）浓度之间的关系。用含有 10~30 个苦味单位（与异葎草酮的量相关）的一系列啤酒进行测试，其与偏爱度的相关系数≥0. 75。然而，仅采用苦味强度（感知的或化学的）来解释对啤酒的偏好度是不科学的。事实上，差异高达 10 个苦味单位的啤酒同样可以被喜欢，这进一步证实了相关关系的多元性特质。这些单变量关系为进一步计算提供了基础，并加强了此类试验的价值。例如，检测结果可以确定具体分析是否是多余的，从而可以在不丢失产品信息的情况下节省成本。

在过去数十年的研究中，人们确定了用于表征不同测量方法之间关系合理性的参数值，即 R^2>0. 85。在任何这类研究开始时，都必须首先确定具体的研究目标，明确所要使用的仪器或测试手段（感官评定或物理化学方法），特别是如何使用这些测得的参数信息。例如，如果打算开发一种在原材料采购时来代替感官测试的仪器，那么所采用的信息需要不同于品质控制过程中的参数信息。原材料采样频率一般低于加工过程或成品取样的频率，因此测试的类型和频率会有所不同。在获得实际数据之前，必须注意制定合适的测试方案、选择合适的产品和方法。分析方案要考虑各种设备的灵敏度及其他相关背景信息。例如，避免采用昂贵且耗时的物理或化学分析方法。此外，对于灵敏度可能过高的仪器分析，必须调整其灵敏度以合理反映其对样品的测量内容。其他需要注意的问题是产品（原材料或成品）的质检标准（若以此为测试目的）、支持测试的其他资源的可用性、判别标准以及判断结果的责任主体。了解这些信息可以最大限度地减少产品接受度、标准使用及分析结果之间的冲突。预估测试频率和预期差异量级（预试验结果）都可用于界定测试范围，从而使管理层能够估计整个项目的成本效益。

如果研究中所确立的关系尚未达到令所有人都满意的程度，那么就需要对数据进行深入的计算分析。由于感官评定的方法通常是多元的，而物理和化学测量通常为一元性的，一种特定的物理量度将通过几种感官特征在感知上表现出来，因此需要多种物理和化学措施来建立潜在的因果关系。对于简单的体系，很容易阐明仪器和感官测量之间的单变量关系（即物理元素和感官元素更相似），但随着刺激体系变得更加复杂，这种关系可能不成立。例如，改变水中蔗糖的浓度可能很容易感知到甜味强度的变化，并且溶液黏度等特定指标就会升高；而如果外观或其他一些产品特性也发生了变化，这种关系就未必如此。一旦决定探索此类关系，就需要确定待测产品和测试方法。感官指标是最容易识别的，因为核心感官数据就是基于描述性分析建立的。物理和化学指标测定方法相对困难，推荐从现有的分析方法开始研究即可。

理想情况下，当样品数量超过 20 个时才能得到有意义的相关性结果。因此，选择的产品应该能代表该类产品的差异，而非考虑产品是否会受欢迎。与技术专家的探讨将有助于确定选择哪些产品作为分析的样品。实际上，产品在制备时有必要夸大一些变量，否则结果的差异性可能相对较小，从而使相关性偏小，而方程的标准误差很大，这对从分析结果中获取有价值的信

息至关重要。如果产品差异太小，那么任何有用的相关性都会受到影响。如前所述，当变量差异较大时，插入变量要容易得多。获得数据后，每一类数据都要进行典型的单变量分析，以确保基于对产品的已知情况得出的结果“有意义”。接下来要进行的是数据简化，如主成分分析和因子分析，以确定各种指标之间的内在联系，同时确定冗余的参数。在大多数情况下，从变量到因素降幅最好约 80%。

如表 11-1 所示，通过正交旋转（Varimax rotation）合并理化分析数据和感官分析数据，得到 92.89%的分辨率，即由 7 个因子（14 种产品的 20 项感官测量和 19 项理化测量）解释差异百分率。个体单独分析的结果分别是 83.9%和 87.27%，然而综合分析能关注有潜在联系和没有联系的指标。可将这类信息绘图，并从中寻找描述关联性的线索。偏最小二乘回归分析是揭示数据组之间相关性的重要方法，因子载荷分析（Factor loading plotting）与潜变量投影（Latent variable projection）都是偏最小二乘回归分析结果的重要表现形式，如图 11-10 所示，基于产品理化特征可以解读图中所蕴含的相关性信息。下一步是选择一种感官测量指标（如酸味），确定其能预测的理化指标的组合。如表 11-2 所示，分析结果确定了最能解释酸味的测量指标组合。根据需要可以重复该过程以获得其他的指标组合。基于这些信息，人们可以将围绕在那些与生产过程和/或消费者行为相关的最重要的指标进行分析。实际上，该研究与试验优化研究所使用的方法类似，都是以相同的设计和分析为基础，不同之处在于产品组以及结果分析的关注点和应用策略。

表 11-1　　结合感官数据和理化数据的因子分析结果

属性	因素 1	因素 2	因素 3	因素 4	因素 5	因素 6	因素 7	总量
苦味	0.95							
后涩味	0.94							
后苦味	0.94							
整体后味	0.93							
收敛性	0.92							
热值	0.89							
热处理后味	0.87							
整体值	0.85							
相对密度	0.77							
表观萃取率（AE）	0.77							
表观衰减（AA）	-0.74							
果味值	-0.71							
原始提取物（OE）	0.70							
果糖	0.53							

续表

属性	因素1	因素2	因素3	因素4	因素5	因素6	因素7	总量
苯丙氨酸		0.96						
异亮氨酸		0.96						
亮氨酸		0.95						
总氨基酸		0.94						
赖氨酸		0.92						
氯化物		0.88						
磷酸盐		0.80						
葡萄糖		0.78						
pH		0.75						
总多酚	0.57	0.66						
总香气		0.64	0.58					
总有机酸		0.61				0.57		
乙酸异戊酯			0.84					
果味香气	-0.52		0.65					
酸味香气		0.60	0.65					
甜味香气			0.63					
后甜味				0.93				
甜味值				0.88				
后果味	-0.56			0.69				
澄清度					-0.84			
外观颜色	0.55				0.73			
颜色	0.57				0.72			
酸味值						0.82		
后酸味						0.80		
硫酸盐							0.93	
总百分比差异解释度/%	32.20	24.92	8.73	8.48	7.34	6.94	4.28	92.89

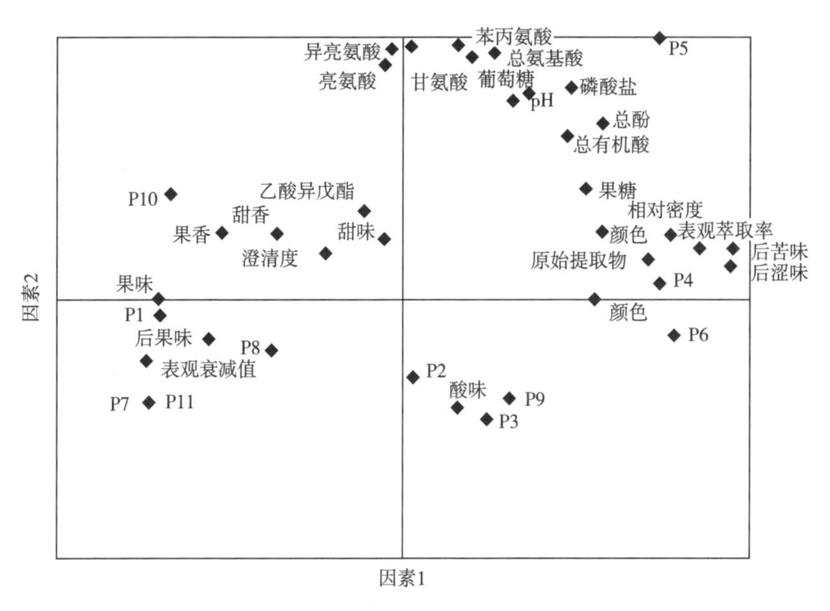

图 11-10 描述感官和理化测量的前两个因素的载荷图

两个因素占测量差异的 57.12%。P1~P10 为样品编号。

表 11-2 鉴别理化指标的回归分析结果——确定最佳预测感官酸味的方法

模型	B	β	零级相关系数	偏相关系数	贡献比/%
氯化物	-0.050	-0.844	-0.438	-0.769	37
总有机酸	0.014	0.877	0.248	0.743	36
表观衰减	0.163	0.489	0.114	0.577	28
常量	10.932	—	—	—	—
R	0.80	—	—	—	—
R^2	0.64	—	—	—	—
校正后的 R^2	0.57	—	—	—	—
估计的标准误差	1.65	—	—	—	—

注：B 是截距；β 是斜率。

第三节 食品品质指标与其偏好消费者特征映射关系的建立

多维偏好映射（Multi-dimensional preference mapping）是一种感知映射方法，可生成喜好测试数据的图示。在偏好映射图上，参与研究的每个消费者的特征信息同时呈现在一个多维空间中，该多维空间也表示并包含所评定的产品特征。由此产生的感知映射图清晰地表现了产品之间的关系以及消费者对这些产品喜好程度的个体差异。

使用这种方法，消费者可以评估6种[1]或多种产品，并对每种产品的喜好程度进行评分，数据分析是在消费者个体而不是综合（群体）层面进行的。偏好映射可以通过内部或外部分析进行，在最简单的内部偏好映射形式（有时被称为MDPREF）中，得出偏好映射的唯一数据是消费者的喜好数据。因此，整个感知图只基于消费者的接受数据。最简单的外部偏好图（有时被称为PREFMAP）是采用外部的数据得出偏好图，称为产品空间，然后消费者的喜好数据通过多项式回归投影到该空间中。偏好映射的两个主要类型从不同角度揭示同一组数据的本质：内部偏好映射为“营销可操作性和新产品创意方面的明显优势”提供数据支持；外部偏好映射为“食品加工技术的可操作性提升”提供数据支持（表11-3）。值得注意的是，如果以最大维度进行分析［即全部内部消费者数量和外部偏好分析中的产品数量（如果产品少于变量）］，这两种方法将显示相同的结果，但在空间中的方向不同。然而在实践中，人们不会最大维度分析这些数据，因为研究目的是在较低维度的空间中将最重要的信息可视化。

表11-3　　内部和外部偏好映射之间的基本差异

项目	内部偏好映射	外部偏好映射
强调的重点	偏好	感官感知
映射中的产品位置	说明喜好或偏好数据变化	解释感官数据的变化（通常是描述性数据）
第一个映射维度	解释产品之间偏好方向的最大差异	解释产品之间感官方向的最大差异
偏好数据	推动产品空间的定位	作为补充：适应感官产品空间
感官数据	作为补充：适合于偏好驱动的产品空间	产品空间定位驱动

一、内部偏好映射

这种分析通常是以产品为样本（行）、消费者喜好测试得分为变量（列）的PCA，内部偏好图的目的是找到少量的主成分（通常是2~3个）来解释消费者喜好反应中很大比例的变化，研究表明，这些主成分随后指示了能够解释消费者喜好得分的数据的内在感知概念。在这种形式下，内部偏好图是一个矢量模型，每个消费者都由一个箭头代表，从零点交点指向该消费者的偏好增加的方向，从本质上讲，箭头表示对于特定的消费者来说，在箭头的方向上“越多越好”。有时可能消费者最终发现不再喜欢，例如，产品可能会产生令人厌恶的甜味。因此，采用理想数据点构建的类似于多维缩放模型的展开模型会更有用。

内部偏好映射的感知映射示例如图11-11所示，如前所述，为了展示一个合理的感知图，感官分析人员应该让消费者至少评价6个跨越感知空间的产品，产品应该彼此不同，否则消费者可能在喜欢程度上没有差异。产品样品较少时也可以进行映射分析，但此时对这些空间映射的解释更需要谨慎，因为这种情况会导致试验结果的过度拟合，这也是一个严重的问题。对于内部偏好映射，消费者应该评定所有的产品，如果消费者数据中存在一些缺失的数值，可以进行数据补充替代。

1）这是基于拉文（Lavine）等所做的模拟研究，其结果表明，在外部偏好图（主回归）中，应该选择不超过$n/3$个主成分，n=样本数，这样可以找到更少样本的研究实例。

基本的内部偏好图仅基于消费者喜好数据，如图 11-11 所示，可以根据食品研究专家的产品知识解释主成分，感官分析专家可根据相同产品的描述性数据，绘制扩展的内部偏好映射，即通过回归将产品的外部信息投射到内部偏好映射中。人们可以根据产品实际特征命名基本感知维度（图 11-12）。

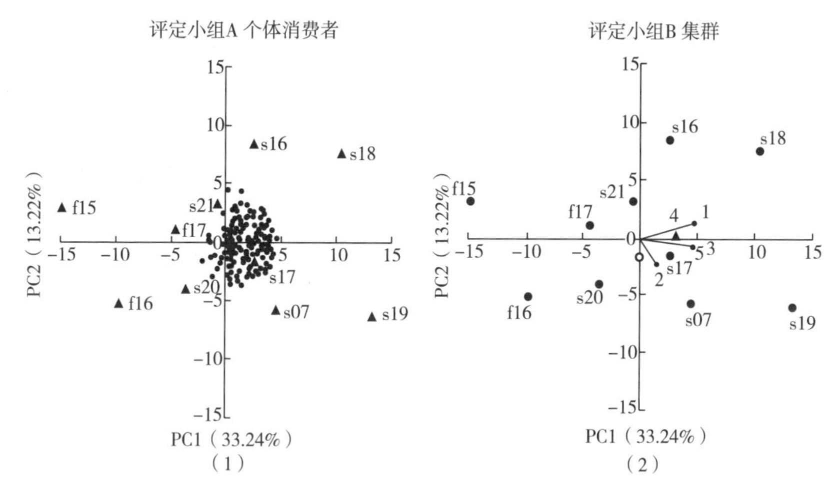

图 11-11　10 个火腿样本的内部偏好映射的感知映射

PC1 和 PC2 分别占方差的 33.24%和 13.22%。每个消费者在图上显示为一个黑点，它对应于拟合矢量的端点。每个消费者的向量线可以通过在端点和原点之间画线得到。矢量线的长度表示该个体的偏好被绘制的维度所解释的程度。（1）显示了单个消费者的位置，（2）显示了消费者集群的位置。评定小组 A 的结果显示，大多数消费者被定位在图示的右边，与西班牙火腿产品匹配，只有约 7%的消费者定位于图示左边的法式火腿（f15、f16、f17）和另外两个西班牙火腿（S20、S21）。B 组显示了消费者的 4 个聚类（基于 k-均值聚类）。这些聚类几乎是叠加在一起的，使得对此内部偏好图的解释变得困难。

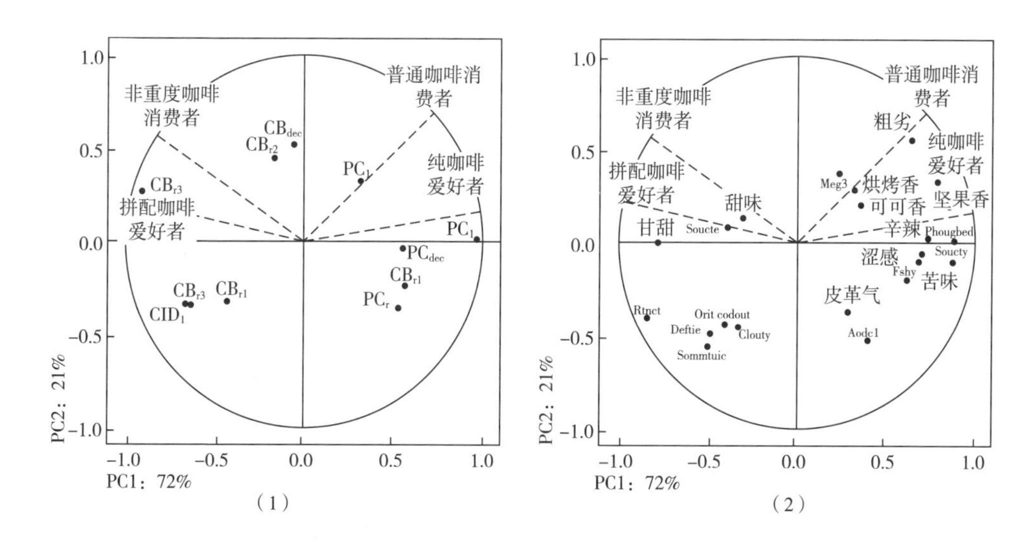

图 11-12　4 位消费者集群的扩展内部偏好映射和 11 个咖啡样品的描述性感官特性：咖啡样品（1）和感官描述符（2）的位置

矢量表示消费者群体的喜好方向：PC，纯咖啡；CB，咖啡混合物；CID，菊苣速溶饮料；dec，脱咖啡因

二、外部偏好映射

在外部偏好映射中，产品空间通常从感官分析数据中创建，用于创建产品空间的数据可以从描述性分析方法、自由选择分析、多维缩放技术、仪器测量等方面获得，这些方法的基本原理各不相同，但它们都可以通过分析产生一个直观的图像。对于描述性数据，可以通过 PCA 或 CVA 得出一个产品空间；对于自由选择分析，GPA 将产生一个产品空间，相似性数据的多维缩放结果也是一个产品区域。产品空间也可以通过仪器测量获得，例如，甘巴罗（Gámbaro）等使用颜色测量来创建产品空间，将消费者对蜂蜜颜色的喜好得分投射到产品空间中。

通过将每个消费者的反应回归到产品的空间维度上，将单个消费者的喜好反应（或消费者反应的集群）投射到产品空间（图 11-13），每个消费者的喜好分数都可以回归为一系列多项式偏好模型：旋转的椭圆理想点、椭圆理想点、圆形理想点和矢量模型。麦克尤恩（McEwan）认为椭圆和二次模型往往会导致马鞍型的理想点，但难以解释原理，所以这些模型很少被使用。然而，约翰森（Johansen）等为一个聚类找到了一个马鞍点，而且相对容易解释（图 11-14）。确定每个模型所解释的方差，并为每个消费者个体确定最合适的模型，如果某个消费者的所有模型所解释的方差都很低，那么意味着该消费者的行为无法通过产品空间得到充分解释。

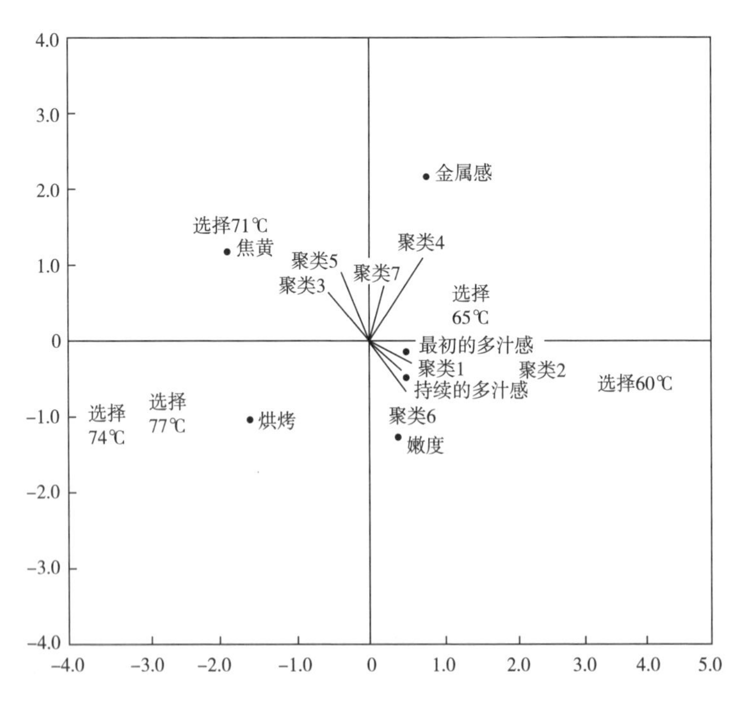

图 11-13　综合消费者数据和描述性分析数据的外部偏好图

选择精选长肋牛排（腰肉）在不同终点温度下烹饪；第 1、2 和 6 组喜欢以多汁、嫩度和血腥为特征的牛排；第 2、6 组喜欢五分熟的牛排，而不喜欢全熟的牛排；第 4 组较喜欢三分熟、四分熟和五分熟的牛排；消费者不喜欢烤和棕色/烧焦的味道，喜欢尽可能多汁/或鲜嫩的牛排；第 3 组不喜欢三分熟牛排，原因是三分熟的牛排有血腥味和金属腥味。

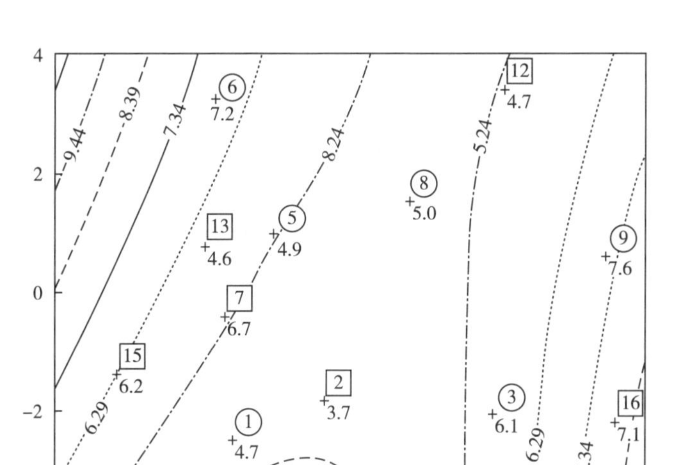

图 11-14　马鞍点等高线图

呈给第一组消费者的干酪用方形标记，呈给第二组消费者的干酪用圆形标记；图中标记了 30 位消费者的平均得分。

为什么会发生这种情况？一是可能一些消费者根本区分不出产品，所以他们不能很好地融入产品空间；二是一些消费者可能基于他们的喜好反应，而这些因素并不包括在分析性感官数据得出的产品空间中；三是这些消费者使用的信息可能在构建产品空间的过程中丢失了，或者消费者可能使用了描述性分析之外的其他感官或非感官线索。四是一些消费者只是产生了不一致的、不可靠的反应，可能是因为他们在测试期间改变了接受标准。

为了提高外部偏好图中的消费者拟合度，费伯（Faber）等开发了一种常识性（启发式）的规则，以确定为提高拟合度所需保留的主成分数量，在他们的案例中，拟合度从两个主成分的 51%提高到 5 个主成分的 80%。但感官专家也要注意空间过度拟合。

外部偏好图的缺点之一是消费者必须评定所有的产品。然而，有研究表明，让消费者评定产品的子集，仍然可以分别基于二次模型和向量模型获得合理的外部偏好图。约翰森（Johansen）等从描述性数据的主成分分析结果中选择了用于消费者喜好评定的产品子集，然后，使用模糊聚类分析对所得数据进行了分析，发现该方法对其干酪样品分析效果相对较好。

其他外部偏好图技术是偏最小二乘法，其中通过迭代过程和逻辑回归同时创建产品空间和与产品空间相关的消费者空间。

第四节　食品产品关键特征鉴定

一、通过主成分分析明确食品产品关键特征

在因子分析的诸多方法中，主成分分析技术在感官和消费者搜索方面有着悠久的历史。在

分析食品产品关键特征时，主成分分析的输入项通常包括描述一组产品的属性，而且常使用平均值作为输入项。鉴于已经评估了许多属性，有些属性将会被关联起来。在一个属性上获得高值的产品将在正相关属性上获得较高值。主成分分析发现了这些相关模式，并用一个新的变量（称为因子）替代了相关的原始属性组。然后，分析寻找第二组和第三组属性，并根据剩余的方差导出每个属性的因子。这是在空间中找到一组新的轴的分析，以用一组更小的轴或维度替换原始数据集的 N 维空间。原始属性与新维度具有相关性，称为因子加载，产品将在新维度上具有价值，称为要素得分。因子负荷在解释尺寸时很有用，因子得分显示了图谱或图片中产品之间的相对位置（以及相似性和差异）。

主成分分析可以应用于任何数据集，在这些数据集中，产品的属性评级与描述性分析一样。在一项针对奶油质地的半固体甜点——香草布丁的研究中，通过描述性分析数据的主成分分析，可以阐明那些影响产品奶油度（一种复杂的感官特征）的参数。通过改变淀粉类型和含量、乳脂和钠盐含量可以引起质地变化，使布丁在 16 种感官属性上有所不同。这些因素被简化为一组 3 个因素，解释了 81%的原始方差。对 3 个因素相关属性的检查表明，它们可以被解释为与稠密度、光滑度和乳制品风味有关。这一结果非常直观，因为半固态食品的总体乳脂感似乎的确是由这些基本感官属性的组合决定的。

图 11-14 所示为针对 1986 年左右美国市场上的气雾空气清新剂的描述性分析的感知图。当时，市场主要品牌产品拥有大量不同的香味，几个竞争公司也被列入类别鉴定。经过训练的描述性分析小组对 58 种占据大部分市场份额的气雾空气清新剂进行感官分析，其描述性量表的平均值用于主成分分析。从因子载荷中解释的空间尺寸大致如下。左上角的产品含有大量的辛辣香味，代表高强度的“气味杀手”类型的产品。最右边的产品代表柑橘类（通常是柠檬类），所以从右到左的维度表示将辛辣和柑橘类的产品进行对比。图谱前象限和左前象限（主要分组）中的项目分别为绿色花香和甜花香类型。垂直维度较高的项目往往具有一些木质特征（如雪松）。

图 11-15 所示可从感官分析角度解析公司产品开发战略。首先要注意的是，圆圈所象征的市场主导品牌拥有大量的产品，并且高度集中在花香区。如果在固定的测试标准基础上定期推出新产品，而旧的类似气味产品没有“退役”，就会出现这种情况。如果利用简单的喜好度和消费者的接受度从候选产品中选出新产品，它们的气味类型可能会有些类似。三角形所象征的公司集中在图谱上的甜美花香区。这种策略可能导致与自己的类似类型产品争夺市场份额。避免重复和重叠以及达到最大数量的消费者是一个重要的营销策略。黑色圆点所示的公司也存在着类似产品过多的问题。拥有太多类似的产品也会导致维护货架空间出现问题，这是销售人员在与零售商打交道时的一个困难点。

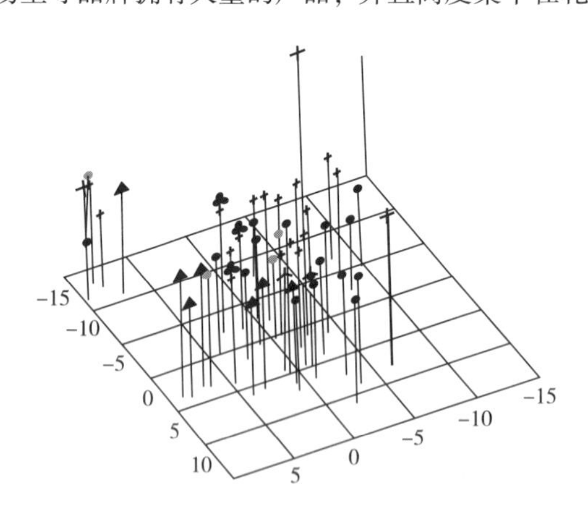

图 11-15　气雾空气清新剂香味评价的主成分分析

不同符号代表不同的品牌；从 9 个原始评分表中提取了 3 个因素，分别代表辛辣和柑橘、绿色花香和甜花香、木质维度。

十字标志所示的公司有着不同的策

略——其代表性产品数量较少，并且分布在整个空间，以不同香味类型吸引不同的消费者群体。三叶草标志所展示的品牌，是一家新进入空气清新剂行业的公司，也有着不同的策略。他们的香味类型分布在同一区域，围绕着当时市场最畅销的产品。他们的竞争策略似乎是试图通过复制最流行和成功的气雾空气清新剂类型来抢占市场份额。最后，请注意，在花香型和柑橘型之间有一个区域，可供新产品填充。这一差距表明了新的产品机会，可以将产品与现有市场类型区分开来。此示例图说明了如何使用感知数据来描述或分析公司战略。感知图谱有助于了解自己的产品在竞争中的相对位置和感官品质。

多种其他技术也会产生感知图，如广义普克鲁分析或 GPA、判别分析和偏最小二乘回归。判别分析将通过检查不同产品的平均值相对于产品使用人之间的错误或分歧的数量的差异来生成图谱，找到产生最高 F 值的所有属性的加权组合，然后，继续寻找产生与第一次组合不相关的新维度的属性的最佳加权组合，以此类推。判别分析可能会得出与主成分分析稍有不同的因素模式，因为它是在寻找与使用人之间的错误或分歧相关的产品区别，而主成分分析只是寻找相关性的部分。

二、通过感知图谱表示食品产品关键特征

在感知图谱中，产品表示为空间（三维）或平面（二维）中的点。首先，彼此相似的产品在图谱中彼此靠近，而差异较大的产品相距很远。尽管有一些技术可以围绕模型中点的位置绘制置信区间，但位置的相似或不同可能是一个令人费解的问题。这些技术不适合于产品差异的假设测试，而更适用于理解一组产品之间的关系模式。大多数感知图谱与产品属性相对应的向量可以通过空间投影，以帮助解释不同产品的位置以及通过空间的轴或其他方向的含义。这些数据可以由分析本身提供，如因子分析或主成分分析中的情况，或者在数据收集的第二步中添加，如一些多维尺度研究。

感知图谱的总体目标与战略研究非常吻合，因为其目标是：①了解一类产品的优势、劣势和相似性；②了解潜在买家的需求；③了解如何生产或调整产品以优化其吸引力。理想情况下，该图谱将与消费者对产品的意见、接受度或欲望有关，这样就可以确定通过空间的吸引力或“需求密度”。这是感知图谱的基本目标。

多种多变量统计技术可用于生成捕获一组产品之间关系的图形表示。大多数程序提供了二维或三维（一般最多三维）的简化图形或图谱。一个复杂的多维产品集由一组较小的维度、因素或衍生属性（即潜在变量）来描述。这种将大数据集简化为易于掌握的空间表示是感知映射的一个吸引人的特征。然而，简化会带来丢失有关产品差异的重要细节的风险。因此，这些程序最安全的用途是探索，并与更传统的方法结合使用，如单变量方差分析。“单变量”是指将每个反应量表和属性与其他反应量表和属性分开分析。然后，方差分析为每个单独属性提供产品之间差异的信息。

感知图谱还有其他限制。感知图谱表示消费者在某一时间点的感知。单一图谱的静态特性限制了其作为未来行为预测工具的价值，但可以进行多项研究，以比较产品发生不同变化后的感知。例如，图谱可以在消费者获得有关产品的信息之前或之后构建，并且他们的期望和关注点被操纵。此外，图谱通常代表多数意见，因此不同意见的片段可能不会包含在汇总中。个人的喜恶与图谱的维度相关的程度必然受到图谱与个人感知相对应程度的限制。

劳利斯（Lawless）等提出了理想感知图谱的特点，如表 11-4 所示。考虑因素包括模型与

数据的相关性或拟合度、精度和可靠性、模型的有效性以及建模练习的总体有用性的对应关系。可靠性可通过分析分离数据集、通过重复对的位置或类似生产运行或批次中的重复配对的位置来评估。就有效性而言，图谱应与描述性属性和消费者偏好相关。一张有用的图谱可以确定新的假设，或者添加证实的证据来支持先前的发现。实用性也是可视化的一个功能，一个用很少的维度讲述一件事并且很容易解释的图谱比一个复杂的、模糊的模型更有用。最后，数据收集和计算应该快速、简单、经济。

表 11-4　　理想感知图谱的特点

指标	特征
拟合度	方差高，拟合差度量低（如压力）
可靠性	重复测定结果应绘制在一起
	相似的配对（批次）应绘制在附近
维度	模型有几个维度，可以绘制
解释	图谱应可解释
有效性	图谱应与描述性属性相关
	图谱应与消费者偏好相关
回报	图谱应建议新的假设
	图谱可能有助于确认先前的假设成本
效率	数据收集快速、简单、经济

三、基于多维缩放的食品产品属性评级

使用属性评级和主成分分析的另一种选择是多维缩放（MDS）。多维缩放程序是将产品相似度的一些量化结果作为输入。根据这些相似度估计，可以按照试验者从软件中请求的多个维度构建图谱。相似度可以从一对产品之间相似性的直接评级或从相似度的导出度量中找到。派生的指标包括：项目被排序以使其进入排序任务的频率、属性配置文件中的相关系数。因此，这类方法非常灵活，可以在统计约束最小的情况下应用于各种情况。相似性评级被认为比特定属性的评级更能克服偏见，因为参与者不需要使用任何特定的词或评估相似性方面的维度。主成分分析取决于选择用于描述和分析的属性，但不能保证这些属性对消费者来说是重要的。多维缩放方法（如排序）允许消费者使用他们认为适合产品集的任何标准。

传统上，多维缩放的输入项是通过对所有可能的产品对进行相似性评级来获得的，通常通过标记一个线标来进行评级。该量表类似于总体差异程度量表，并以合适的术语为基础，如“一端非常相似，另一端非常不同”。相似性评级需要大量成对比较是多维缩放应用于食品和消费品面临的主要问题。对于 N 种产品的组合，有 $N(N-1)/2$ 种可能的配对，因此，对于一个小组的 5 种产品，有 10 种配对。创造 10 种或 20 种产品是可行的，但仅使用 5 种产品不会产生很有价值的研究。对于 10 种或 20 种产品，配对的数量分别为 45 或 190。品尝 90 种或 380 种食物是不可能的，除非鉴评员进行多次评估。这一困难导致了对多变量研究（尤其是多维缩放）

的不完全统计设计的重视。另一种方法是使用一种衍生的相似性度量，如分类。

四、食品产品分类与类别鉴定

通过让消费者将产品集分类为几组彼此相似的产品，可以快速且便捷地获得一种相似度参数，是经济高效的数据收集方法。彼此相似的产品理应被归在同一组，而彼此不同的产品很少或根本不放在一起。两个产品被分类到同一组的次数可以表征这两个产品的相似度。处理数据的另一种方法是将每个相似矩阵转换为叉积或协方差矩阵。单个数据矩阵是一系列的 0 和 1，对于距离或相似性并没有太多信息，但是协方差矩阵可表示出每个产品的整个行和列的模式，并将其与每个其他产品的模式进行比较。这类似于“我的敌人的朋友也是我的敌人”这样的间接表达关系，但在每个人的数据矩阵中提供了更分级或缩放的值，而不是简单的二进制输入。这样的个人判断数据分类可以通过 DISTATIS 软件来实现。

分类技术简单、快速，对于鉴评员来说很容易处理 10~20 个产品样品。在感官评定阶段，当参与者开始分类时，他们在品尝产品时可以做笔记以帮助记忆。最合理的呈样配置是将具有适度差异的产品放到一组，一组中既有差异大的产品也有基本无差异的产品。有 20 位鉴评员的感官评定数据做出的多维缩放分析结果一般就比较稳定，数据收集不需要大量鉴评员或消费者，从而提高了整体效率。另一个优点是，消费者可以自行决定哪些特征对区分群体最重要，试验者不强加任何规定属性。

对干酪的感官特征研究得到如图 11-16 所示的图谱。相似的干酪样品点会出现在一起，蓝纹干酪与洛克福羊干酪彼此接近，雅兹伯格干酪和埃曼塔拉干酪这两种瑞士干酪也很接近。这 3 种不同的配对分布在图谱的不同区域。独特的菲达干酪不同于任何其他干酪，出现在图谱的中心。换言之，菲达干酪数据是一个离群值，但在模型中却变成了一个“内在值”。确定中央位置的数据是否是异常值，需要检查输入数据。样品簇分布区域的中间位置有时可以代表中性或复合的感觉特征。

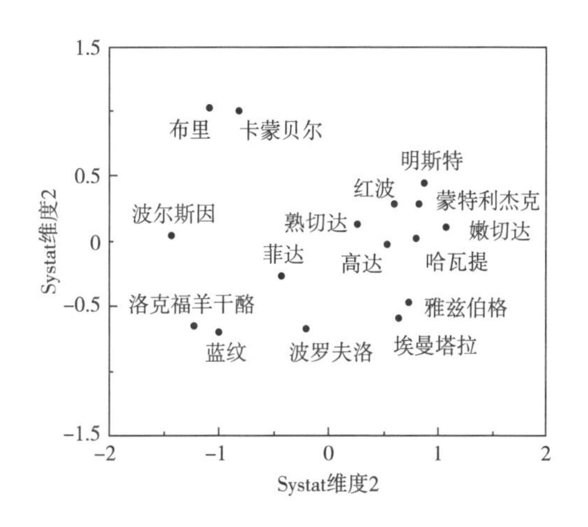

图 11-16 16 种干酪分类数据多维分析图谱

Systat 为一款统计分析软件。

大多数多维缩放程序不会在空间中的点周围产生任何置信区间，在解释图谱中的样品位置时，通常存在一些主观性。因此有时需要通过一定手段明确该方法的稳定性。一种方法是采用测试所需两倍数量的鉴评员，并将数据集随机平均分为两部分，如果得到的图谱相似，那么分析结果应该是可靠的。另一种方法是在图谱上进行进一步的分析，如聚类分析，以帮助解释分组、聚类或类别。还有一种方法是插入其中一个产品的盲复制品，以查看重复样品在图谱中的位置是否靠近。在排序中，重复的样品对应在集合中紧密地排列在一起，除非存在大量批次间或样本间差异。

在一项对萜类化合物的感官特征的研究中，不同训练程度的人对萜类化合物多维缩放分类的比较结果表明，各组之间具有良好的一致性。也就是说，受过训练或经验丰富的专家和未受过训练的消费者都倾向于做出相似的反应，这一结果在前面所介绍的干酪研究案例中也被证实。这可能是多维缩放分类方法的一个优势，因为基本感知维度被该过程维度所覆盖，而这些维度相对不受更高的“认知”思想或产品集概念化理论的影响。另一方面，这也可能反映出排序方法对人与人之间的差异不敏感，排序任务能够简化产品之间的关系，毕竟排序是一种群体衍生的关联度量。科利（Kohli）与勒特斯（Leuthesser）建议在产品不是很复杂的情况下使用多维缩放方法，大多数参与者将在判断总体相似性时提取共同的基本维度。

类别鉴定或类别评估是对大多数或所有具有类似功能且被消费者视为属于同一组的产品进行的调查。“类别”通常是出现在食品商店的同一部分、同一过道或货架上的一组产品。例如，冷早餐谷物是一个类别，与热早餐谷物不同。类别审查是一项重要的战略研究，用于识别和描述公司的产品及其竞争对手。信息可能包括销售和营销数据、身体特征、客观感官规范（如描述性数据）以及消费者的感知和意见。

对一个产品类别的鉴定与评估可能仅限于主要品牌，也可能是针对相当全面的范围。在一些产品类别中，生产商的数量相当多，或者说，少数大公司（如早餐谷物行业的大公司）可能在该类别中各自拥有大量不同的产品。在消费者心目中，对所有可能被替代的产品进行抽样调查可能是有好处的，而在研究中，可以根据市场份额的数据，如仓库货物流动的信息。在一个大型的、多样化的品类中，应该将前 80%或 90%的品牌都纳入研究范围。对于一个相对较新或数据有限的类别，商店检索研究可以在正式的感官和消费者工作之前进行，以奠定感官与消费者分析工作的信息基础。在美国，商店检索研究的规模准则是选择 10 个城市，每个城市大约有 10 家商店，以具有不同地区的地理代表性。这些商店应该代表这些产品不同类型的销售地点（如杂货店、便利店、超市、仓储式会员商场）。可以雇用外地机构来购买产品（通常是他们看到的每个品种都有一个），并将它们送回原产地的感官部门。然后，感官部门可以对实际看到的东西以及不同品牌出现的频率进行分类。如果涉及季节性变化，可能有必要重复检索或在一段时间内分散购买。商店检索的结果可用于根据检索频率作为市场渗透率的估计，帮助选择竞争产品纳入主要研究。它们也是定性信息的丰富来源，可以用来产生创意。

如果由感官评定小组进行类别评估可能会采用多个描述性分析和消费者测试。无论是在独立研究中，还是作为同一大型研究项目的一部分，将感官数据收集与品牌形象统筹建设都很有益处。当然，感官分析问题将侧重于感官属性和性能感知，如果可能的话，建议在盲测基础上进行。在某些情况下，当竞争产品广为人知时，可能不容易进行全盲研究。有时为了进行感官研究，可以进行重新包装以掩盖产品标识或品牌标识。然而，这是有限制的，鉴评通过常识也可做出判断。一款带有独特粉色盖子的空气清新剂可能会给人免费赠送的印象，而更换盖子可能会改变产品的分散模式和由此产生的消费者认知。在这种情况下，与产品性能变化的风险相比，保持盖子颜色的危害可能更小。盖子颜色只是产品感知的一部分，可以分析其潜在影响。具有独特包装特征的食品也会出现类似问题。

人们研究了多变量技术在评估与竞争产品相关的品牌形象方面的应用。在这种情况下，相对“位置”指的是几何建模和产品集中的感知状态（“位置”概念背后的空间图像是清晰的），是问卷中的可解释的属性标尺。感知模型的尺度是从这些属性导出的。总体目标是通过因素分析、创建感知图的多维尺度、判别分析和对应分析的结果让管理层了解可能通过配方、加工、营销策略或广告变更来加强或改变的属性。

五、矢量投影分析的应用

为了解释多维缩放图谱或模型，通常的做法是检查图谱的边缘和对角，以了解人们在评级或排序过程中所做的对比。此外，还可以通过询问测试者的相似性或排序标准来提升数据解释的客观性，然后对最常提到的属性进行投票，并在随后的讨论中进行分析。可以举行简单的后续研讨会，重新品尝产品。每种产品只需由鉴评员品尝一次，并对属性进行评分。然后，可以根据空间中乘积点的坐标对平均评级进行回归，以找到表示该属性的空间方向。回归权重与属性和模型尺寸的相关性程度相关，总体 R^2 表明属性大小与产品位置之间是否存在关系。图 11-17 所示为图 11-17 中干酪样品的矢量投影。可以看到一组风味相关矢量和质地相关矢量，大致互为直角。

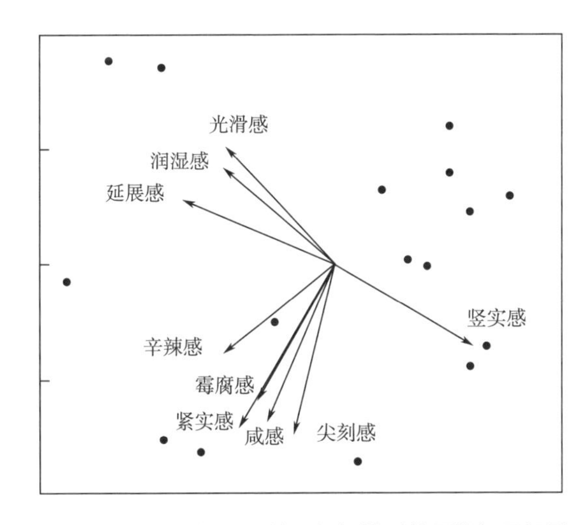

图 11-17　干酪样品属性评级与模型位置的矢量投影

仅绘制了干酪之间方差分析和回归分析 $P<0.01$ 显著差异的属性。

这种矢量投影的方法在数学上等同于一些外部 PREFMAP 程序，其基本目标是在空间中找到一个方向，使沿新矢量的坐标（可以认为是一个新的轴或标尺）与每个产品在该属性上的原始分数最大限度地相关联。如果分数与感知图谱 x 轴上的数值高度相关，而与 y 轴不相关，那么这个矢量就会正好落在 x 轴上。如果它与 x 轴和 y 轴同样正相关，那么它将以 45°的角度指向右上角。如果它与两个轴都是平等的、负相关的，它就会指向左下方。标准化回归系数（β 权重）可表示矢量在单元化空间中的方向（$-1\sim+1$）。

Napping 是另一种评估产品相似性并生成图谱的经济高效且快速的投影映射方法。这项技术指导消费者将每个产品放在一个平面上，例如一张大的空白纸上。产品的位置和距离代表了它们的相似性和差异性。与排序和直接相似性分级一样，每位消费者使用的标准由自己决定，试验者不会强加任何结构、观点或属性。因此，本试验可以发现对某个人来说一个产品真正重要的东西。这与主成分分析相比是一个应用优势，因为主成分分析至少在开始时对所有属性进行了同等的加权（重要的是相关性模式）。这些数据是每个产品的 x 和 y 坐标，当然可以转换成距离矩阵。显然，数据集比原始数据要丰富一些，因为单个相似度数据不是由 0 和 1 组成的，而是实际缩放的距离度量。这一方法在 20 世纪 90 年代由瑞斯维克（Risvik）等提出，由帕格斯

(Pages) 等命名。该程序目前经常与多因素分析（MFA）联用，作为附加功能存在于 R 语言中。该程序可以揭示数据中的两个以上维度，这取决于个人消费者对不同属性的关注程度。例如，如果一半的消费者群体基于口味和质地描述产品，另一半基于颜色和质地，多因素分析将得出一个具有三个维度的群体配置，50%的差异分配给质地（共同属性），25%的差异分别分配给颜色和口味。因此，正如每个消费者所产生的平面阵列所期望的那样，当采用多因素分析时，不局限于两个基本属性。

第五节　食品产品消费者喜好分析

一、喜好驱动因素

在确定消费者对特定产品的偏好时，某些属性可能表现得更重要，这种关键属性被称为“喜好驱动因素”。有许多方法可以识别这些关键属性，有些是定性的，有些是定量的。定性方面可以通过焦点小组等访谈来了解产品的哪些方面对消费者很重要。这需要假设人们能够清楚地表达出对他们来说重要的信息，并且能诚实地完成。然而，这不太可靠。一种相关的方法是直接向消费者询问“重要性”评级。这也取决于人们准确表达自己意见的能力。在定量方面，可以尝试将产品中的感官变化与喜好或偏好的变化联系起来。有很多方法可以达到这一目的，但这些方法都假设可以对产品的一系列成分或在加工过程中进行可察觉的改变，这些改变对消费者很重要。

假设从一次变量分析开始，感官得分和喜好评分之间的简单相关性分析可以使人们对这种关系的强度有所了解。另一种方法是使用“恰好”（just-about-right）标度和惩罚分析，即总体喜好度不是“恰好”所带来后果的严重程度。第三种方法是采用强度标度，将理想产品的评级与实际产品评级放在一起，以获得偏离理想的想法。与感官强度相关的喜好反应的斜率是该属性重要性的指标。如果它有一个陡峭的斜率，则感官属性的微小变化会导致喜好度的较大变化。因此，这可能是一个“驱动因素”。该方法在于是否在感官强度上做出了有意义的改变。如果感官变化的范围太小，可能会因为限制范围而找不到相关性。如果变化范围太大，则可能制备出一些在市场上不会存在的商品，例如一些非常古怪的东西在默认情况下获得的评级很低。因此，需要根据常识来判断在这种方法中改变给定属性的程度。同时。不同属性的斜率或相关性可能是跨越实际产品变化有效程度的函数。

可以尝试建立一个多元回归模型、一个多元线性模型，这样通过改变变量的某种线性组合就能决定消费者对产品的总体喜好。回归权重（线性系数）可以了解预测因素与产品总体喜好度之间的关系强度。例如，对水果饮料的喜好度可能是甜度和酸度的函数，而甜度和酸度之间的心理生理关系又反过来决定了甜度和酸度之间的关系。然而，通常酸和甜在感知上相互作用，通过混合抑制来部分掩盖彼此。因此，这种方法在某种程度上受到许多产品中预测变量之间的协变量的限制。为了解决相关问题，可以采用主成分分析或其他数据简化程序，然后根据新因素（主成分或潜在变量）回归喜好，但随后它们也会变得更难解释。

另一种适用于更离散属性（而非连续属性）的方法是联合分析。在这种方法中，属性或产品特征的组合不同，并对总体喜好进行评定。例如，想要一种高甜度、低固形物含量且不含种子的果冻或果酱，一种中等甜度、高固形物含量和含种子的果冻或果酱。所有的组合都可以呈现出来，然后根据结果，使用专业软件计算出甜度、固形物含量和有/无种子的变量的贡献。这种方法曾经常用于洗衣机、汽车等耐用的非快消商品评定。典型的联合测量设计类似于在方差分析中使用的阶乘设计，所有可能的组合都以相等的次数呈现。

二、卡诺模型

卡诺模型提出，并非所有的属性都是平等的，它们以不同的方式促进了整体接受度形成。该模型通常将满意度视为主要的消费者反应，可以将这一维度分为对产品的总体积极与总体消极反应（如高兴与厌恶）。应注意，满足感不同于喜欢，因为喜欢包括满足期望。第二个维度是该属性的交付，由未实现到实现/交付。卡诺模型如图 11-18 所示。

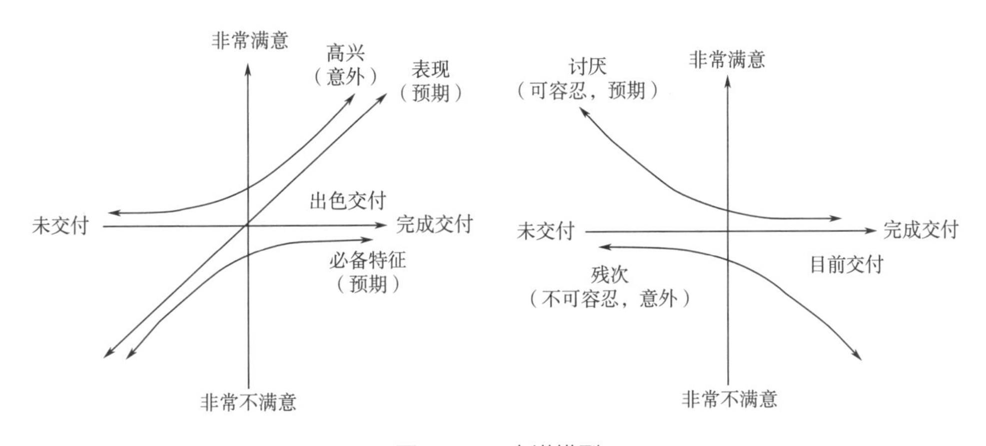

图 11-18　卡诺模型

卡诺模型有 3 类属性。第一类属性是性能属性。性能属性是预期的，如果不交付，将使消费者不满意。当它完全交付或以高质量、高强度交付时，消费者会很高兴。因此，这种属性越多越好。在某些食品中，当没有最佳的甜点时，甜味就会是这样的情况。该性能类型属性类似于偏好映射中讨论的产品优化向量模型。第二类属性是预期的属性，如果不交付，将使消费者不满意。交付时，消费者满意度仅为中性，因为属性是预期的。例如，消费者希望车门打开时不会刮到路边。消费者希望干早餐麦片一开始会很脆。如果消费者的车门刮到了路边，或者从盒子中取出麦片时发现它吸潮 、变软了，消费者就会产生厌恶情绪。这些“必须具备”是给定的基本要求。消费者甚至可能不会在焦点小组或调查中表达出来，因为这些基本要求被认为是理所应当的。例如，旅馆房间必须有卫生纸，但如果有三卷，消费者也不会欣喜。第三种属性是意外的、非必需的，所以如果没有交付，也没有问题。如果它被交付，会让客户感到愉悦，产生兴奋或其他情绪。这些意想不到的好处可以推动产品创新。

其他参数也可以添加到卡诺模型中，共同点是时间维度。随着时间的推移，令人愉悦的属性可能会成为预期的属性，然后转化为性能属性，成为人们的期望和需要，因此他们会成为必需品。加油站的洗车服务和酒店客房的互联网服务都经历了这一转变。

许多冷冻食品预计都可以微波加热，甚至一些烘焙食品和比萨饼皮也是如此。在产品开发中，需要根据消费者的需求对这些属性进行优先级排序，并计算交付的潜在收益与性能不足的惩罚。当然，出乎意料且令人愉悦的属性可能是创收的增长点，这也成为异于竞争产品的地方。对于食品研究，需要注意有两个不是最初卡诺模型成分的重要因素。第一个是产品缺陷，这被视为“负面的必要因素”。如果存在缺陷，则会让客户不满意，但这是意料之中的，因此当它们不存在时，也没有额外的好处。第二个是令人讨厌的属性。这是一个可以预期甚至可以容忍的问题，但它的移除会提高客户满意度。曾经，口香糖会粘在牙上。人们能预料到这一结果。因此，在牙齿之间的空隙里粘上口香糖，消费者可以接受。尽管如此，不粘牙口香糖的上市仍然是消费者期待的。橄榄有核、葡萄有籽、龙虾有难以撕开的壳，这些特性通常是可以容忍的，但去核的橄榄、无籽的葡萄，或者不带壳的龙虾尾都表现出显著的消费价值。

第六节　食品产品偏好映射评价

一、产品偏好评价

偏好图谱是一类特殊的感知图谱，能够同时表示产品特征与消费者偏好。前一节描述了两种偏好图谱，内部和外部。内部偏好图谱基本上来自消费者接受度数据的主成分分析。因此，它们在了解产品差异和偏好原因方面的效用有限。更有用的工具是外部偏好图谱。在这种方法中，产品空间是从描述性分析数据的主成分分析图中单独导出的。产品的位置代表了它们的相似性和差异性，并且属性可以作为矢量通过绘图进行投影并预测消费者接受度数据。可以找到最佳产品的方向（针对整个群体或个人偏好）或代表每个消费者最佳点的部分空间。这两种方法可以分别称为矢量模型和理想点模型。两者都提供了寻找可能偏好某一部分产品空间（即一种产品类型）的消费者群体的机会。

对于矢量模型，如卡诺模型，性能属性越多越好。有一个理论上的方向通过空间来拟合消费者的喜欢和不喜欢。当沿着这条线朝着积极的方向前进时，产品的接受度会提高。最适合消费者的方向是在接受度和从每个产品上垂下的垂直线在该矢量上标记的位置之间提供最大相关性的方向。将矢量视为一个标尺或轴，每个乘积（空间中的点）在该标尺上都有一个值。这些值与人们的接受程度最大程度地相关。在意向属性模型中，空间外部的产品通常比中心的产品具有更多的该属性。因此，这种描述属性的模型是有一定意义的，特别是如果空间是从主成分分析结果导出的，毕竟主成分分析是以一组密度尺度之间的线性相关性为基础。

矢量方法的另一种模型是产品空间中特定点具有最高好感度或可接受性的模型。对于许多属性，“越多越好”（或在有缺陷或不期望的质量的情况下“越少越好”）不太适合。也就是说，需要有一个最佳或理想点。许多食物中的甜味就是一个很好的例子。人们喜欢果汁和一些葡萄酒有一定程度的甜味，但超过这一程度则会适得其反。将这种想法扩展到产品空间或感知图谱中，通常会有一些属性和强度值的集合，这似乎是最佳组合。例如来自美国纽约或佛蒙特州的消费者可能更喜欢切达干酪，因为它坚实、易碎而且带有一些酸腐、尖刻的味道，但来自美国西海岸地区的消费者可能会希望干酪是口味柔和、口感润泽的糊状物。这两类干酪消费者在感官空间的不同部分会有理想点。矢量模型和理想点模型如图 11-19 所示。

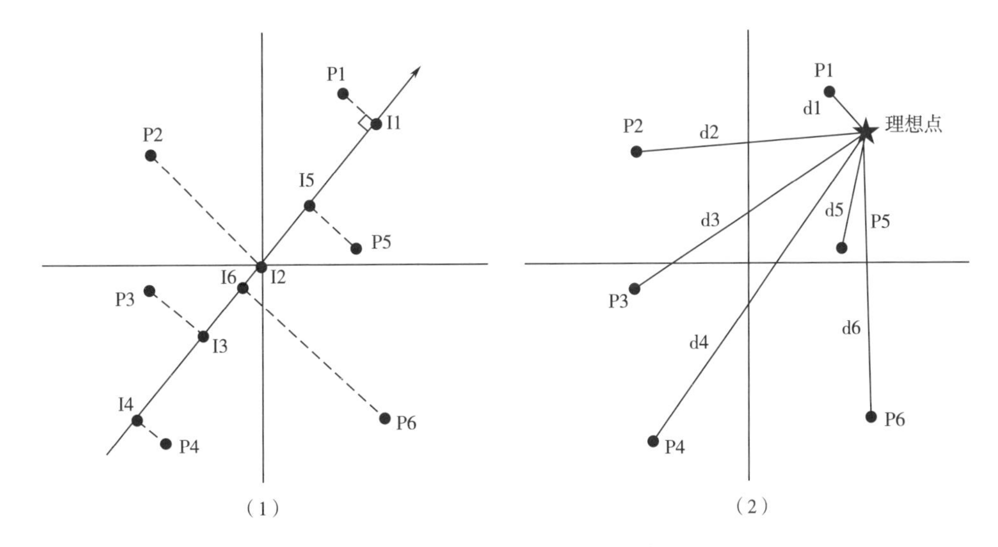

图 11-19　6 种假设产品 P1～P6 的矢量模型（1）与理想点模型（2）

矢量模型，通过空间的方向中，垂直线段 I1～I6 的相交点与原始喜欢度最大相关。理想点模型，理想点的位置到产品的距离 d1～d6 最大程度上与原始喜欢度成反比。

只要每位消费者对所有产品都有喜好（可接受性）评级，就可以从数学上直接找到消费者的最佳点，即找到接受度与每个产品的距离具有最大负相关的点。如图 11-19（2）所示，其中来自理想点的线段长度必须与一个人的喜欢度具有最大负相关。相关性越高，产品空间/模型越符合此人最喜欢的产品类型。当然也可能某些消费者没有强烈的偏好，或其偏好的组合是不太可能实现的，不能反映主成分分析发现的常规相关性模式。对一些人来说，与理想的微小偏差会导致接受能力的巨大差异。其他人可能对感觉变化更宽容，理想点位置有点模糊。因此，围绕每个点的等高线图是一种有效手段，据此对测试者理想点周围点梯度或密度进行评定，这是理想点模型的另一个重要特点。

二、消费者细分

传统的消费者细分方法是在一组产品的消费者调查结果中寻找一些喜好和不喜好的信息，然后分析识别这些具有喜好倾向的消费者特征。进一步将这些信息与年龄、性别和任何数量的人口统计或生活方式模式进行关联，描述喜好不同类型产品的人群特征。这一方法经常应用于企业的产品营销和广告宣传策略研究。另一种消费者细分的方法是食品感官分析专家参与的方法，即通过感官分割，更具体地说，是感官优化。即使使用卡诺模型可以对产品按属性进行分类，在不同的消费者群体中寻找不同的分类模式也很重要。聚类分析就是根据人们反应模式的相似性对其进行分组的一种有效方法。

感官分割是一种强大的工具，可以获得新产品或现有产品的最高评级。例如，一家公司希望以最大的总体好感度推出一款产品。产品开发人员和感官分析专家组成团队，他们根据自己变化和优化的众多属性，做出一款最好的产品。组合看起来很好，产品推出了，但他们可能错过了一个重要的模式。如果他们意识到该产品类别的消费者群体有 3 个明显不同的感官/偏好部分，他们可能会制作 3 种不同风格的产品以取悦这些群体。然而，每种不同风格的得分（来自其相应细分市场的得分）可能远高于复合产品的单一得分。在没有意识到这一点的情况下，他们可能创造出一种可以被广泛接受，但不会得到任何群体青睐的食品。

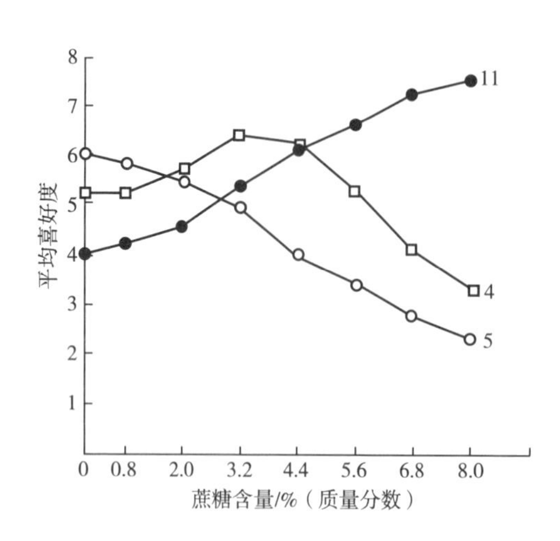

图 11-20　3 组消费者对食品中甜味的喜好等级

感觉强度和喜好度之间的关系通常是一个倒 U 或倒 V 形曲线，然而也有研究表明，消费者可以根据产品中的咸或甜偏好进行分组。一些人喜欢增加咸度，而另一些人则完全不喜欢咸度，第三组显示出了经典的倒 U 形，并带有理想点。当对这 3 组进行平均化时，会得到一个大致平坦的倒 U 形曲线，但这掩盖了具有单调关系的两组数据（图 11-20）。研究者在对一组咖啡偏好数据的进一步分析过程中发现，如图 11-21 所示，当按国家划分时，5 个国家表现出或多或少相似的模式，其中一些中等程度的苦味似乎是最佳的。然而，当考虑到个人数据时，有 3 个明确的组，一个组完全不喜欢苦味（越苦越不好），一个组喜欢高苦味（越苦越好），第三个组则有非常陡峭的最佳值。重要的是，这 5 个国家都存在这 3 个感官组的全部结果。因此，对一家咖啡公司来说，根据感官偏好进行细分比尝试定制一款通用咖啡更有意义，毕竟针对每个国家制作稍微不同的咖啡可能各方面成本代价花费过大。图 11-21 所示两个感官分析的数据组最佳评级明显高于基于地理位置的组的最佳评级。

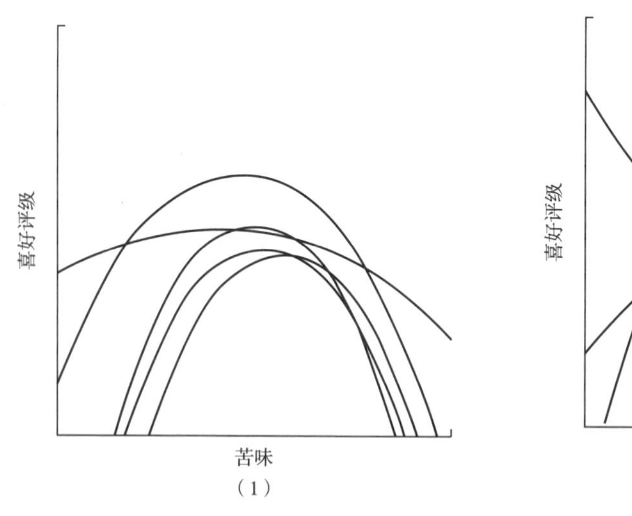

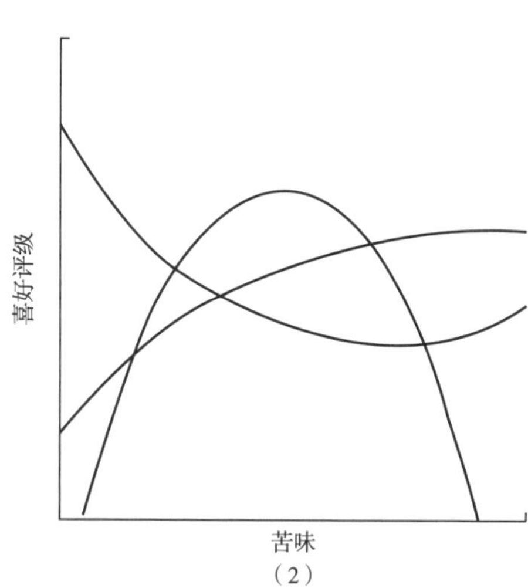

（1）不同国家个体的分析　（2）不同国家整体的分析

图 11-21　用于优化咖啡苦味的国家整体与个体感官分割函数

所有 5 个国家都显示了倒 U 形曲线，然而在每个国家都有不同的感官分割曲线（曲线是符合数据的二次函数图像）。

三、产品广告宣称依据的建立

食品产品的广告宣称需要充足的事实依据，这些事实依据往往基于科学的感官分析数据，因此感官评定是产品广告宣称依据建立的重要环节。我们必须实事求是，求真务实，一切从实际出发，得出符合客观规律的科学认识。广告宣称依据的建立主要通过消费者盲测。市场监管机构和广告媒体机构对此类测试有一定的要求和规范，测试的结果受到竞争者的质疑和挑战以及消费者的监督和评价。有时可能还会发生棘手的法律纠纷，若一方试图证明测试因某些方法缺陷而无效，则当事人企业的感官分析团队或部门必须合理为自己的测试方法和结果进行辩护。

对于优越性和等效性的主张，通常需要使用成对的预先陈述进行消费者中心位置测试，而非家庭使用测试、评定小组以及专家评定。测试应该是双盲的，这意味着感官评定过程中，服务人员和消费者都不知道产品信息。与大多数消费者中心位置测试相比，这需要更多的人员参与，因为准备样本的人员不能是服务人员，产品必须在几个不同地区进行测试，且产品必须代表消费者在其所在地区货架上的常见商品，通常需要在商店检索相同或相似用途的产品及保质期。

感官分析结果应提供无偏好响应。为了获得优势，获胜的产品必须与其他样本有显著差异。

二项式偏好测试的简单公式如式（11-1）。

$$z = \frac{P - 0.5}{0.5/\sqrt{N}} \tag{11-1}$$

式中　z——z 值，必须超过 1.645；

P——获胜产品的比例；

N——总样本量。

应注意，该测试是单边的，不像大多数偏好测试是双边的。这是由于企业只想为自己的产品赢得胜利。优势声明所需的样本量为每对产品 200~300 名消费者。如果有人希望声称这是“某国好产品”，那么就需要进行全国抽样。此外，抽样产品应至少占市场总量的 85%（除非有大量小区域品牌）。

一些国际权威媒体机构建议在 90%置信区间内进行双边检验。只要产品在这个水平上没有损失，那么一个不显著的结果就被视为评定的证据。其他公司将 α 水平设置得更低（为避免遗漏差异，第二类错误），例如 67%。虽然这降低了 β 风险，但使用双边检验实际上对其有所提高。

第七节　食品产品开发与优化

一、产品开发

产品开发是企业发展的重要一环。产品开发指的是新产品配方开发（对于公司或市场而言的全新产品）、现有产品配方的优化、新技术的使用、加入新成分或使消费者可以直观认识到新产品及其优势。由于新产品利润高、成长空间巨大，并且品牌往往先前在市场上已取得良好的口碑（这会给品牌的其他产品带来有利影响）所以新产品的开发总是备受关注。尽管人们对此有着极高的兴趣和大量的资金投入，但由于新产品开发的高失败率，大部分投资资金无法收回，且这种情况在过去几十年中并没有得到改观。因此，人们投入了极大的精力去改善这一情况，采取了多种多样的措施，例如，有创意的群体、各种培训程序、书籍、研讨会等。

感官评定在产品开发中发挥着重要作用，无论是早期的策划阶段，中期的配方形成、调整阶段，还是最后的大规模生产阶段，感官评定都在产品评估方面发挥着独特作用。策划阶段主要涉及的是确认所需要的资源，包括对目标消费者描述，推算出实施各个步骤的最佳时机，如预测产品的初次评定时间、市场测试的时间等。虽然产品开发项目可能只是对现有生产线的扩展或者对现有工艺的优化，且预期不会产生问题，但感官评定人员仍要对项目计划和关键决策的拟议时间表有所了解。通常在开始工作之前，需要通过查阅某种产品既有的数据库来获得技术上的帮助。例如，建议扩大生产线可能会涉及以前测试过的配方，因此以往的测试数据可以为计划中需要改变的内容提供参考。

新产品的创意来源多样，可以是员工、消费者来信、市场灵感、新技术以及一些文献报道过的更加正式的渠道。然后对这些概念进行评估，通常采用的评估方法是焦点小组访谈，焦点小组访谈本身也是新产品概念的来源之一。具体的概念信息来源于经过挑选的特定消费者，这些消费者通常以 10~12 人为一组。在某些情况下，讨论是以一对一的方式进行的。技术方面的选择取决于项目的状况和所讨论主题的性质等。小组讨论的优势在于与会者之间可以相互交流，这在一对一的形式中是不可能实现的。在进行小组讨论时，通常由主持人负责协调整个进程：一开始是简单的介绍，然后是将参与者的谈话引向特定的主题，最后是对具体构想、产品类别或产品潜在特征进行探讨。讨论持续 1~2h；讨论内容会被记录下来并整理成一份详细的报告。这些相关信息会经过仔细审查，以确定哪些是积极属性，哪些是消极属性，为更好地描述具体的概念提供帮助。根据焦点小组的最初结果以及考虑到不同的市场和商业因素，可以让同一市场区域和不同市场区域的其他小组进行重复讨论。此外，还可以把小组的最初讨论结果用在后续小组的讨论当中，作为一种对所得信息进行交叉验证（Cross-Validation）的方式。

焦点小组访谈方法在市场营销和市场研究专业人士中非常受欢迎，且近年来越来越受到技术领域的追捧，这是因为它能相对简单地探究得到代表目标消费者的消费心理。焦点小组易于组织，成本相对较低，因此，他们经常会被使用到极致。一个项目对单个论题召集 10 次以上的讨论，其成本与对 150~200 名消费者进行产品测试大致相同。此外，小组讨论内容会被记录下来并分享到世界各地。甚至连试验人员也可以不用顾忌自己的立场，作为个人参加小组讨论。很多有关市场研究的文献都报道了焦点小组技术的应用与发展情况。

近年来，人口社会学等领域的研究方法也作为定性技术被用于新产品的开发中，以辨别出产品市场的空缺（机遇）等。这种方法要求受过培训的研究者进入到消费者家庭，并用摄像机捕捉该家庭的生活起居，特别是重点观察该家庭在何时、何地及如何使用特定的产品。这个过程很吸引人，部分原因是它满足了市场研究人员贴近消费者的愿望。研究者通过家庭摄像头可以直接观察消费者（整个家庭）使用/准备和消耗特定的产品的情况。这种做法已经取得了一定的成功，但与其他定性技术一样，它会受制于根据试验人员或者观察者的选择所导致的不同的判读结果。大多数从业者都承认结果判读的重要性，但同样重要的是需要有独立验证机制。

对于传统的焦点小组访谈或其他定性方法而言，首要任务是将产品开发和改进的理念融入产品的概念中。也有在产品开发时不做正式的定性研究，并且取得了成功的案例，这说明不用“照本宣科”也可能会成功。但是按照上述步骤操作，至少能在早期鉴别出消费者不能充分接受的想法和概念，以最大限度减少推进一个概念所带来的损失。

此外，还应鼓励对从焦点小组访谈获得的信息进行定量研究。可以把源自焦点小组访谈的信息转化为一系列的封闭式问题（Close-ended question），然后让更大的消费者群体根据这些问题进行打分。这是一种对定性信息进行独立评定的方法。

食品公司甚至会请厨师烹饪出那些能体现个人创造性的产品，这又是另外一个角度。从历史上看，公司都是聘请技术团队来进行新产品开发（即“研发”中的“开发”）。随着公司的重组与合并，开发的工作大多被外包。因此，公司现状已经发生了很大变化，在产品开发中更加倚重于厨师的作用。然而，仍然存在一些基本挑战，即需要用积极的感官体验来满足消费者的期望。以厨师作为技术上的左膀右臂的做法是否能在产品开发当中持续使用还有待观察。毕竟，成功的产品必须提供一种积极的感官体验，这种体验是在消费者首次看到或闻到产品时就感觉其感官特征与自己的期望值和想象是相吻合的。这种体验可以通过味觉、口感和后味来确定。而“品尝”的体验强化了消费者对产品的视觉感官和嗅觉特征的期望。

在项目的这一阶段，会研究采用不同方式评估产品概念的可行性。这项研究有时被统称为前端研究，它提供 5 种类型的信息：①得到目标消费者好评的概念；②概念可行性的衡量（验证）；③消费者列出的产品属性清单（一般都是产品优点和用途）；④目标人群统计；⑤初始对照样或竞争性产品的确认。尽管其中一些信息是定性的，特别是消费者列出的产品属性清单这一项，但对于项目的工作人员来说，了解这些信息或至少知道要联系谁来获取这些信息是非常重要的。此外，还需要明确哪些类型的消费者应当参与，哪些产品应该被包含在内，因为这些都会对结果产生重大影响。在目标消费者并非真正的目标消费人群时，需要更新目标群体的定义。在定性阶段的早期需要与各方面多进行沟通。

如前所述，焦点小组访谈在产品开发过程中是至关重要的工具，然而，它可能被过度使用或结果可能被误解。这种情况经常发生在没有经验（或有经验但存在偏见）的观察者进行观察时，或者过分倚重其中一两个参与者的评论时。人们习惯于只听到他们希望听到的东西而不是全部的内容，这可能会给项目带来灾难性的后果，同时开发工作也会步入歧途。有些人会更注重考查 10 个或更多的小组所提供的信息，但是仅进行定量分析，而不考虑信息的重现性。尽管质疑这种做法不属于感官评定的职责，但对于感官分析人员而言，知道信息来源，并将其纳入项目的框架之中，是非常重要的。然而，在大多数情况下，一旦就概念可行性达成共识，产品配方的开发工作就会启动，而感官评定也开始在产品信息定量化的过程中发挥更积极的作用。

一旦情况允许，应尽快启动测试以建立产品或产品类别的感官数据库。如果参比样（根据产品构思和焦点人群确定）可用，那么测试对象就相对明确了，即要测试的是参比样与其他类似产品。在开发原始数据库时，必须谨慎选择产品，尤其是对于可能尚未准备好进行评估的配方。测试的目的在于进一步对消费者的语言进行提炼，或了解产品的区分方式和提供对概念的更精确的感官描述。产品来源非常重要，必须做好相应的记录，记录内容包括制备的地点和日期。当概念/目标人群发生变化时，这一信息变得越来越重要。

从战略的角度来看，最有效的感官分析方法是描述性分析（例如定量描述性分析），理由如下：第一，它提供了产品的定量分析图表，对所有特性及其差异进行了详细描述；第二，可用于多产品测试；第三，可对不同测试之间的结果进行比较。描述性分析可以评价 20 个或 20 个以上的产品，而且评估可在实验室环境或典型应用环境下进行。在对产品概念加以描述后，就要根据相关的配方制备出一大批新产品的样本。样本之间的差异性反映了对概念（或目标产品）的不同理解及技术人员与厨师的创造性工作。感官分析人员现阶段面临的挑战之一是难以说服开发人员准备足够数量的产品进行评估，而不是去关心产品的“接受度”。研发人员通常不愿意为测试提供多于 3 个的样品。这种情形源于一种错误的观点，即测试结果可能会被用来判断他们未来的发展，或者希望绕过任何感官分析，直接进行接受度测试（从而节省时间和金钱）。在大多数情况下，这种想法都会浪费时间并导致结果的失败。从多产品测试中获得的信息价值远大于从 2 个或 3 个产品测试中获得的信息价值。多产品测试可以通过识别那些具有消极影响的产品配方变化（例如强化那些已知会降低消费者喜爱度的特性，如伪劣感等）以及未被感知的特定产品属性强度的显著变化，来建立相关的因果关系，这是非常有价值的。后一种情况尤为重要，因为技术专家可能会错误地假设，任何配方（配料类型和/或数量）的每次改变都会导致产品发生可感知的变化，但实际上却未必如此。事实上，只有超过 10%的成分发生了变化才能被感知到。

感官评定人员必须齐心协力以使研发专家意识到一系列产品的有效性，同时保证他们不能过于关注产品是好是坏，或是既不好也不坏。同时，感官评定人员有时可能会发现需要修改测试计划，以配合那些比原设想更多样化的测试产品。如果有 1 个或 2 个产品与其他产品的差距很大时，很可能会引起对比误差与趋同误差。测试时需要包含此类产品，但是需要改变试验设计，例如，通过设计呈样顺序隔离这些产品，把他们放在最后上样。实际上，当感官评定人员面对非典型产品时，在采取方法时要具有一定的灵活性。测试产品的选择要根据实验室筛选的结果和项目人员或其他愿意参与其中的项目团队成员的广泛讨论结果。不能只测试那些表现得最好的产品。遗憾的是，后一种做法使得很难检测组分和过程变量产生的影响，尤其是那些以负面方式影响期望属性的变量。应该牢记的是，只有获得足够数量的产品才能保证得出一系列具体的差异性（和相似性），这将有助于后续的配方和工艺优化工作。此外，项目工作人员应牢记，这些原始测试结果是数据库的一部分，不能作为改变产品概念或评判研发进展的依据。经常出现的一种现象是，关于研发进展的决策是为其他目的而设计的测试所得出的，这样的判断在特殊环境下会对项目人员产生重大影响。有些人会因此认为产品的研发重点应该有所改变，甚至建议终止该项目。因为只要完成有限的几个试验，所得的信息就足以对整个计划目标的进展进行评价。

对于不断变化的产品概念的问题，有必要做一个简短的评论。产品概念发生改变的原因有很多。例如，新的市场信息显示原来的概念不够明确，或者对消费者的附加测试结果表明产品的定位发生变化，还有就是竞争对手的产品出现了变化。技术革新或者市场研究人员及其职责的重新调整也会导致项目方面的改变。这些变动通常不会对预算或时间表有影响，但会显著影响各种活动，包括计划好的感官测试。对于感官评定来说，返工是经常发生的事。例如，要在一周内进行一系列描述性测试并提供反馈信息。在这种情况下，现有的产品感官信息会变得特别有价值。如果起始测试中的产品范围足够广泛，那么很多构思上的变化就很可能仍落在原来的产品范围当中。然而，并不是所有的变化都可以被预料到，而且也不可能对所有出现的产品都进行感官评定。产品开发过程从来都不是完全可预测的，感官评定要适应该项工作中的不可预测性，尤其是在策划的初期和操作阶段。

上文强调了企业在新产品开发早期阶段所采取的一些措施。食品产品开发过程中的各项流程都要遵循一定的逻辑顺序（前提是不存在意料之外的变化）。然而，开发过程实际上既没有逻辑性也不存在什么规律，一般来说，快速反应的能力和灵活的工作方法会增强产品经理和管理层对感官评定小组的信任。为了便于讨论，重点关注 3 个方面：市场研究、产品开发和感官测试。当然，产品开发很可能会涉及许多其他团队，例如采购、广告、生产和质量控制部门。如表 11-5 所示，这些流程的排列顺序是基于假设存在一个能够被识别且能体现产品概念的对照产品。也可能存在其他两种情况，即没有可用的对照产品或者由于产品概念过于新颖以至于在市场上没有直接的对照产品。

一般认为表 11-5 中的前 3 个步骤是原始数据库的数据来源。此外，还有必要就产品概念进行广泛的沟通，并且在感官测试之前和之后对各种产品原型进行实验室筛选。一旦产品概念得到精炼（表 11-5 中 4a 和 4b），开发人员很可能会在技能方面进行改进并制备出一些产品原型与对照产品进行比较（表 11-5 中 5）。如果产品的差异明显，也可以使用描述性分析来筛选最有前景的产品。在此阶段，描述性模型也许是最有用的，因为描述性评定小组将能够在 3d 内评定 6~8 种产品并得出结论。如果使采用差别检验模型，则将使用另一批产品验证与对照匹配的产品原型（表 11-5 中 6b）。如果开发人员能够第二次配制出与对照组没有区别的产品，大家对产品的信心就会增加。

表 11-5　食品产品开发基本程序

步骤	流程
1. 市场调研	a. 确定产品类别 b. 建立并考察产品构思 c. 确定对照样品
2. 产品开发	在 1a~1c 的基础上制备产品原型
3. 感官评定	
描述性分析	利用对照产品、竞争性产品和产品原型建立数据库
4. 市场调研	a. 通过焦点小组访谈完善产品概念 b. 建立市场和应用策略
5. 产品开发	根据步骤 3 制备与对照样品相匹配的产品原型
6. 感官评定	
差别检验	a. 确定哪些原型与对照产品相匹配 b. 对于匹配的产品，用其他配方产品进行验证
情感表达	c. 在实验室和中心地点对开发的产品和对照产品进行测试
描述性分析	d. 在家庭使用中对开发的产品和对照产品进行测试 e. 定义当前开发的产品和其他配方，用于制造和质量控制规范，并确定任何导致不满意的接受度的感官特性

续表

步骤	流程
7. 产品开发	a. 从中试转为试产 b. 开始削减成本
8. 感官评定	
差别检验	a. 评估生产产品和成本降低的影响
描述性分析	b. 评估任何未通过差别检验的产品
9. 市场调研	a. 在选定的市场进行大规模消费者测试 b. 评估广告、包装和定价
10. 产品开发	开始扩展生产线
11. 感官评定	
描述性分析	a. 对评定范围的扩展 b. 评估竞争产品
情感表达	c. 对扩充生产的新产品和竞争性产品进行测试

下一步是受控的或初步的情感型测试（表 11-5 中 6c），具体做法是把评定小组和挑选过的消费者带到一个中心地点进行测试。这项活动的主要目的是在排除表象影响的情况下，建立起产品接受度的基准。如果原型产品符合验收预期，那么就可以启动家庭使用型测试（表 11-5 中 6d）。所谓“达到接受度的期望值”是指在考虑对产品进行进一步的投资、更大规模的测试或者其他某种资格考核之前，有必要对产品得分是否已经达到某个预设的喜好度、偏爱度得分（指最低得分）进行确认。感官评定人员的职责之一是在这些测试之前确认是否有必要设置一个最低得分，或者确认管理层是否会使用其他一些标准来评定产品的市场潜力。在确认了家庭使用测试的结果之后，感官评定人员必须采用描述性测试（表 11-5 中 6e），以对产品描述进行量化。这些信息既可以用在质量控制和生产方面，也可以用于变更产品开发计划等方面。

如果产品符合了所有的要求，则项目进入了表 11-5 中 7，开发工作会从生产中试样品转为使用常规设施生产样品。在这个阶段，采购、生产和市场方面的重点是原料成本及其获取途径和预计产量等。在这个阶段，产品成分可能会发生变化，从而导致配方上的重新调整和测试。此时，差别检验模型仍是最合适的（表 11-5 中 8a）；但是，原材料的内在的变化可能会促使人们直接进行描述性分析。

在这个阶段，开发方案会得到项目管理团队或企业更高管理层的关注。出于对经济利益的考虑，需要对产品进行大规模的市场研究测试，确定易于生产的产品及其包装问题（方式和标签内容）、分销方式和广告宣传等。所有这些都伴随着成本的提升和风险的增加。如果需要利用感官数据来证明标签内容或其他广告宣传内容，则有必要对这些数据进行仔细的审核。竞争对手也有可能推出新产品，改变他们的广告宣传或采取一些措施来消除新产品的唯一性。这类竞争行为可能会迫使企业对产品进行重新评定并着手更改配方。此时，采用描述性分析（例如定量描述性分析）会更合适。

如果项目管理人员对竞争很关注并考虑重新调整配方，那么这些描述性分析的结果将非常重要。在相互追逐竞争过程中，人们会比较容易忘记最初的目标。而描述性分析结果可以起到提醒的作用，且在各种配方制定工作中充当焦点。但是，除非感官评价人员能够通过简明的方式传递信息，否则一般人会忽略该提醒。在表 11-5 中 9 结束时，项目进入了一个新的阶段，即将任务转移交到专家手上，由他们把项目带入到大规模生产阶段。对于感官评定来说，大部分工作已经完成，相关信息已经传递到法规、质量控制和生产管理部门。

通常情况下，项目人员会马上将注意力转移到生产线的扩大上（表 11-5 中 10 和 11）。数据库（描述性分析和接受度测试）会在更大规模的试验前被用作筛选各种候选方案的参考标准。感官分析人员和研发专家的相互协作会优化工作效率。有些（或全部）生产线扩展可能会跳过前文所述的测试步骤。内部和外部测试结果之间的紧密联系是减少所需测试总数的基础，特别是对于一些较大规模的消费者调研来说。当产品和扩展的生产线被引入并投入全面生产，感官评定将对所有测试结果进行总结。记录文件很重要，因为记录了一系列曾经被评定过的产品和产品变量、其他的相关测试结果（家庭使用、中心地点和市场测试）以及相关信息。

前文已经指出，还可能存在另外两种情况：由于没有和产品概念非常匹配的对照产品，所以无法确认项目是否继续进行；或者没有和概念非常匹配的产品配方。针对前者，初始步骤与第一个例子相同，即数据库的开发、概念的完善和产品构想（表 11-5 中 1~4）。某些情形下，概念可以通过多种方式呈现，而人们能做的是去测量究竟哪个配方和概念最为匹配。由于对照产品和概念很相似但并不完全一致，使得配方设计和实验室筛选工作变得更加困难。例如，很难确定产品和概念究竟应该有多相似以及应该重视哪个变量。

对产品开发和感官测试来说，这两种情况都是极具挑战性的。很难对引入到初始测试的产品进行界定。如果产品与概念不匹配，那么在这个项目阶段使用差别检验模型是不合适的（表 11-5 中 6a）。

接受度测试（表 11-5 中 6c）是合理的，它除了为配方设计工作指明方向之外（特别是与定量描述性分析的数据一起使用时），还能对产品的喜爱度进行预估。当产品和概念不匹配的时候，这种预估就变得非常重要。如果这些产品在测试中的得分都不高，例如采用 9 点喜好标度得到（7.0±1.0）分，那么就有必要采用其他一些描述性分析手段。

某些情况下，测试者可以利用描述性记分卡来开发自己的“理想”产品，并基于这些“理想”产品给产品特性打分。所得数据会有助于辨别出那些接近“理想”产品的试验产品，从而帮助开发人员缩小工作范围。然而，测试者的“理想”通常只是一个用来瞄准的目标，测试者实际上并不认为或者相信这个目标是可以实现的。此外，直接询问测试者的个人理想并不意味着这个问题也很重要，以至于会直接影响他们的购买意向。

如果描述性测试的结果（表 11-5 中 6c）满足了得分的要求，那么随后就要遵循前文所描述的步骤，将表 11-5 中 6e 所得的描述性数据作为新的目标。表 11-5 中 7~11 将会按顺序开展，就如同可以获得对照产品的情况一样。

假如在市场上找不到和概念相匹配的产品模型，就需要开发新的概念原型（Protocept）。概念原型是一种能够体现概念的产品，并且可以利用从厨房中的优质原料制得。概念原型应该由熟悉项目并能提供更多选择的厨师制作。概念原型可能不会生产出来，但对呈现概念特性非常重要。概念原型将通过市场调研测试，以确认这个概念的最佳示例是可行的，并且和概念一样受欢迎。如果它不符合上述条件，则需要进行重新设计。所以制备多个候选选项会提高通过一次测试就找到合适的概念原型的概率。与要进行多次测试筛选的做法相比，这样做更省时省钱。只有在概念原型可行的情况下，产品开发才能进入产品原型设计（表 11-5 中 2），并进行感官评价（表 11-5 中 3）。可能有必要将原概念纳入描述性分析，以提供这种理想产品的记录。“手工”配制的原概念可能难以复制，微小的差异不应引起重大关注。描述性数据为评估这些差异的影响提供了基础。

在产品开发进入产品原型设计阶段的同时，应继续完善概念（表 11-5 中 4）。对于感官评定，描述性分析是最有效的方法（表 11-5 中 3 和 6e）。随着项目的进行，可能会出现一些问题，主要是与概念原型有关。如果使用时间过长，鉴评员可能会认为它是一种对照产品，并使他们偏离主要目标。由于不太可能与概念完全匹配，所以可能会在这个方向上浪费大量的时间和精力。同样，描述性分析将有助于确定与概念原型最相近的产品原型，这时概念原型就完成了它的使命。之后对产品原型进行一系列的情感测试（表 11-5 中 6c 和 6d）。如果表现出有利的响应模式，项目就会按照上文所述的步骤循序渐进地实施（表 11-5 中 7~11）。

在整个产品开发过程中，感官分析部门和市场研究部门必须与项目部门的其他产品开发相关人员保持对话，比较测试结果，确定与结果相关的产品来源（概念原型、产品原型和产品），并决定如何最好地利用现有资源。为确保产品（在多个版本中）持续满足接受度要求，可能会需要进行额外的接受度测试。此外，也可能会为了适应对照产品而对概念做出一些更改。

产品开发的过程中，项目成员之间就关键的决策点信息进行沟通是十分重要的。诸如判断进展的标准、如何交流感官信息以及所有团队成员在会议中的参与程度等话题，都需要在一开始时就讨论并达成一致。建立一个有直接沟通联系的项目团队在任何产品开发工作中都尤为重要。如果设置不必要的信息限制，就可能会出现所有测试已经全部结束并且汇报完毕之后才发现问题的情况。此时项目失败风险远高于预期。

二、产品优化

开发新产品或改善既有产品是一个昂贵并且耗时的过程。企业一直在寻求能够在市场中取得更大成功的新方法。品牌经理要了解影响偏爱性、购买意图和支持产品开发工作的产品感官特性的相对重要性。随着竞争的升级和市场的逐渐成熟，产品优化已经成为一个越来越重要的系统。所谓产品优化，是指在同一产品类别中能够开发出最好产品的过程。这个过程意味着需要提出最好的策略，对感官评定而言则意味着要对最喜欢的产品做出相应的反应。这个方法是基于多元设计的应用、并通过电脑硬件和软件保证了其实用性。信息优化被认为具有相当大的吸引力，因为其对于寻求竞争优势的市场专员来说具有即时性和实际应用性。对于产品专员来说，这些信息为配方开发工作提供了关注点；对于品质控制来说，其为在加工前、中、后期确定需要监控的那些具体产品参数提供了理论依据。

（一）用于产品优化的统计学方法

响应面方法（RSM）这一多变量设计方法在一般的工程和生产中很有价值，可用于产品感官优化。因为在工程和制造业中，它可以识别和控制输入及输出参数，并通过数学方法鉴别能够获得最佳结果的输入变量组合。例如，在特定的成本范围内，以最低的能耗实现某种物质或者某种食品的最高产率。响应面的概念已得到广泛认可，在工业和应用研究领域有着大量使用实例，包括其在质量控制中的应用。自最早应用以来，响应面分析在感官评价中的应用变得越来越普遍。

除了响应面方法外，行为科学的发展也为感官优化提供了更多适用的统计学模型。多元回归/相关性（Multiple Regression/Correlation，MR/C）技术是一种复杂但有效的统计学方法，通过变量之间的相关性和基于未知变量，可以帮助研究者开发可预测未知事件的数学表达式，从而确定最重要的变量。从某种意义上讲，这些分析方法可以用于信息排序、信息详细分类，因为它们能够对信息进行分类，并确定进一步调查的所需方面。对于感官评定和行为科学而言，多元回归/相关性具有较高的准确性，并能描述行为科学。在感官优化中，需要确定那些对接受度来说很重要的变量，然而通常事先不知道应该操纵哪些变量来对偏好产生最大影响，因此人们期望借助于统计方法来对可能性进行梳理。通过这种梳理检验和改进数学模型，从而产生具有广泛产品应用的预测工具。

然而，这两种方法之间存在一些差异，就感官评定而言，这些差异很重要。优化过程的目标之一就是要确认影响偏爱性选择的感官和其他独立变量，以及每个变量的重要性。如果在测试中没有体现出重要的变量，那么计算方法也不能识别它们。也就是说，这些设计是添加变量而不是排除变量。在响应面方法中，重要的输入变量是事先已知并且系统多变的，并且对它们的输出结果进行了测量。对于感官评定来说，通常不可能提前了解哪些是重要的变量。因此，对于整个项目而言，筛选产品就尤为重要。经验丰富的测试者应该意识到，无论产品筛选或测试指标的准备过程正确与否，通过多元分析总会得到一种结果。这也适用于具有高度变异性和几乎没有表观效度的数据。这种分析方法在得到显著性结果后停止迭代，并在分析过程中可能会剔除掉某些数据。由于离群值或异常值会影响模型，因此在测试中，研究者可以将其剔除，但这需要在对结果充分了解的基础上进行。在数据分析的范围内，偏最小二乘法可以作为第3种应用方法。由于多变量分析的结果通常是进一步工作的基础（例如产品变更），并不是最终方法，应该谨慎选用（目前针对多变量分析的结果仍存在争论）。另一种引起人们兴趣的建模方法是使用神经网络。该方法源于对大数据的整合，但除非这些数据来自某一特定产品，否则它们之间的关系并不明显。针对很少或根本没有进行感官分析，和（或）原料和感官结果之间的关系难以理解的情况，这种方法可能会适用。但是，关于使用神经网络的文献也没有证明该方法像最初提出的那样实用。这可能与优化项目中变量的数量有限有关，也可能与产品的原料组分直接影响消费者对产品的喜好有关。所有这些技术都代表着有值得考虑使用的潜在机会；然而，每种技术都必须在应用背景下考察其在为测试委托人提供具体指导时的实用性，而不仅仅是因为它是一种新的方法就被选用。根据经验，多元回归/相关性方法和响应面方法结合使用，即在多元回归/相关性方法之后使用响应面方法，能够充分利用回归分析生产出最受欢迎的产品。

对于多元回归/相关性方法来说，重要变量必须在产品设置中有所体现，但是响应面方法则要求对重要变量进行处理（需要提前知晓哪些是重要变量）。如果仅需要变量在方法中有所体现，那么可以将其他感兴趣的产品也包含在内，尤其是竞争产品。这种方法还可以包含产品设置中的重要感官变量。假设产品的重要感官变量很少或几乎没有，那么这些重要的感官变量就会被包含在市场上现有的竞争产品中。因此期望即使不是全部产品，也应该有大部分产品是不相同的（不同是因为感官品质不同，而不仅是因为配方或化学分析结果不同）。如果事实并非如此，样品量则有可能会更少（相应的数据库也会更小），也就会显著降低结果模型的有效性；预测也只能基于相对有限的数据库进行。对产品进行预试验，会简化上述问题，但是这意味着会剔除某些产品，也会丢失有序短阵（有序短阵在响应面方法设计中是极为重要的）。与其他很多感官测试设计和程序一样，理想中的试验设计常被现实问题打乱。为了解决在全因子设计中产品量太多的问题，可以选择部分阶乘及其相关的试验设计。这些试验设计可以对感兴趣的变量进行评估。在上述应用中，可以选用一些计算机程序协助测试员进行研究。

（二）产品优化的程序

优化研究通常会依照一套符合逻辑顺序的步骤来进行，如图 11-22 所示。首先是试验设计阶段，包括选择产品类别、获得产品、决定使用哪种优化方法、定义消费者群体以及准备实际的实验计划。无论配方如何，能够获得完全反映市场的产品是非常重要的。根据所选用的特定优化方法，将样品进行筛选后进行测试，通常由项目团队成员在实验室完成。如果使用响应面方法，需要准备额外的配方以确保形成合适的产品矩阵。

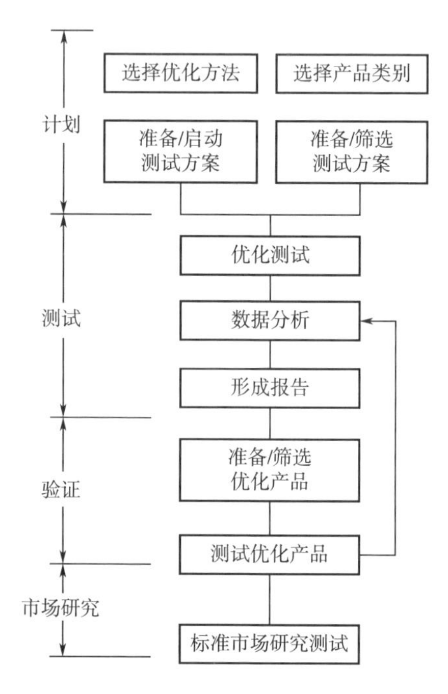

图 11-22　优化方案主要组成部分

感官信息是源于定量描述性分析的描述性数据，而消费者对产品的喜好度是从目标人群中获得的。其他可以获得的数据包括理化分析、配方变量和其他类型的消费者信息（如购买意图和表观现象）。所有这些信息构成了后续分析的数据库。这个过程的第一步是以单变量的形式检查结果，以在产品感官的差异和消费者偏爱方面建立与预期相一致的结果。感官和所有其他产品的分析数据都要经过适当的数据还原技术处理。这些结果被绘制并检查，以验证它们是否反映了产品的差异。为了判断结果是否有意义，会再次应用“眼内”冲击试验（Intraocular shock test）。然后选择能表示各种因素的属性和分析测量值，并进行筛选和进行相应的回归分析。偏爱性判断将结果与偏爱片段相关联，以识别哪些特征定义了偏爱片段。如图 11-23 所示，如果有两个偏爱片段，人们就会想考察偏爱和特定感官属性之间的关系。片段的存在会产生两个回归方程。线性多元回归方程如式（11-2）。

$$Y=k+\text{描述词 A}(W_a)+\text{描述词 B}(W_b)-\text{描述词 C}(W_c)+\text{化学指标}(W_1)+\text{物理指标}(W_2) \tag{11-2}$$

式中　Y——接受度/偏好值（因变量）；

常数 k——方程截距；

描述词 A、B 和 C——从分析中得出的最重要的变量；

W_a、W_b、W_c、W_1 和 W_2——这些变量的权重；

+，-——该变量的标度方向。

技术人员根据他们关于食品成分和生产工艺对特定属性影响的知识来确定产品配方，并对产品进行围绕目标的测试。一旦取得了重大进展，就会开始对目标消费者进行验证测试。验证测试是对该模型的适当性测试。为了确保测试具有可靠性，每个测试都要包括最初测试中的 2~

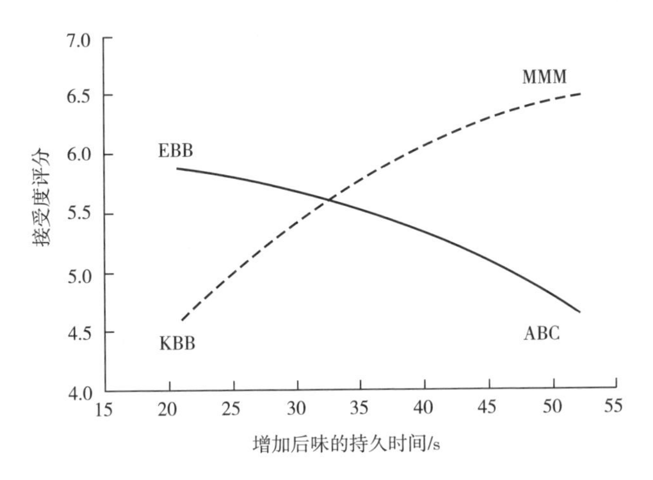

图 11-23　两个偏爱片段感官属性差异示意图

3 种产品。

如果只确定重要变量对产品接受度的影响，那么优化研究是不全面的。根据这些数据，还可以预测将产生最佳接受度的变量组合。预测内容包括基于测试数据而假设得出的数学公式和书面声明，并提供不止一个最佳产品。也就是说，基于重要独立变量的不同组合可以推测具有最佳接受度的产品。

对于感官优化试验来说，适当的产品选择和获得的感官信息的类型是至关重要的。这些要求的重要性是不容忽视的。产品选择是困难的，因为选择产品的标准将包括感官特性、技术、配方差异和市场考虑。重要的是，所有预期的感官差异都要体现在测试产品中，这可能意味着包括那些经济上不可行但具有其他测试产品不容易察觉到的特定感官特征的产品。如果对特定工艺变量或组分感兴趣，可能会包含特殊配方的产品。竞争产品的加入进一步确保了全方位的感官特性。在某些情况下，公司进行项目优化会将竞争产品排除在外，因为他们没有意识到，找到自己产品与市场上其他产品的缺点也是优化产品的好方法。为满足感官要求，需要进行实验室筛选和进行其他一些可行的测试；然而，经验表明，筛选通常足以产生一系列可接受的产品，通常为 20~30 种。实验室筛选试验需要几个周期，这样才有足够的时间抽样大量的产品。这也是确保项目工作人员充分认识到市场上相对于目标产品的差异和相似性的范围所必需的。在某些产品类别中，甚至会在一开始就需要测试 100 个甚至更多的产品。如果考虑到仅改变成分就可以有大量的配方，那么这个数字就不足为奇了。试验目的是筛选出涵盖该类别产品感官特征的产品组，至于这些产品是否被喜欢则不在考虑范围之内。区域和地方市场的产品也要包括在内，以确保代表更大范围的差异。

感官数据是用描述性分析开发的，而消费者则提供从属判断、偏好、购买意向等方面的信息。当消费者同时提供描述性信息时，将上述两种信息分离是降低光环效应和多重共线性出现概率的关键。值得注意的是，随着描述性分析效率和可用性的提高，这种对消费者的所有判断的依赖性仍在继续。类似地，经过培训的评定小组的喜好反应是有偏向性的，所以应该不予采用。

由于无法预知最重要感官特性，所以描述性分析是最合适的优化感官工具。因此，应该描述产品的所有感官特性，然后可以应用各种单因素分析和回归分析方法来建立各种感官属性之间的相关关系。这些结果与消费者的响应结合起来，以确定重要的变量。关于感官优化的文献提供了许多关于试验设计方法的例子。这些研究者大多将感官评定纳入他们的测试中，然而很少有人对产品的感官数据库使用定量描述性分析。随着定量描述性分析的应用以及分析和情感反应之间的明确划分，感官优化已变得更加合理，并成为一种潜在的有价值的资源（电脑的强大功能促进了对评定结果的分析）。

通过在多元回归/相关性方法中耦合不同的感官能力，就能更容易确定那些影响市场接受度的产品感官变量，并能获得最佳接受度的变量组合。根据经验，如果开始的时候使用多元回归/相关性方法，并在确定重要变量后使用响应面方法设计，会提升感官优化的成功率。这种方法充分利用了两种设计的优点。

（三）优化测试影响因素的复杂性

从理论上讲，优化实验是为了控制研发过程或者研发专家的创新性成果。认为数学模型就是产品开发终点的想法是不可靠的。没有什么可以替代专家的智慧劳动，他们能够诠释感官反应，并将其融入到具有独特特性组合的最终产品中，这是其他方法所不能及的。创造性也将成为优化过程中不可或缺的一部分，不仅对产品专家如此，对感官评定人员也是如此。优化模型的目的是提供对目标人群具有最高成功概率方法的更精确描述。

优化程序在感官评定中仍然具有重要的价值和意义，现在已经成为消费品行业的主要参考。一些相关的研究工作取得了新进展，研究结果给出的信息是较小和较少种类的产品集所无法获得的。其中一个发现是，消费者的偏好往往是异质的，而这种异质性更多的是与产品之间的感官差异有关，而不是人群之间的人口统计学差异。人们已经在不同的国家、地区和文化中观察到这种结果。在非品牌评价中，经常在总测试人群中发现不同的“偏好群体”或“偏好集群”。在从消费者那里获得数据后，可以将聚类程序应用到反应中，以确定是否存在这样的部分。图 11-24 所示是聚类分析辨认 3 个聚集区及其最优产品的预测图。由于测试是在盲评的基础上进行的，这种聚集不是由品牌使用或典型的人口统计标准来解释的，更多的是由其他情感和相关标准来解释。这些信息本身就很有趣，因为它可以帮助解释为什么产品在一次测试中表现良好，而在另一次测试中表现不佳，这仅仅是因为参与测试的人员不同。然而，它真正的价值是能够识别由具体感官特性及其相关产品形象所驱动的产品市场机遇。例如，一些群体因其对低强度（风味和香味）产品的偏好而有所区别；而另一些群体则偏好具有独特属性或强度的产品。人们已经观察到许多模式，以确定对于每个偏好组的重要属性。一旦完成相关工作，就有可能制定出有意义的研发工作和商业战略，或者反过来说，即确定哪种产品具有最适合特定市场战略的适当属性组合。这可能是为不同群体优化的独特产品，或代表不同偏好群体都能接受的“桥梁”产品。从已知的偏好差异中推导出一个“桥梁”产品，比使用总体数据的平均数要好。后者由于忽略了重要的差异，导致产品缺失独特的吸引力。有些属性在一个偏好群体中增加了接受度，而在另一个群体中却减少了接受度。当群体大小相等时，这种属性对总体接受度没有影响，这就导致了一个错误的结论，即该属性不重要，或者研发的改变太小，没有被消费者识别。更糟糕的情况是测试中来自一个偏好群体的消费者明显多于先前测试中的消费者。在这种情况下，汇总结果将代表主要人群的偏好，这可能与之前的结果或测试产品的变化不一致。对偏好群体和他们偏好的属性强度的了解，在很大程度上消除了一些消费者测试似乎出错的问题，并且它们的结果不支持前期的研究或当前的假设。

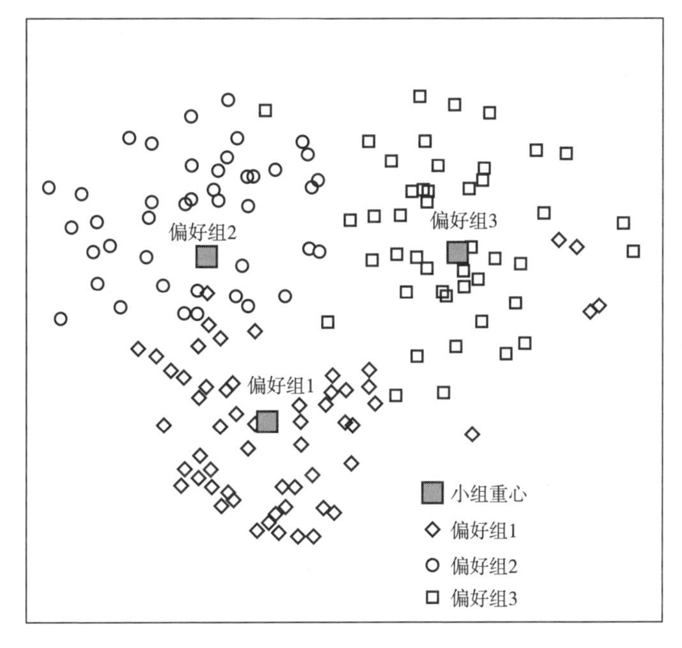

图 11-24 聚类分析辨认 3 个聚集区及其最优产品的预测图

最基础的优化方法限制了消费者对产品喜好做出响应，并将这些反应建模为描述性和/或分析性测量值，以确定最受喜爱或最优的产品指标组合。产品集提供的信息足以建立一个优化模型，而这就是我们需要的结果。然而，购买行为受到其他因素的影响，其中许多因素可以并且需要在优化过程中进行评定。最优产品接近于“理想化”，其具体应用应该根据实际情况、用户群、包装、定价和品牌形象而定。具有不同用途的产品（如配料和涂抹酱）以及由不同群体（如儿童和成人）使用的产品需要某种途径来加以解决。使用和态度（Usage and Attitude，U&A）数据有助于了解消费者的态度和行为，在这些数据不可用或过时的情况下，优化项目必须包括许多相同的元素。评定和整合这些要素可以更好地了解消费者的需求和购买兴趣。它还提高了为合适的人群开发合适的产品的可能性，并明确该人群较为看中的产品优势。以下举例描述优化研究中使用的一些增强措施。在这一点上，需要强调团队在优化研究中的重要性，因为这项研究还需要研发部门和市场部门提供其他要素。

这项研究的初始阶段需要收集可用的信息。人们需要以关于目标消费者的使用和态度信息作为出发点。这些信息可以从 U&A 数据中获得，或者可能需要针对研究进行开发。为了补充 U&A 数据，人们招募目标消费者并向他们邮寄（或以其他方式提供）有专利权的情景使用（Item-by-Use，IBU）调查问卷，让他们在进行定性或定量测试之前完成问卷的填写。被选中参加定性测试的消费者被分配了涉及一项或多项创造性任务（例如准备拼贴画），让他们专注于某产品类别，并让他们在连续 2d 的定性评定过程中分享他们的观点和意见。之后对调查和小组讨论的结果进行分析，并作为随后消费者测试定量阶段问卷调查的基础。

优化产品测试过程中，可以要求招募到测试地点的消费者被要求完成一份关于“理想”产品、属性和用途的问卷，以及从 IBU 消费者调查和讨论小组衍生出的一系列问题。然后，按照中心地点测试标准对产品进行逐个单一评定。消费者完成一个产品喜好方面的问题，然后再填写另一份专利（Sample-by-Use，SBU）文卷。SBU问卷包含与感官属性的感知强度（在初步“理想”问卷中测量）、情境适当性（最初由IBU测量）及评定产品感官特征与市场相关事项（如品牌、感知价值和感知利益）和联合关联的专有问卷（综合了感官和市场信息）。最后的专利问卷包括人口统计信息、生活方式和态度问题、近期的品牌购买行为，以及测试后对“理想”产品的评定。产品评定和最终调查问卷的信息不但提供了用户简介，还可能有助于对偏爱组成员进行区分。这些信息提供了特定于偏爱群体的筛选标准，并确定了偏爱群体在态度、生活方式和购买兴趣方面是否存在差异的情况。不可默认偏爱组成员具有相同的态度、价值观和行为。通过对优化研究的改进，将“了解消费者”提升到一个新的理解水平。

消费者在优化研究中对类别的关注提供了衡量各种其他问题的反映机会。包装容器的大小、形状、结构、图形等都可以纳入研究，替代概念和沟通方式也是如此。定量调查的信息和后续定性小组讨论都可以用于对呈现出相同态度和偏爱度的人群进行深入研究。研究结果将充分反映感官专业人员与其他产品相关业务部门（如市场营销）的专业人员密切合作、以系统的方式优化产品的重要性。

思考题

1. 如何利用主成分分析建立食品感官指标与其理化性质之间的相关关系？
2. 内部偏好映射与外部偏好映射的差异与适用范围如何？
3. 卡诺模型的意义是什么？提出了哪些属性？

参考文献

[1] Allen A P, Jacob T J C, Smith A P. Effects and after-effects of chewing gum on vigilance, heart rate, EEG and mood [J]. Physiology & Behavior, 2014, 133: 244-251.

[2] Ares G, Jaeger S R. Check-all-that-apply (CATA) questions with consumers in practice: Experimental considerations and impact on outcome [M] //Rapid sensory profiling techniques. Cambridge: Woodhead Publishing, 2023: 257-280.

[3] Braud A, Boucher Y. Intra-oral trigeminal-mediated sensations influencing taste perception: a systematic review [J]. Journal of oral rehabilitation, 2020, 47 (2): 258-269.

[4] Civille G V, Carr B T. Sensory evaluation techniques [M]. Boca Raton: CRC press, 2015.

[5] De Pauw K, Roelands B, Van Cutsem J, et al. Electro-physiological changes in the brain induced by caffeine or glucose nasal spray [J]. Psychopharmacology, 2017, 234: 53-62.

[6] Diepeveen J, Moerdijk-Poortvliet T C W, van der Leij F R. Molecular insights into human taste perception and umami tastants: A review [J]. Journal of Food Science, 2022, 87 (4): 1449-1465.

[7] Giménez A N A, Ares G, Gambaro A. Survival analysis to estimate sensory shelf life using acceptability scores [J]. Journal of Sensory Studies, 2008, 23 (5): 571-582.

[8] Giménez A, Varela P, Salvador A, et al. Shelf life estimation of brown pan bread: A consumer approach [J]. Food Quality and Preference, 2007, 18 (2): 196-204.

[9] Guo Q. Understanding the oral processing of solid foods: Insights from food structure [J]. Comprehensive Reviews in Food Science and Food Safety, 2021, 20 (3): 2941-2967.

[10] Harker F R, Norquay C, Amos R, et al. The use and misuse of discrimination tests for assessing the sensory properties of fruit and vegetables [J]. Postharvest biology and technology, 2005, 38 (3): 195-201.

[11] Kemp S E, Hollowood T, Hort J. Sensory evaluation: a practical handbook [M]. Hoboken: John Wiley & Sons, 2011.

[12] Kim J Y, Kang H L, Kim D K, et al. Eating habits and food additive intakes are associated with emotional states based on EEG and HRV in healthy Korean children and adolescents [J]. Journal of the American College of Nutrition, 2017, 36 (5): 335-341.

[13] Kotini A, Anninos P, Gemousakakis T, et al. The effects of sweet, bitter, salty and sour stimuli on alpha rhythm. A Meg Study [J]. Maedica, 2016, 11 (3): 208.

[14] Lawless H T, Heymann H. Sensory evaluation of food: principles and practices [M]. Berlin: Springer Science & Business Media, 2013.

[15] Lawless H T. A simple alternative analysis for threshold data determined by ascending forced-choice methods of limits [J]. Journal of Sensory Studies, 2010, 25 (3): 332-346.

[16] Lawless H T. Laboratory exercises for sensory evaluation [M]. Berlin: Springer Science & Business Media, 2012.

[17] Meilgaard M C, Carr B T, Civille G V. Sensory evaluation techniques [M]. Boca Raton: CRC press, 1999.

[18] Murao S, Yoto A, Yokogoshi H. Effect of smelling green tea on mental status and EEG activity [J]. International Journal of Affective Engineering, 2013, 12 (2): 37-43.

[19] Ohla K, Toepel U, Le Coutre J, et al. Visual-gustatory interaction: orbitofrontal and insular cortices mediate the effect of high-calorie visual food cues on taste pleasantness [J]. PloS one, 2012, 7 (3): e32434.

[20] Pecore S, Stoer N, Hooge S, et al. Degree of difference testing: A new approach incorporating control lot variability [J]. Food quality and preference, 2006, 17 (7-8): 552-555.

[21] Sensory analysis for food and beverage quality control: a practical guide [M]. Amsterdam: Elsevier, 2010.

[22] Sensory evaluation in quality control [M]. Berlin: Springer Science & Business Media, 2013.

[23] Songsamoe S, Saengwong-ngam R, Koomhin P, et al. Understanding consumer physiological and emotional responses to food products using electroencephalography (EEG) [J]. Trends in Food Science & Technology, 2019, 93: 167-173.

[24] Stocking A J, Suffet I H, McGuire M J, et al. Implications of an MTBE odor study for setting drinking water standards [J]. Journal-American Water Works Association, 2001, 93 (3): 95-105.

[25] Stone H, Bleibaum R N, Thomas H A. Sensory evaluation practices [M]. Amsterdam: Academic press, 2020.

[26] Toepel U, Bielser M L, Forde C, et al. Brain dynamics of meal size selection in humans [J]. NeuroImage, 2015, 113: 133-142.

[27] Tuorila H. From sensory evaluation to sensory and consumer research of food: An autobiographical perspective [J]. Food quality and preference, 2015, 40: 255-262.

[28] Vivek K, Subbarao K V, Routray W, et al. Application of fuzzy logic in sensory evaluation of food products: a comprehensive study [J]. Food Bioprocess Technol, 2020, 13: 1-29.

[29] Walker J C, Hall S B, Walker D B, et al. Human odor detectability: new methodology used to determine threshold and variation [J]. Chemical Senses, 2003, 28 (9): 817-826.

[30] Walsh A M, Duncan S E, Bell M A, et al. Breakfast meals and emotions: Implicit and explicit assessment of the visual experience [J]. Journal of Sensory Studies, 2017, 32 (3): e12265.

[31] Young T A, Pecore S, Stoer N, et al. Incorporating test and control product variability in degree of difference tests [J]. Food quality and preference, 2008, 19 (8): 734-736.